北方工业大学建筑学专业学生优秀作品集

卜德清　马欣　张勃　贾东　主编

U0299650

中国建筑工业出版社

图书在版编目（CIP）数据

北方工业大学建筑学专业学生优秀作品集 / 卜德清等主编 . —北京：中国建筑工业出版社，2024.6
ISBN 978-7-112-29771-9

Ⅰ . ①北… Ⅱ . ①卜… Ⅲ . ①建筑设计 – 作品集 – 中国 – 现代 Ⅳ . ① TU206

中国国家版本馆 CIP 数据核字（2024）第 079056 号

责任编辑：刘　静
责任校对：姜小莲

北方工业大学建筑学专业
学生优秀作品集
卜德清　马欣　张勃　贾东　主编
*
中国建筑工业出版社出版、发行（北京海淀三里河路 9 号）
各地新华书店、建筑书店经销
北京雅盈中佳图文设计公司制版
临西县阅读时光印刷有限公司印刷
*
开本：880 毫米 ×1230 毫米　1/16　印张：$13^{1}/_{2}$　字数：418 千字
2024 年 7 月第一版　2024 年 7 月第一次印刷
定价：**148.00** 元
ISBN 978-7-112-29771-9
（42914）

编委会

主　编

卜德清　马　欣　张　勃　贾　东

编委会成员（按首字拼音排序）

安　平　卜德清　崔　铁　胡　燕　滑　歌　黄普希　贾　东

贾文燕　蒋　玲　靳铭宇　李　婧　李　鑫　李海英　梁玮男

罗　丹　马　欣　潘明率　彭　历　钱　毅　秦　柯　宋效巍

王　彪　王小斌　王晓博　王新征　王又佳　温　芳　杨　瑞

杨绪波　袁　琳　张　勃　张　娟　张宏然　张竞予　赵春喜

序

北方工业大学建筑学专业肇始于 1984 年，时学校邀请清华大学建筑学前辈汪国瑜先生来校主持成立建筑学部并筹办土木建筑类本科专业。1989 年，建筑学本科专业开始招生。

三十多年来，我校建筑学专业坚持立德树人，做好教书育人，为国家建设特别是首都经济发展培养了大批德、智、体、美、劳全面发展的专业人才。建筑学本科、硕士研究生教育分别于 2008 年和 2014 年通过全国高等学校建筑学专业教育评估委员会的专业评估。

我校建筑学专业本科教学体系源自清华，广汲善取，不断虚心学习国内外的先进经验和方法。多年来，王丛安、刘茂华、陈穗、胡应平、张伟一等前辈和学长在建筑学专业课程体系建设方面率先垂范，身体力行。同时，建筑学专业教师学缘结构和知识体系也发生了丰富的变化，教师们不断外出学习，把国内外先进的教学理念带进来。以 2008 年建筑学本科教育专业评估为契机，建筑学本科专业教学体系认真遵循全国高等学校建筑学学科专业指导委员会和全国高等学校建筑学专业教育评估委员会的要求，进一步丰富完善，并始终专注于学生设计实践能力的提高。

建筑设计系列课程是建筑学本科专业教学体系的重要主干，近十余年来，我校建筑设计系列课程形成了一定特色。本科专业教学、改革创新、特色建设都是为了让学生不断提高以设计实践能力为核心的专业能力，进而全面发展，其集中体现之一就是学生作业。

本次由张勃教授和卜德清教授主持、诸位建筑学专业教师共同参与编写的《北方工业大学建筑学专业学生优秀作品集》正是近十余年来建筑学专业本科教学体系建设，特别是建筑设计系列课程建设成果的最直接体现。

愿北方工业大学建筑学专业教育教学不断结出丰硕的果实。

北方工业大学建筑学专业教授

贾东

2023 年 4 月（癸卯谷雨）写于浩学楼

目　录

一年级｜空间・形式

课程设计教案......002

优秀学生作品......009

建筑初步：纸板造设计......010

建筑初步：聚苯造设计......012

建筑初步：石膏造设计......016

建筑初步：铁丝造设计......027

建筑初步：木造设计......031

建筑初步：综合造设计......043

二年级｜环境・行为

课程设计教案......048

优秀学生作品......052

建筑设计：餐馆设计......053

建筑设计：书院设计......058

建筑设计：幼儿园设计......064

建构设计：幼儿园游憩设施设计......082

三年级 | 人文 · 技术

课程设计教案 …… 086
优秀学生作品 …… 097
建筑 Studio：行为专题 …… 098
建筑 Studio：文化专题 …… 109
建筑 Studio：技术专题 …… 118

四年级 | 城市 · 工程

课程设计教案 …… 130
优秀学生作品 …… 137
建筑与城市设计：城市设计 …… 138
建筑与城市设计：高层建筑 …… 150
建筑与城市设计：住区规划 …… 169
建筑与城市设计：社区图书馆 …… 175
建筑与城市设计：古建筑木作技术 …… 178

五年级 | 毕业设计

优秀学生作品 …… 180

后记 …… 210

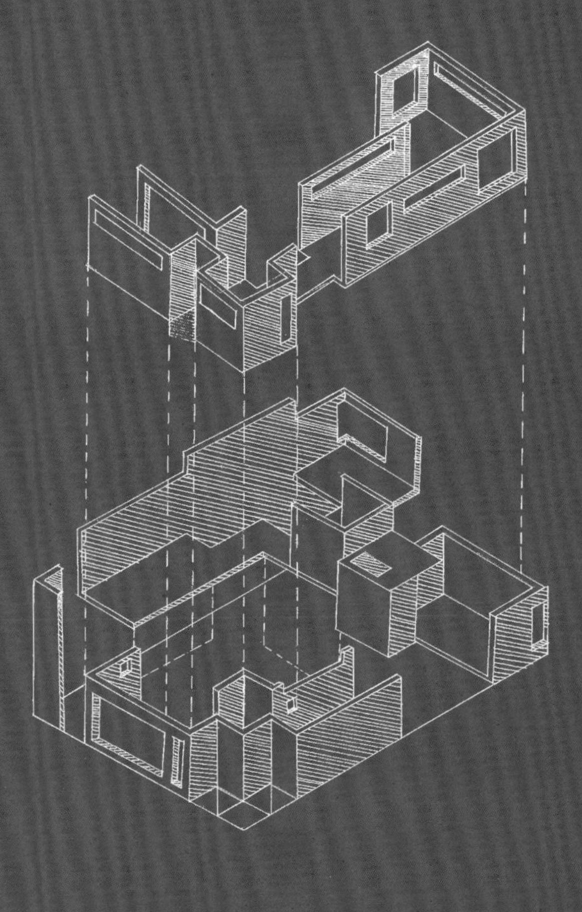

一年级

空间·形式

课程设计教案
优秀学生作品

课程设计教案

体验·认知·创新

一年级建筑初步课程教案之石膏造 01

前后题目衔接关系

同源同理同步的一年级教学平台	第一学期			第二学期		
	纸板造	石膏造	木造	聚苯造	铁丝造	综合造
材料特性认知	纸板材料构成特性	石膏材料的指代性	木枋交接设计	块状材料构成特性	线性材料构成特性	综合材料应用
理论知识学习	空间的组织与划分	古典园林空间研习	传统建筑文化知识	建筑密度及城市肌理	建筑装饰艺术	小型建筑设计
手绘表达培养	平、立、剖面图画法，徒手钢笔画练习	透视图的画法，徒手钢笔画练习	水彩渲染画法，徒手钢笔画练习	徒手墨线抄绘，徒手钢笔画练习	钢笔画细部描绘，徒手钢笔画练习	综合表达，徒手钢笔画练习
模型制作练习	特定范围内的空间划分与组织	古典园林空间推衍	可拆分的木构架	模拟城市外部空间及组合	具有一定承载力的建筑构件	小型游客中心

不具备专业基础知识 ›››› 空间划分训练 ›››› 浇筑成型训练 ›››› 建筑构件训练 ›››› 假期训练 ›››› 体块组合训练 ›››› 线性组合训练 ›››› 综合训练 ›››› 二年级

教学目标

1. 通过课题的学习及实践，建立起“营造”的概念，掌握基本的空间语言、行为语言及环境语言。
2. 通过课题的学习及实践，建立以材料为起点、以动手为先导的设计能力及激发潜质的思维模式。
3. 通过课题的学习及实践，熟悉石膏材料特性，理解针对混凝土的材料指向性及可塑性，构建“凝固”而形成的空间生成方法。
4. 通过课题的学习及实践，初步了解中国经典传统园林建筑空间的成就及特点。
5. 通过课题的学习及实践，熟练掌握石膏浇筑一次成型的基本方法：设计模具、制模、调浆、灌浆、捣实、补漏、硬化、脱模、修整等。
6. 通过课题的学习及实践，初步掌握分析图示的画法，提高手绘表达能力。
7. 通过课题的学习及实践，培养团队协作能力。

任务要求

1. 收集资料
   - 收集石膏模型制作相关资料，初步了解石膏模型制作工艺。
   - 收集相关建筑资料，重点了解建筑中“墙”的形式、功能、设计、工艺等内容，为后期的设计及制作奠定基础。
   - 收集感兴趣的中国传统园林经典案例资料，进而对案例的突出成就、设计手法、空间特点等有所了解。
2. 模型制作
   - 通过模型的制作，深入理解材料的特性，掌握一次性浇筑成形的石膏模型制作工艺。
   - 理解墙体在建筑空间的形成、划分、组织等方面的重要作用，掌握基本的设计手法，将其合理地应用于空间设计之中，具有创造性地再现经典传统园林中的空间特点。
3. 图纸绘制
   - 选择一个经典案例进行分析，可以从空间、交通、视线、结构、造型等方着手，通过图示和文字表达完整。
   - 将模型制作过程、对比分析及模型成果等展现在图纸中。

成果要求

1. 模型要求
   - 以组为单位进行整体模型设计，每人制作不少于2面石膏墙体，比例1:500，考虑形式、开洞、肌理等要素，体现出经典案例学习分析中总结出的特点及手法。
   - 以组为单位将单体石膏墙围合成院落空间，体现出所分析经典案例在空间、交通、视线、结构、造型等方面的特点。
2. 图纸要求
   - 图幅A1，钢笔或铅笔绘制，以小组为单位，不少于2页图纸。
   - 图纸内容应包括：经典案例分析所需内容、设计说明、设计分析、模型平面图、立面图、模型制作过程以及模型成果展示等内容。
   - 版面形式自主设计。
3. 汇报文件
   包括所收集资料的重点内容、模型制作及成果展示、图纸展示、学习体验、经验总结等内容。

教学方法

以动手为先导，以启发为手段，以培养潜质为目的

讲解分析法

1. 介绍课程概况、教学目标、训练目的以及与前后课程训练的关联。
2. 讲授空间环境中的“墙”，从功能、形式、结构、工艺等方面引发学生思考。
3. 讲授水泥及石膏材料的特性，引发学生对材料指向性以及凝固形成空间的生成工艺的思考。
4. 讲授石膏浇筑一次成形的工艺做法。
5. 对5座中国传统园林经典案例进行分析讲解，引导同学发现、总结其空间特点。
6. 讲授试做案例及制作过程，分析优秀作业及制图方法。

试做演示法

1. 通过教师提前和现场试做，结合课程讲授内容，直观地介绍石膏材料特性，演示各类工具的作用和使用方法，展示完整的设计及制作过程。
2. 详细演示及讲解制作过程中的每一环节及注意事项，示范塑造基本的形体、开洞、肌理变化的手法。
3. 演示成功浇筑不同形式、不同尺度的墙体组件后，单体间的组合方式给空间带来变化的可能性。
4. 演示经典案例分析中各类型分析图的分析方法及制图方法。

讨论引导法

1. 教师在课程进程中分阶段对每位学生、每组学生、全体学生进行互动讨论。先由学生对自己的作品从设计构思、概念模型等方面进行介绍，然后由其他学生对其进行评价、质疑、辩论等，教师进行必要的引导和评价。
2. 在这一过程中，教师只是起到引导思维、发散思维的作用，而不是对学生的作品作出对与错的评判，因此学生模型的发展方向是开放且丰富的。相同的课题，不同的出发点，不同的推理过程，在讨论中相互碰撞，引发了学生的头脑风暴，在动手的基础上强化了思维过程，教与学相互激发，创作出丰富的设计成果。

归纳总结法

1. 模型制作完成、图纸绘制结束后，进行集体展示，集体评图，进行集中的讨论和答疑。
2. 在此过程中总结知识理解、思考方法、设计过程、制作过程、设计表达等各个方面的经验与问题。

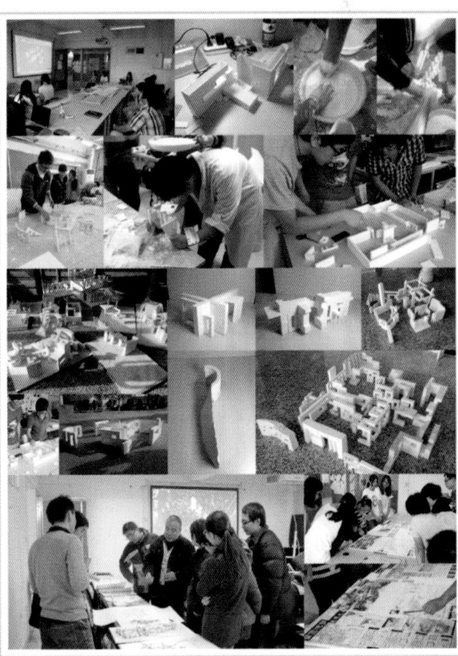

体验·认知·创新

——年级建筑初步课程教案之石膏造 02

教学过程与进度安排

开题与解题

教学内容

1. 介绍课程概况及题目设定。
2. 讲授空间环境中的“墙”，从功能、形式、结构、工艺等方面引发同学的思考。
3. 讲授水泥及石膏材料的特性，引发同学对材料指向性以及凝固形成空间的生成工艺的思考。
4. 讲授石膏浇筑一次成形的基本做法。

教学方法

讲解分析法。

成果要求

1. 收集与墙体及石膏模型制作相关的资料，如文字、图片、视频等，并制作成 PPT.
2. [illegible]4 个，以图片的形式记录设计和制作的每一个环节，并添加到 PPT 中。

参考举例
学生作业举例

试做与讨论

教学内容

1. 每位学生汇报 PPT 成果，展示并从构思、设计、制作方法等方面介绍石膏模型作品。
2. 针对每位学生的成果及作品展开互动讨论，分析其中的成功经验与存在问题。
3. 针对普遍存在的问题，教师现场进行石膏模型制作演示，侧重墙体从设计到石膏模型实现的过程演示及引导。

教学方法

讲解分析法、讨论引导法、试做演示法。

成果要求

1. 每位学生制作 2 面具有开洞和肌理效果的石膏墙体，比例 1 : 500，[illegible]造、行为参与等要素。
2. 以图片形式记录设计和制作的每个环节。

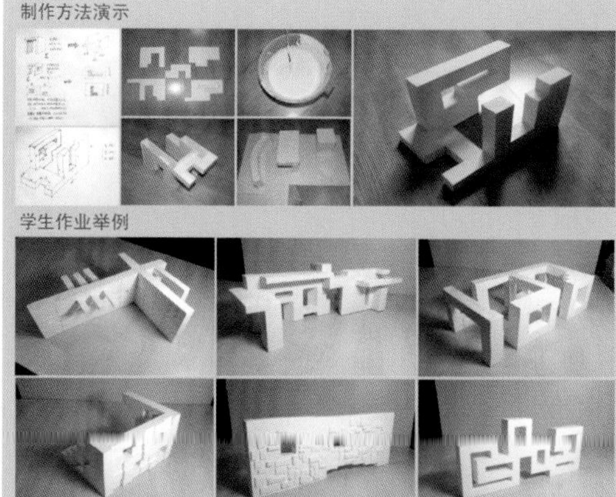
制作方法演示
学生作业举例

继承与发展

教学内容

1. 每位学生从构思、设计、制作等方面介绍自己的作品，展开互动讨论，引导学生对墙体以及材料指代性的理解、掌握“凝固”生成空间的手法。
2. 从空间、路线、视线等几方面演示经典案例的分析方法及分析图示的画法，引导学生对经典案例的学习、理解和再创作的思路。

教学方法

讲解分析法、讨论引导法。

成果要求

1. 3~5 名学生一组，选择一个经典案例进行分析，并绘制完整的分析图。
2. 在分析和继承的基础上进行设计，形成完整的设计图纸，并以石膏草模的形式展示，照片记录过程。

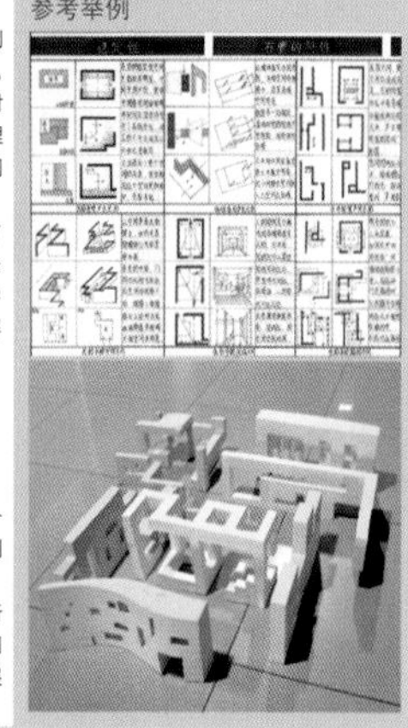
参考举例

正式模型制作

教学内容

1. 指导每组学生完成模型制作。
2. 初步讲解模型拍摄方法。

教学方法

讲解分析法、讨论引导法。

成果要求

1. 以组为单位进行整体模型制作，每人制作不少于 2 面石膏墙体，比例 1 : 500，应体现出经典案例分析中总结出的塑造手法。
2. 以组为单位将单体石膏墙围合成院落空间，体现出所分析经典案例在空间、交通视线、结构、造型等方面或某一方面的特点。
3. 以图片形式记录制作的每一个环节。

学生作业举例

图纸表达

教学内容

1. 讲解正式图纸绘制及排版注意事项。
2. 讲解构图知识及排版方法。
3. 详细讲解并演示模型拍摄方法。
4. 讲解并演示利用软件修改照片的基本方法。
5. 分析历届学生优秀作业。

教学方法

讲解分析法、讨论引导法、试做演示法。

成果要求

1. 灵活运用分析图示画法，画出不少于 4 项的分析内容。
2. 模型照片不少 20 张。
3. 以组为单位完成 A1 图纸内容参见成果要求。

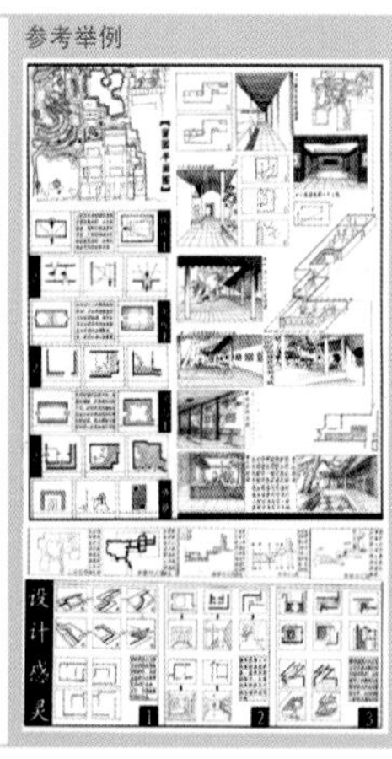
参考举例

点评总结

教学内容

1. 听取学生汇报学习成果。
2. 结合模型制作、分析图示、正图表达等不同阶段要点进行各组辅导、集中讲评。
3. 评定本届学生作业。

教学方法

讲解分析法、讨论引导法。

成果要求

整理拍摄存档相关模型和图纸作业。

学生作业举例
讲评与汇报
筑·园

第7周　第8周　第9周　第10周　第11周

体验·认知·创新

—年级建筑初步课程教案之石膏造 03

作业点评

留园入口空间推衍

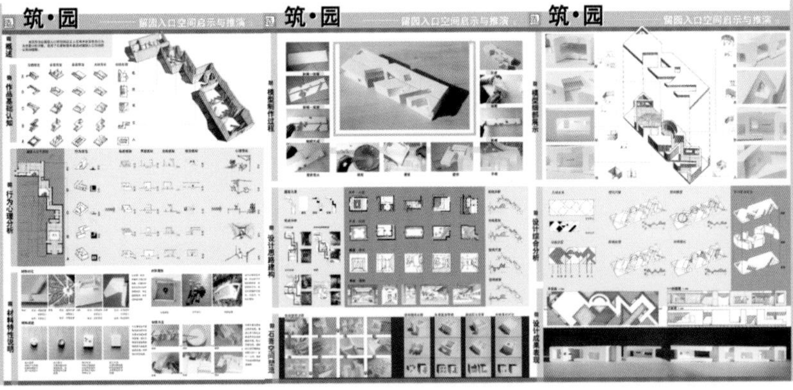

筑·园 ——留园入口空间启示与推演

合格 优秀

材料认知

案例分析

设计构思

模型制作

图纸表达

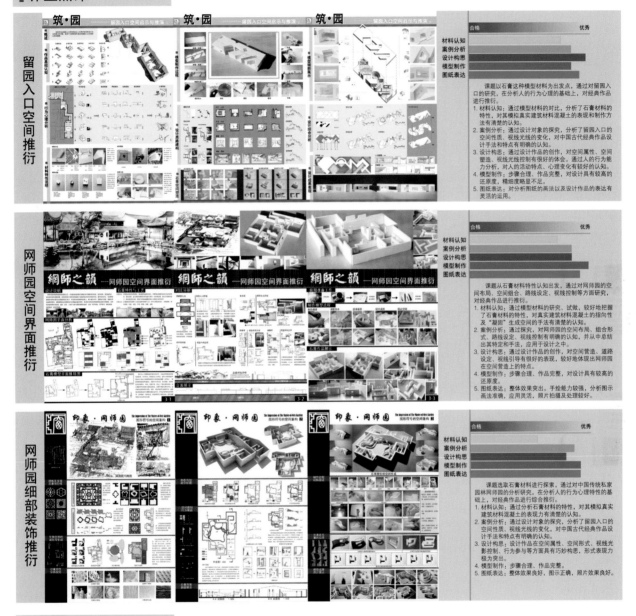

课题以石膏这种模型材料为出发点，通过对留园入口的研究，在分析人的行为心理的基础上，对经典作品进行推衍。

1. 材料认知：通过模型材料的对比，分析了石膏材料的特性，对其模拟真实建筑材料混凝土的表现和制作方法有清楚的认知。
2. 案例分析：通过设计对象的探究，分析了留园入口的空间性质、视线光线的变化，对中国古代经典作品设计手法和特点有明确的认知。
3. 设计构思：通过设计作品的创作，对空间属性、空间塑造、视线光线控制有很好的体会。通过人的行为能力分析，对人的活动特点、心理变化有较好的认知。
4. 模型制作：步骤合理、作品完整，对设计具有较高的还原度，精细度略显不足。
5. 图纸表达：对分析图纸的画法以及设计作品的表达有灵活的运用。

网师园空间界面推衍

網師之韻 —网师园空间界面推衍

合格 优秀

材料认知

案例分析

设计构思

模型制作

图纸表达

课题从石膏材料特性认知出发，通过对网师园的空间布局、空间组合、路线设定、视线控制等方面研究，对经典作品进行推衍。

1. 材料认知：通过模型材料的研究、试做，较好地把握了石膏材料的特性，对真实建筑材料混凝土的指向性及“凝固”生成空间的手法有清楚的认知。
2. 案例分析：通过探究，对网师园的空间布局、组合形式、路线设定、视线控制有明确的认知，并从中总结出其特定和手法，应用于设计之中。
3. 设计构思：通过设计作品的创作，对空间营造、道路设定、视线引导有很好的表现，较好地体现出网师园在空间营造上的特点。
4. 模型制作：步骤合理、作品完整，对设计具有较高的还原度。
5. 图纸表达：整体效果突出。手绘能力较强，分析图示画法准确，应用灵活，照片拍摄及处理较好。

网师园细部装饰推衍

印象·网师园

合格 优秀

材料认知

案例分析

设计构思

模型制作

图纸表达

课题选取石膏材料进行探索，通过对中国传统私家园林网师园的分析研究，在分析人的行为心理特性的基础上，对经典作品进行综合推衍。

1. 材料认知：通过分析石膏材料的特性，对其模拟真实建筑材料混凝土的表现力有清楚的认知。
2. 案例分析：通过设计对象的探究，分析了留园入口的空间性质、视线光线的变化，对中国古代经典作品设计手法和特点有明确的认知。
3. 设计构思：设计作品在空间属性、空间形式、视线光影控制、行为参与等方面具有巧妙构思，形式表现力极为突出。
4. 模型制作：步骤合理、作品完整。
5. 图纸表达：整体效果良好，图示正确，照片效果良好。

教学总结与反馈

教学心得

从作业成果看，学生通过动手实践，对石膏的材料特性有了很好的认知，进而通过材料的指向性思考，对真实建筑材料混凝土的表现力及制作方法有了初步的理解。在实践实做的过程中通过主动思考和切身体验的方式，学生对空间的形成、空间布局、空间组织、行为参与、心理感受等基础理论知识有了直观的认识和深入的理解，培养出良好的空间感、尺度感以及塑造能力，并从经典案例中学习到所需的手法与经验，通过图纸表达的训练培养了良好的绘图能力，为后续的学习奠定了良好的基础。达到了“实践实做、过程发现、潜质养成”的专业基础教育与训练的目的。

不足之处在于模型制作精度及对设计的高度还原能力有待提升。

木构·营造·空间

—年级建筑初步课程教案之木造 01

前后题目衔接关系

同源同理同步的一年级教学平台	第一学期			第二学期		
	纸板造	石膏造	木造	聚苯造	铁丝造	综合造
材料特性认知	纸板材料构成特性	石膏材料的指代性	木材在建造中的应用	块状材料构成特性	线性材料构成特性	综合材料应用
理论知识学习	空间的组织与划分	古典园林空间研习	木构建筑理论知识	建筑密度及城市肌理	建筑装饰艺术	小型建筑设计
手绘表达培养	平、立、剖面图画法，徒手钢笔画练习	透视图的画法，徒手钢笔画练习	水彩渲染画法，徒手钢笔画练习	徒手墨线抄绘，徒手钢笔画练习	钢笔画细部描绘，徒手钢笔画练习	综合表达，徒手钢笔画练习
模型制作练习	特定范围内的空间划分与组织	古典园林空间推衍	木构建筑或室外装置的建造	模拟城市外部空间及组合	具有一定承载力的建筑构件	小型游客中心

不具备专业基础知识 → 空间划分训练 → 浇筑成型训练 → 建筑构件训练 → 假期训练 → 体块组合训练 → 线性组合训练 → 综合训练 → 二年级

教学目标

1. 通过课题的学习及实践，建立起“营造”的概念，掌握基本的空间语言、行为语言及环境语言。强化学生“造建筑”，而非单纯“画建筑”的观念。
2. 通过课题的学习及实践，建立以材料为起点、以动手为先导的设计能力，激发以材料和建造为设计出发点的思维模式。研究其中的构造逻辑和营造手法，探究其在空间设计中的重要意义。
3. 通过课题的学习及实践，熟悉木质材料特性，理解木构件的连接方式，掌握其技术手段，在实做的过程中感受建筑营造的含义。
4. 通过课题的学习及实践，熟练掌握木材的加工方法、构造形式、结构关系及形成不同空间形式的可能性。
5. 通过课题的学习及实践，熟练掌握分析图示的画法，提高手绘表达能力。强调以“造”引导“绘”，以“绘”推进“造”的互动训练，避免空想和为绘图而绘图的僵化学习模式。
6. 通过课题的学习及实践，培养团队协作能力。

任务要求

1.收集资料
- 收集木构模型制作相关资料，初步了解相关制作工艺。
- 收集相关建筑资料，重点了解木构建筑或空间小品的形式、功能、工艺等内容，为后期的设计及制作奠定基础。
- 收集感兴趣的大师经典案例资料，进而对案例的突出成就、设计手法、空间特点、营造工艺等有所了解。

2.模型制作
- 通过模型的制作，深入理解材料的特性，掌握木构建的组合、连接及构建空间的制作工艺。
- 理解木构件在建筑空间划分、组织及建造等方面的重要作用，掌握基本的空间营造手法，具有创造性地再现经典案例中的空间特点。

3.图纸绘制
- 选择一个经典案例进行分析，可以从空间、交通、视线、结构、造型等方着手，通过图示和文字表达完整。
- 将模型制作过程、分析及模型成果等展现在图纸中。

成果要求

1.模型要求
- 以截面为正方形的木条为建造材料，以组为单位设计建造一个木结构空间小品，比例1:500，体现出经典案例学习分析中总结出的特点及手法。
- 模型可以是一座小型建筑，也可以是一种室外装置物，但又不是具象地模拟真实建筑和装置，要体现出似屋非屋的空间构成特点，重在实现各种空间及变化的可能性。

2.图纸要求
- 图幅A1，钢笔或铅笔绘制，以小组为单位，不少于2页图纸。
- 图纸内容应包括：经典案例分析所需内容、设计说明、设计分析、模型平面图、立面图、模型制作过程以及模型成果展示等内容。
- 版面形式自主设计。

3.汇报文件

包括所收集资料的重点内容、模型制作及成果展示、图纸展示、学习体验、经验总结等内容。

教学方法

以动手为先导，以启发为手段，以培养潜质为目的

讲解分析

1. 介绍课程概况、教学目标、训练目的以及与前后课程训练的关联。
2. 讲授空间建构相关概念和理论，从功能、形式、结构、工艺等方面引发学生思考。
3. 以材料特性为出发点，结合建造方式对大师作品进行剖析，引导学生建立将二维图纸与实际材料的营造相结合的思维模式。引发学生对材料可塑性的思考，体验结构、构造、工艺在建筑设计上的逻辑和表现力。
4. 讲授试做案例及制作过程，分析优秀作业及制图方法。

试做演示

1. 通过教师提前和现场试做，结合课程讲授内容，直观地介绍木构材料特性，演示各类工具的作用和使用方法，展示完整的设计及制作过程。
2. 详细演示及讲解制做过程中的每一环节及注意事项，示范塑造基本的形体、虚实、肌理变化的手法，单体建构及组合方式给空间带来变化的可能性。
3. 演示经典案例分析中各类型分析图的分析方法及制图方法。

讨论引导

1. 教师在课程进程中分阶段对每位学生、每组学生、全体学生进行互动讨论。先由学生对自己的作品从设计构思、概念模型等方面进行介绍，然后由其他学生对其进行评价、质疑、辩论等，教师进行必要的引导和评价。
2. 在这一过程中，教师只是起到引导思维、发散思维的作用，而不是对学生的作品作出对与错的绝对评判，因此学生模型的发展方向是开放且丰富的。相同的课题，不同的出发点，不同的推理过程，在讨论中相互碰撞，引发学生的头脑风暴，在动手的基础上强化了思维过程，教与学相互激发，创作出丰富的设计成果。

模拟建构

1. 在多轮草图与草模的推导与试做后确定最终的设计方案。
2. 借助 3D Max、SketchUp 等电脑软件对设计方案进行模拟建造，精确推导模型尺寸、建构手法、节点形式、构件组合、空间变化等内容。在虚拟建造的各个环节中对材料、构造、结构进行研究，从材料和建造的实际操作中体验和培养逻辑正确的设计和工作思维。

归纳总结

1. 模型制作完成、图纸绘制结束后，进行集体展示，集体评图，进行集中的讨论和答疑。
2. 在此过程中总结知识理解、思考方法、设计过程、制作过程、设计表达等各个方面的经验与问题。
3. 突出图纸绘制与实体建造紧密结合的重要意义，强化“造建筑”而非单纯“画建筑”的思维模式。

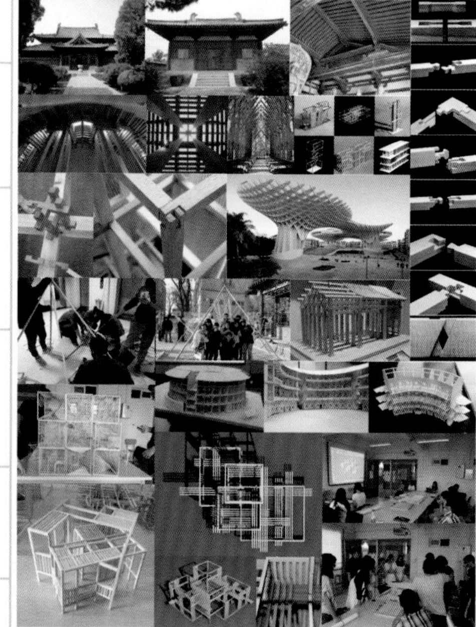

木构·营造·空间

—年级建筑初步课程教案之木造 02

教学过程与进度安排

开题与解题

教学内容

1. 介绍课程概况及题目设定。
2. 讲授空间建构相关概念和理论，明确材料、营造在建筑设计中的重要意义。
3. 以分析木质材料特性为出发点，结合建造方式对经典案例进行剖析，建立二维图纸与建造间的对应关系。
4. 讲授木构件的基本做法。
5. 课下实地调研建成或在建的木构建筑或室外装置。

教学方法

讲解分析法。

成果要求

1. 通过资料查找收集与木构造相关的资料并制作成PPT。
2. 通过实地观摩、测绘、体验，理解建造的过程与意义，将成果制作成展板。
3. 制作任意形式的木构小模型2个，制作成PPT展示作品。

参考举例

学生作业举例

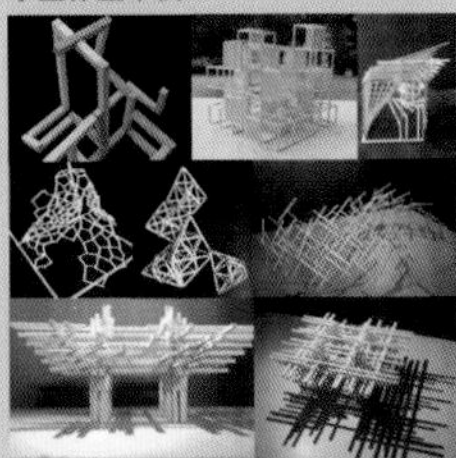

试做与讨论

教学内容

1. 每位学生汇报资料收集、调研成果，并从构思、设计、制作、工艺等方面介绍小模型建构作品。
2. 通过第一阶段的训练分析材料特性和建造体验。
3. 开展互动讨论，分析其中的成功经验与存在问题。
4. 针对普遍存在的问题，教师现场进行木构制作演示，侧重从图纸到实体建构的过程演示及引导。

教学方法

讨论引导法、试做演示法。

成果要求

1. 每位学生制作一个符合课题要求的木构模型，比例1：1000，应考虑空间营造、行为参与、节点连接等要素。
2. 以图片形式记录设计和制作的每个环节。

制作方法演示

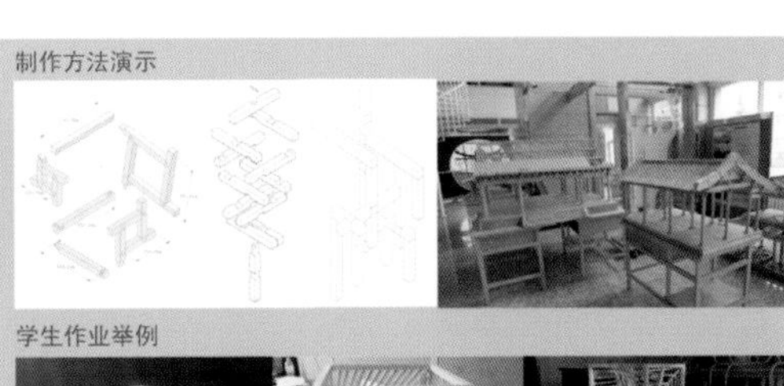

学生作业举例

草模推导与模拟建造

教学内容

1. 每位同学从构思、设计、制作等方面介绍自己的作品，展开互动讨论，引导学生进一步理解和掌握材料特性、营造手法、空间组合的手法。
2. 每组评选出最具发展潜质的模型作为成组作品进行深化设计，以图纸和模型建构结合的形式进行推衍。
3. 通过三次草图草模的推敲确定最终设计方案。借助软件对最终方案进行虚拟建构。

教学方法

讨论引导法、模拟建构法。

成果要求

1. 每个学生以完整草图和草模进行3轮模型推导。
2. 通过模拟建造，精确推导模型尺寸、建构手法、节点形式、构件组合、空间变化等内容。

学生作业举例

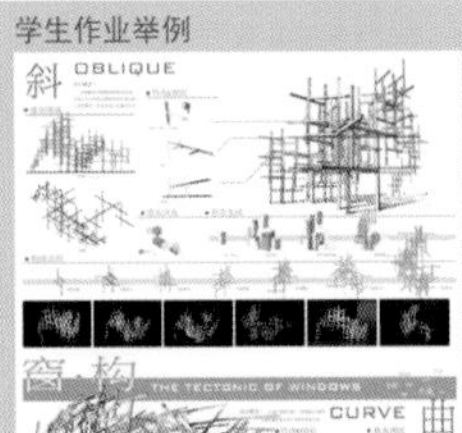

斜 OBLIQUE
THE TECTONIC OF WINDOWS
CURVE

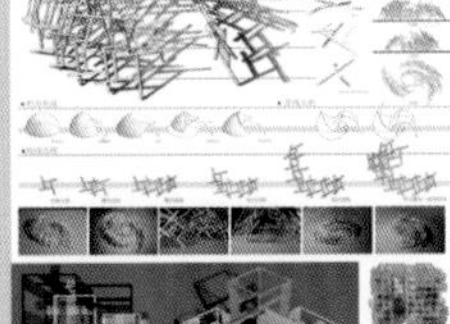

正式模型制作

教学内容

1. 指导每组学生完成正式模型制作。
2. 初步讲解模型拍摄方法。

教学方法

讲解分析法、讨论引导法。

成果要求

1. 以截面为正方形的木条为建造材料，以组为单位设计建造一个木结构空间小品，比例1：500，体现出经典案例学习分析中总结出的特点及手法。
2. 模型可以是一座小型建筑，也可以是一种室外装置物，但又不是具象地模拟真实建筑和装置，要体现出似屋非屋的空间构成特点，重在借助材料特性实现营造各种空间及变化的可能性。
3. 以图片形式记录制作的每一个环节。

学生作业举例

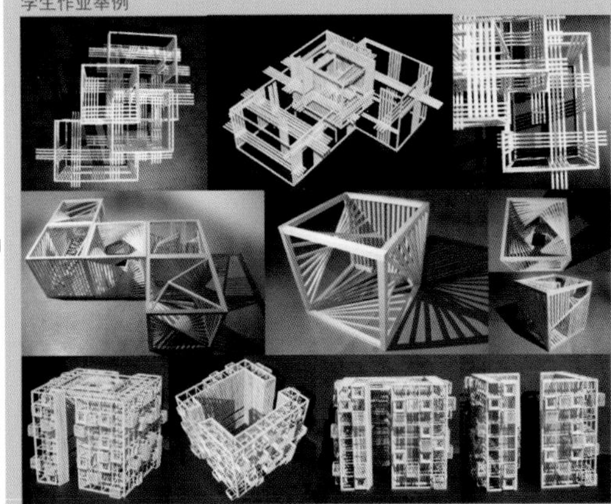

图纸表达

教学内容

1. 讲解正式图纸绘制及排版注意事项。
2. 讲解构图知识及排版方法。
3. 详细讲解并演示模型拍摄方法。
4. 讲解并演示利用软件修改照片的基本方法。
5. 分析历届学生优秀作业。

教学方法

讲解分析法、讨论引导法、试做演示法。

成果要求

1. 灵活运用分析图示画法，画出不少于4项的分析内容。
2. 模型照片不少10张。
3. 以组为单位完成A1图纸，内容参见成果要求。

参考举例

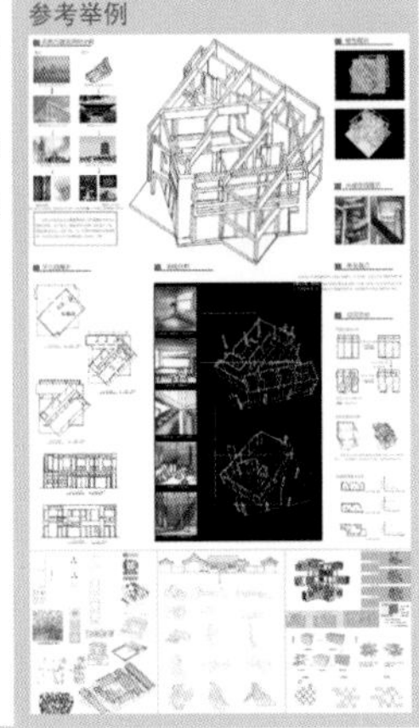

点评总结

教学内容

1. 听取学生汇报学习成果。
2. 结合模型制作、分析图示、正图表达等不同阶段要点进行各组辅导、集中讲评。
3. 通过集中评讲与总结再次强化学生“造建筑”而非单纯“画建筑”的设计思维，深化木质材料特性、木构件的连接方式，建构空间的理解，强调在实做的过程中感受建筑营造的逻辑与表现力。
4. 评定本届学生作业。

教学方法

讲解分析法、讨论引导法。

成果要求

整理拍摄存档相关模型和图纸作业。

学生作业举例　汇报与讲评

木·空间·建造

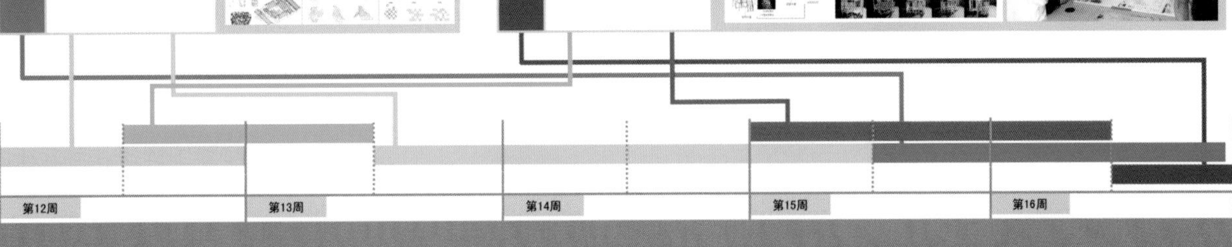

第12周
第13周
第14周
第15周
第16周

木构·营造·空间

——年级建筑初步课程教案之木造 03

作业点评

转木

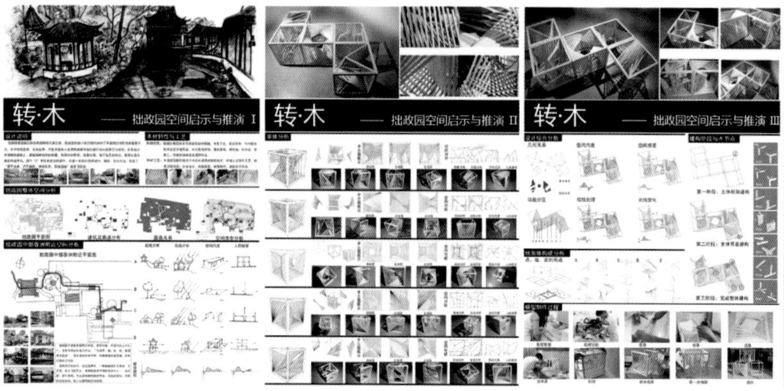

转·木 —— 拙政园空间启示与推演 I

转·木 —— 拙政园空间启示与推演 II

转·木 —— 拙政园空间启示与推演 III

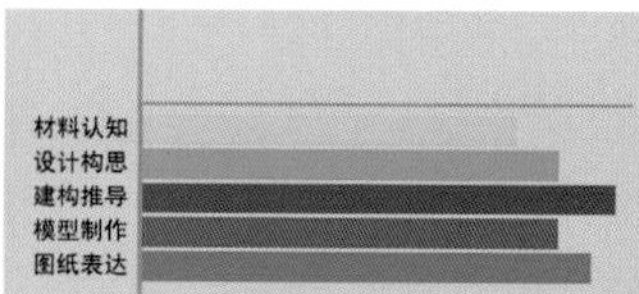

材料认知
设计构思
建构推导
模型制作
图纸表达

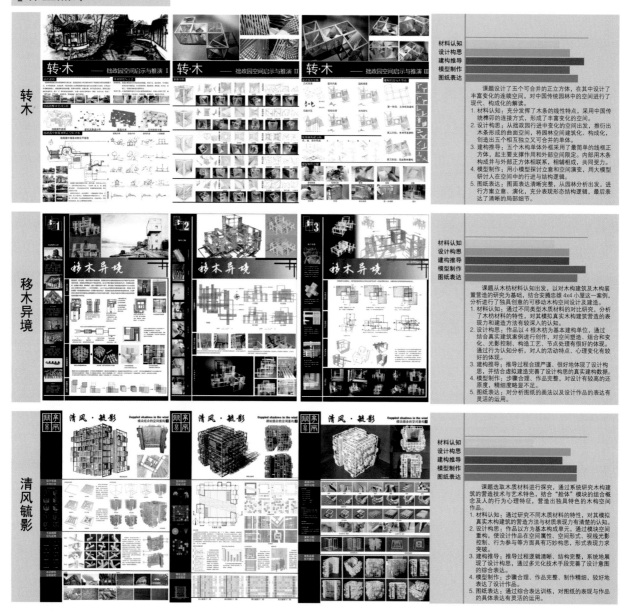

课题设计了五个可合并的正立方体，在其中设计了丰富变化的连续空间，对中国传统园林中的空间进行了现代、构成化的解读。

1. 材料认知：充分发挥了木条的线性特点，采用中国传统榫卯的连接方式，形成了丰富变化的空间。
2. 设计构思：从拙政园行进中变化的空间出发，推衍出木条形成的曲面空间，将园林空间建筑化、构成化，创造出五个相互独立又可合并的单体。
3. 建构推导：五个木构单体外框采用了最简单的线框正方体，起主要支撑作用和外部空间限定。内部用木条构成并与外部正方体相联系，相辅相成，共同受力。
4. 模型制作：用小模型探讨立意和空间演变，用大模型研讨人在空间中的行进与结构逻辑。
5. 图纸表达：图面表达清晰完整，从园林分析出发，进行方案立意、演化，充分表现形态结构逻辑，最后表达了清晰的局部细节。

移木异境

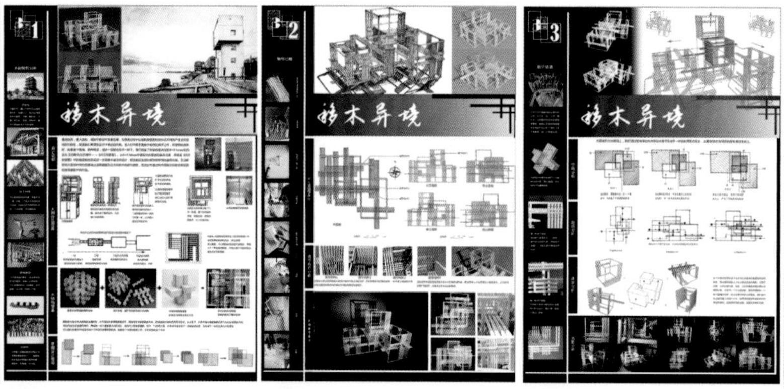

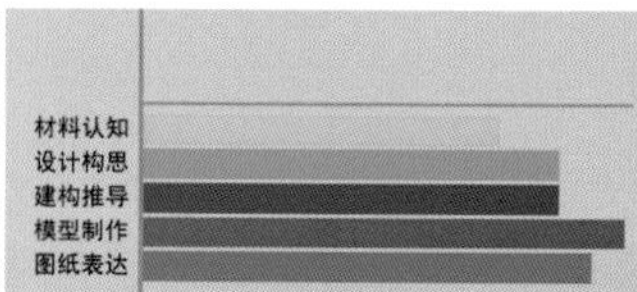

移木异境

材料认知
设计构思
建构推导
模型制作
图纸表达

课题从木枋材料认知出发，以对木构建筑及木构装置营造的研究为基础，结合安腾忠雄 4x4 小屋这一案例，分析进行了独具创意的可移动木构空间设计及建造。

1. 材料认知：通过不同类型木质材料的对比研究，分析了木枋材料的特性，对其模拟真实木构建筑营造的表现力和建造方法有较深入的认知。
2. 设计构思：作品以 4 根木枋为基本建构单位，通过结合真实建筑案例进行创作，对空间塑造、组合和变化、光影控制、构造工艺、节点处理有很好的体现。通过行为认知分析，对人的活动特点、心理变化有较好的体现。
3. 建构推导：推导过程合理严谨、很好地体现了设计构思，并结合虚拟建造完善了设计构思的真实建构数据。
4. 模型制作：步骤合理、作品完整，对设计有较高的还原度，精细度略显不足。
5. 图纸表达：对分析图纸的画法以及设计作品的表达有灵活的运用。

清风毓影

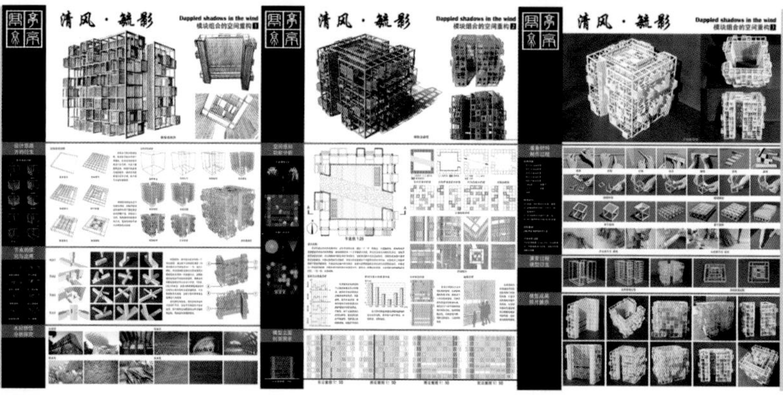

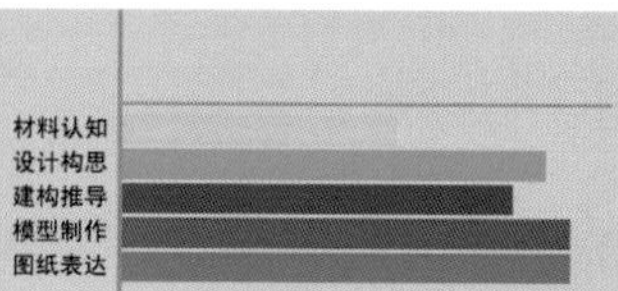

清风·毓影 Dappled shadows in the wind 模块组合的空间重构

材料认知
设计构思
建构推导
模型制作
图纸表达

课题选取木质材料进行探究，通过系统研究木构建筑的营造技术与艺术特色，结合“舱体”模块的组合概念及人的行为心理特征，营造出独具特色的木构空间作品。

1. 材料认知：通过研究不同木质材料的特性，对其模拟真实木构建筑的营造方法与材质表现力有清楚的认知。
2. 设计构思：作品以方为基本构成单元，通过模块空间重构，使设计作品在空间属性、空间形式、视线光影控制、行为参与等方面具有巧妙构思，形式表现力求突破。
3. 建构推导：推导过程逻辑清晰、结构完整，系统地展现了设计构思，通过多元化技术手段完善了设计意图的综合表达。
4. 模型制作：步骤合理、作品完整、制作精细，较好地表达了设计作品。
5. 图纸表达：通过综合表达训练，对图纸的表现与作品的具体表达有灵活的运用。

教学总结与反馈

教学心得

从作业成果看，学生通过亲身实践，对木构材料特性有了很好的认知，进而通过木构营造工艺的学习与思考，对真实建筑从二维图纸设计到建造成型的过程有了直观而具体的认识，对木构建筑的表现力及营造方法有了初步的理解。在实践实做的过程中通过主动思考和切身体验的方式，让学生对空间的形成、空间布局、空间组织、空间变化、行为参与、心理感受、光影控制、工艺应用等基础理论知识得到“由学转用”的训练，培养出良好的空间感、尺度感以及塑造能力，强化了“造建筑”而非单纯“画建筑”的设计思维和逻辑。并从经典案例中学习设计构思与营造手法，通过图纸表达的训练培养良好的绘图能力，为后续的学习奠定良好的基础。达到了“实践实做、过程发现、潜质养成”的专业基础教育与训练的目的。

不足之处在于模型制作精度及对设计的高度还原能力有待提升。

优秀学生作品

建筑初步：纸板造设计
建筑初步：聚苯造设计
建筑初步：石膏造设计
建筑初步：铁丝造设计
建筑初步：木造设计
建筑初步：综合造设计

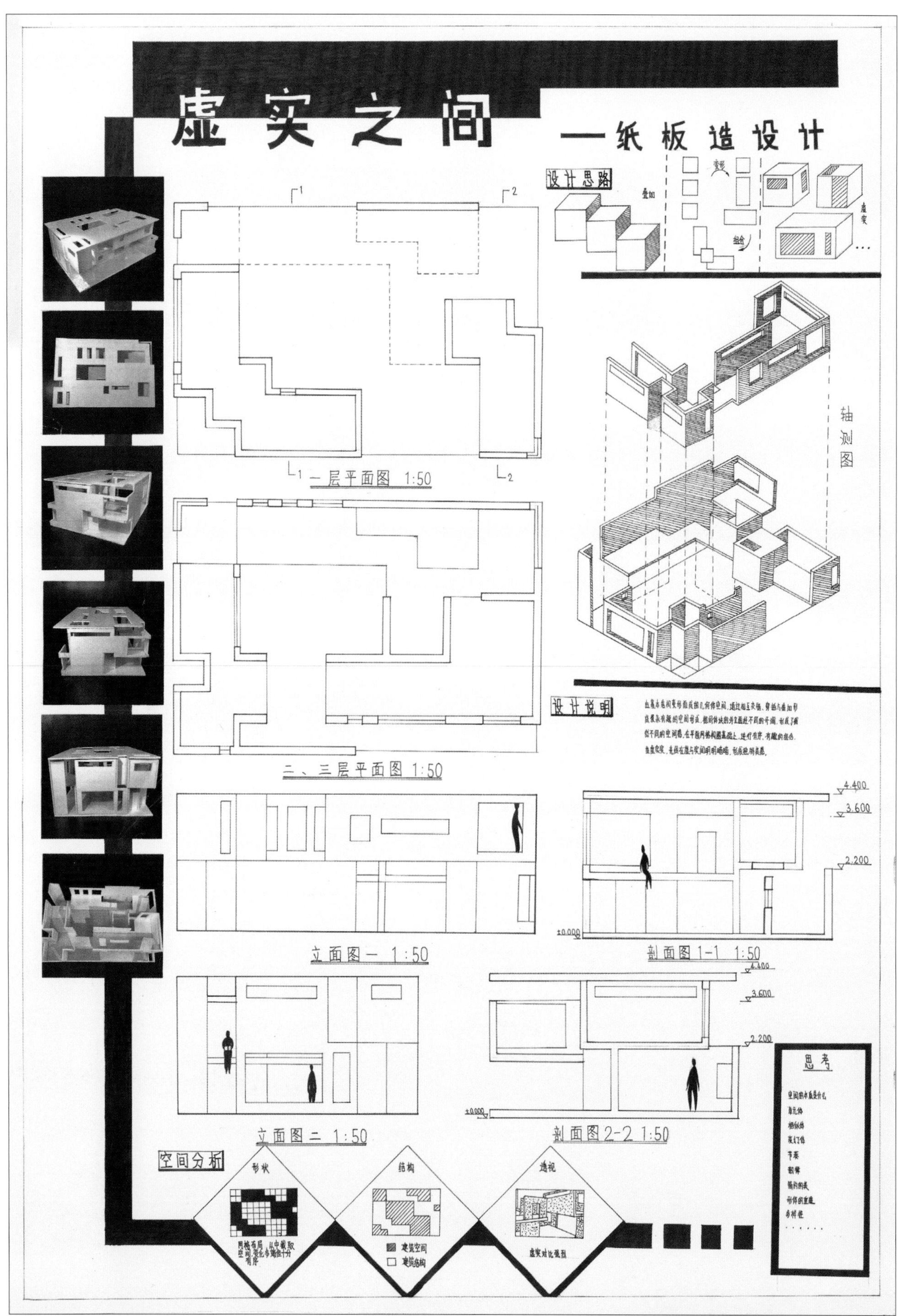
虚实之间
—纸板造设计
设计思路
叠加
变形
组合
虚
实
轴测图
设计说明
一层平面图 1:50
二、三层平面图 1:50
立面图一 1:50
剖面图1-1 1:50
立面图二 1:50
剖面图2-2 1:50
4.400
3.600
2.200
±0.000
空间分析
形状
结构
透视
建筑空间
建筑结构
虚实对比强烈
思考
空间的本质是什么
单元体
相似体
节奏
韵律
形体的重造
多样性
······

学生姓名： 符钟元

指导教师： 蒋 玲 李 鑫

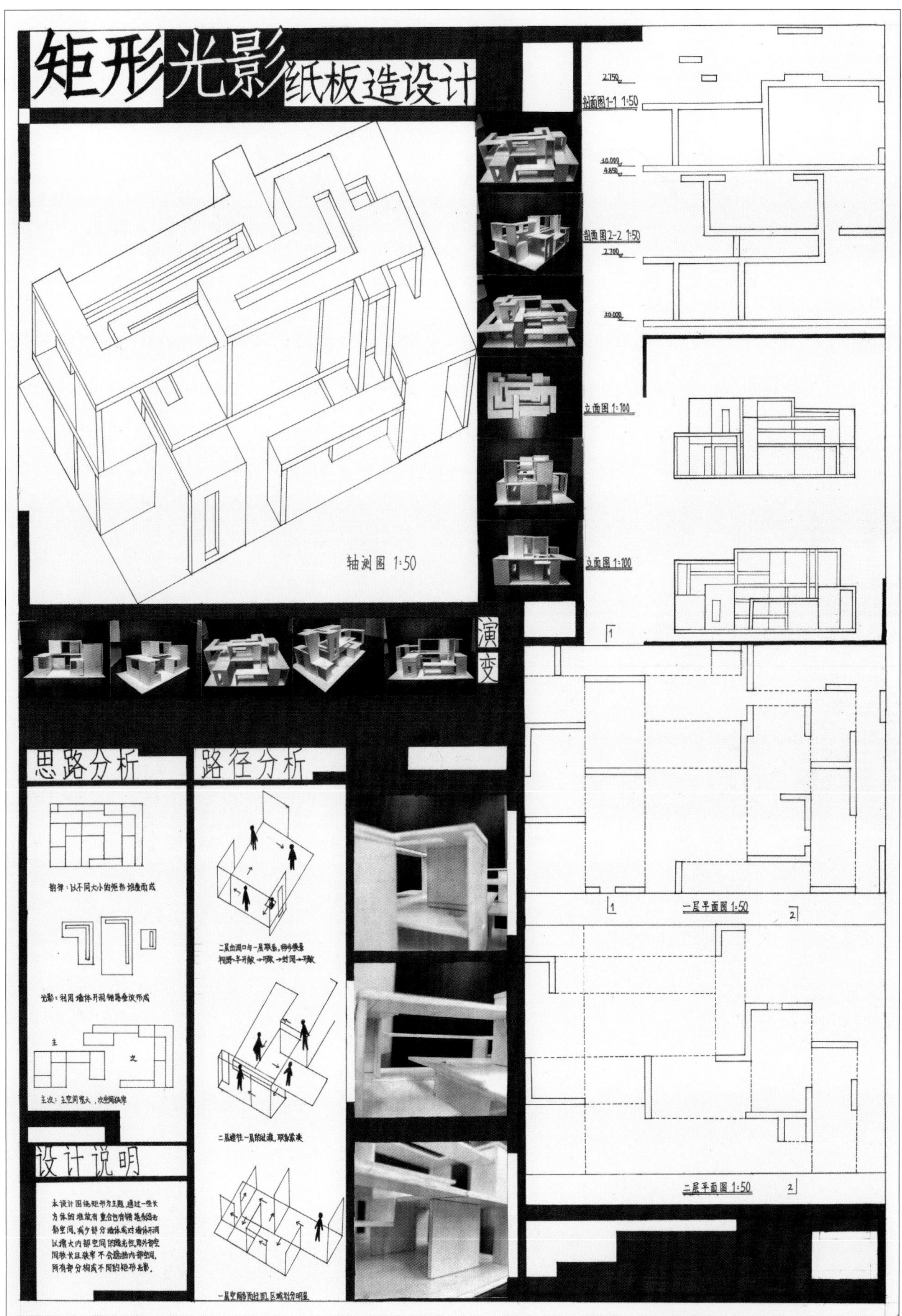

矩形光影 纸板造设计
轴测图 1:50
剖面图1-1 1:50
剖面图2-2 1:50
立面图 1:100
立面图 1:100
一层平面图 1:50
二层平面图 1:50
演变
思路分析
韵律：以不同大小的矩形堆叠而成
光影：利用墙体开洞错落叠放形成
主
次
主次：主空间宽大，次空间狭窄
路径分析
二层由洞口与一层联系，移步换景
视野：半开敞→开敞→封闭→开敞
二层起性一层的过渡，联系紧凑
一层空间分两过回，区域划分明显
设计说明
本设计围绕矩形为主题，通过一些长方体的堆放有重合也有错落，制造光影空间。减少部分墙体或对墙体开洞以增大内部空间的透光性，因外部空间较长且狭窄，不会遮挡内部空间。所有部分构成不同的矩形光影。

学生姓名：龙渝平　　　　指导教师：蒋　玲　李　鑫

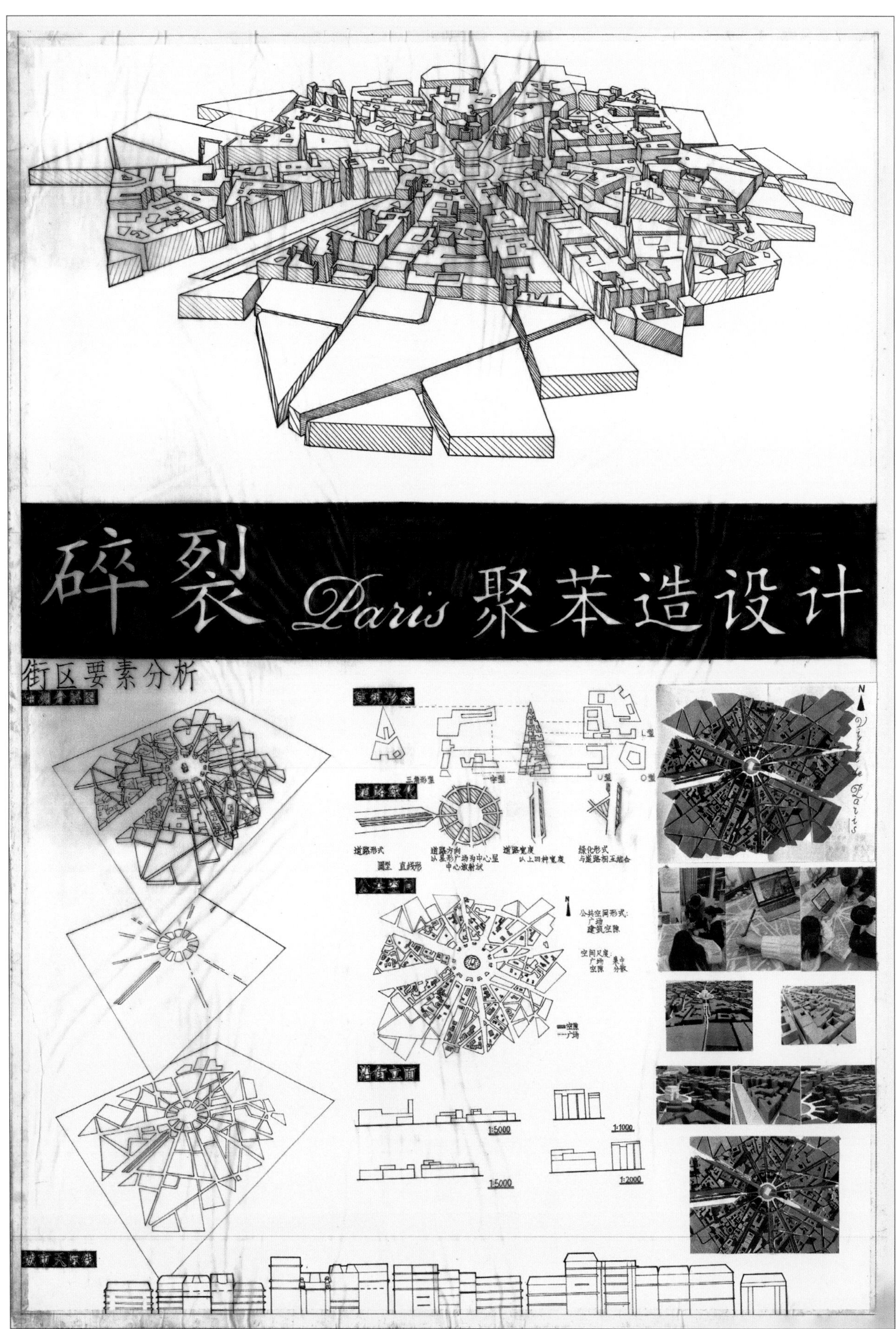
碎裂 Paris 聚落造设计
街区要素分析
道路形式
圆型 直线形
道路方向
以星形广场为中心呈中心放射状
道路宽度
以上四种宽度
绿化形式
与道路相互结合
公共空间形式：
广场
建筑空隙
空间尺度：
广场 集合
空隙 分散
1:5000
1:1000
1:5000
1:2000

学生姓名：欧阳宏坤　韩永馨　　　　指导教师：蒋　玲　李　鑫

碎裂 Paris 聚苯造设计
比例：1:1500
区域图底关系
区域高度分析
绿化分析
公园绿地
建筑绿地
市政绿地
道路分析
使用定位
广场对道路的控制力
商业发展动线
休闲生活动线
强
一般
弱
公共空间分析
标志物作为焦点引导人流
前进人流
驻停人流
交通空间
休闲游憩空间
设计说明
多个在高度体量有一定特征的建筑物作为整个建筑群的主体性建筑统领全区，使该建筑群布局呈现"三段式"的典型形式。
各个交通枢纽均以城市广场作为基本布局形式，各个交通枢纽间均以宽阔，笔直的林荫大道相连结每条大道都通向一处纪念性的建筑。
高度分区特点使巴黎形态，但因建筑高度差异不大，整体呈现平缓统一的形态特心。
建筑尺度比例分析
主要车行道
次要车行道
步行道
次要步行道
单位(mm) 比例1:500

学生姓名：欧阳宏坤　韩永馨　　　　指导教师：蒋　玲　李　鑫

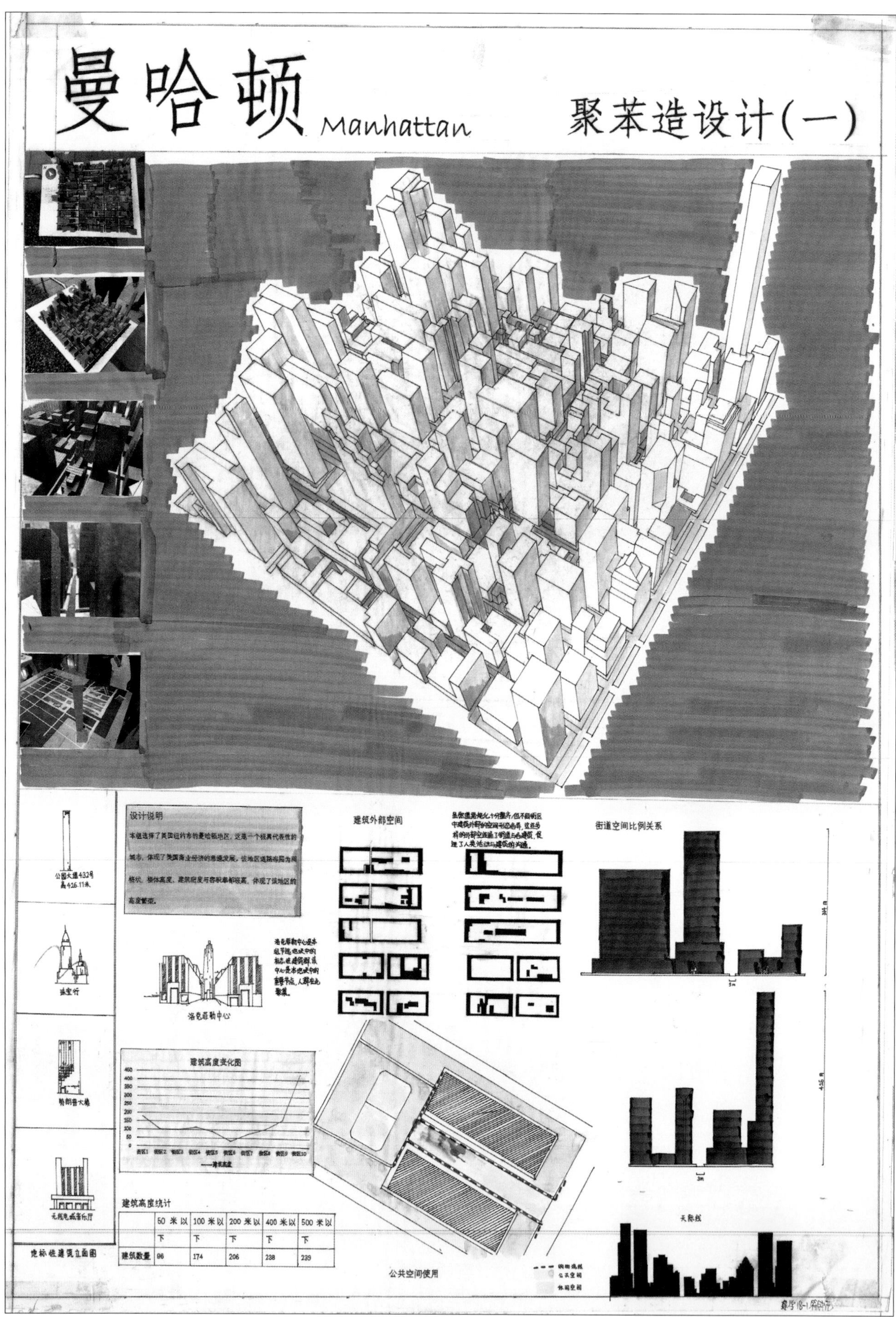
曼哈顿 Manhattan
聚落造设计（一）
设计说明
本组选择了美国纽约市的曼哈顿地区，这是一个极具代表性的城市，体现了美国商业经济的急速发展。该地区道路布局为网格状，楼体高度、建筑密度与容积率都极高，体现了该地区的高度繁荣。
建筑外部空间
虽然道路规化十分整齐，但不同街区中建筑外部的空间形态各异，这些多样的外部空间连通了街道与各建筑，促进了人类活动与建筑的沟通。
街道空间比例关系
公园大道432号 高426.11米
洛克菲勒中心是本组节选地块中的标志性建筑群，该中心是本地块中的重要节点，人群在此聚集。
洛克菲勒中心
布朗鲁大楼
无线电城音乐厅
地标性建筑立面图
建筑高度变化图
街区1 街区2 街区3 街区4 街区5 街区6 街区7 街区8 街区9 街区10
——建筑高度
建筑高度统计
	50 米以下	100 米以下	200 米以下	400 米以下	500 米以下
建筑数量	96	174	206	238	239
公共空间使用
公共空间
休闲空间
天际线

学生姓名：王可晗　符钟元　　　**指导教师：**蒋　玲　李　鑫

曼哈顿
Manhattan
要素
聚苯造设计(二)
REDKEN
GIFTS
图例
灰色——建筑
绿色——绿化
橙色——屋顶
建筑与建筑
咬合式建筑组
嵌入型绿化
包围型绿化
装饰型绿化
屋顶绿化
建筑与绿化
道路与绿化
道路中央绿化
交错路口绿化
十字路口绿化
丁字路口绿化
屋顶形状
联排商铺屋顶
摩天大楼屋顶
街角房屋屋顶
教堂屋顶

学生姓名：王可晗　符钟元　　　　指导教师：蒋　玲　李　鑫

印象·网师园

The Impression of The Master-of-Nets Garden

图形符号的空间重构 1

网师园
网师园区位图

网师园鸟瞰图

提炼及发现元素可行性

提炼元素及发现元素可行性

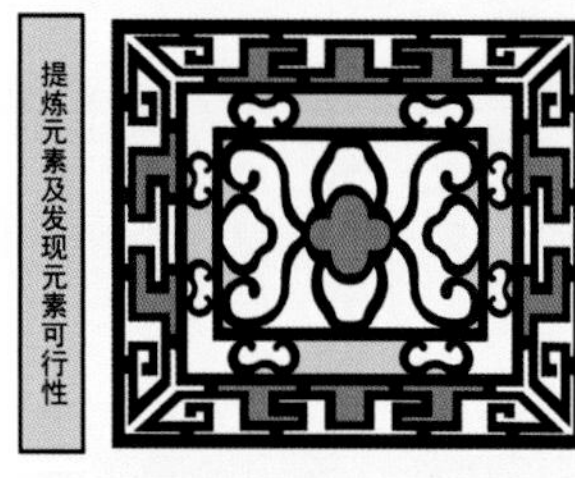
主要元素
次要元素

通过观察，初步确定主要元素、次要元素，再结合网师园的整体提取元素。

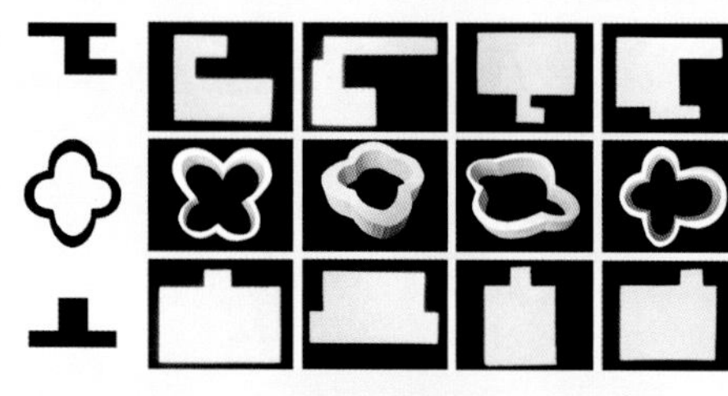

提取主要元素后，分别用石膏制作模型进行探究。改变元素中部分位置的形态体量，探究其改变与模型成功率，即探究每个元素的可行性。

元素的推演与平面的生成

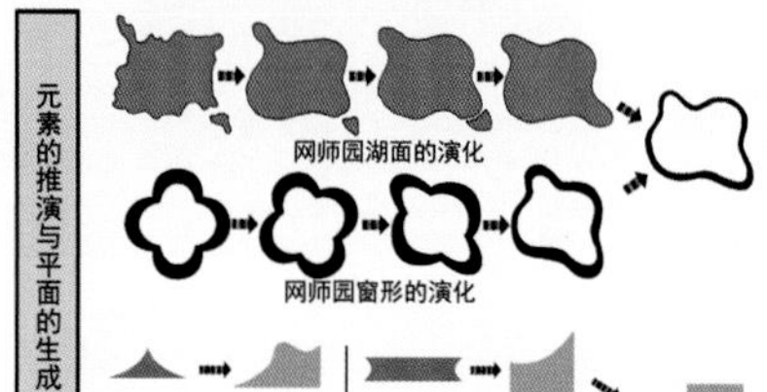
网师园湖面的演化
网师园窗形的演化

通过对网师园湖面形态和漏窗中符号的提炼，得到设计中核心墙体的造型，融合了网师园的造园精髓。

提取漏窗中的基本几何图形，进行推演变幻，得到设计中的形状。

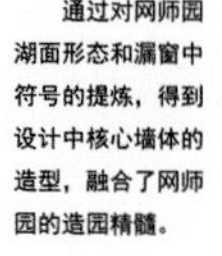

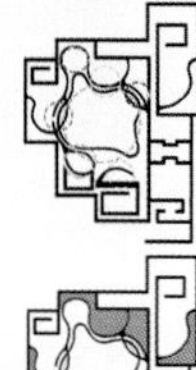

对所选漏窗进行形态分析，得到各部分形态关系，并应用到设计中，使设计墙体空间与窗形态形成有机联系，一一对应。

不仅空间的形态来自漏窗，墙体围合的空间形状也源于窗的窗框围合形式，设计的素材全部取自漏窗。

平面空间的演化与生成

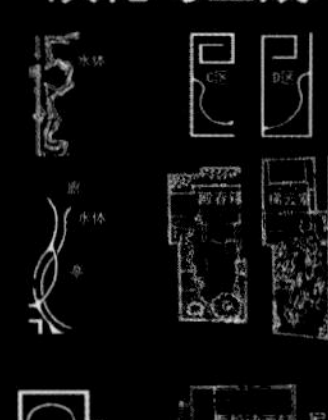

网师园空间演变图

网师园平面图

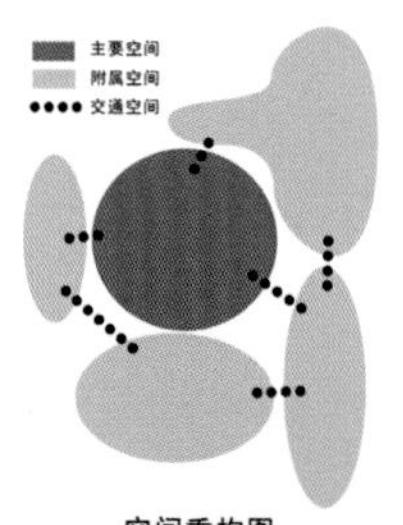
主要空间
附属空间
交通空间

空间重构图

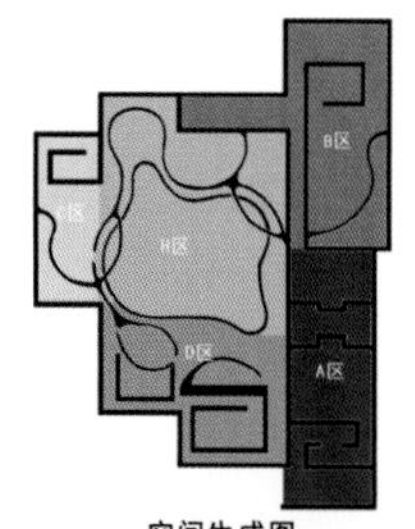
B区
H区
D区
A区

空间生成图

作品以网师园作为整体设计原型，主要分为五个部分，A区、B区、C区、D区以及H区。此次创作灵感来源于网师园之窗，探究了窗与园的关系，将窗解构，把提取出的元素重组变形后应用到园中去。建筑轮廓是窗中回字纹的抽象概括，而建筑群中央湖面是窗中心图形的提炼，周边景色便是窗子中央一层层的云纹的抽象概括，犹如一层层的窗花将中心图形包围。

石膏特性分析探究

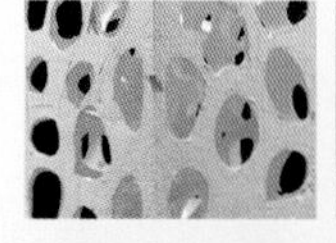

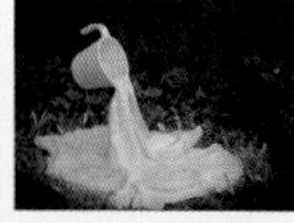

石膏易于凝结

石膏易于雕刻

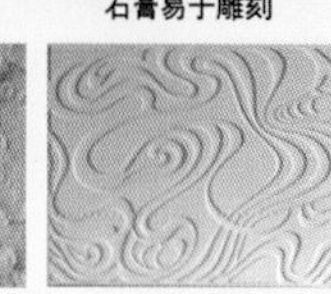

石膏易于塑性

石膏易于形成肌理

学生姓名：苏伊莎　修琳洁　计轲然　赵世元

指导教师：安　平　秦　柯

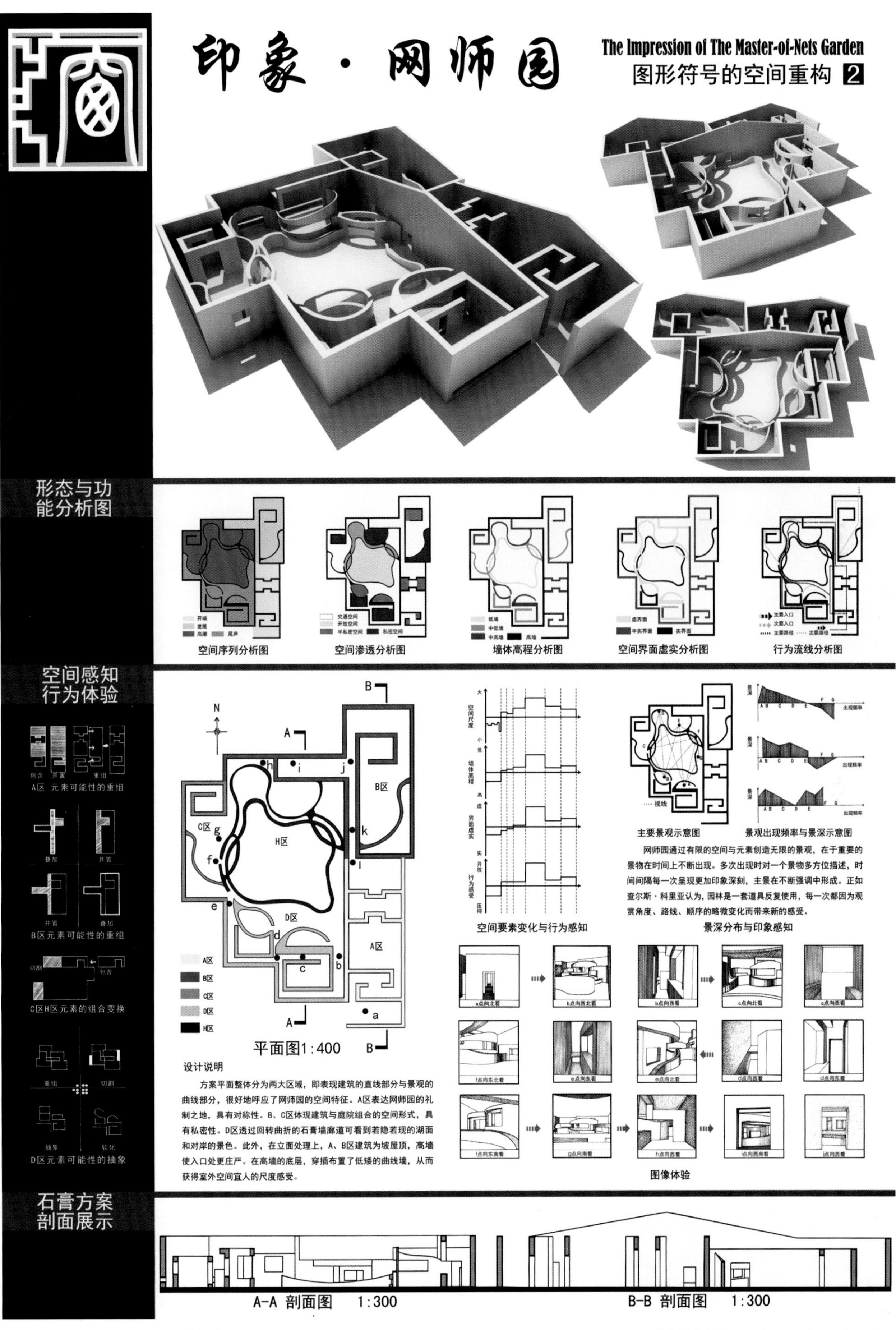
印象·网师园
The Impression of The Master-of-Nets Garden
图形符号的空间重构 2
形态与功能分析图
空间序列分析图
空间渗透分析图
墙体高程分析图
空间界面虚实分析图
行为流线分析图
空间感知行为体验
A区 元素可能性的重组
B区元素可能性的重组
C区H区元素的组合变换
D区元素可能性的抽象
平面图1:400
设计说明
方案平面整体分为两大区域，即表现建筑的直线部分与景观的曲线部分，很好地呼应了网师园的空间特征。A区表达网师园的礼制之地，具有对称性。B、C区体现建筑与庭院组合的空间形式，具有私密性。D区透过回转曲折的石膏墙廊道可看到若隐若现的湖面和对岸的景色。此外，在立面处理上，A、B区建筑为坡屋顶，高墙使入口处更庄严。在高墙的底层，穿插布置了低矮的曲线墙，从而获得室外空间宜人的尺度感受。
空间要素变化与行为感知
主要景观示意图
景观出现频率与景深示意图
网师园通过有限的空间与元素创造无限的景观，在于重要的景物在时间上不断出现。多次出现时对一个景物多方位描述，时间间隔每一次呈现更加印象深刻，主景在不断强调中形成。正如查尔斯·科里亚认为，园林是一套道具反复使用，每一次都因为观赏角度、路线、顺序的略微变化而带来新的感受。
景深分布与印象感知
图像体验
石膏方案剖面展示
A-A 剖面图 1:300
B-B 剖面图 1:300
学生姓名：苏伊莎 修琳洁 计轲然 赵世元
指导教师：安 平 秦 柯

印象·网师园

The Impression of The Master-of-Nets Garden

图形符号的空间重构 3

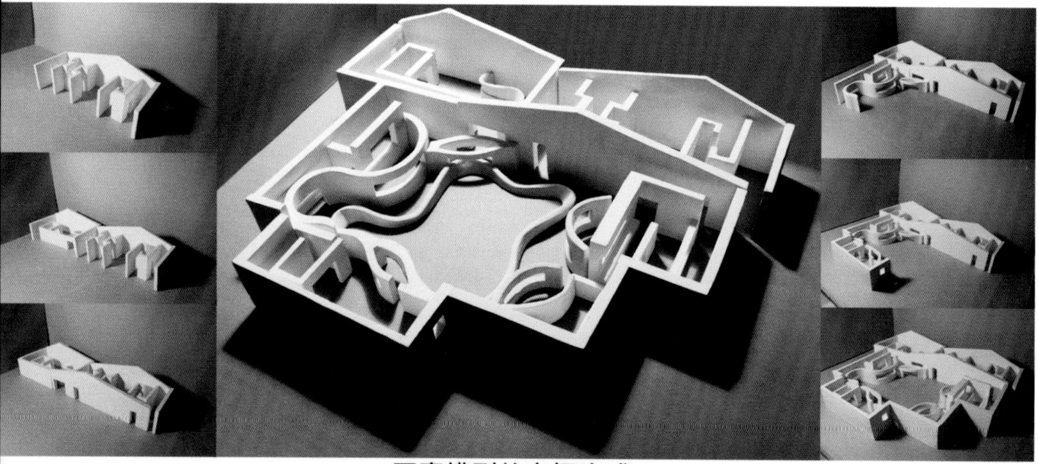

石膏模型的空间生成

制作过程 材料尝试

画线 剪裁 粘合 查漏 固定 涂肥皂 调浆 灌浆 脱模 打磨 编号 组合

橡皮泥尝试

卡板尝试

ABS板与聚苯板尝试

陶泥尝试

胶泥正反模尝试

曲线墙的探究

橡皮泥：易获取、上手较易，不易出型，且干后易出现裂缝。适合作为初期尝试。

卡板：做工精致，适合非线性墙，不宜做线性墙。

ABS：加热可塑性强，但操作不便。

陶泥：上手困难，耗时长，干后易裂，硬度较低。

胶泥：正反模工艺复杂，成品精美，但耗时长，工作量大，脱模易损坏。

元素在石膏的应用

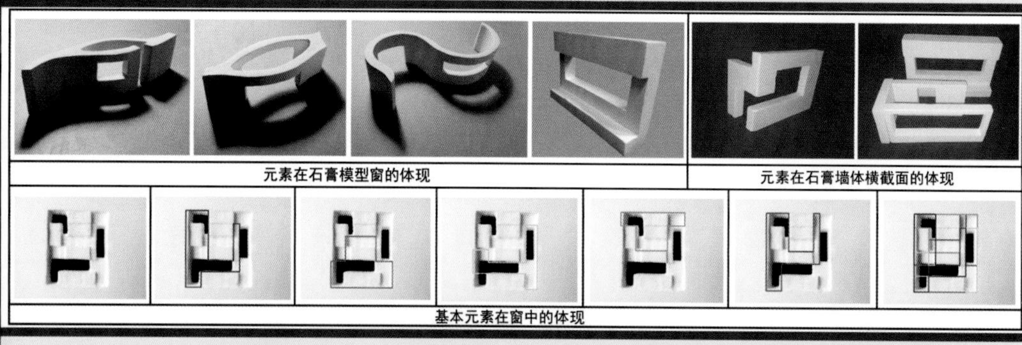

元素在石膏模型窗的体现

元素在石膏墙体横截面的体现

基本元素在窗中的体现

模型成果照片展示

学生姓名：苏伊莎 修琳洁 计轲然 赵世元

指导教师：安 平 秦 柯

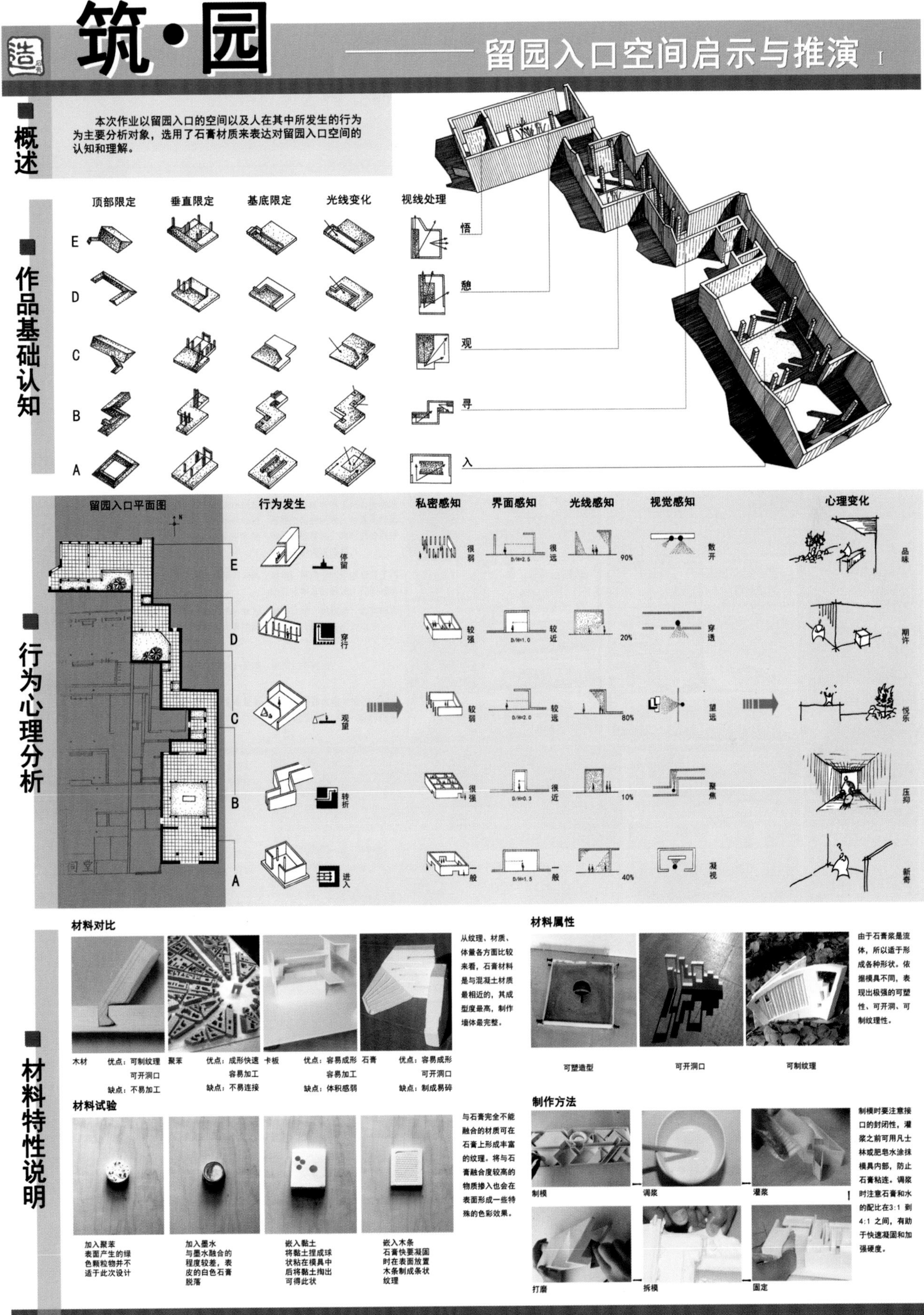

造
筑·园
——留园入口空间启示与推演 I
概述
本次作业以留园入口的空间以及人在其中所发生的行为为主要分析对象，选用了石膏材质来表达对留园入口空间的认知和理解。
作品基础认知
顶部限定
垂直限定
基底限定
光线变化
视线处理
E
D
C
B
A
悟
憩
观
寻
入
行为心理分析
留园入口平面图
行为发生
私密感知
界面感知
光线感知
视觉感知
心理变化
停留
穿行
观望
转折
进入
很弱
较强
较弱
很强
一般
D/H=2.5
D/H=1.0
D/H=2.0
D/H=0.3
D/H=1.5
很远
较近
较远
很近
一般
90%
20%
80%
10%
40%
散开
穿透
望远
聚焦
凝视
品味
期许
悦乐
压抑
新奇
材料特性说明
材料对比
木材 优点：可制纹理 可开洞口 缺点：不易加工
聚苯 优点：成形快速 容易加工 缺点：不易连接
卡板 优点：容易成形 容易加工 缺点：体积感弱
石膏 优点：容易成形 可开洞口 缺点：制成易碎
从纹理、材质、体量各方面比较来看，石膏材料是与混凝土材质最相近的，其成型度最高，制作墙体最完整。
材料试验
加入聚苯 表面产生的绿色颗粒物并不适于此次设计
加入墨水 与墨水融合的程度较差，表皮的白色石膏脱落
嵌入黏土 将黏土捏成球状粘在模具中后将黏土掏出可得此状
嵌入木条 石膏快要凝固时在表面放置木条制成条状纹理
与石膏完全不能融合的材质可在石膏上形成丰富的纹理。将与石膏融合度较高的物质掺入也会在表面形成一些特殊的色彩效果。
材料属性
可塑造型
可开洞口
可制纹理
由于石膏浆是流体，所以适于形成各种形状。依据模具不同，表现出极强的可塑性、可开洞、可制纹理性。
制作方法
制模
调浆
灌浆
打磨
拆模
固定
制模时要注意接口的封闭性，灌浆之前可用凡士林或肥皂水涂抹模具内部，防止石膏粘连。调浆时注意石膏和水的配比在3:1到4:1之间，有助于快速凝固和加强硬度。

学生姓名：张雅琪　赵骄阳　周雨晨　苏婧烨　李惠文

指导教师：潘明率　蒋　玲

筑·园——留园入口空间启示与推演 II

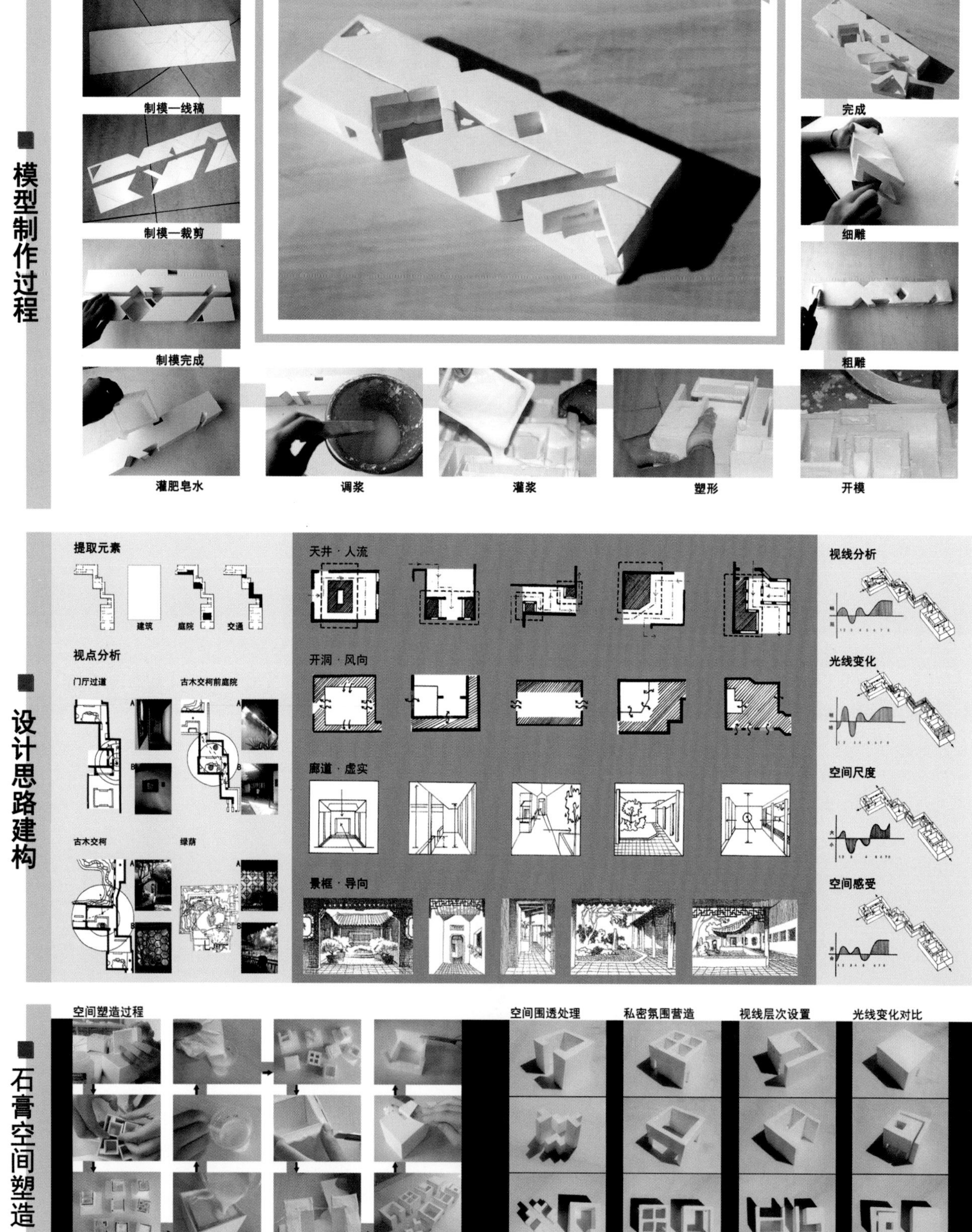
造
模型制作过程
制模—线稿
制模—裁剪
制模完成
灌肥皂水
调浆
灌浆
塑形
开模
粗雕
细雕
完成
设计思路建构
提取元素
建筑
庭院
交通
视点分析
门厅过道
古木交柯前庭院
古木交柯
绿荫
天井 · 人流
开洞 · 风向
廊道 · 虚实
景框 · 导向
视线分析
光线变化
空间尺度
空间感受
石膏空间塑造
空间塑造过程
空间围透处理
私密氛围营造
视线层次设置
光线变化对比

学生姓名： 张雅琪 赵骄阳 周雨晨 苏婧烨 李惠文

指导教师： 潘明率 蒋 玲

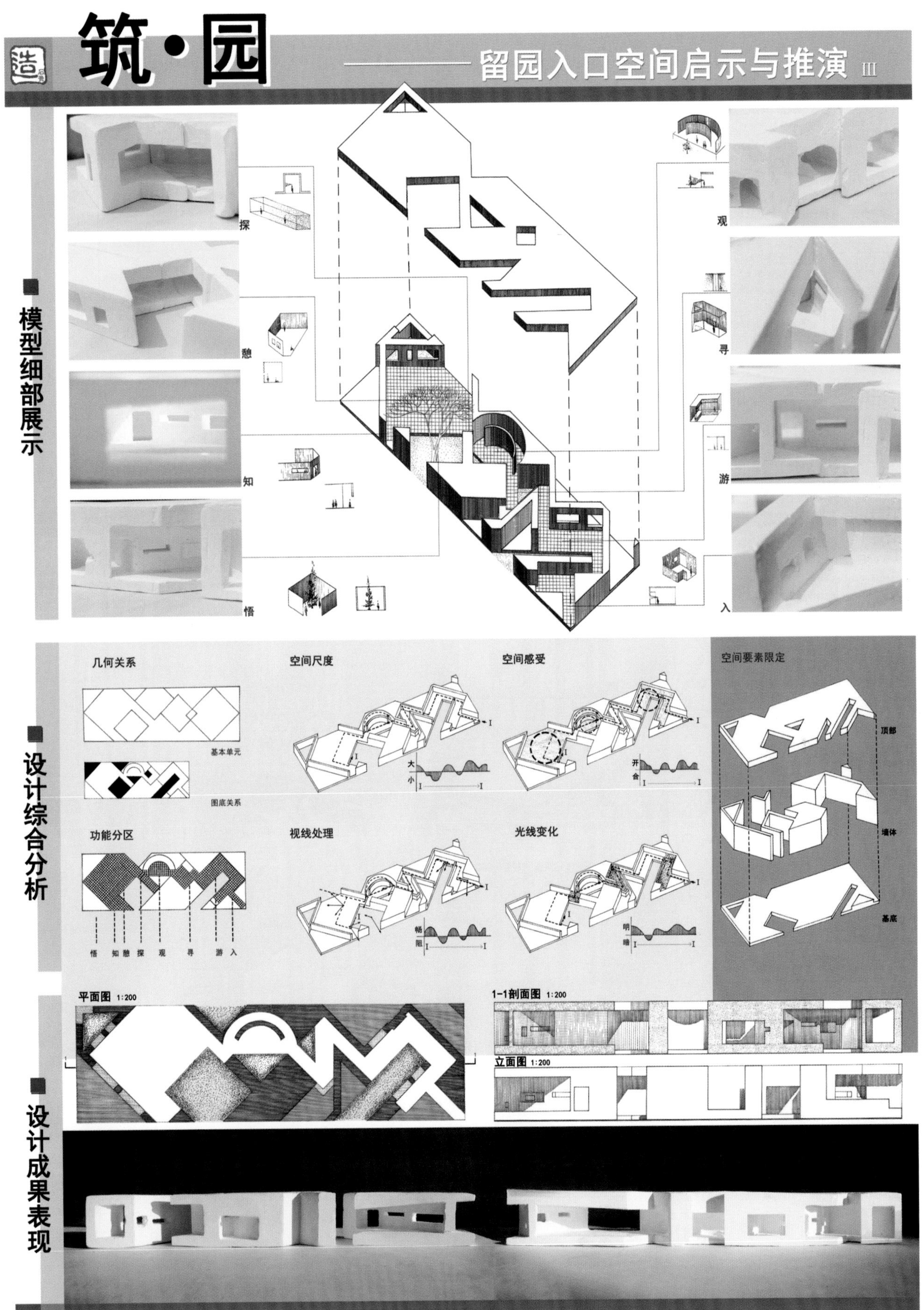
造
筑·园
——留园入口空间启示与推演 III
模型细部展示
探
憩
知
悟
观
寻
游
入
设计综合分析
几何关系
基本单元
图底关系
空间尺度
大
小
空间感受
开
合
空间要素限定
顶部
墙体
基底
功能分区
悟 知 憩 探 观 寻 游 入
视线处理
畅
阻
光线变化
明
暗
设计成果表现
平面图 1:200
1-1剖面图 1:200
立面图 1:200

学生姓名：张雅琪　赵骄阳　周雨晨　苏婧烨　李惠文　　指导教师：潘明率　蒋　玲

網師之韻 —网师园空间界面推衍

设计说明

网师园是中国传统园林的经典之作。网师园的造园理念对我们学习理解空间构成、空间布局、空间组织及日后的设计有重要帮助。网师园在很小的范围内容纳了丰富的空间形式和造境手法。其中空间对比、空间转折、视线变换的处理手法尤其值得我们学习。在系统分析理解的基础上，进行再次创作，发散设计思路，借助石膏的凝固可塑性，将网师园的空间意境进行合理的创造性再现，形成形式再造但意境相同的全新石膏模型，从而更好地理解空间设计、组织、划分，人的行为参与等基础理论知识。达到“源于经典，巧于新作，神似形异，因境通融”的学习目的。

石膏特性与工艺

石膏特性：石膏具有极好的可塑性，通过模具的设计变化，石膏可以凝固形成各式各样的形体，变化丰富。这与真实的建筑材料混凝土具有一定的相似度。通过石膏模具设计、制作模型的训练，有助于直观的理解混凝土的表现力和艺术性。

石膏工艺：石膏模型制作采用一次浇筑成形的制作工艺，制作过程包括设计、电脑建模、制作模具、和浆、浇筑、干燥、脱模、修整、成模。

设计图纸　制作模具　和浆　浇筑　成模

网师园平面分析

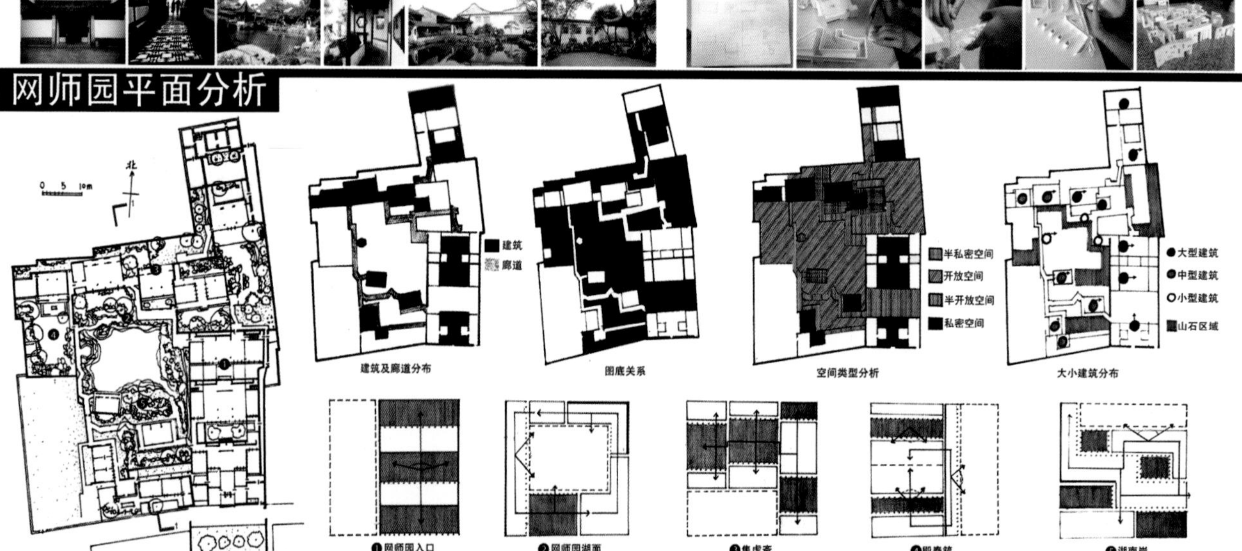
北
0 5 10m
建筑
廊道
半私密空间
开放空间
半开放空间
私密空间
大型建筑
中型建筑
小型建筑
山石区域
建筑及廊道分布
图底关系
空间类型分析
大小建筑分布
网师园平面图
❶网师园入口
❷网师园湖面
❸集虚斋
❹殿春簃
❺湖南岸
路线轨迹
游人视线
门廊
水域
建筑
廊道和庭院

石膏模型平面推导图

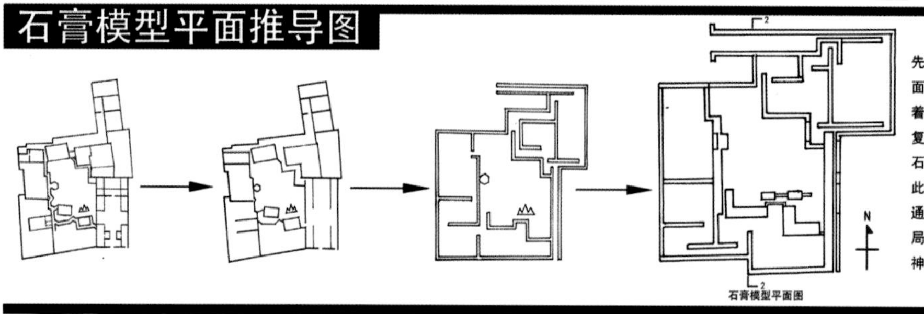
N
石膏模型平面图

通过以上对网师园的平面空间分析，总结出网师园空间有先抑后扬、开合有至、转折往复三大特点。首先从网师园的平面出发只画出主要建筑廊道及其他视线遮蔽物（如假山）。接着将建筑廊道等抽象化，保留其先抑后扬、开合有致、转折往复的空间特点。然后，完善平面，使这三个特点更加突出。以石膏的特性来抽象化建筑及假山，处理开洞的位置及形式，以此体现出网师园在造景、取景、视线控制等方面的手法。最终通过相互垂直的石膏墙体围合出空间，体现出网师园在空间布局、空间组织、道路设定、视线控制等方面的特点，进而达到神似形异的再创造过程。

3-1

学生姓名：赵　岩　俄子鹤　孙　越　　指导教师：彭　历

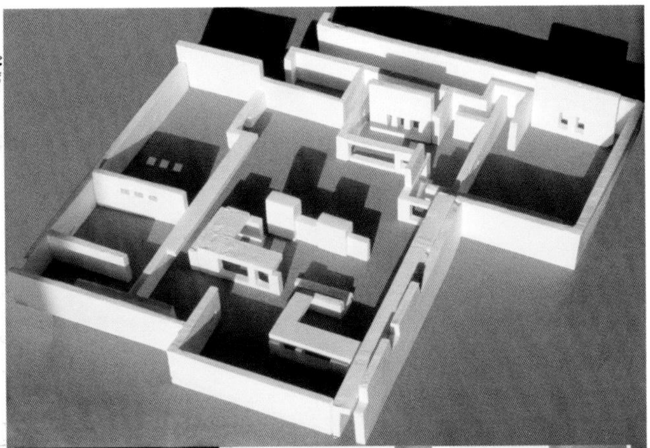

網師之韻——网师园空间界面推衍

对比分析

网师园入口

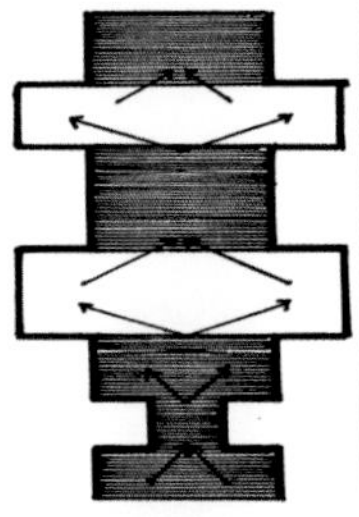

■建筑空间
□露天空间
→视线

网师园空间成郁闭、半郁闭空间组合。视线控制在局部空间范围，郁闭感强。

模型入口区域

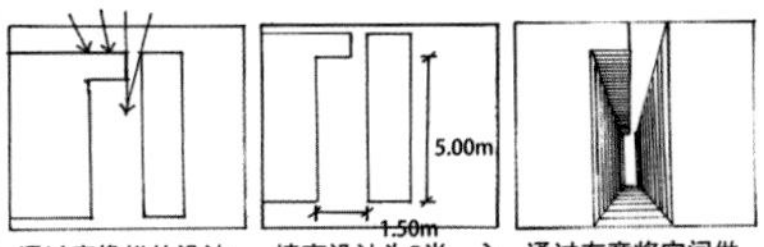

5.00m
1.50m

通过廊檐似的设计减少进光量，将空间做暗，突出空间郁闭感。

墙高设计为5米，入口廊道宽度设计为1.5米，D/H为3/10，突出廊道高耸感。

通过有意将空间做长做暗，使人在长30米的通道中感受到幽深的空间感。

网师园湖面

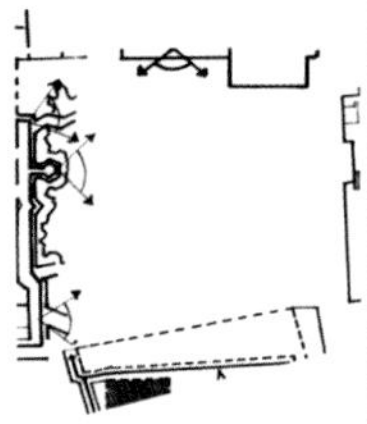

模型中央区域

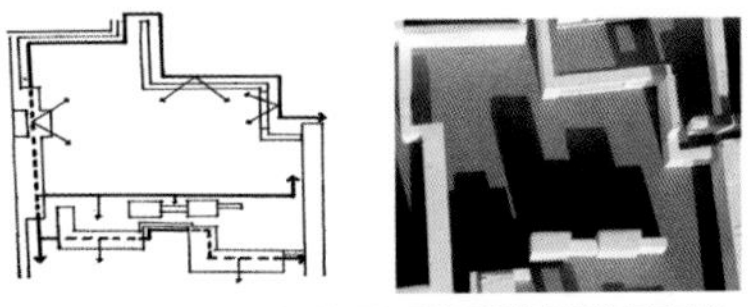

模型中央开敞区域旨在模拟网师园湖面视线通透的观景空间。中央的大空间与周边的小空间形成极强的空间对比感。

集虚斋

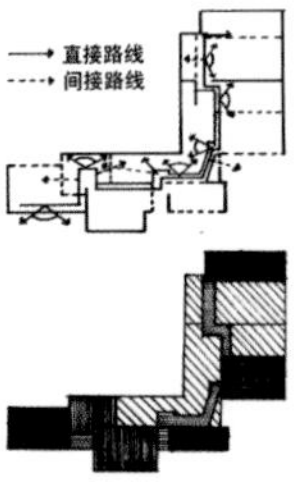

→ 直接路线
--→ 间接路线

模型东北区域

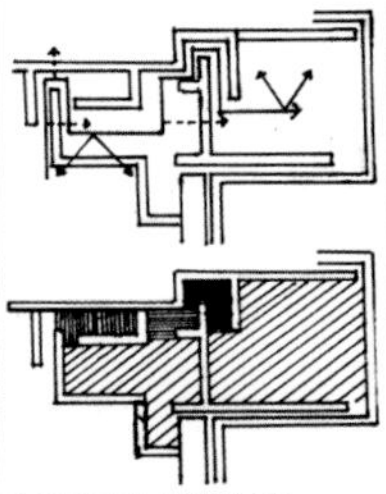

■私密空间 ▥半开放空间 ▨开放空间 ▤半私密空间

形式解释

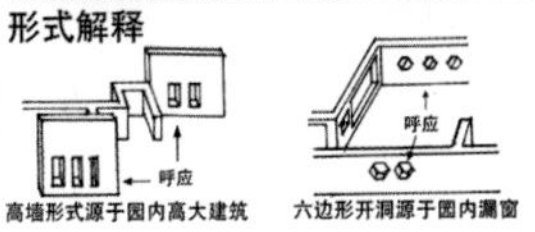

呼应
高墙形式源于园内高大建筑

呼应
六边形开洞源于园内漏窗

殿春簃

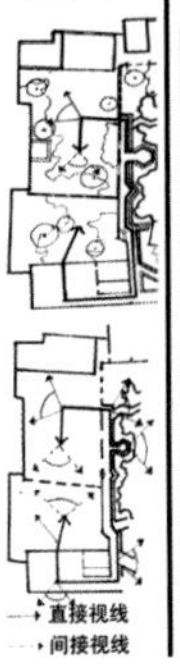

→ 直接视线
--→ 间接视线

模型西南区域

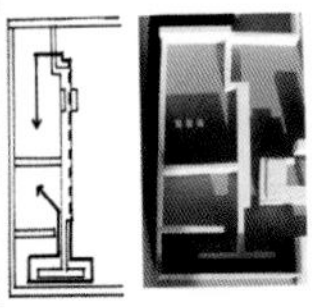

形式解释

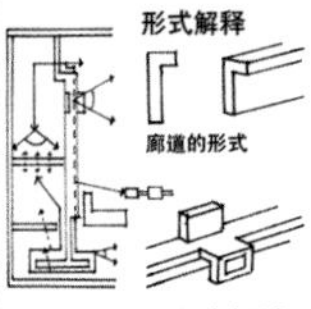

廊道的形式

月到风来亭形式

湖南岸

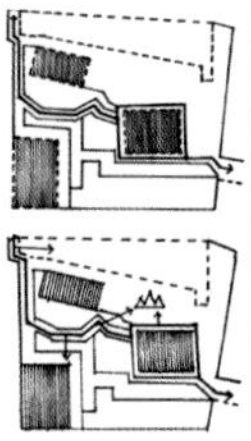

湖南岸廊道曲折，视线较为狭窄，与建筑形成穿梭、交叉、对比。

模型南面区域

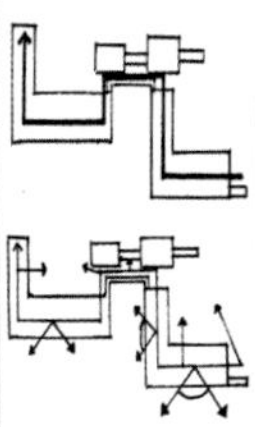

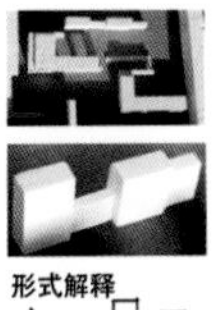

石膏模型运用转折变化的高墙围合出路线曲折、大小对比的流线空间。

形式解释

假山的演变形式

石膏小体量模型模拟湖南岸的假山，通过石膏的高差和薄厚体现山的特性。

立面对比分析

石膏东立面源于网师园湖东岸立面高差。石膏突出墙体恰如其分地反映了湖东岸的建筑立面。

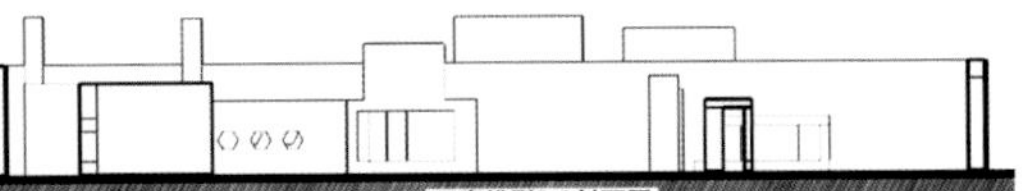

网师园1-1剖面图

石膏模型2-2剖面图

立面展示

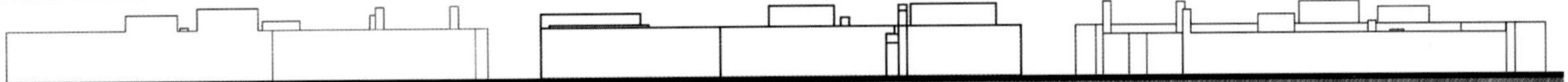

东立面图

北立面图

西立面图

3-2

学生姓名：赵　岩　俄子鹤　孙　越

指导教师：彭　历

網師之韻 ——网师园空间界面推衍

前期准备工作

查阅资料

分析经典设计模型
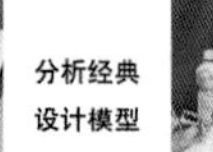

准备材料制作模型

制作模型流程

制作模型 调配浆水 浇灌石膏 阴干成形 围合空间

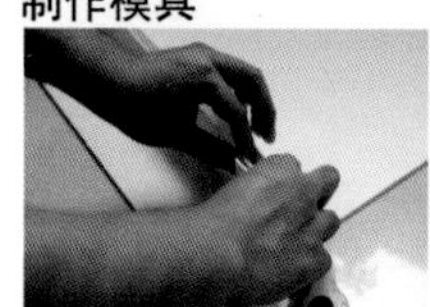
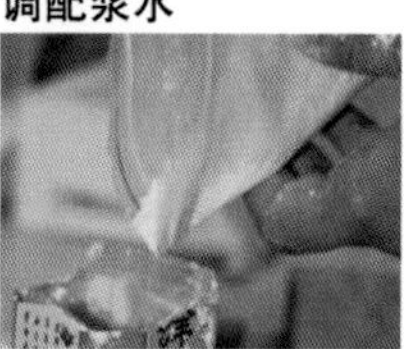

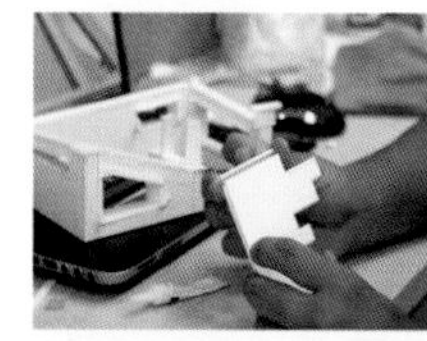

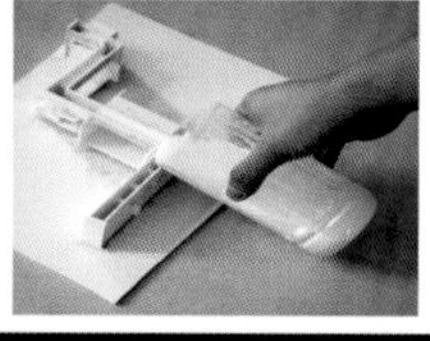

石膏作品展示

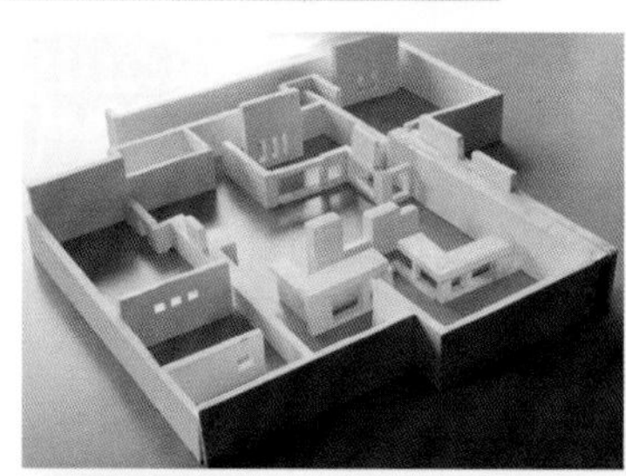

3-3

学生姓名：赵　岩　俄子鹤　孙　越　　**指导教师：**彭　历

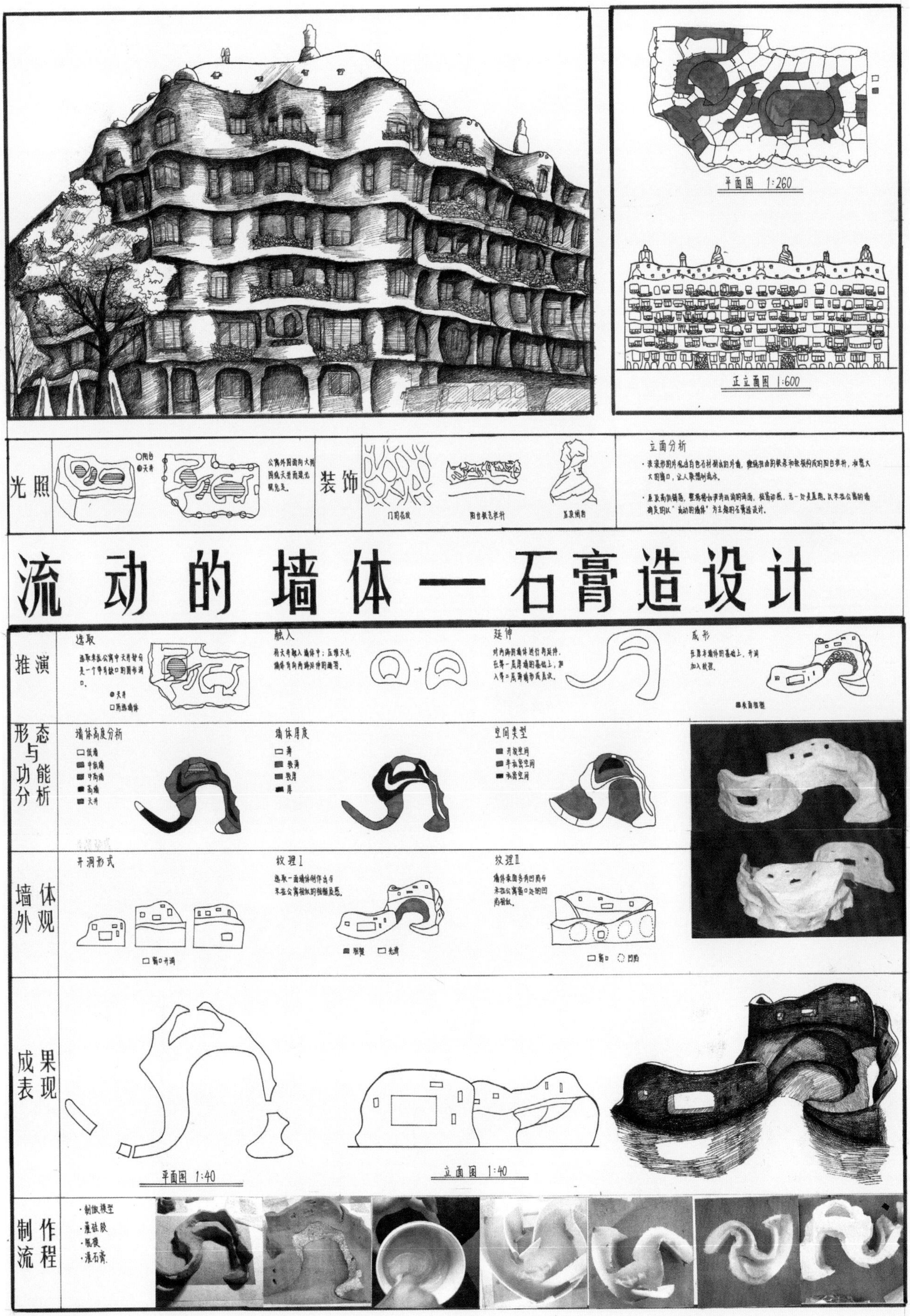

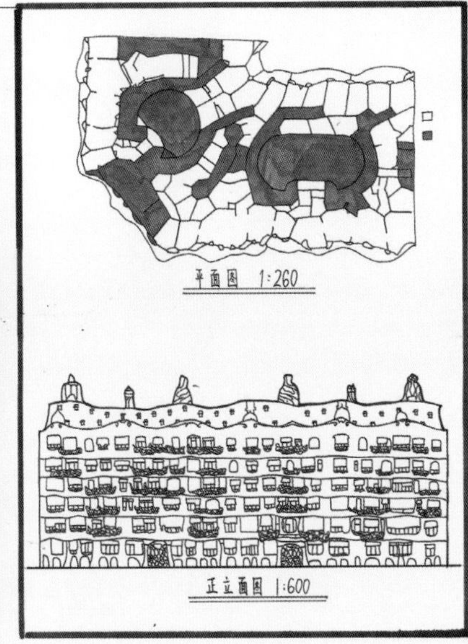
平面图 1:260
正立面图 1:600

光照

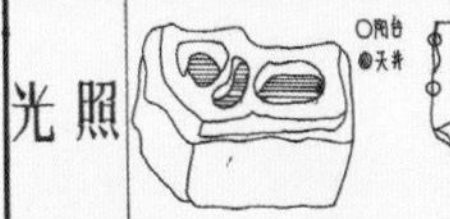
○阳台
◎天井

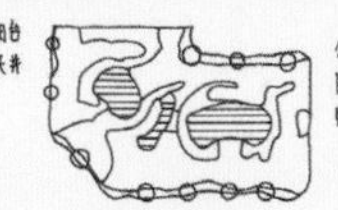

公寓外围面向大街，围绕天井而建光照充足。

装饰

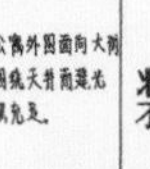

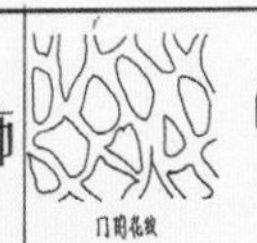

门的花纹　阳台铁艺栏杆　屋顶烟囱

立面分析

· 波浪形的外观由白色石材砌出的外墙，缠绕扭曲的铁条和铁板构成的阳台栏杆，和宽大大的窗口，让人联想到流水。

· 屋顶高低错落，整条楼如波涛汹涌的海面，极富动感，无一处是直角。以米拉公寓的墙确定的以"流动的墙体"为主题的石膏造设计。

流动的墙体—石膏造设计

推演

选取

选取米拉公寓中天井部分是一个带有缺口的圆形洞口。

◎天井
□所选墙体

融入

将天井融入墙体中；压缩天井，墙体有向两端延伸的趋势。

延伸

对两端的墙体进行再延伸，在第一层厚墙的基础上，加入第二层薄墙形成层次。

成形

在原本墙体的基础上，开洞加入纹理。

■表面纹理

形态与功能分析

墙体高度分析

□低墙
■中低墙
■中高墙
■高墙
■天井

墙体厚度

□薄
■较薄
■较厚
■厚

空间类型

■开敞空间
■半私密空间
■私密空间

墙体外观

开洞形式

□窗口开洞

纹理Ⅰ

选取一面墙体制作出与米拉公寓相似的粗糙质感。

■粗糙　□光滑

纹理Ⅱ

墙体表面多有凹陷与米拉公寓窗口处的凹陷相似。

□窗口　◌凹陷

成果表现

平面图 1:40

立面图 1:40

制作流程

· 制做模型
· 灌硅胶
· 脱模
· 灌石膏

学生姓名：龙渝平

指导教师：蒋　玲　李　鑫

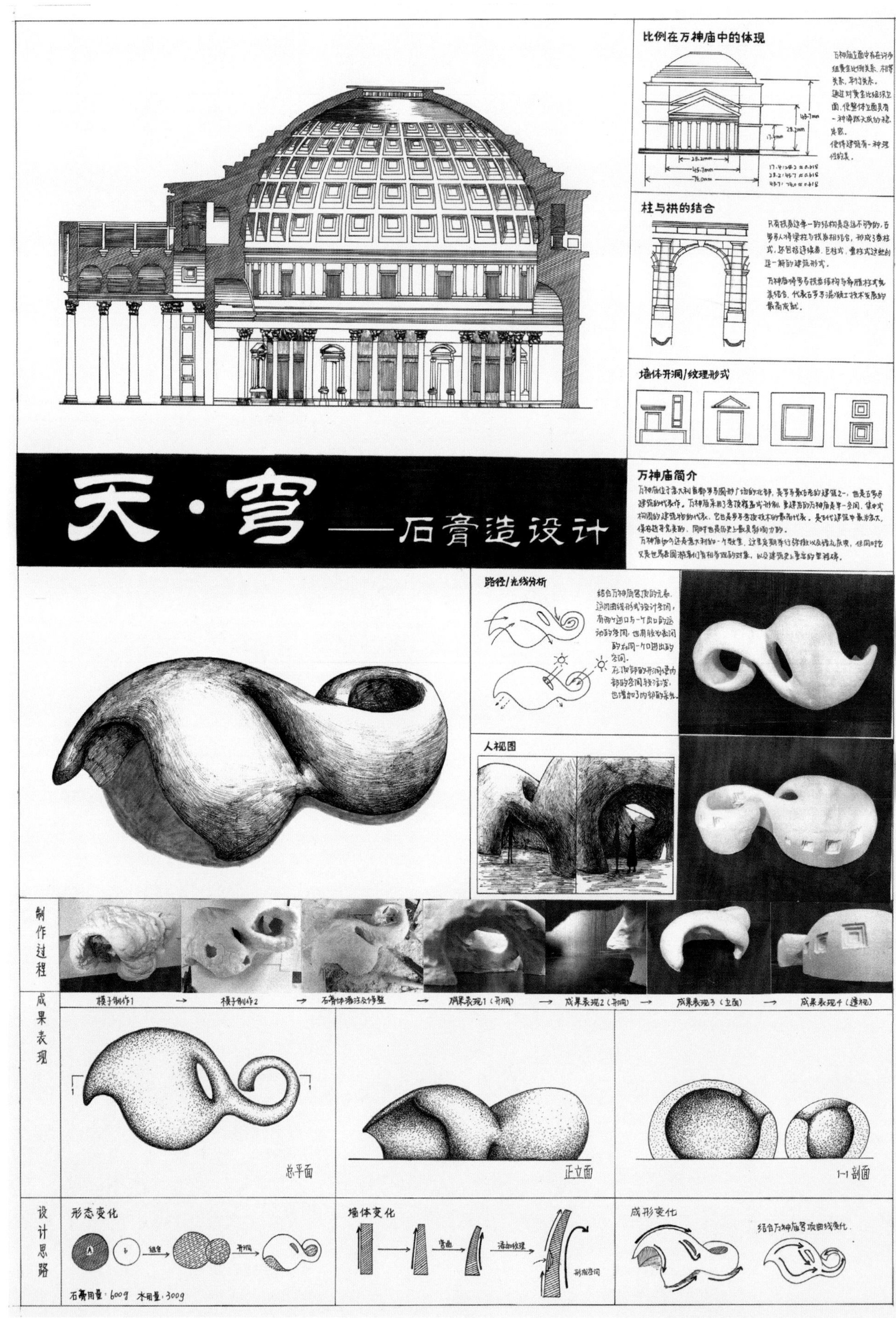

比例在万神庙中的体现
柱与拱的结合
墙体开洞/纹理形式
天·穹——石膏造设计
万神庙简介
路径/光线分析
人视图
制作过程
成果表现
模子制作1
模子制作2
成果表现1（开洞）
成果表现2（开洞）
成果表现3（立面）
成果表现4（透视）
总平面
正立面
1-1 剖面
设计思路
形态变化
墙体变化
成形变化
石膏用量：600g
水用量：300g

学生姓名：朱家仪　　　　指导教师：潘明率　王　彪

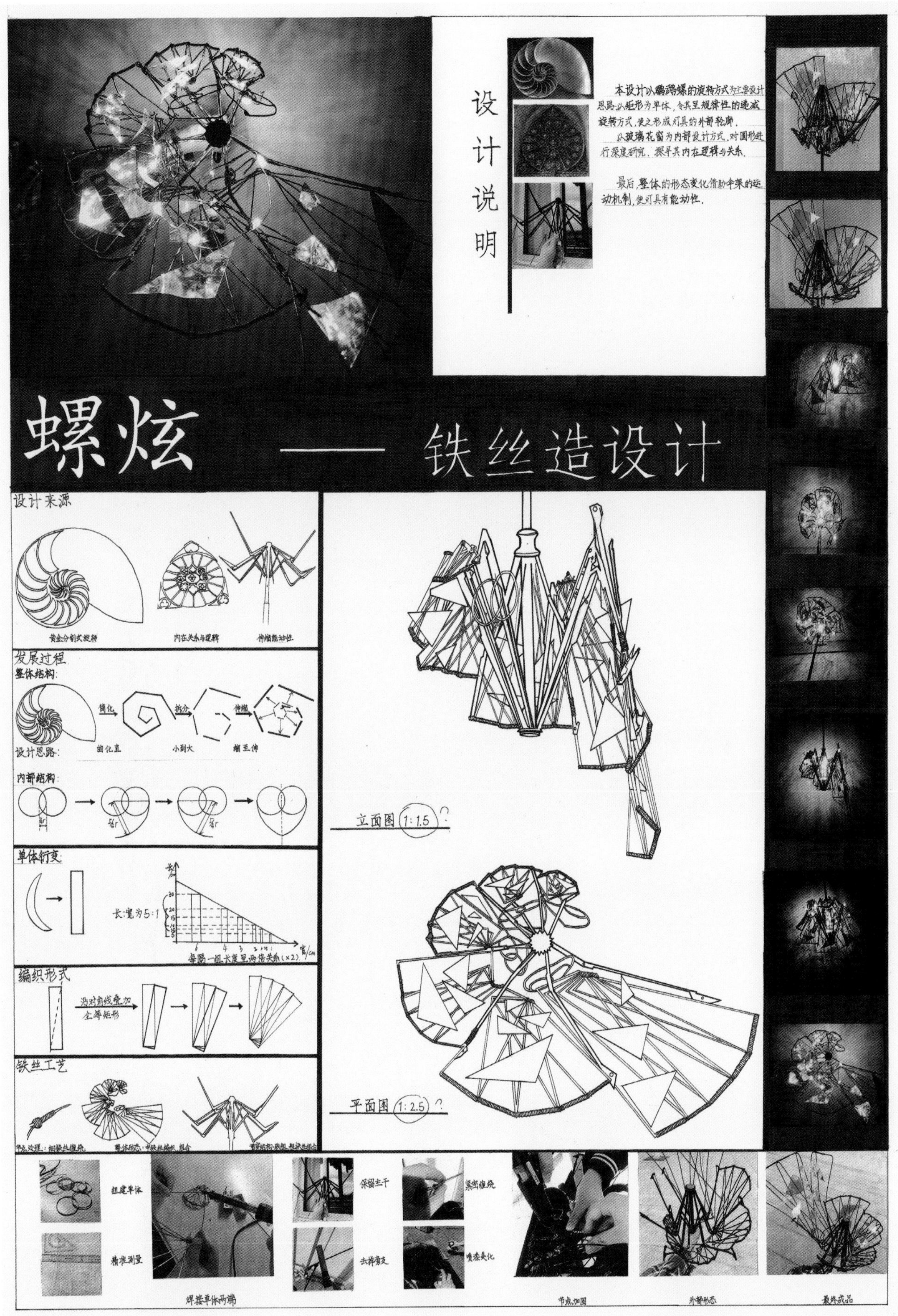
设计说明
本设计以鹦鹉螺的旋转方式为主要设计思路,以矩形为单体,令其呈规律性的递减旋转方式,使之形成灯具的外部轮廓.
以玻璃花窗为内部设计方式,对圆形进行深度研究,探寻其内在逻辑与关系.
最后,整体的形态变化借助伞架的运动机制,使灯具有能动性.
螺炫 —— 铁丝造设计
设计来源
黄金分割式旋转
内在关系与逻辑
伸缩能动性
发展过程
整体结构:
简化
拆分
伸缩
设计思路:
曲化直
小到大
缩至伸
内部结构:
单体衍变
长:宽为5:1
编织形式
沿对角线叠加全等矩形
铁丝工艺
立面图 1:1.5
平面图 1:2.5
组建单体
精准测量
焊接单体两端
保留主干
去掉旁支
紧密缠绕
喷漆美化
节点加固
外部形态
最终成品

学生姓名：黄诗淇　韩永馨　　　　**指导教师：**蒋　玲　李　鑫

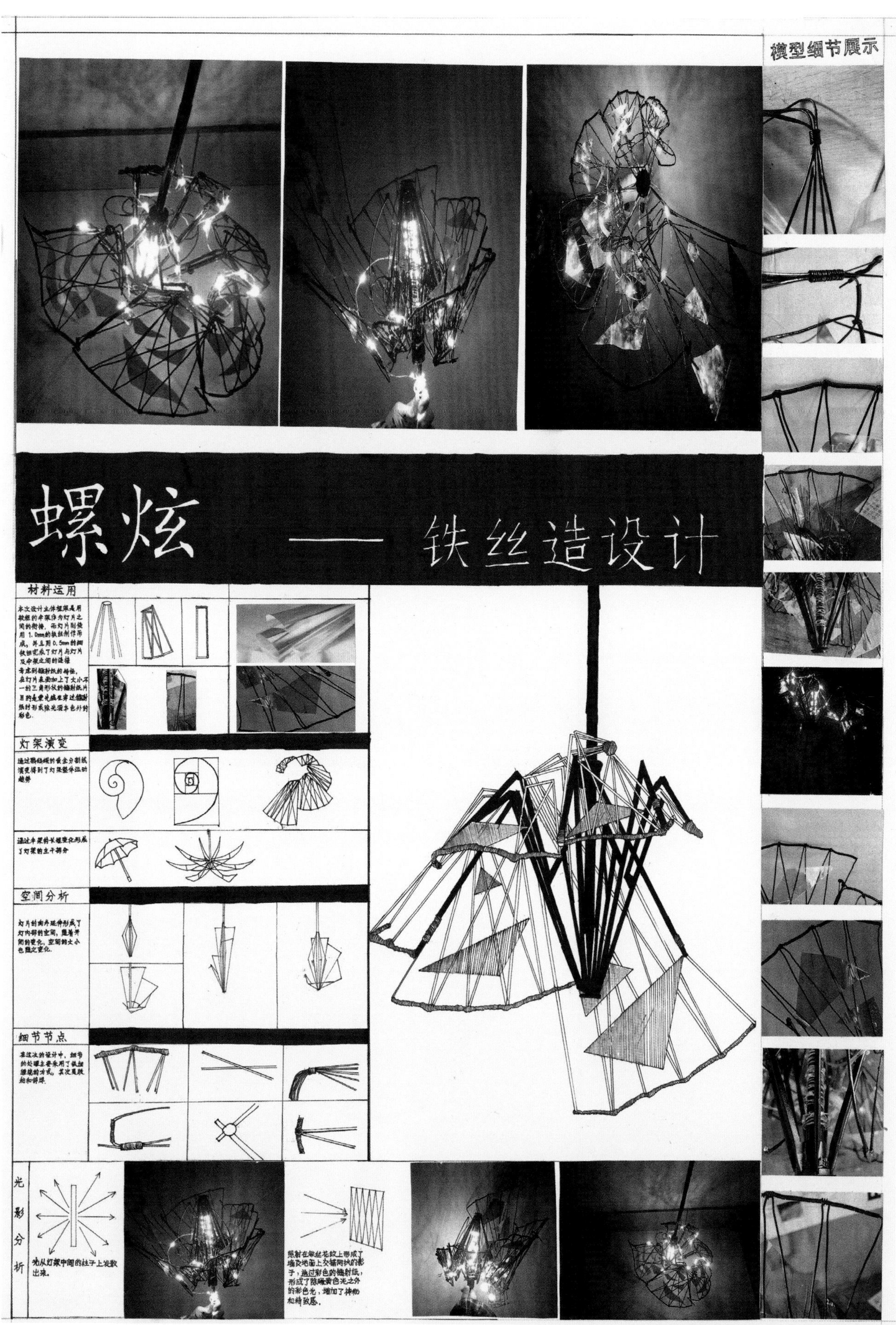
模型细节展示
螺炫 —— 铁丝造设计
材料运用
本次设计主体框架是用较粗的伞架作为灯片之间的衔接，而灯片则使用1.0mm的铁丝制作而成，并且用0.5mm的细铁丝完成了灯片与灯片及伞架之间的连接
考虑到镭射纸的特性，在灯片表面加上了大小不一的三角形状的镭射纸片目的是使光线在穿过镭射纸时形成除光源本色外的彩色。
灯架演变
通过鹦鹉螺的黄金分割线演变得到了灯架整体盘动趋势
通过伞架的长短变化形成了灯架的主干部分
空间分析
灯片的向外延伸形成了灯内部的空间，随着开闭的变化，空间的大小也随之变化。
细节节点
在这次的设计中，细节的处理主要采用了铁丝缠绕的方式，其次是胶粘和焊接。
光影分析
光从灯架中间的柱子上发散出来。
照射在铁丝花纹上形成了墙及地面上交错网状的影子，通过彩色的镭射纸，形成了除暖黄色光之外的彩色光，增加了神秘和精致感。

学生姓名：黄诗淇　韩永馨　　　　**指导教师：**蒋　玲　李　鑫

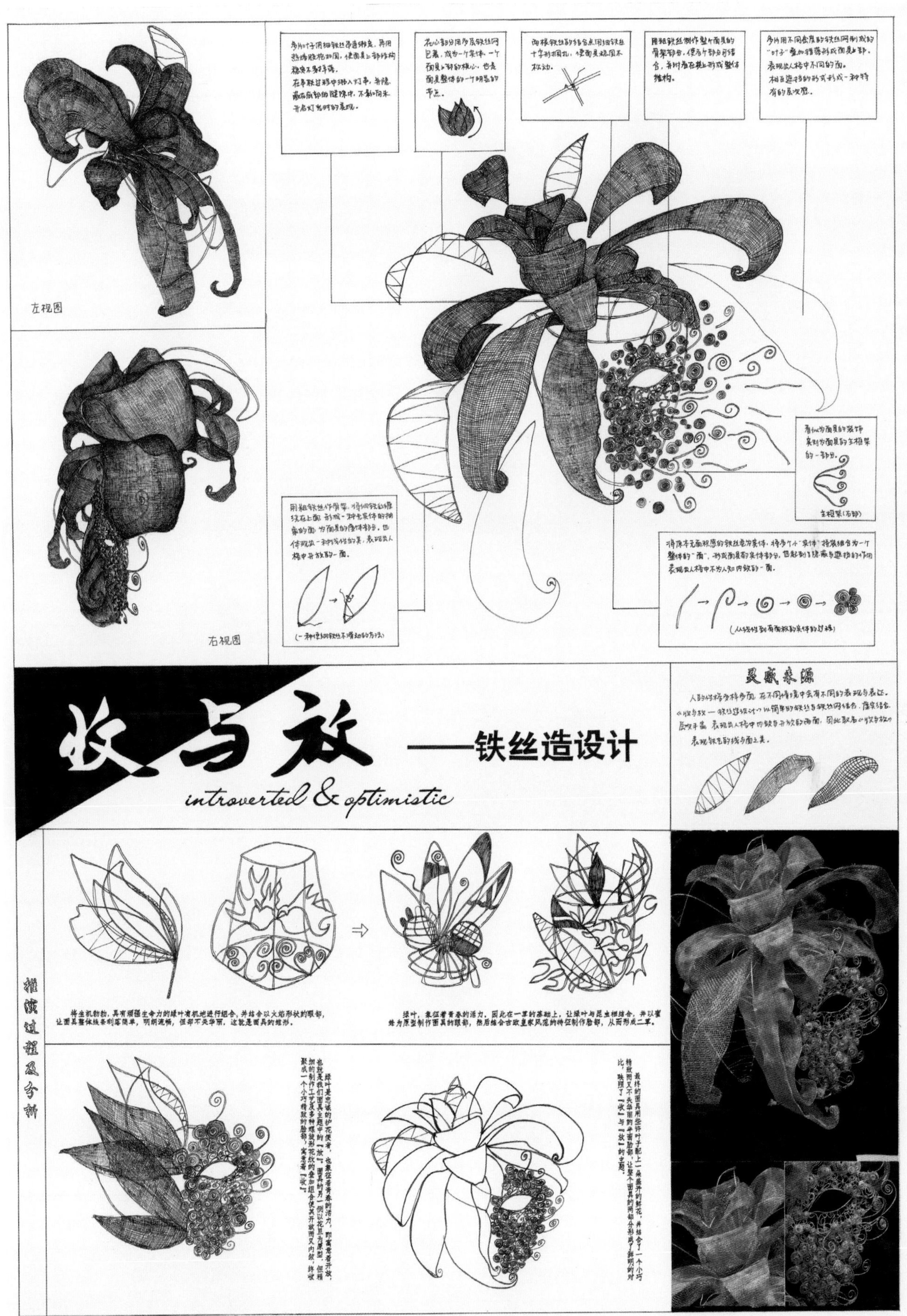

学生姓名： 朱家仪　王禧龙

指导教师： 靳铭宇　赵春喜

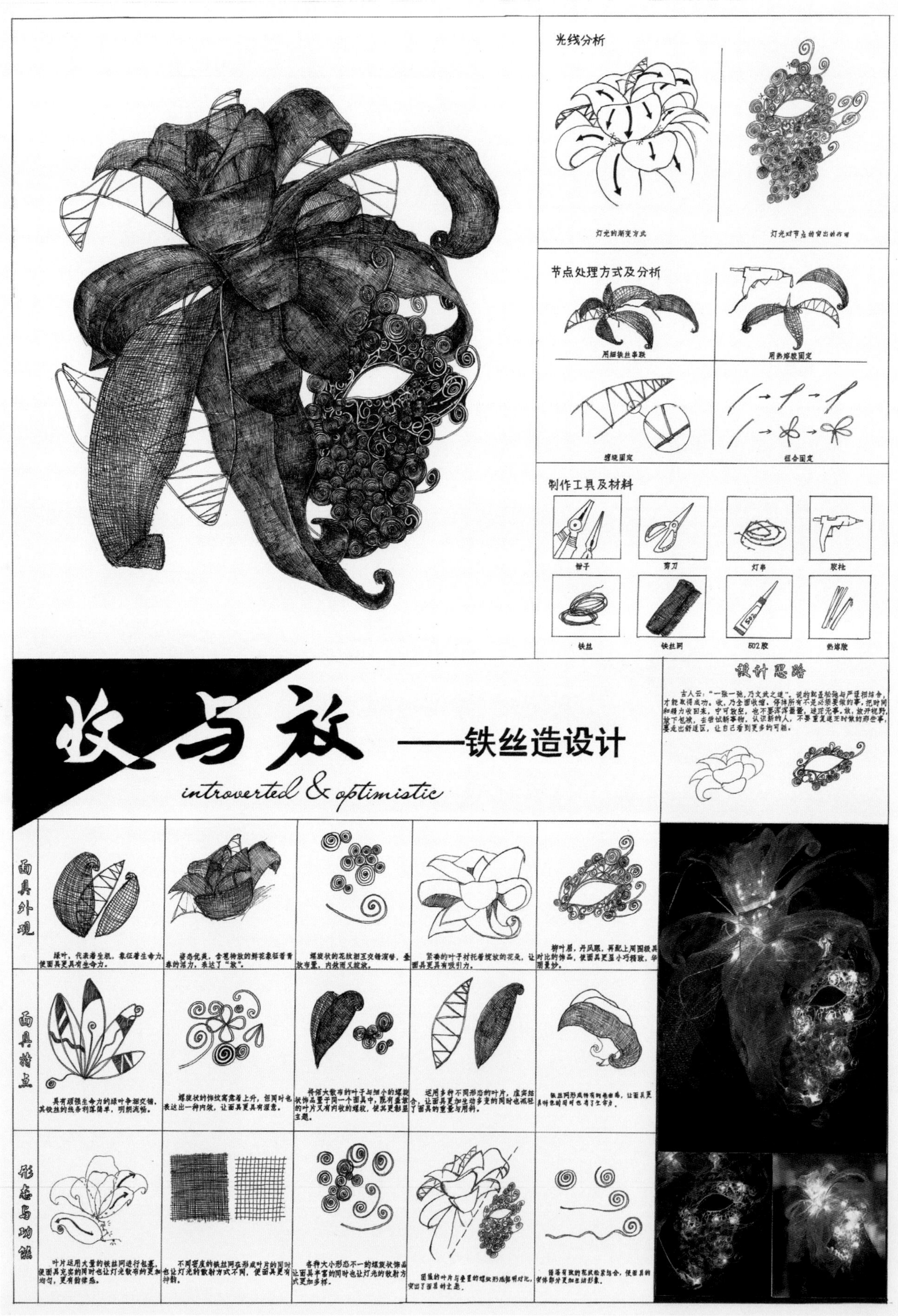

学生姓名：朱家仪　王禧龙　　指导教师：靳铭宇　赵春喜

清风·毓影

Dappled shadows in the wind

模块组合的空间重构 1

素描透视图

设计思路 方的衍生

舱体演变过程

细部1 细部2 细部3 细部4 细部5 细部6

顶部演变过程

基本单元　分割单元　删减单元　拆分重组　删减单元　增加细部

采用正方体为主体结构，后将正方体分为两个四棱台，并将其按模数分隔成小正方体，丰富了模型的空间。模型外表皮有凸起的舱体，舱体各有联系却又各有不同，既不突兀又富有趣味性。

模型的顶部也由正方体组合而成，将其不断消减变换并利用了蒙德里安著名的格子画，将其融入顶部，顶部稍许向模型内部凸出，使得原来的内部空间更加亲切美观。

主体演变过程

基本单元　分割立方　中部断开　分割单元　增加细部　观景设置　增加舱体　凸出舱体　墨线透视图

节点的探究与应用

单面切肩榫　开口明榫　半开口明榫　开口暗双榫　暗燕尾榫　开口燕尾榫　燕尾暗双榫　开口暗榫

节点1　节点2　节点3　节点4

榫卯结构，是中国古建筑中的一个伟大发明，通过研究马炳坚先生的《中国古建筑木作营造技术》一书，我们了解到，榫卯结构的连接方式是典型的木构建筑常采用的一种连接方式，这样的组合会增强节点处的稳定性。两根木构件的连接形式可以分为十字形、T字形、L形三种类型。多根木构件的连接类型可以分为三根木构件互成直角相连、十字形梁柱节点连接、空间三维木构件垂直连接这几种类型。

经过研究与改进，我们绘制并制作了这四个节点，这些节点在模型中灵活运用，各个构件之间的结点以榫卯结构相连接，构成富有弹性的框架。

③ ② ④ ④ ④ ① ①

木材特性分析探究

支撑性　弯曲性　雕刻性　天然性

学生姓名： 李　响　彭思琪　翁亚妮

指导教师： 安　平

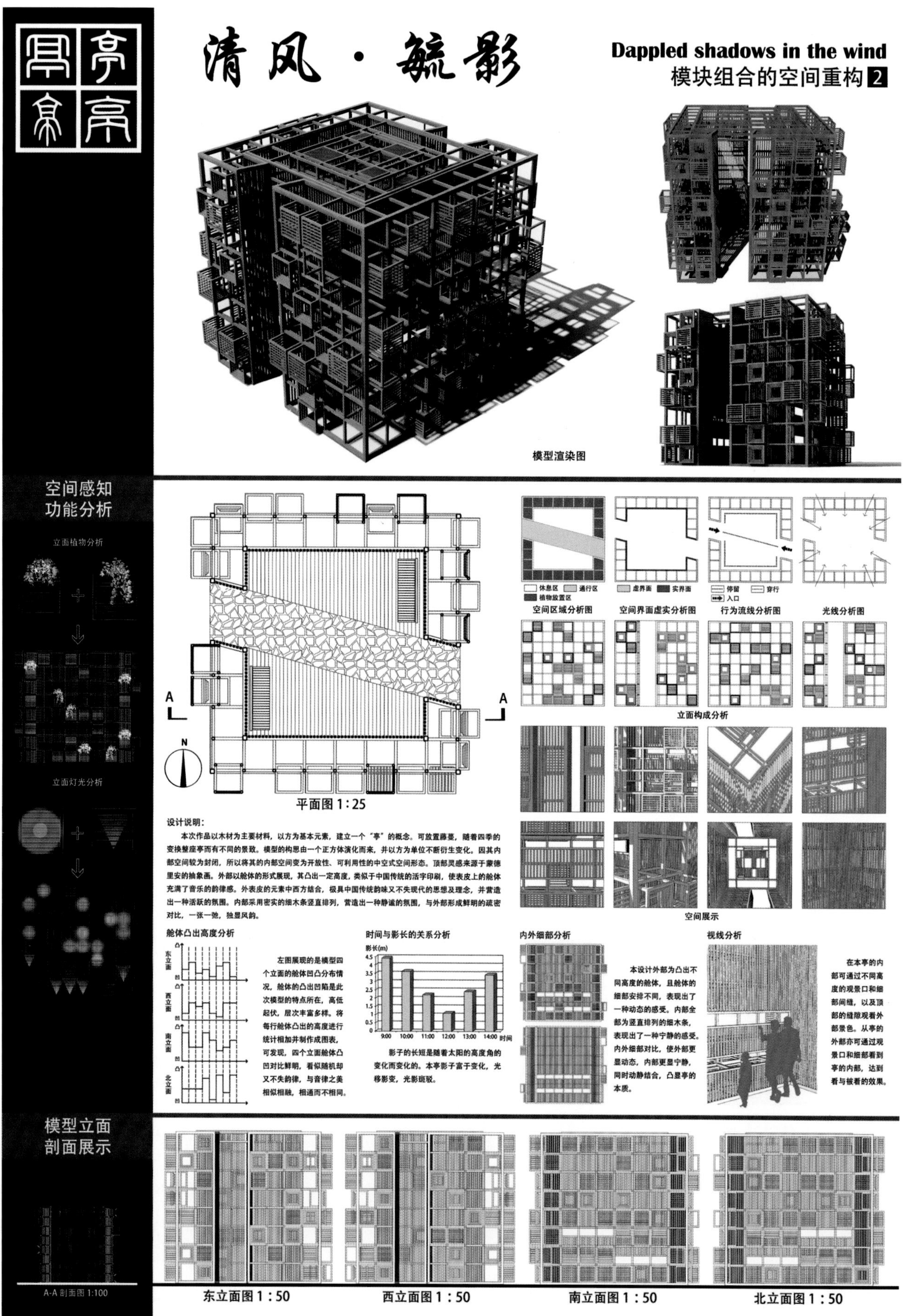
清风·毓影
Dappled shadows in the wind
模块组合的空间重构 2
模型渲染图
空间感知
功能分析
立面植物分析
立面灯光分析
休息区 通行区
植物放置区
虚界面 实界面
停留 穿行
入口
空间区域分析图
空间界面虚实分析图
行为流线分析图
光线分析图
立面构成分析
A
A
N
平面图 1:25
空间展示
设计说明：
本次作品以木材为主要材料，以方为基本元素，建立一个“亭”的概念。可放置藤蔓，随着四季的变换整座亭而有不同的景致。模型的构思由一个正方体演化而来，并以方为单位不断衍生变化。因其内部空间较为封闭，所以将其的内部空间变为开放性、可利用性的中空式空间形态。顶部灵感来源于蒙德里安的抽象画。外部以舱体的形式展现，其凸出一定高度，类似于中国传统的活字印刷，使表皮上的舱体充满了音乐的韵律感。外表皮的元素中西方结合，极具中国传统韵味又不失现代的思想及理念，并营造出一种活跃的氛围。内部采用密实的细木条竖直排列，营造出一种静谧的氛围，与外部形成鲜明的疏密对比，一张一弛，独显风韵。
舱体凸出高度分析
东立面
西立面
南立面
北立面
凸
凹
左图展现的是模型四个立面的舱体凹凸分布情况，舱体的凸出凹陷是此次模型的特点所在，高低起伏，层次丰富多样。将每行舱体凸出的高度进行统计相加并制作成图表，可发现，四个立面舱体凸凹对比鲜明，看似随机却又不失韵律，与音律之美相似相融，相通而不相同。
时间与影长的关系分析
影长(m)
4.5
4
3.5
3
2.5
2
1.5
1
0.5
0
9:00
10:00
11:00
12:00
13:00
14:00
时间
影子的长短是随着太阳的高度角的变化而变化的。本亭影子富于变化，光移影变，光影斑驳。
内外细部分析
本设计外部为凸出不同高度的舱体，且舱体的细部安排不同，表现出了一种动态的感受。内部全部为竖直排列的细木条，表现出了一种宁静的感受。内外细部对比，使外部更显动态，内部更显宁静，同时动静结合，凸显亭的本质。
视线分析
在本亭的内部可通过不同高度的观景口和细部间缝，以及顶部的缝隙观看外部景色。从亭的外部亦可通过观景口和细部看到亭的内部，达到看与被看的效果。
模型立面
剖面展示
A-A 剖面图 1:100
东立面图 1:50
西立面图 1:50
南立面图 1:50
北立面图 1:50

学生姓名： 李　响　彭思琪　翁亚妮　　　**指导教师：** 安　平

亭亭亭亭

清风·毓影

Dappled shadows in the wind
模块组合的空间重构3

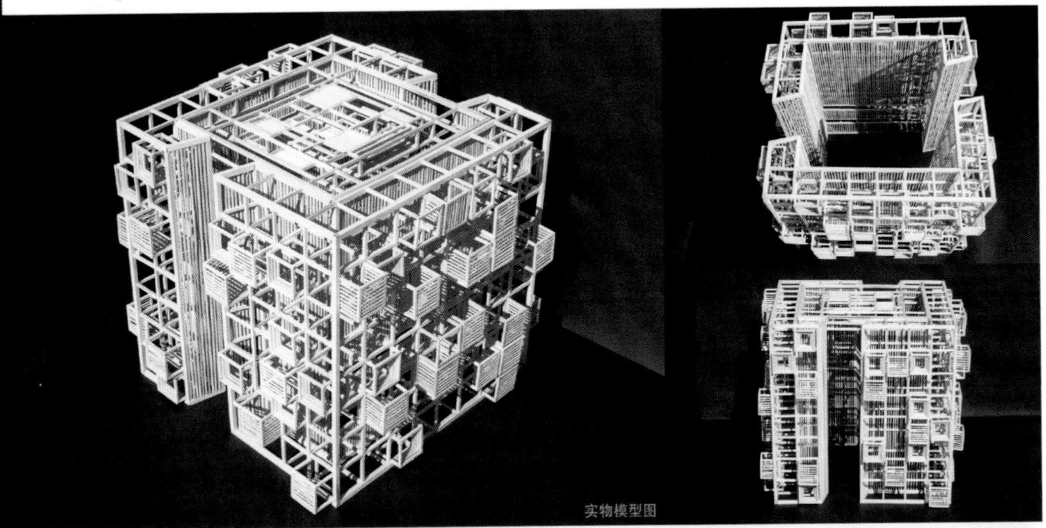

实物模型图

准备材料 制作过程

前期准备：

- 0.1cm×0.1cm木条
- 0.2cm×0.2cm木条
- 0.4cm×0.4cm木条
- 0.5cm×0.5cm木条
- 0.8cm×0.8cm木条
- UHU胶
- 测量尺
- 小刀
- 铅笔
- 砂纸

模型制作：

1）测量，取所需木头长度，画线。
2）把画好的木头用小刀切下，成批量生产。
3）将切好的木头进行打磨、加工。
4）将打磨好的木头用UHU胶粘接。

后期整理：

调整模型，使模型保持正直。

节点制作过程：

节点采用的是3cm×3cm和4cm×4cm的木头，均用电锯进行切割，用锉和砂纸做最后调整

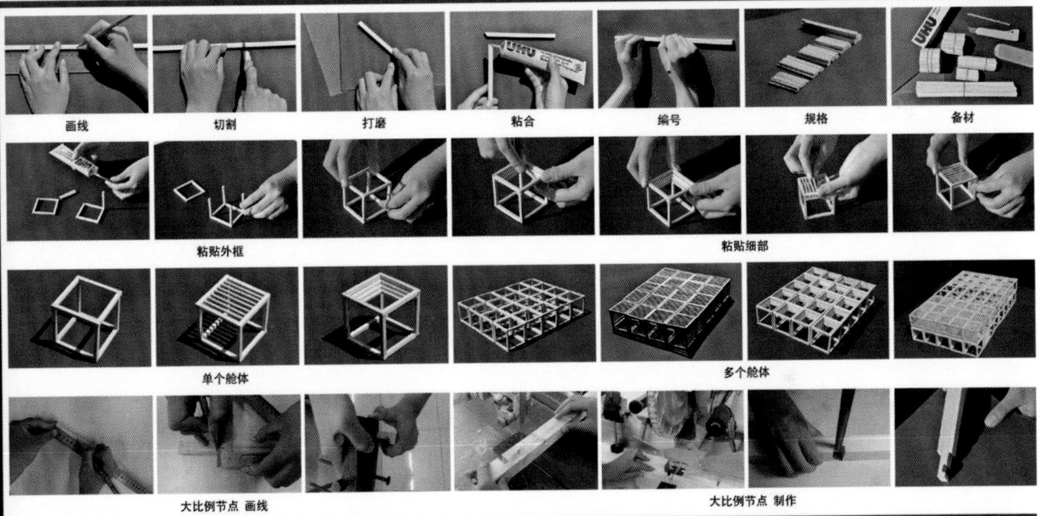

画线 切割 打磨 粘合 编号 规格 备材

粘贴外框 粘贴细部

单个舱体 多个舱体

大比例节点 画线 大比例节点 制作

演变过程 模型衍生

主体演变过程 顶部演变过程

模型成果 照片展示

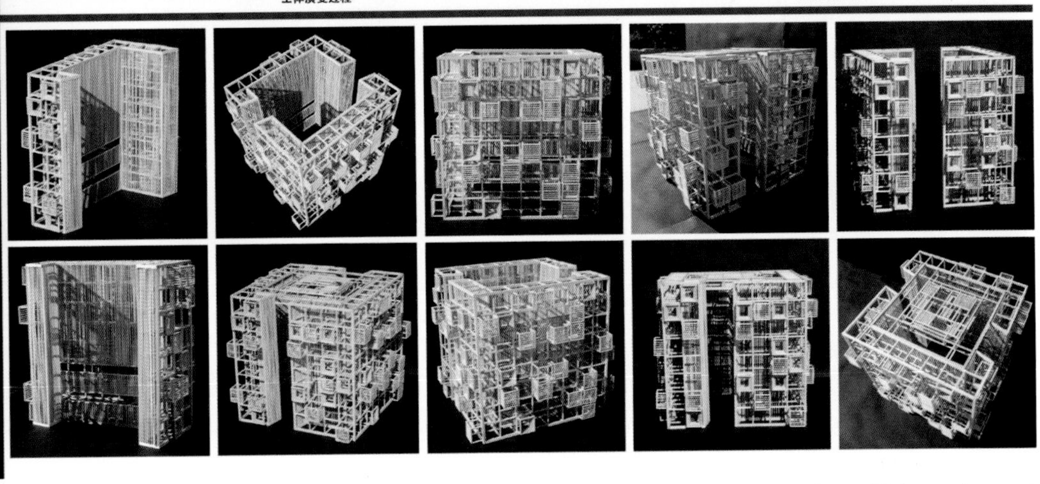

学生姓名：李　响　彭思琪　翁亚妮

指导教师：安　平

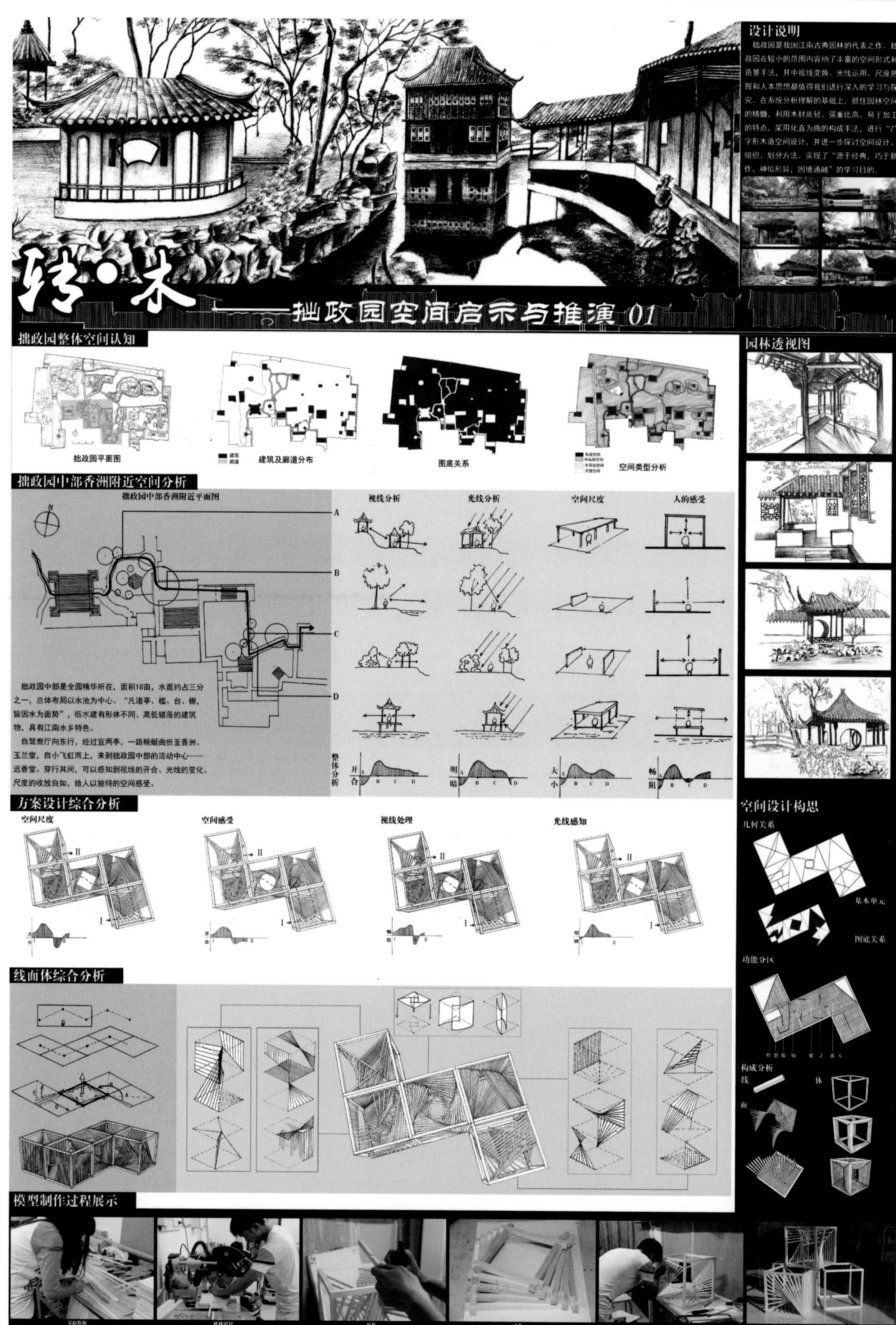

设计说明
拙政园是我国江南古典园林的代表之作。拙政园在较小的范围内容纳了丰富的空间形式和造景手法，其中视线变换、光线运用、尺度把握和人本思想都值得我们进行深入的学习与探究。在系统分析理解的基础上，抓住园林空间的精髓，利用木材质轻、强重比高、易于加工的特点，采用化直为曲的构成手法，进行"Z"字形木造空间设计，并进一步探讨空间设计、组织、划分方法。实现了"源于经典，巧于新作，神似形异，因境通融"的学习目的。
——拙政园空间启示与推演 01
拙政园整体空间认知
拙政园平面图
建筑及廊道分布
图底关系
空间类型分析
园林透视图
拙政园中部香洲附近空间分析
拙政园中部香洲附近平面图
视线分析
光线分析
空间尺度
人的感受
整体分析
拙政园中部是全园精华所在，面积18亩，水面约占三分之一，总体布局以水池为中心。"凡诸亭、槛、台、榭，皆因水为面势"，临水建有形体不同、高低错落的建筑物，具有江南水乡特色。
自鸳鸯厅向东行，经过宜两亭，一路蜿蜒曲折至香洲、玉兰堂，自小飞虹而上，来到拙政园中部的活动中心——远香堂。穿行其间，可以感知到视线的开合、光线的变化、尺度的收放自如，给人以独特的空间感受。
方案设计综合分析
空间尺度
空间感受
视线处理
光线感知
空间设计构思
几何关系
基本单元
图底关系
功能分区
构成分析
线
面
体
线面体综合分析
模型制作过程展示

学生姓名：孙艺畅　蔡　晨　瓮　宇　李　民　黄俊凯　相　杨　王晓飞　王诗阳

指导教师：蒋　玲　靳铭宇　潘明率

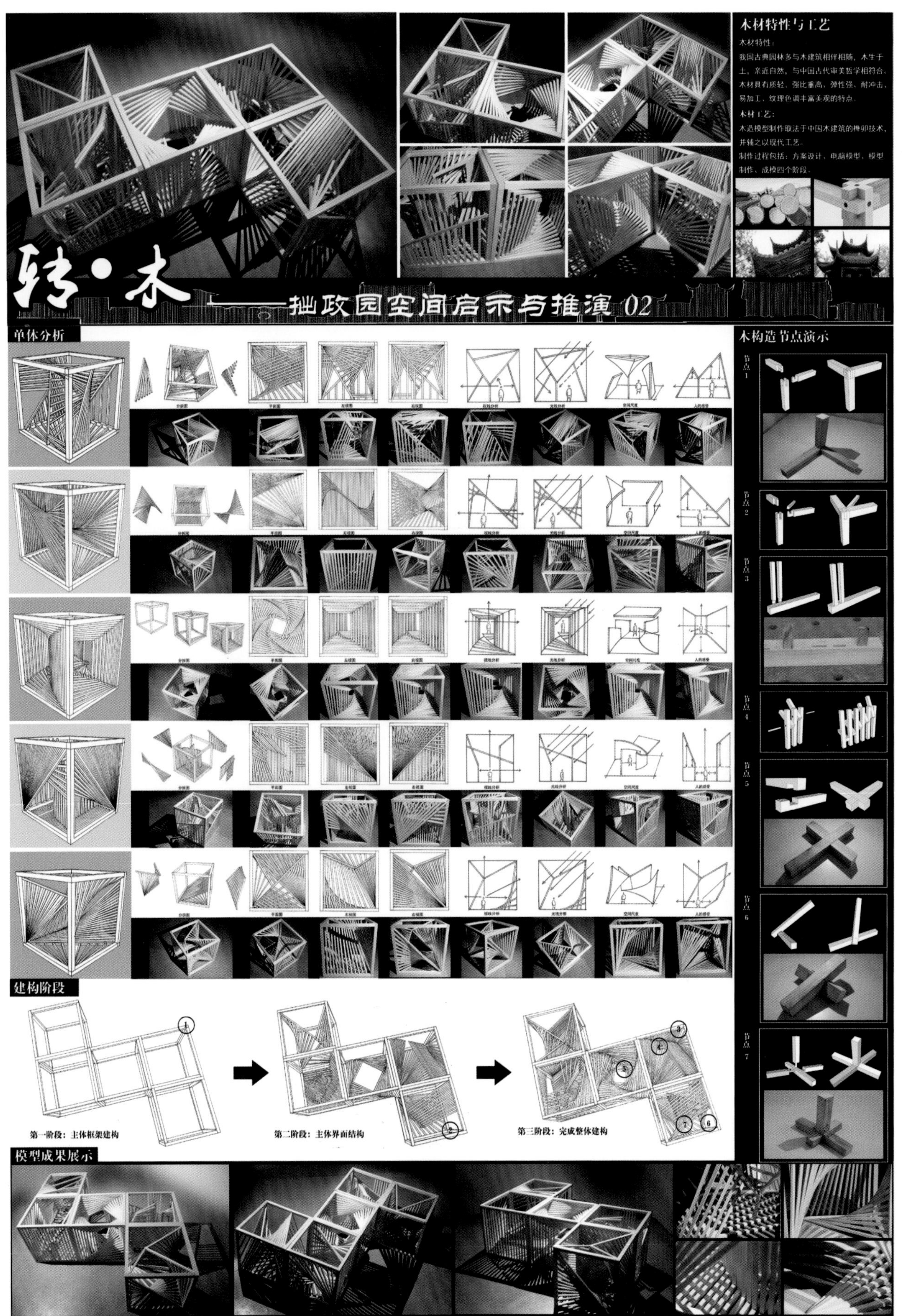
转·木
——拙政园空间启示与推演 02
木材特性与工艺
木材特性：
我国古典园林多与木建筑相伴相随，木生于土，亲近自然，与中国古代审美哲学相符合。木材具有质轻、强比重高、弹性强、耐冲击、易加工、纹理色调丰富美观的特点。
木材工艺：
木造模型制作取法于中国木建筑的榫卯技术，并辅之以现代工艺。
制作过程包括：方案设计、电脑模型、模型制作、成模四个阶段。
单体分析
木构造节点演示
节点1
节点2
节点3
节点4
节点5
节点6
节点7
建构阶段
第一阶段：主体框架建构
第二阶段：主体界面结构
第三阶段：完成整体建构
模型成果展示

学生姓名：孙艺畅　蔡　晨　瓮　宇　李　民　黄俊凯　相　杨　王晓飞　王诗阳

指导教师：蒋　玲　靳铭宇　潘明率

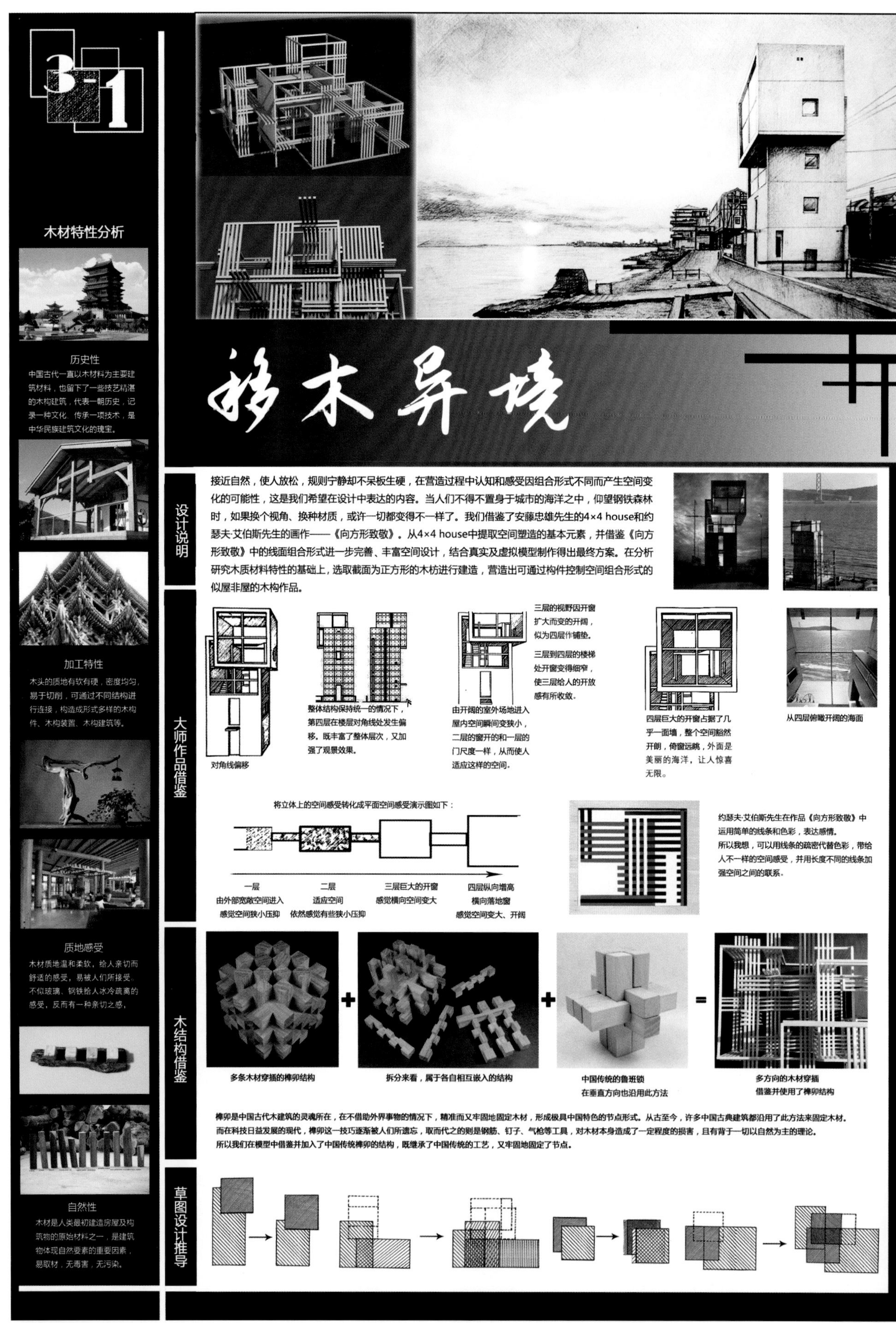
3-1
木材特性分析
历史性
中国古代一直以木材料为主要建筑材料，也留下了一些技艺精湛的木构建筑，代表一朝历史，记录一种文化、传承一项技术，是中华民族建筑文化的瑰宝。
加工特性
木头的质地有软有硬，密度均匀，易于切削，可通过不同结构进行连接，构造成形式多样的木构件、木构装置、木构建筑等。
质地感受
木材质地温和柔软，给人亲切而舒适的感受，易被人们所接受。不似玻璃、钢铁给人冰冷疏离的感受，反而有一种亲切之感，
自然性
木材是人类最初建造房屋及构筑物的原始材料之一，是建筑物体现自然要素的重要因素，易取材，无毒害，无污染。
移木异境
设计说明
接近自然，使人放松，规则宁静却不呆板生硬，在营造过程中认知和感受因组合形式不同而产生空间变化的可能性，这是我们希望在设计中表达的内容。当人们不得不置身于城市的海洋之中，仰望钢铁森林时，如果换个视角、换种材质，或许一切都变得不一样了。我们借鉴了安藤忠雄先生的4×4 house和约瑟夫·艾伯斯先生的画作——《向方形致敬》。从4×4 house中提取空间塑造的基本元素，并借鉴《向方形致敬》中的线面组合形式进一步完善、丰富空间设计，结合真实及虚拟模型制作得出最终方案。在分析研究木质材料特性的基础上，选取截面为正方形的木枋进行建造，营造出可通过构件控制空间组合形式的似屋非屋的木构作品。
大师作品借鉴
对角线偏移
整体结构保持统一的情况下，第四层在楼层对角线处发生偏移。既丰富了整体层次，又加强了观景效果。
由开阔的室外场地进入屋内空间瞬间变狭小，二层的窗开的和一层的门尺度一样，从而使人适应这样的空间。
三层的视野因开窗扩大而变的开阔，似为四层作铺垫。
三层到四层的楼梯处开窗变得细窄，使三层给人的开放感有所收敛。
四层巨大的开窗占据了几乎一面墙，整个空间豁然开朗，倚窗远眺，外面是美丽的海洋，让人惊喜无限。
从四层俯瞰开阔的海面
将立体上的空间感受转化成平面空间感受演示图如下：
一层
由外部宽敞空间进入
感觉空间狭小压抑
二层
适应空间
依然感觉有些狭小压抑
三层巨大的开窗
感觉横向空间变大
四层纵向增高
横向落地窗
感觉空间变大、开阔
约瑟夫·艾伯斯先生在作品《向方形致敬》中运用简单的线条和色彩，表达感情。
所以我想，可以用线条的疏密代替色彩，带给人不一样的空间感受，并用长度不同的线条加强空间之间的联系。
木结构借鉴
多条木材穿插的榫卯结构
拆分来看，属于各自相互嵌入的结构
中国传统的鲁班锁
在垂直方向也沿用此方法
多方向的木材穿插
借鉴并使用了榫卯结构
榫卯是中国古代木建筑的灵魂所在，在不借助外界事物的情况下，精准而又牢固地固定木材，形成极具中国特色的节点形式。从古至今，许多中国古典建筑都沿用了此方法来固定木材。
而在科技日益发展的现代，榫卯这一技巧逐渐被人们所遗忘，取而代之的则是钢筋、钉子、气枪等工具，对木材本身造成了一定程度的损害，且有背于一切以自然为主的理论。
所以我们在模型中借鉴并加入了中国传统榫卯的结构，既继承了中国传统的工艺，又牢固地固定了节点。
草图设计推导

学生姓名： 王　欣　李雪飞　张亮亮　钱笑天　卢薪升　骆路遥　张屹然　吴兴晔

指导教师： 彭　历　王晓博　秦　柯

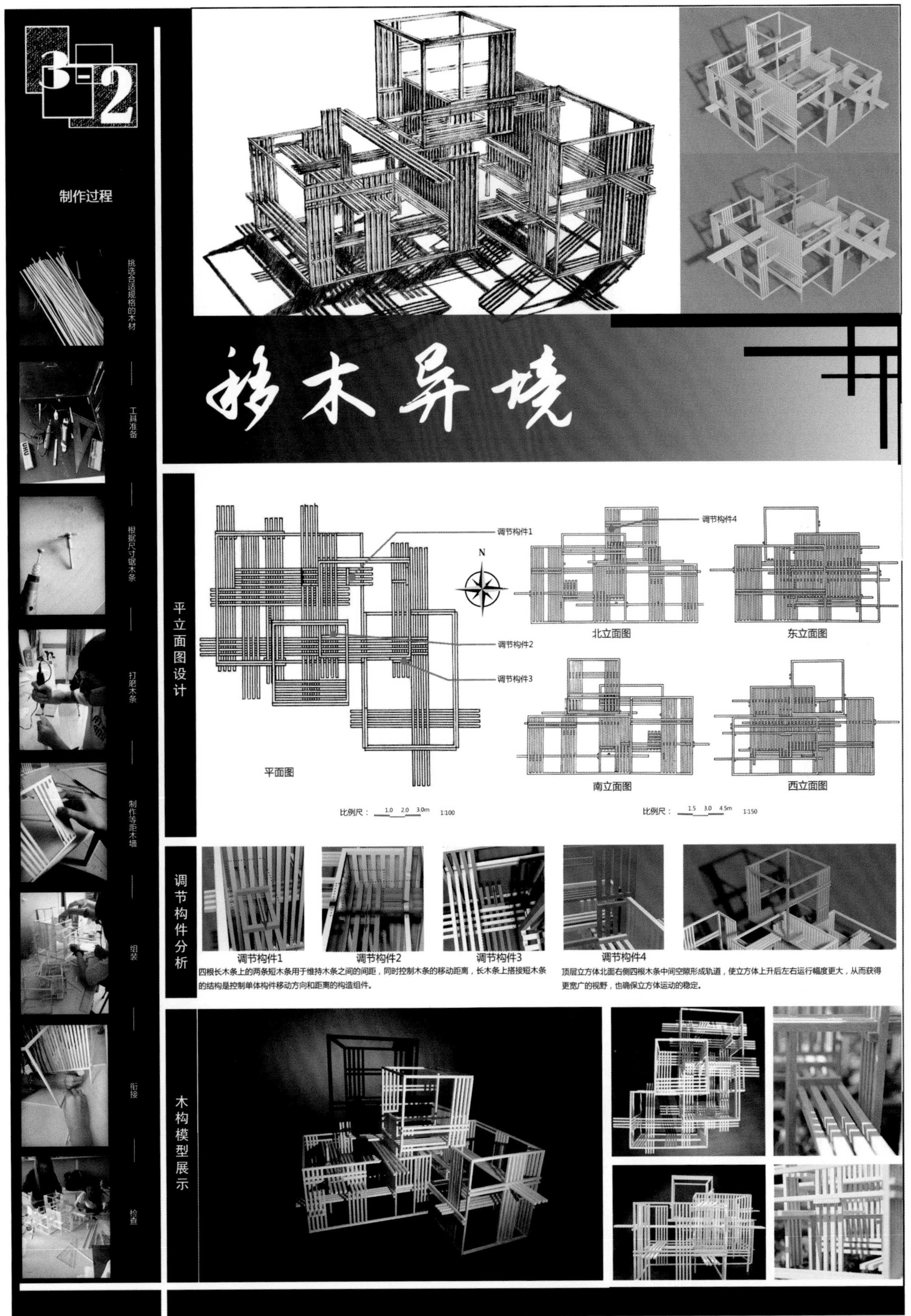

3-2
制作过程
挑选合适规格的木材
工具准备
根据尺寸锯木条
打磨木条
制作等距木墙
组装
衔接
检查
移木异境
平立面图设计
调节构件1
调节构件2
调节构件3
调节构件4
N
北立面图
东立面图
南立面图
西立面图
平面图
比例尺： 1.0 2.0 3.0m 1:100
比例尺： 1.5 3.0 4.5m 1:150
调节构件分析
调节构件1
调节构件2
调节构件3
调节构件4
四根长木条上的两条短木条用于维持木条之间的间距，同时控制木条的移动距离，长木条上搭接短木条的结构是控制单体构件移动方向和距离的构造组件。
顶层立方体北面右侧四根木条中间空隙形成轨道，使立方体上升后左右运行幅度更大，从而获得更宽广的视野，也确保立方体运动的稳定。
木构模型展示

学生姓名：王　欣　李雪飞　张亮亮　钱笑天　卢薪升　骆路遥　张屹然　吴兴晔

指导教师：彭　历　王晓博　秦　柯

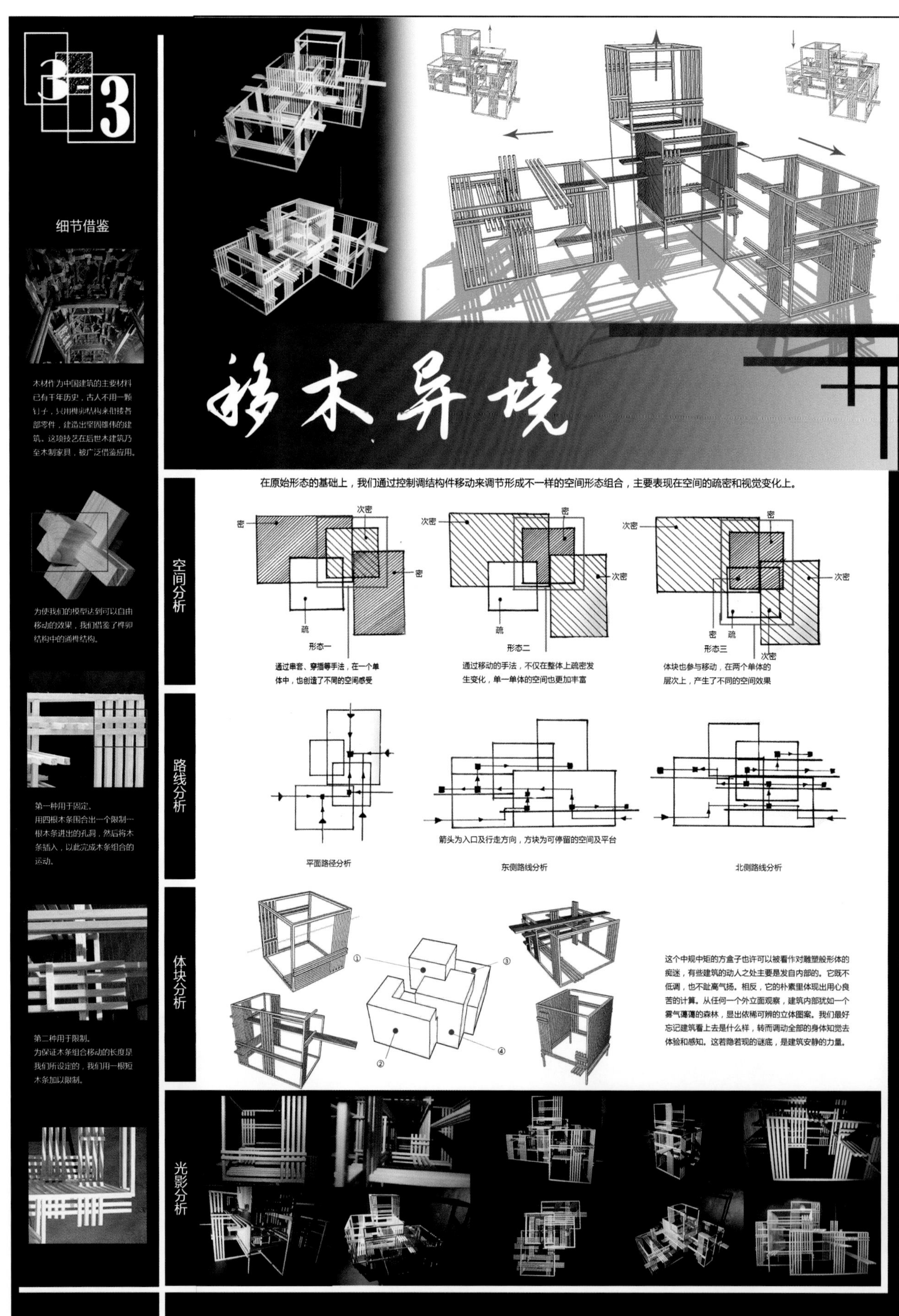
3-3
细节借鉴
木材作为中国建筑的主要材料已有千年历史，古人不用一颗钉子，只用榫卯结构来衔接各部零件，建造出坚固雄伟的建筑。这项技艺在后世木建筑乃至木制家具，被广泛借鉴应用。
为使我们的模型达到可以自由移动的效果，我们借鉴了榫卯结构中的通榫结构。
第一种用于固定。
用四根木条围合出一个限制一根木条进出的孔洞，然后将木条插入，以此完成木条组合的运动。
第二种用于限制。
为保证木条组合移动的长度是我们所设定的，我们用一根短木条加以限制。
移木异境
空间分析
在原始形态的基础上，我们通过控制调结构件移动来调节形成不一样的空间形态组合，主要表现在空间的疏密和视觉变化上。
密
次密
疏
形态一
通过串套、穿插等手法，在一个单体中，也创造了不同的空间感受
形态二
通过移动的手法，不仅在整体上疏密发生变化，单一单体的空间也更加丰富
形态三
体块也参与移动，在两个单体的层次上，产生了不同的空间效果
路线分析
箭头为入口及行走方向，方块为可停留的空间及平台
平面路径分析
东侧路线分析
北侧路线分析
体块分析
①
②
③
④
这个中规中矩的方盒子也许可以被看作对雕塑般形体的痴迷，有些建筑的动人之处主要是发自内部的。它既不低调，也不趾高气扬。相反，它的朴素里体现出用心良苦的计算。从任何一个外立面观察，建筑内部犹如一个雾气蔼蔼的森林，显出依稀可辨的立体图案。我们最好忘记建筑看上去是什么样，转而调动全部的身体知觉去体验和感知。这若隐若现的谜底，是建筑安静的力量。
光影分析

学生姓名： 王　欣　李雪飞　张亮亮　钱笑天　卢薪升　骆路遥　张屹然　吴兴晔

指导教师： 彭　历　王晓博　秦　柯

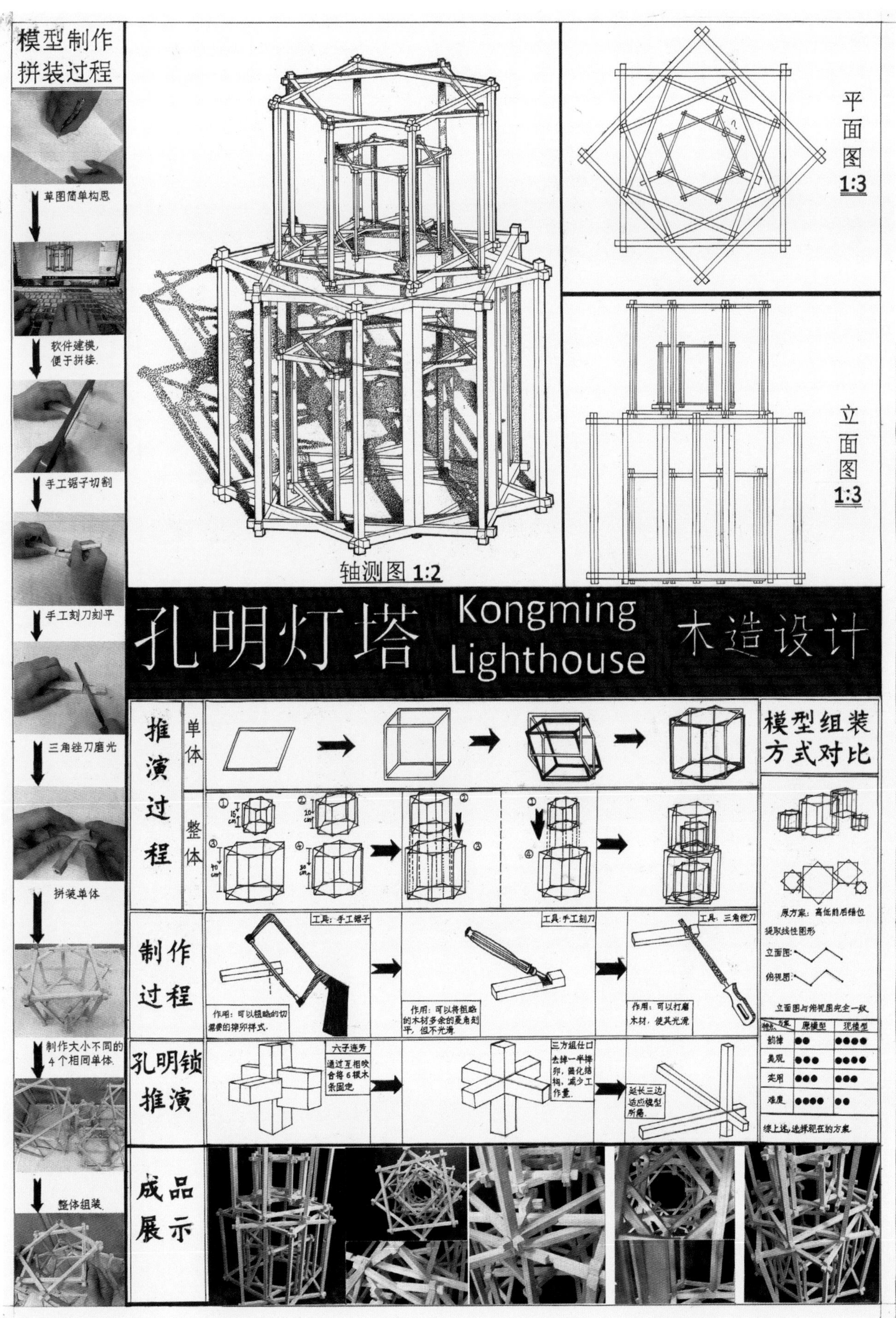
模型制作
拼装过程
草图简单构思
软件建模，便于拼接。
手工锯子切割
手工刻刀刻平
三角锉刀磨光
拼装单体
制作大小不同的4个相同单体
整体组装
平面图 1:3
立面图 1:3
轴测图 1:2
孔明灯塔 Kongming Lighthouse 木造设计
推演过程
单体
整体
模型组装方式对比
原方案：高低前后错位
提取线性图形
立面图：
俯视图：
立面图与俯视图完全一致
制作过程
工具：手工锯子
作用：可以粗略的切割需要的榫卯样式。
工具：手工刻刀
作用：可以将粗略的木材多余的菱角刻平，但不光滑。
工具：三角锉刀
作用：可以打磨木材，使其光滑
孔明锁推演
六子连芳
通过互相咬合将6根木条固定
三方组仕口
去掉一半榫卯，简化结构，减少工作量。
延长三边，适应模型所需。
特性 方案 原模型 现模型
韵律 ●● ●●●●
美观 ●●● ●●●●
实用 ●●● ●●●
难度 ●●●● ●●
综上述，选择现在的方案。
成品展示

学生姓名：柳阳阳　陈星汝　　　　指导教师：蒋　玲　李　鑫

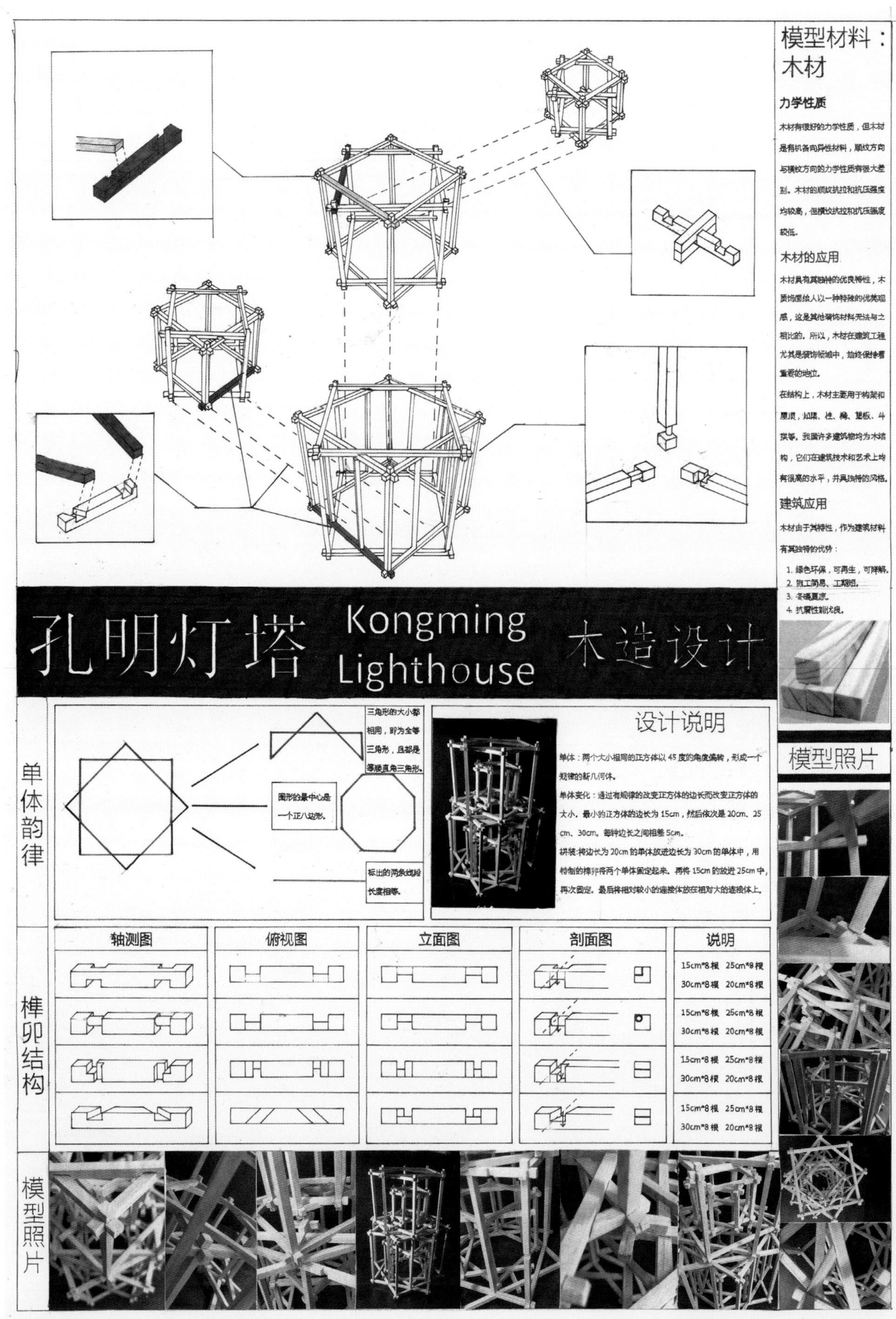
模型材料：
木材
力学性质
木材有很好的力学性质，但木材是有机各向异性材料，顺纹方向与横纹方向的力学性质有很大差别。木材的顺纹抗拉和抗压强度均较高，但横纹抗拉和抗压强度较低。
木材的应用
木材具有其独特的优良特性，木质饰面给人以一种特殊的优美观感，这是其他装饰材料无法与之相比的。所以，木材在建筑工程尤其是装饰领域中，始终保持着重要的地位。
在结构上，木材主要用于构架和屋顶，如梁、柱、椽、望板、斗拱等。我国许多建筑物均为木结构，它们在建筑技术和艺术上均有很高的水平，并具独特的风格。
建筑应用
木材由于其特性，作为建筑材料有其独特的优势：
1. 绿色环保，可再生，可降解。
2. 施工简易、工期短。
3. 冬暖夏凉。
4. 抗震性能优良。
孔明灯塔 Kongming Lighthouse 木造设计
单体韵律
三角形的大小都相同，即为全等三角形，且都是等腰直角三角形。
图形的最中心是一个正八边形。
标出的两条线段长度相等。
设计说明
单体：两个大小相同的正方体以 45 度的角度偏转，形成一个规律的新几何体。
单体变化：通过有规律的改变正方体的边长而改变正方体的大小。最小的正方体的边长为 15cm，然后依次是 20cm、25 cm、30cm。每种边长之间相差 5cm。
拼装：将边长为 20cm 的单体放进边长为 30cm 的单体中，用特制的榫卯将两个单体固定起来。再将 15cm 的放进 25cm 中，再次固定。最后将相对较小的连接体放在相对大的连接体上。
模型照片
榫卯结构
轴测图
俯视图
立面图
剖面图
说明
15cm*8根 25cm*8根
30cm*8根 20cm*8根
15cm*8根 25cm*8根
30cm*8根 20cm*8根
15cm*8根 25cm*8根
30cm*8根 20cm*8根
15cm*8根 25cm*8根
30cm*8根 20cm*8根
模型照片

学生姓名： 柳阳阳　陈星汝　　　**指导教师：** 蒋　玲　李　鑫

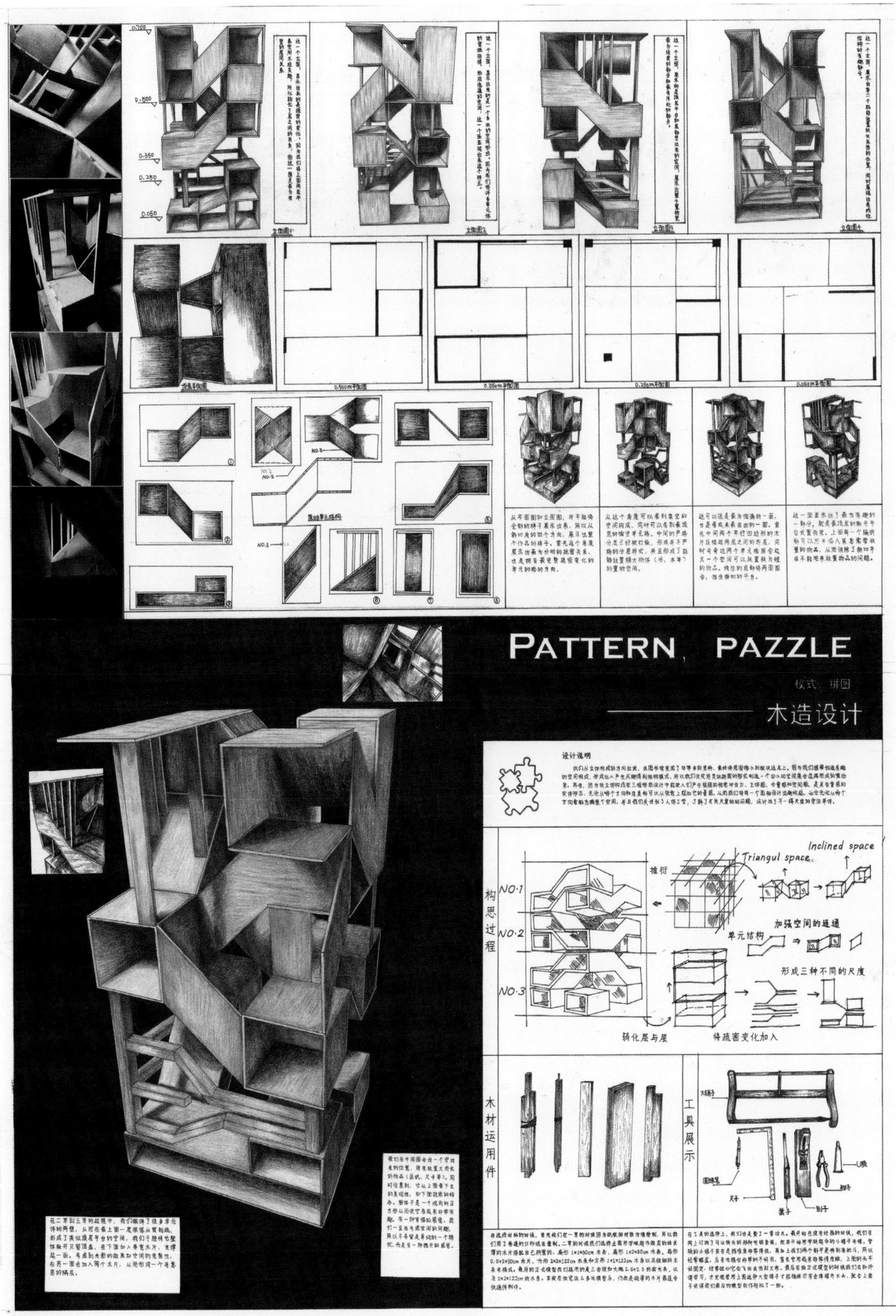
PATTERN, PAZZLE
模式、拼图
木造设计
设计说明
构思过程
NO·1
NO·2
NO·3
推衍
Triangul space
Inclined space
加强空间的连通
单元结构
形成三种不同的尺度
弱化层与层
将疏密变化加入
木材运用件
工具展示

学生姓名：张子寒　沈　佳　　　　指导教师：靳铭宇　赵春喜

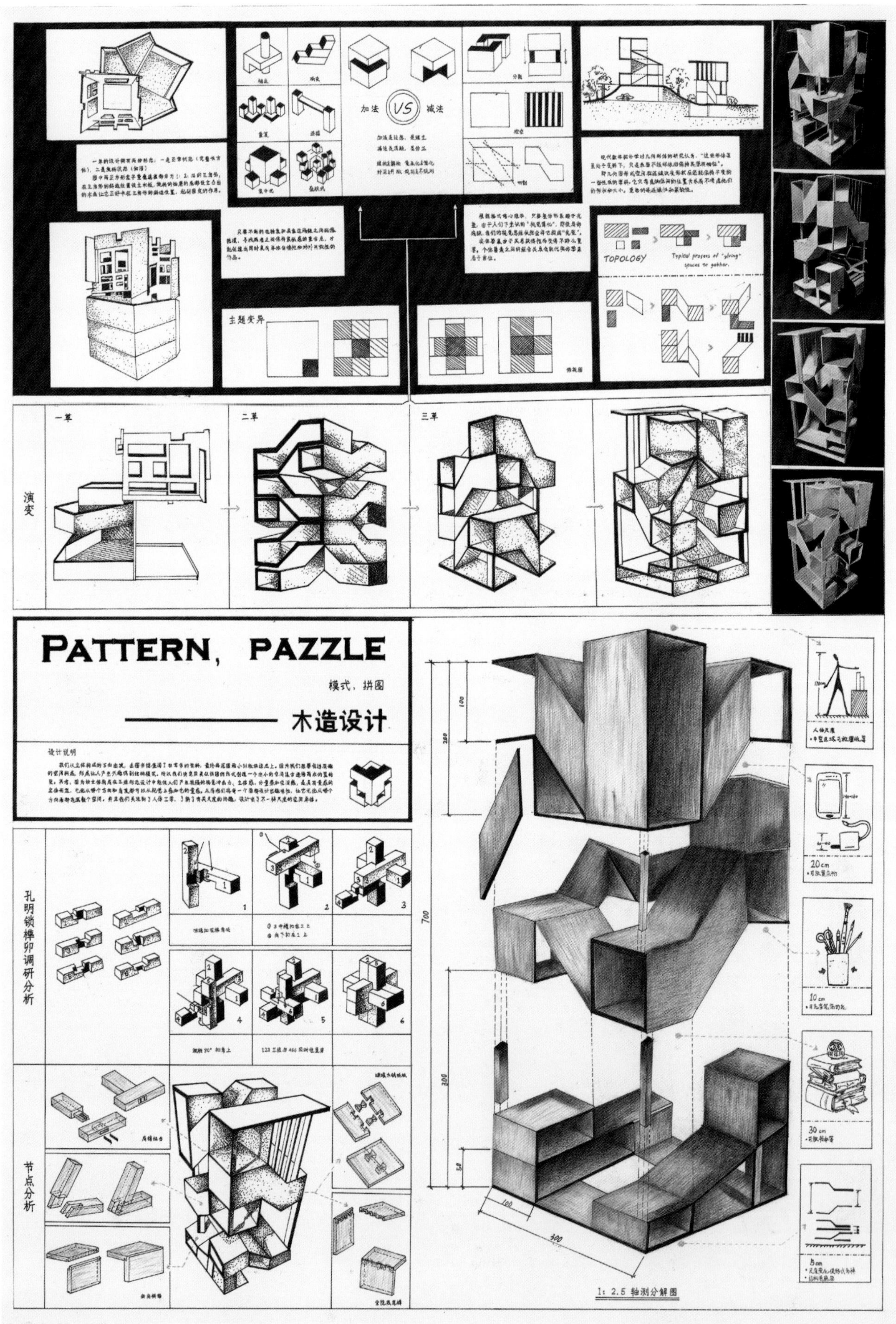
加法
VS
减法
主题变异
TOPOLOGY
演变
一草
二草
三草
PATTERN, PAZZLE
模式，拼图
木造设计
设计说明
孔明锁榫卯调研分析
节点分析
1: 2.5 轴测分解图

学生姓名：张子寒　沈　佳

指导教师：靳铭宇　赵春喜

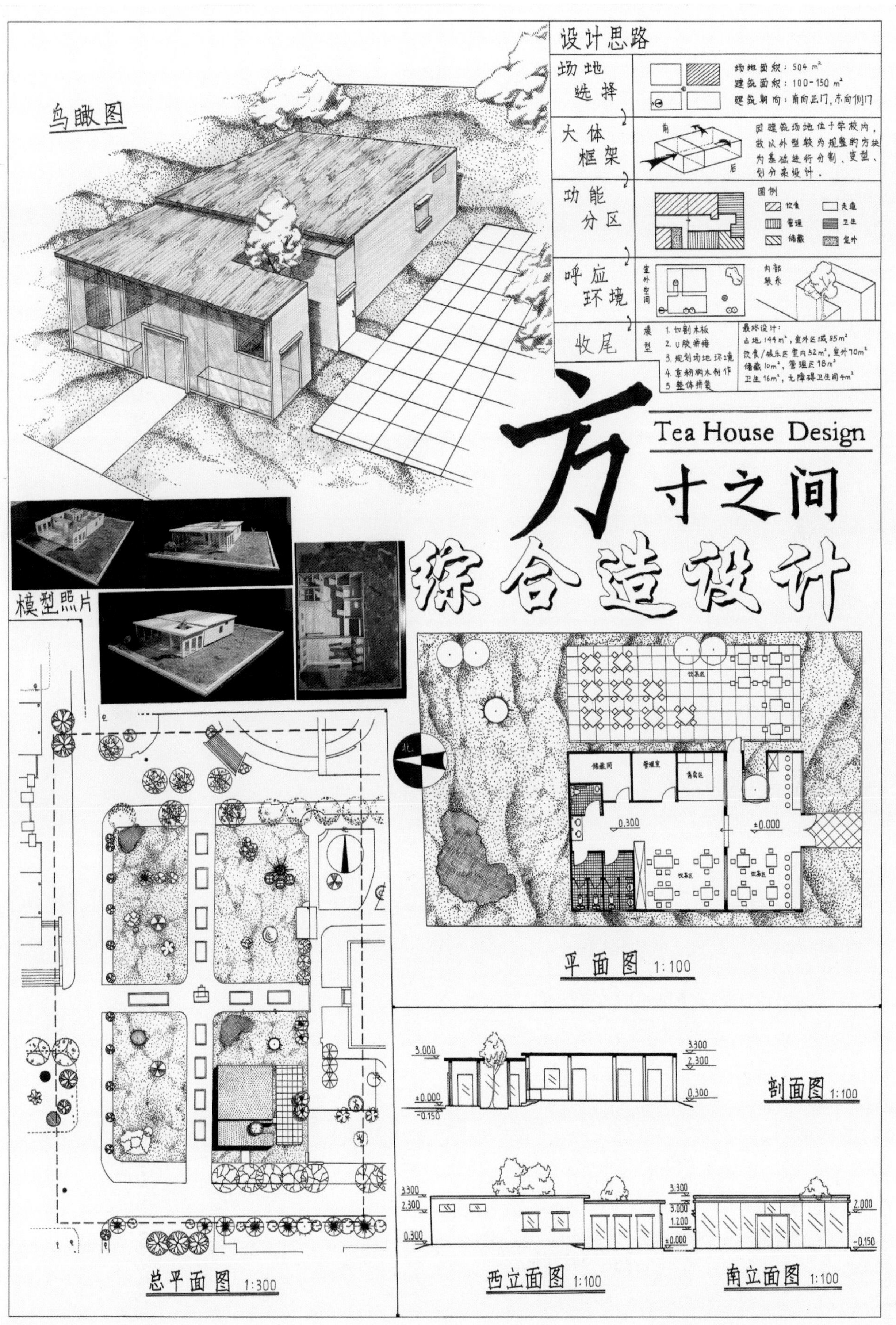
鸟瞰图
设计思路
场地选择
场地面积：504 m²
建筑面积：100-150 m²
建筑朝向：南向正门，东向侧门
大体框架
因建筑场地位于学校内，故以外型较为规整的方块为基础进行分割、变型、划分来设计。
功能分区
呼应环境
收尾
方寸之间
Tea House Design
综合造设计
模型照片
平面图 1:100
剖面图 1:100
总平面图 1:300
西立面图 1:100
南立面图 1:100

学生姓名：李雪丽　　　　指导教师：蒋　玲　李　鑫

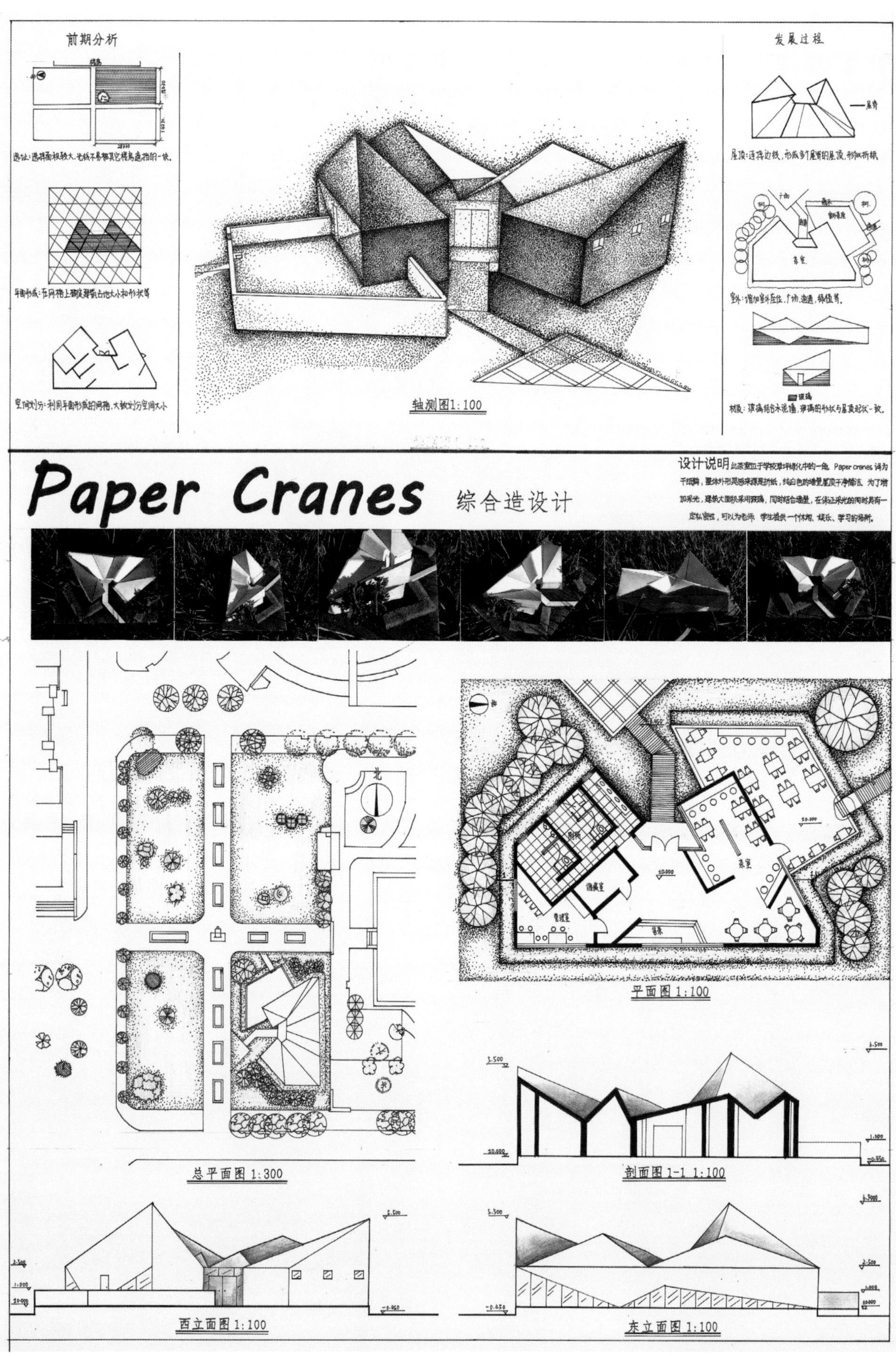
前期分析
选址：选择面积较大、光线不易被其它楼房遮挡的一块。
平面形成：在网格上确定建筑占地大小和形状等
空间划分：利用平面形成的网格，大致划分空间大小
轴测图1:100
发展过程
屋脊
屋顶：连接边线，形成多个屋脊的屋顶，形似折纸
室外：增加室外座位，广场，通道，绿植等。
玻璃
材质：玻璃结合水泥墙，玻璃的形状与屋顶起伏一致。
Paper Cranes
综合造设计
设计说明 此茶室位于学校草坪绿化中的一角。Paper cranes 译为千纸鹤，整体外形灵感来源是折纸，纯白色的墙壁屋顶干净簡洁。为了增加采光，建筑大面积采用玻璃，同时结合墙壁，在保证采光的同时具有一定私密性，可以为老师、学生提供一个休闲、娱乐、学习的场所。
北
总平面图 1:300
平面图 1:100
剖面图 1-1 1:100
西立面图 1:100
东立面图 1:100

学生姓名：龙渝平　　　　指导教师：蒋　玲　李　鑫

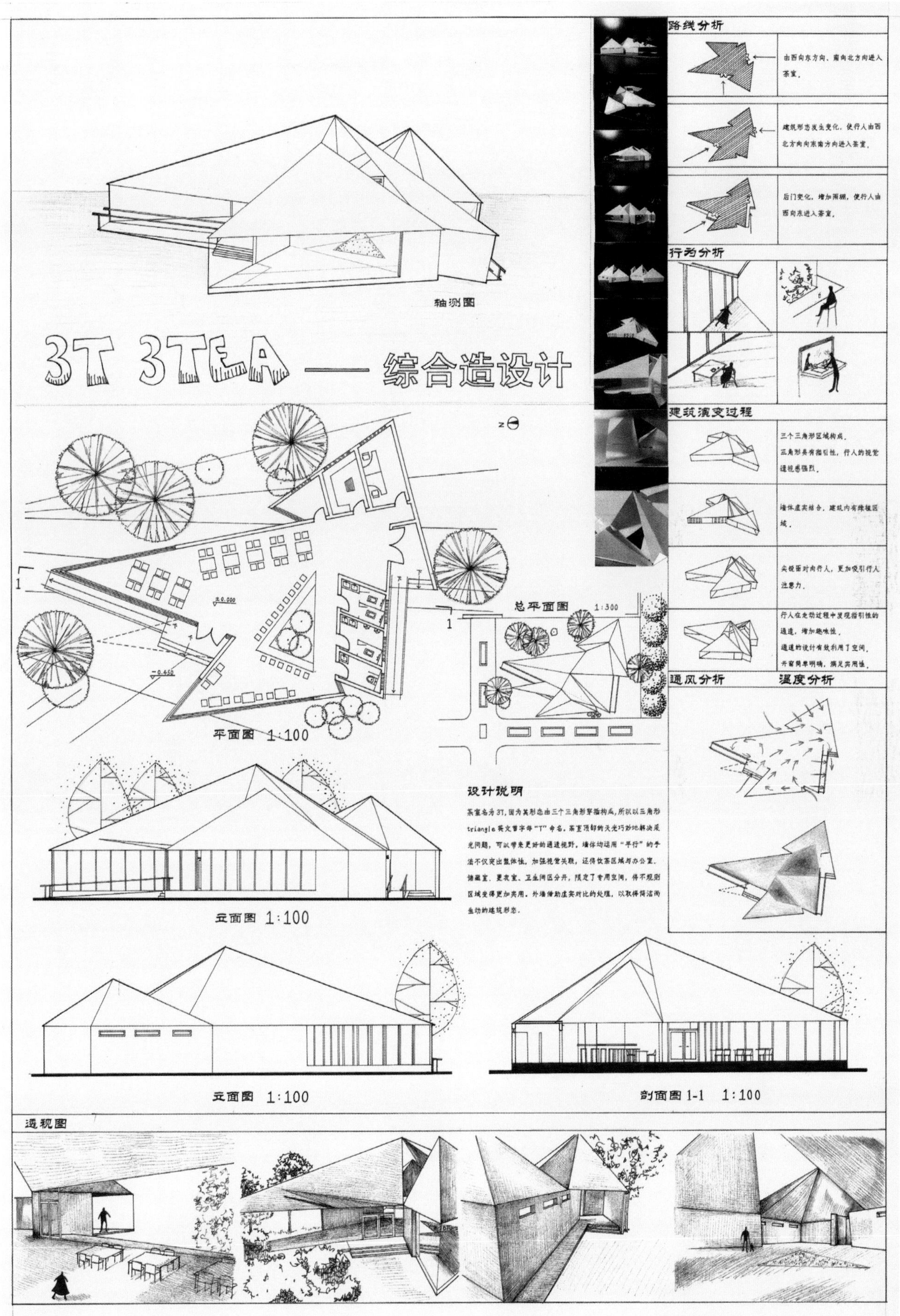
轴测图
3T 3TEA —— 综合造设计
路线分析
由西向东方向、南向北方向进入茶室。
建筑形态发生变化，使行人由西北方向向东南方向进入茶室。
后门变化，增加雨棚，使行人由西向东进入茶室。
行为分析
建筑演变过程
三个三角形区域构成。
三角形具有指引性，行人的视觉透视感强烈。
墙体虚实结合，建筑内有绿植区域。
尖锐面对向行人，更加吸引行人注意力。
行人在走动过程中发现指引性的通道，增加趣味性。
通道的设计有效利用了空间。
开窗简单明确，满足实用性。
通风分析
温度分析
±0.000
-0.450
1
平面图 1:100
总平面图 1:300
设计说明
茶室名为3T，因为其形态由三个三角形穿插构成，所以以三角形triangle英文首字母“T”命名。茶室顶部的天光巧妙地解决采光问题，可以带来更好的通透视野。墙体均运用“平行”的手法不仅突出整体性，加强视觉关联，还将饮茶区域与办公室、储藏室、更衣室、卫生间区分开，限定了专用空间，将不规则区域变得更加实用。外墙借助虚实对比的处理，以取得简洁而生动的建筑形态。
立面图 1:100
立面图 1:100
剖面图 1-1 1:100
透视图

学生姓名：刘寒雪　　**指导教师：**靳铭宇　赵春喜

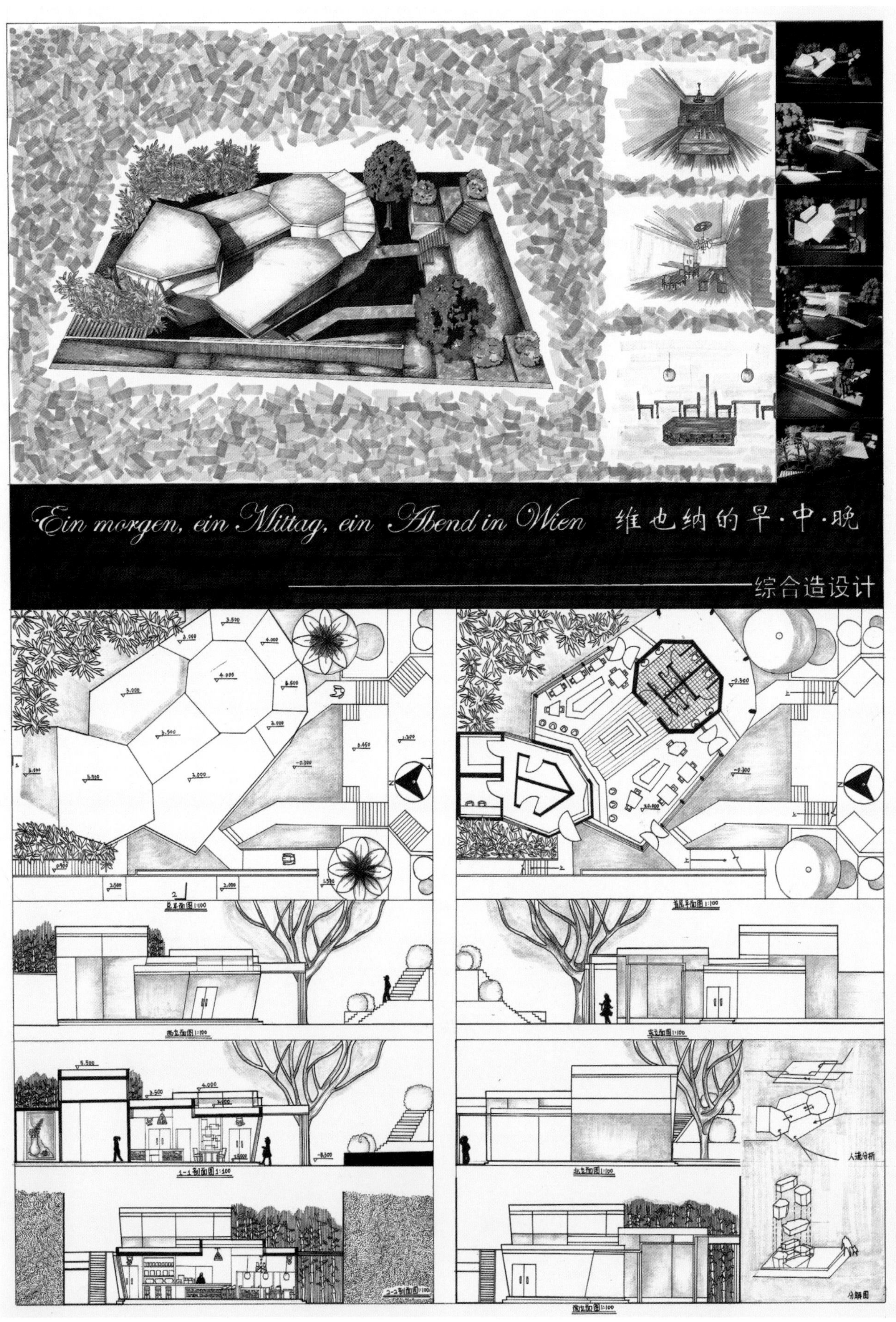
Ein morgen, ein Mittag, ein Abend in Wien 维也纳的早·中·晚
综合造设计
人流分析
分解图

学生姓名：沈 佳

指导教师：靳铭宇 赵春喜

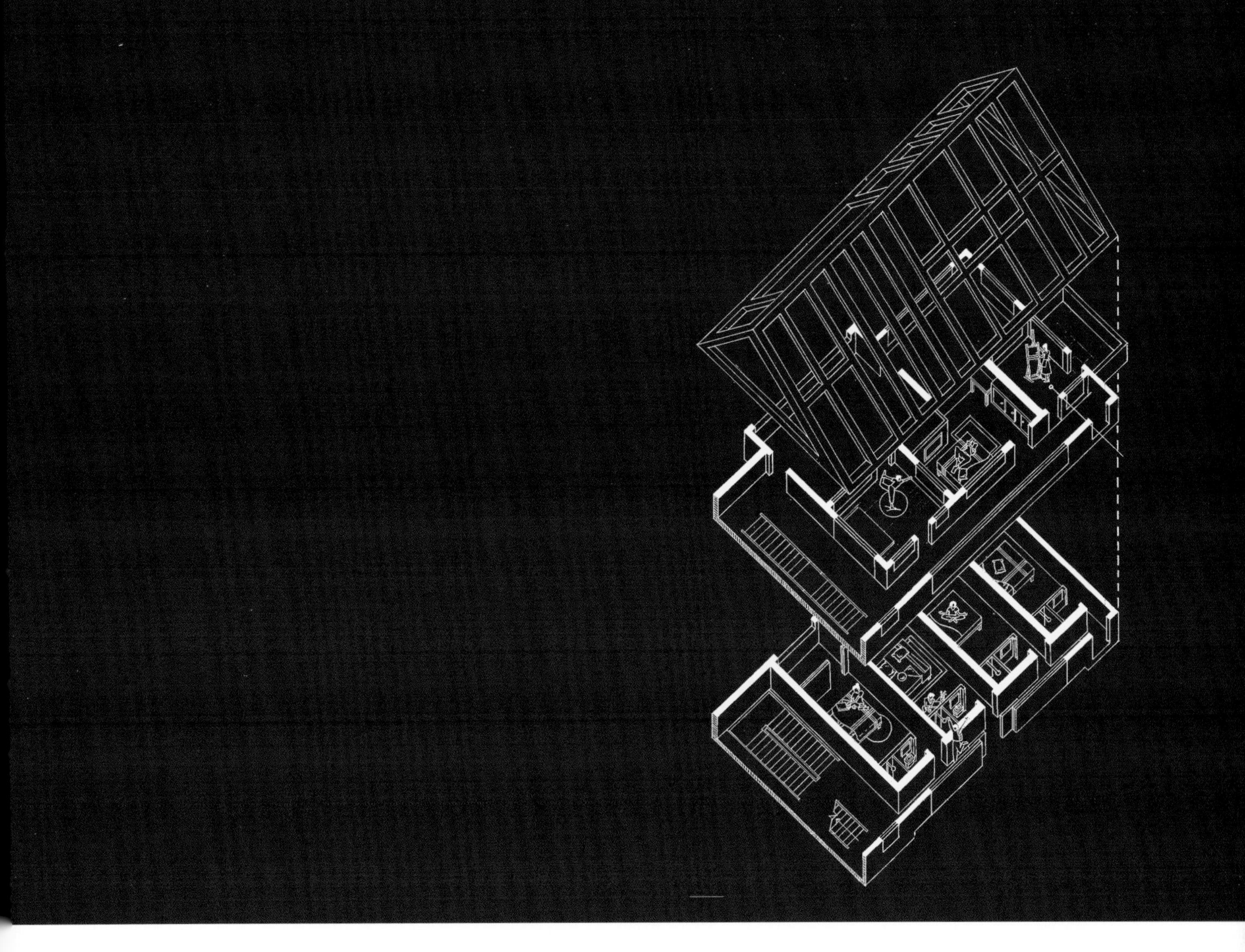

二年级

环境·行为

课程设计教案
优秀学生作品

课程设计教案

1 地·墙·架·梯·具

“五构”训练主题下的西山书院设计

整体课程体系：“五构”主题训练模块的嵌入

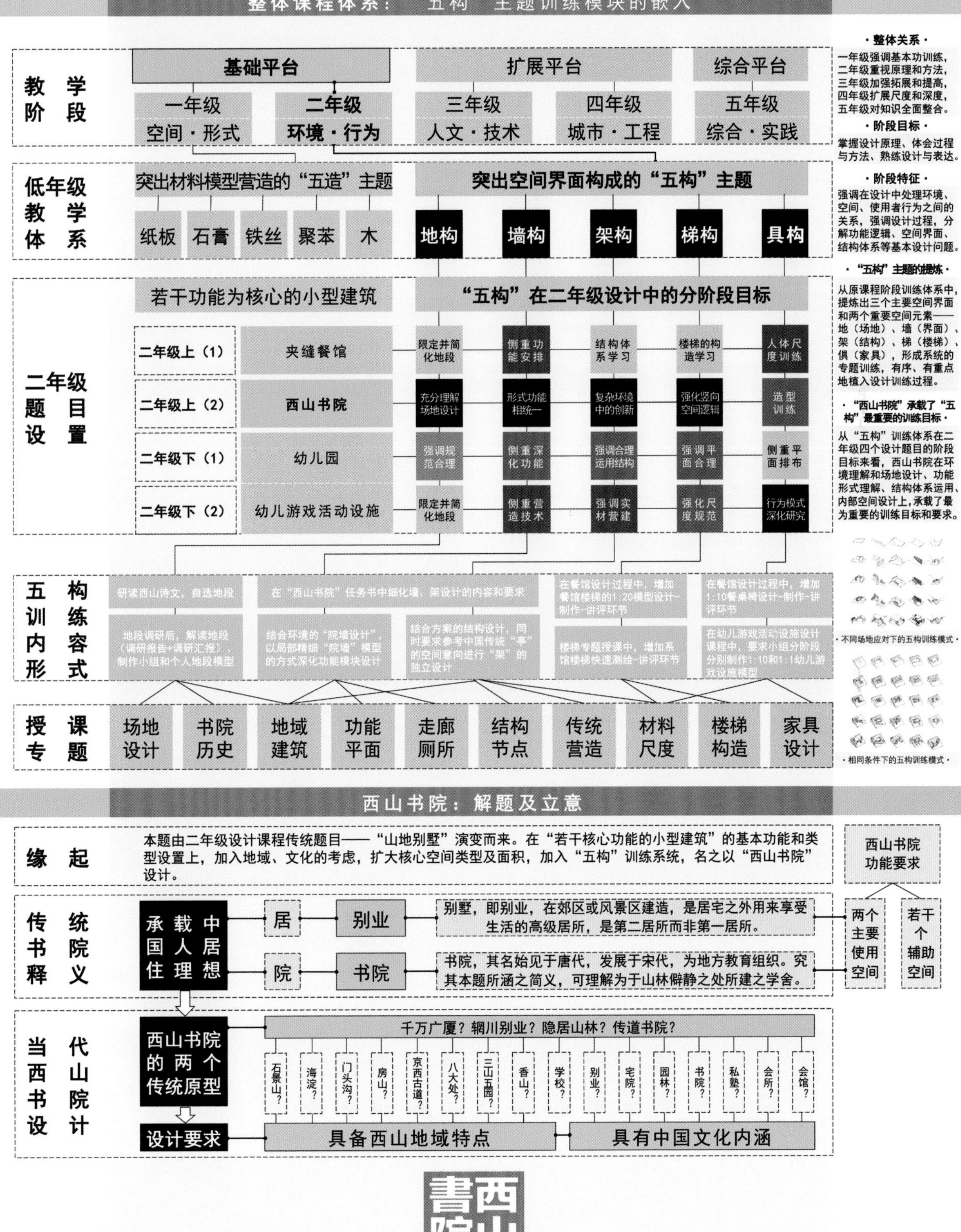

教学阶段
基础平台
扩展平台
综合平台
一年级 空间·形式
二年级 环境·行为
三年级 人文·技术
四年级 城市·工程
五年级 综合·实践
低年级教学体系
突出材料模型营造的“五造”主题
纸板
石膏
铁丝
聚苯
木
突出空间界面构成的“五构”主题
地构
墙构
架构
梯构
具构
二年级题目设置
若干功能为核心的小型建筑
“五构”在二年级设计中的分阶段目标
二年级上（1） 夹缝餐馆
限定并简化地段
侧重功能安排
结构体系学习
楼梯的构造学习
人体尺度训练
二年级上（2） 西山书院
充分理解场地设计
形式功能相统一
复杂环境中的创新
强化竖向空间逻辑
造型训练
二年级下（1） 幼儿园
强调规范合理
侧重深化功能
强调合理运用结构
强调平面合理
侧重平面排布
二年级下（2） 幼儿游戏活动设施
限定并简化地段
侧重营造技术
强调实材营建
强化尺度规范
行为模式深化研究
五构训练内容形式
研读西山诗文，自选地段
在“西山书院”任务书中细化墙、架设计的内容和要求
在餐馆设计过程中，增加餐馆楼梯的1:20模型设计-制作-讲评环节
在餐馆设计过程中，增加1:10餐桌椅设计-制作-讲评环节
地段调研后，解读地段（调研报告+调研汇报）、制作小组和个人地段模型
结合环境的“院墙设计”，以局部精细“院墙”模型的方式深化功能模块设计
结合方案的结构设计，同时要求参考中国传统“亭”的空间意向进行“架”的独立设计
楼梯专题授课中，增加系馆楼梯快速测绘-讲评环节
在幼儿游戏活动设施设计课程中，要求小组分阶段分别制作1:10和1:1幼儿游戏设施模型
授课专题
场地设计
书院历史
地域建筑
功能平面
走廊厕所
结构节点
传统营造
材料尺度
楼梯构造
家具设计
·整体关系·
一年级强调基本功训练，二年级重视原理和方法，三年级加强拓展和提高，四年级扩展尺度和深度，五年级对知识全面整合。
·阶段目标·
掌握设计原理、体会过程与方法、熟练设计与表达。
·阶段特征·
强调在设计中处理环境、空间、使用者行为之间的关系，强调设计过程，分解功能逻辑、空间界面、结构体系等基本设计问题。
·“五构”主题的提炼·
从原课程阶段训练体系中，提炼出三个主要空间界面和两个重要空间元素——地（场地）、墙（界面）、架（结构）、梯（楼梯）、俱（家具），形成系统的专题训练，有序、有重点地植入设计训练过程。
·“西山书院”承载了“五构”最重要的训练目标·
从“五构”训练体系在二年级四个设计题目的阶段目标来看，西山书院在环境理解和场地设计、功能形式理解、结构体系运用、内部空间设计上，承载了最为重要的训练目标和要求。
·不同场地应对下的五构训练模式·
·相同条件下的五构训练模式·
西山书院：解题及立意
缘起
本题由二年级设计课程传统题目——“山地别墅”演变而来。在“若干核心功能的小型建筑”的基本功能和类型设置上，加入地域、文化的考虑，扩大核心空间类型及面积，加入“五构”训练系统，名之以“西山书院”设计。
西山书院功能要求
传统书院释义
承载中国人居住理想
居
别业
别墅，即别业，在郊区或风景区建造，是居宅之外用来享受生活的高级居所，是第二居所而非第一居所。
院
书院
书院，其名始见于唐代，发展于宋代，为地方教育组织。究其本题所涵之简义，可理解为于山林僻静之处所建之学舍。
两个主要使用空间
若干个辅助空间
当代西山书院设计
西山书院的两个传统原型
千万广厦？辋川别业？隐居山林？传道书院？
石景山？
海淀？
门头沟？
房山？
京西古道？
八大处？
三山五园？
香山？
学校？
别业？
宅院？
园林？
书院？
私塾？
会所？
会馆？
设计要求
具备西山地域特点
具有中国文化内涵
書院
西山
二年级·教案

地·墙·架·梯·具

2

“五构”训练主题下的西山书院设计

地段及设计要求

任　务

本设计要求学生以朴实、当代的地、墙、架、梯、具五种建造形态，完成一个：具有中国传统文化内涵和西山地域特点的、具有学术交流功能的居院方案设计。设计包括单体建筑、外部环境、绿化植被等。

地　段

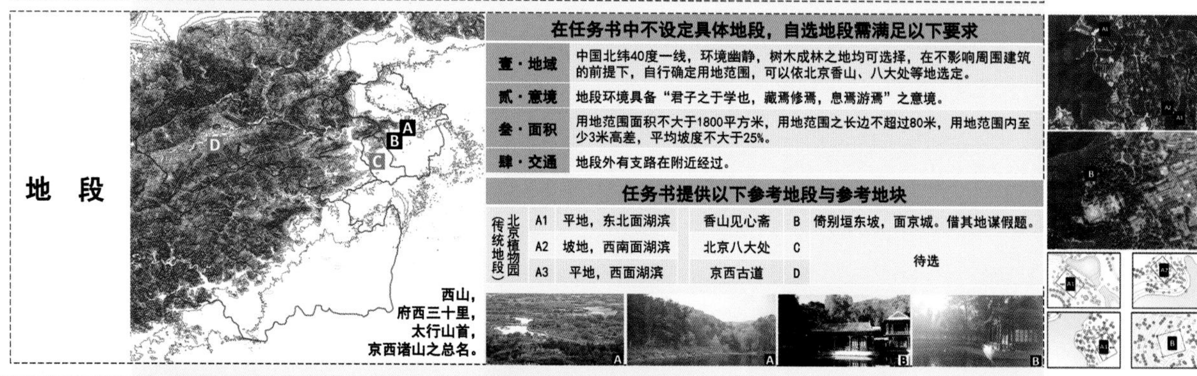
A
B
C
D
西山，
府西三十里，
太行山首，
京西诸山之总名。

在任务书中不设定具体地段，自选地段需满足以下要求

壹·地域	中国北纬40度一线，环境幽静，树木成林之地均可选择，在不影响周围建筑的前提下，自行确定用地范围，可以依北京香山、八大处等地选定。
贰·意境	地段环境具备“君子之于学也，藏焉修焉，息焉游焉”之意境。
叁·面积	用地范围面积不大于1800平方米，用地范围之长边不超过80米，用地范围内至少3米高差，平均坡度不大于25%。
肆·交通	地段外有支路在附近经过。

任务书提供以下参考地段与参考地块

北京植物园（传统地段）	A1	平地，东北面湖滨	香山见心斋	B	倚别垣东坡，面京城。借其地谋假题。
	A2	坡地，西南面湖滨	北京八大处	C	待选
	A3	平地，西面湖滨	京西古道	D	

设计进度安排

设计进度安排

阶段		师	生
第9周	1		
	2		
第10周	3		
	4		
第11周	5		
	6		
第12周	7		
	8		
第13周	9		
	10		
第14周	11		
	12		
第15周	13		
	14		
第16周	15		
	16		

基地调研

以七人小组为单位，择题、相地、踏勘、测绘地形并制作小组和个人环境模型，各人独立编写设计任务书。为期一周。

集中授课

六位教师分别以地、墙、架、梯、具为主题集中授课，为期两周（四节大课），同时布置专题训练作业

方案构思

学生完成地段、环境、业主、主题的构思，以快题+概念模型之形式确定方案；为期两周（与调研同步）。同时进行专题训练。

方案推进

教师根据学生所定主题，通过课下改草图+课上点评模型的方式推进学生方案。方案不断推进持续至终期评图。同时推进专题训练。

方案表达

学生以课上快题设计+课下推敲模型的方式表达方案，鼓励手工模型。持续至终期评图，主要集中于第六、七周。

阶段评图

以七人为组，两组为团，每周最后一课时以演示文件形式对快题图纸、课下模型展开组内互评，团内点评，班内交流。

终期评图

图纸为3张统一完整构图的A1设计图，模型以照片形式体现于图纸，并提交相应的电子文档；终期评图以全年级范围内公开汇报的形式展开。

功能与面积

零 总建筑面积 400~500 平方米。

壹　界线与开口

- □ 院墙：院墙不是地段边界线。院墙在地段内设计，不求封闭，但要界线明确，可以是石、砖、木、土等，还可以是树、草、坡、水等。要求结合地势，便于识别，既可以开放，又可以限制出入，适当封闭管理。
- □ 院门：主出入口、辅出入口分开设置，通向地段外即可。形式不拘一格。
- □ 院墙辅出入口附设车库1间（2车位），面积自定，车出入口在院墙外，车库另有一门通向院内。
- □ 院墙外设临时停车、自行车停放区。

贰　研修空间

- □ 30人的讨论式教室1间，使用面积约60平方米。
- □ 15人会议室1间，面积自定。
- □ 适当的交流与展示空间，形式、面积自定。
- □ 辅助功能空间，如卫生间、准备室、走道、楼梯等。

叁　生活空间

- □ 起居兼研讨空间1间，使用面积不小于25平方米。
- □ 主卧室1间，带卫生间，面积自定。
- □ 次卧室4间，带卫生间，面积自定。
- □ 厨房与就餐空间，供6人一日三餐，偶尔提供20人临时自助餐，可与其他空间连续通用。
- □ 辅助功能空间，如工人房、储藏室、走道、楼梯、过厅等。

肆　拓展空间

根据业主专业需要自行设定。如设计室、模型室、工作室、实验室、摄影室、画室、影像室、标本间、书房、练功房、收藏室等，面积自定。

伍　休闲与交流空间

- □ 应与前四部分空间有机结合。
- □ 充分考虑室内 外结合，如水面、浮桥、花房、露台、敞廊、庭院等。

图纸要求

一题	题目，自拟		
一记	设计说明（包括经济技术指标）		
二造	整体模型	需体现建筑与地形的形体关系，1:100或1:200	通过不同材料、色彩的创意性搭配，准确地传达设计意图，表达设计思路；色彩、材料的表现可适当简化、抽象；模型须以高质量清晰照片的形式体现在正图中
	局部模型	需体现“五构”体系及其逻辑关系，1:10	
五图	平面图	总平面图，1:300	包括外环境，内庭院景观设计，设计图纸应能清晰地表达设计思路，阐释设计意图，同时图面清晰，布局优美
		首层平面图，带场地，1:100或1:200	注意线形搭配、各种符号标识、字体及字体大小配置、配景画法；要求图纸清洁整齐，准确反映空间信息
		各层平面图及屋顶平面图，1:100或1:200	
	立面图	2-4个，1:100或1:50	注意线形搭配、材料符号、构造细节、材质肌理表达立面配景搭配
	剖面图	2-4个，1:100或1:50	
	透视/轴测图	表现方式不限	主透视表现室外场景，不小于2号图纸大小，反映建筑与环境的关系，应透视准确，颜色搭配和谐，注意材料的表达方式；另可适当表现有特点的室内空间场景
	分析图	表现方式不限	
八景	一组场景绘画，表现方式不限		

·总体功能·

该书院供某特定专业和研究方向（如中国传统文化、诗词戏曲小说、自然科学、传统建筑文化、当代建筑思潮、建筑营造体系）之长期研修、讲学之用。

·业主与环境·

为该书院拟定一位具有传统文化气质之业主；需拟一段诗文描述该书院之文化气质及环境氛围，在设计中积极予以体现。如：以“呦呦鹿鸣”为主题选定诺奖得主屠呦呦女士为虚拟业主。

·文化表达·

本设计要求用建筑语汇尝试表达书院“礼乐相成”的特点，表现一定的地域性、文化性、艺术性。

·语汇与手法·

在设计中要求系统使用和体现地、墙、架、梯、具“五构”的设计语汇与手法。

書西
院山
二年级·教案

地·墙·架·梯·具 3

“五构”训练主题下的西山书院设计

“五构”阶段目标成果

作业评析

“五构”阶段目标成果

总结与反思

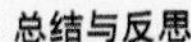

“五构”主题训练在二年级设计课程已尝试进行了四年，目前还在继续探索。回顾历年教学情况，学生对“五构”的理解、掌握、运用程度各有异同。就整体情况而言，学生在地构方面表现出很多想法，但往往对场地的整体掌控力不够；在墙构、架构、梯构三方面都表现出较丰富的创造力和较好的表现力，但在梯构训练中，对竖向空间的设计较为吃力；同时，在八周的时间设计周期里，多数学生对相应的具构设计的展开不够深入。

在将来的“五构”训练中，还需要继续探讨任务书的细化和专题训练的设置，希望进一步加强“五构”主题训练模块与设计课题的嵌入融合，尤其需要继续深入研究设计地段，深化任务书，继续探讨更好的方法，激发学生对场地的学习，强化学生对“五构”的理解。

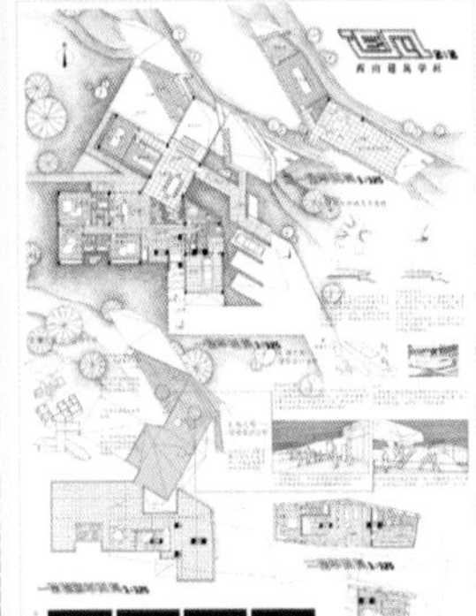

《追风-西山建筑学社》	《山居素日》
地构：方案选择东北滨水地段，考虑了岸线和正南朝向的轴线方位变化，并以此展开体块推敲。	地构：合理利用了见心斋地段西高东低的坡地，分置高静低闹的功能体块，同时充分利用水来组织体块关系。
墙构：注重了墙在水平方向的虚实变化。	墙构：用穿插的手法设置了两组变化丰富的群墙，充满趣味。
架构：丰富的体块关系、丰富的屋顶形式，且有基本合理的结构体系作为基础。	架构：墙、架结合，虚实结合，塑造了几处丰富的灰空间。
梯构：与结构紧密结合，竖向空间成为方案的亮点。	梯构：不突出。
具构：室内外家具平面布置基本合理。	具构：对重点空间进行了室内家具的设计，有一定的把控能力。

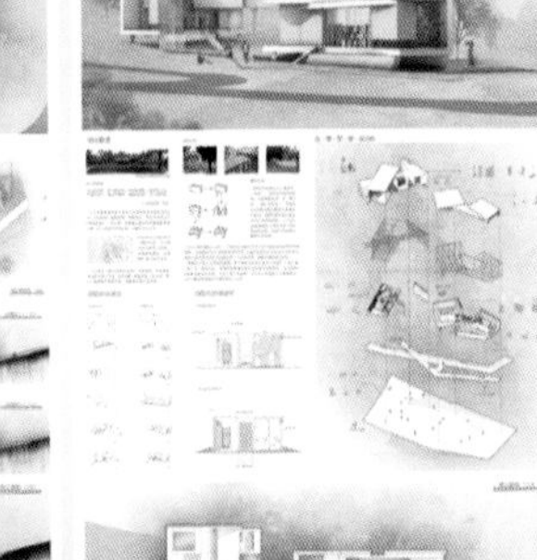

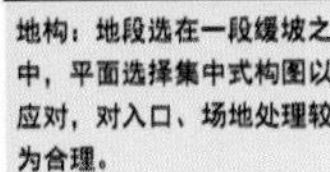

地构：地段选在一段缓坡之中，平面选择集中式构图以应对，对入口、场地处理较为合理。

墙构：方案对墙的材质及其搭配、构建进行了一定的尝试，形成若干处舒适、有意境的空间。

架构：尝试了对传统坡屋顶的个性解读和重构，重组墙、柱、廊、屋顶等元素。

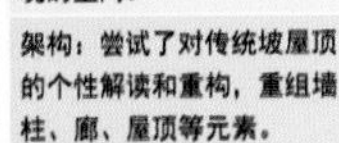

梯构：不突出。

具构：较欠缺。

锈湖小阁
1

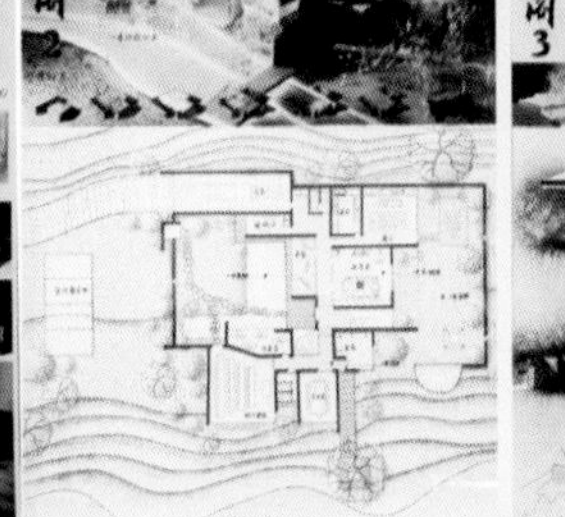

锈湖小阁

锈湖小阁
3

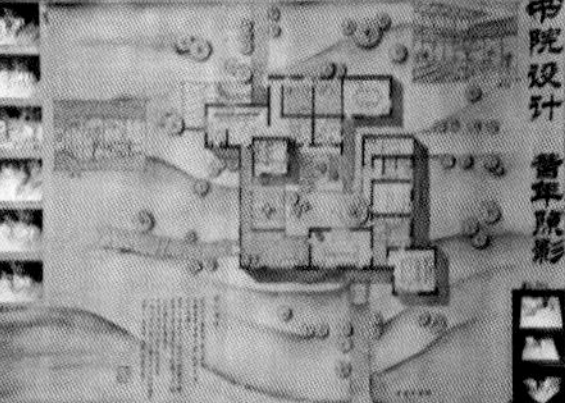

书院设计

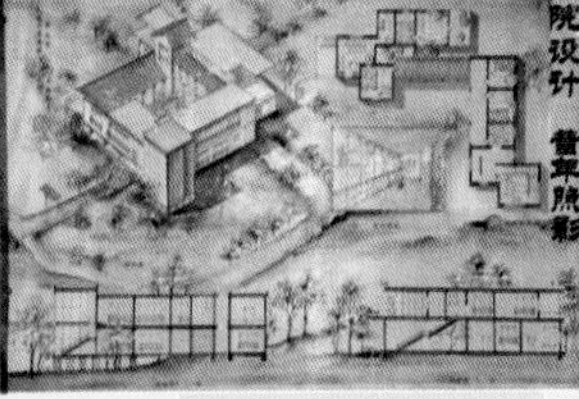

书院设计

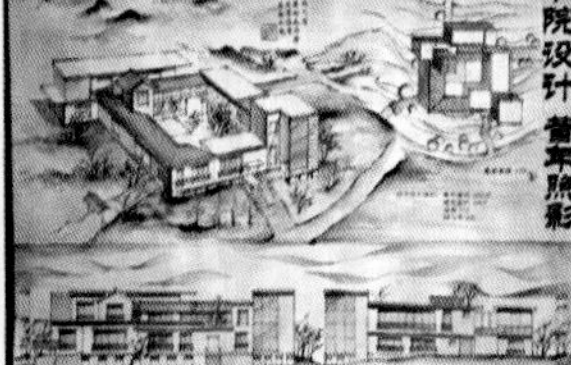

书院设计

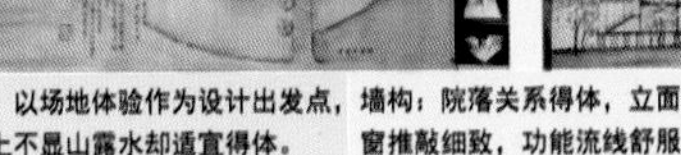

地构：以场地体验作为设计出发点，形式上不显山露水却适宜得体。 墙构：院落关系得体，立面开窗推敲细致，功能流线舒服。 架构：采用单双坡屋顶的常用造型，结构基本合理。 梯构：结合地形设置两处楼梯，分布基本合理。 具构：较少体现。

書院
西山
二年级·教案

优秀学生作品

建筑设计：餐馆设计
建筑设计：书院设计
建筑设计：幼儿园设计
建构设计：幼儿园游憩设施设计

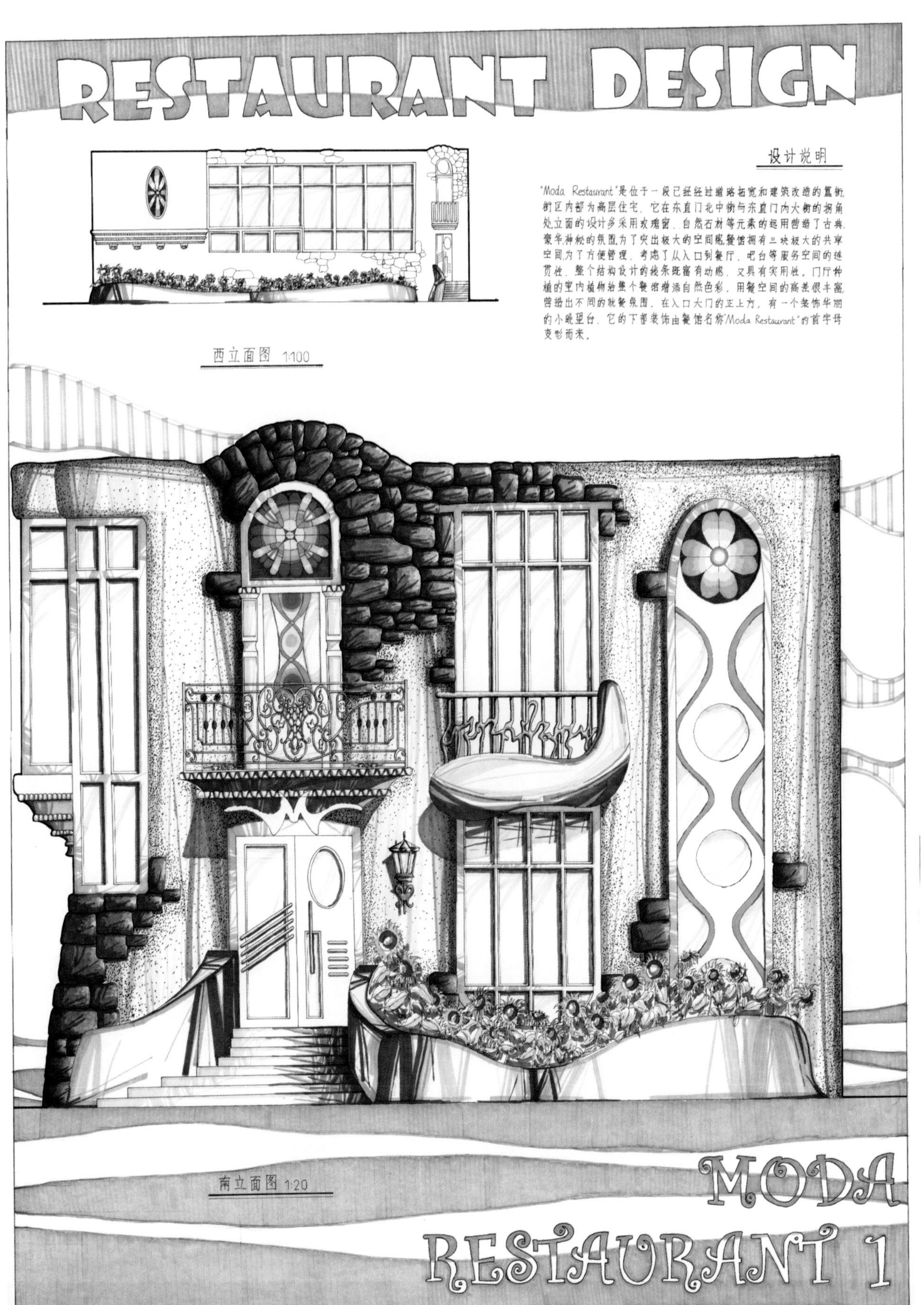
RESTAURANT DESIGN
设计说明
"Moda Restaurant"是位于一段已经经过道路拓宽和建筑改造的簋街，街区内部为高层住宅，它在东直门北中街与东直门内大街的拐角处。立面的设计多采用玫瑰窗、自然石材等元素的运用营造了古典、豪华、神秘的氛围。为了突出极大的空间感，餐馆拥有三块极大的共享空间，为了方便管理，考虑了从入口到餐厅、吧台等服务空间的连贯性，整个结构设计的线条既富有动感，又具有实用性。门厅种植的室内植物给整个餐馆增添自然色彩，用餐空间的高差很丰富，营造出不同的就餐氛围。在入口大门的正上方，有一个装饰华丽的小眺望台，它的下部装饰由餐馆名称"Moda Restaurant"的首字母变形而来。
西立面图 1:100
南立面图 1:20
MODA
RESTAURANT 1

学生姓名：赵心怡　　　　指导教师：贾　东　宋效巍

RESTAURANT DESIGN
8.000
4.000
±0.000
-3.500
8.500
3.400
2.100
-1.200
A—A 剖面图 1:100
B—B 剖面图 1:100
主食库
副食库
冷加工
消毒间
洗碗间
热加工
更衣间
备餐间
地下室平面图 1:100
总平面图 1:200
办公室
休息室
卫生间
首层平面图 1:100
二层平面图 1:100
MODA
RESTAURANT 2

学生姓名：赵心怡

指导教师：贾　东　宋效巍

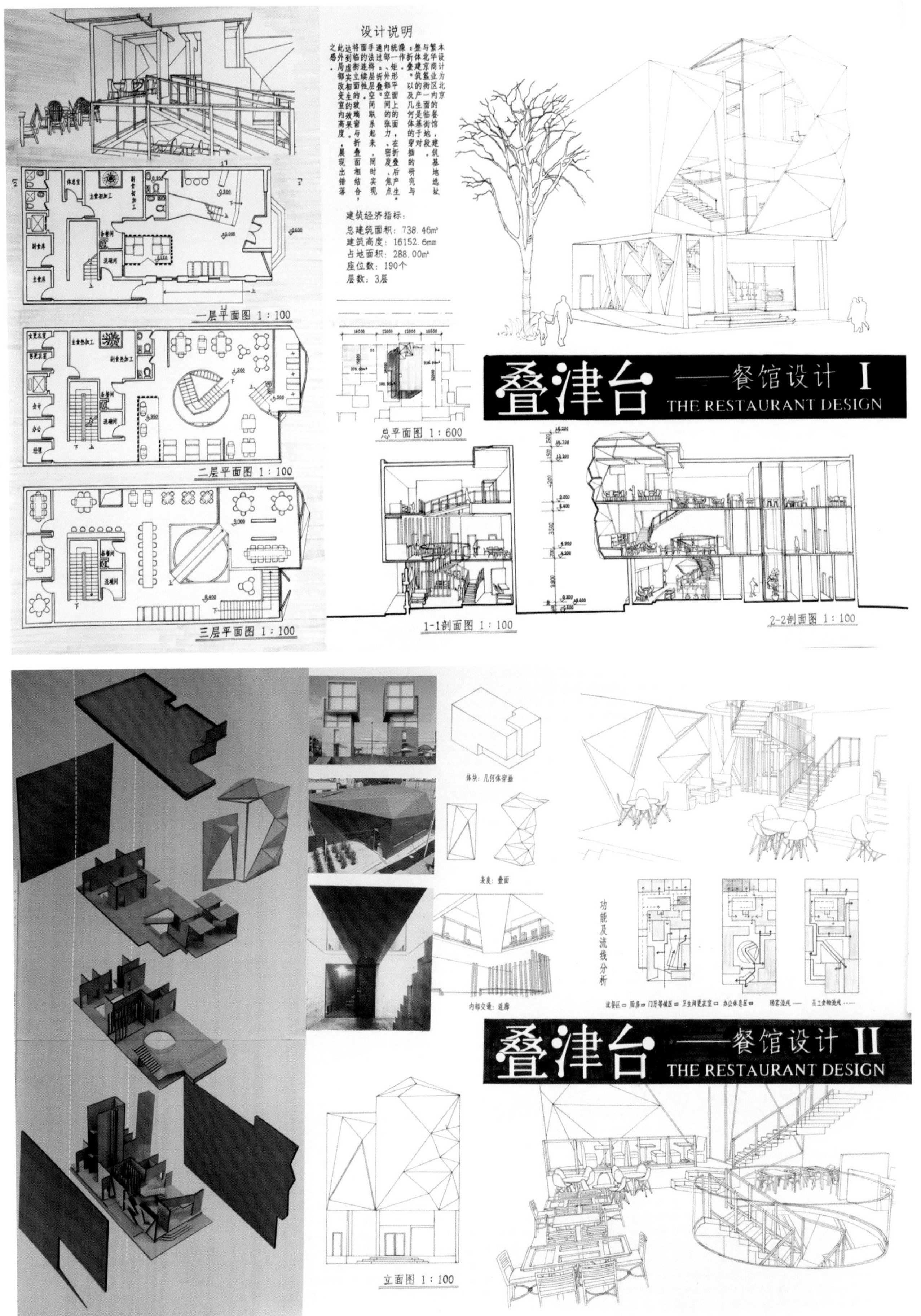
设计说明
建筑经济指标：
总建筑面积：738.46m²
建筑高度：16152.6mm
占地面积：288.00m²
座位数：190个
层数：3层
一层平面图 1：100
二层平面图 1：100
三层平面图 1：100
总平面图 1：600
叠津台 ——餐馆设计 I
THE RESTAURANT DESIGN
1-1剖面图 1：100
2-2剖面图 1：100
体块：几何体穿插
表皮：叠面
内部交通：连廊
功能及流线分析
叠津台 ——餐馆设计 II
THE RESTAURANT DESIGN
立面图 1：100

学生姓名：贾晋悦

指导教师：贾　东　宋效巍

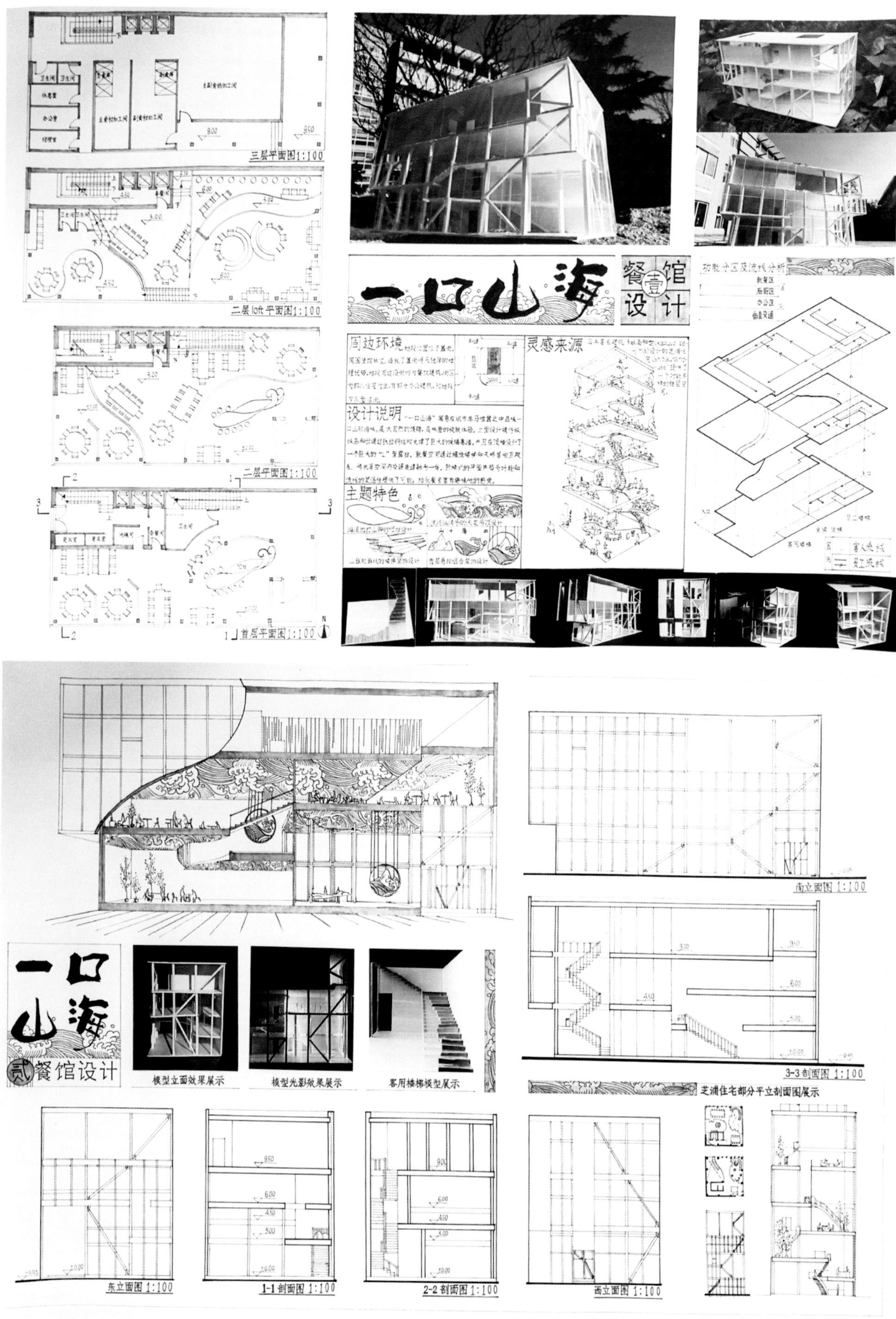
三层平面图1:100
二层loft平面图1:100
二层平面图1:100
首层平面图1:100
一口山海
餐馆设计
周边环境
设计说明
主题特色
灵感来源
功能分区及流线分析
南立面图1:100
3-3剖面图1:100
一口山海
贰餐馆设计
模型立面效果展示
模型光影效果展示
客用楼梯模型展示
芝浦住宅部分平立剖面图展示
东立面图1:100
1-1剖面图1:100
2-2剖面图1:100
西立面图1:100

学生姓名：刘鑫睿

指导教师：贾　东　宋效巍

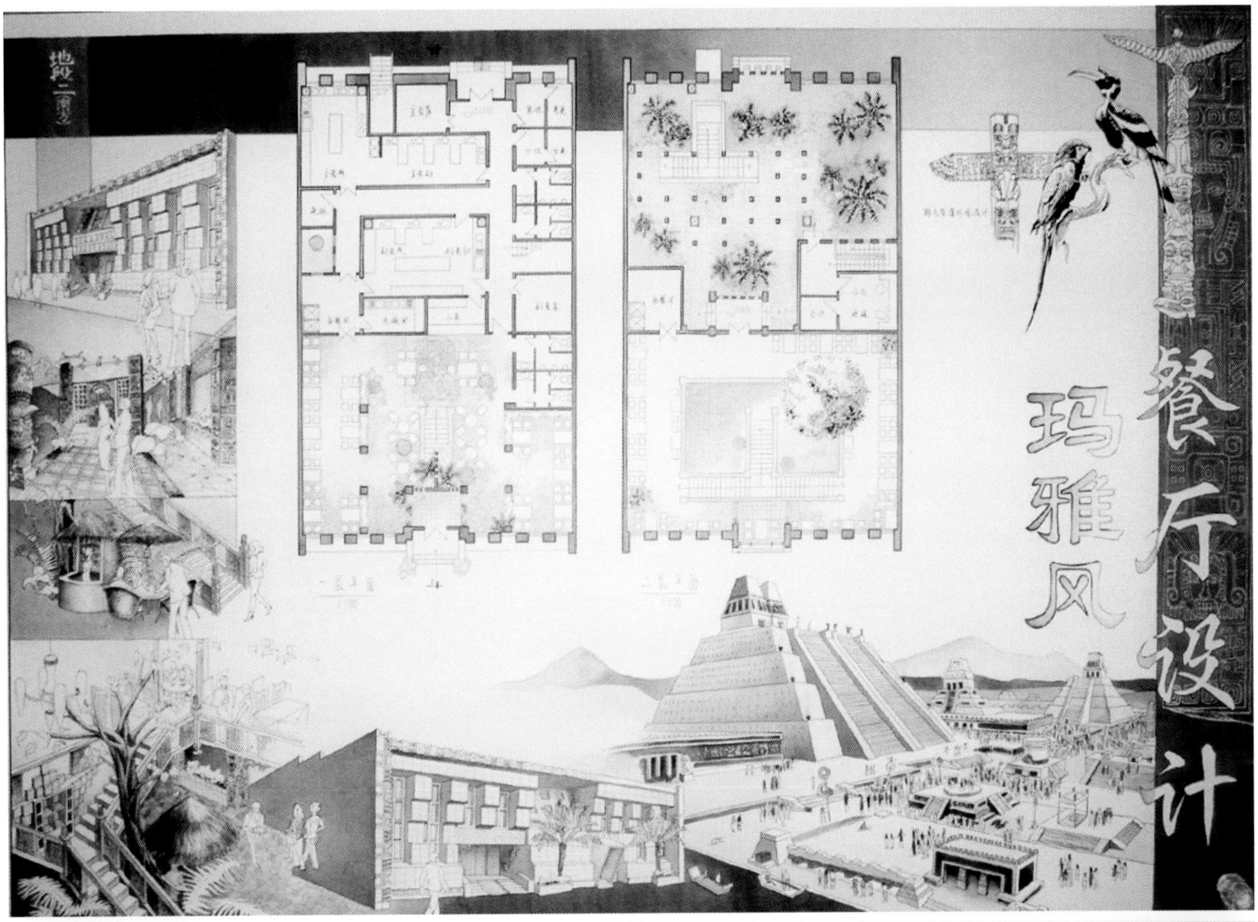

餐厅设计

玛雅风

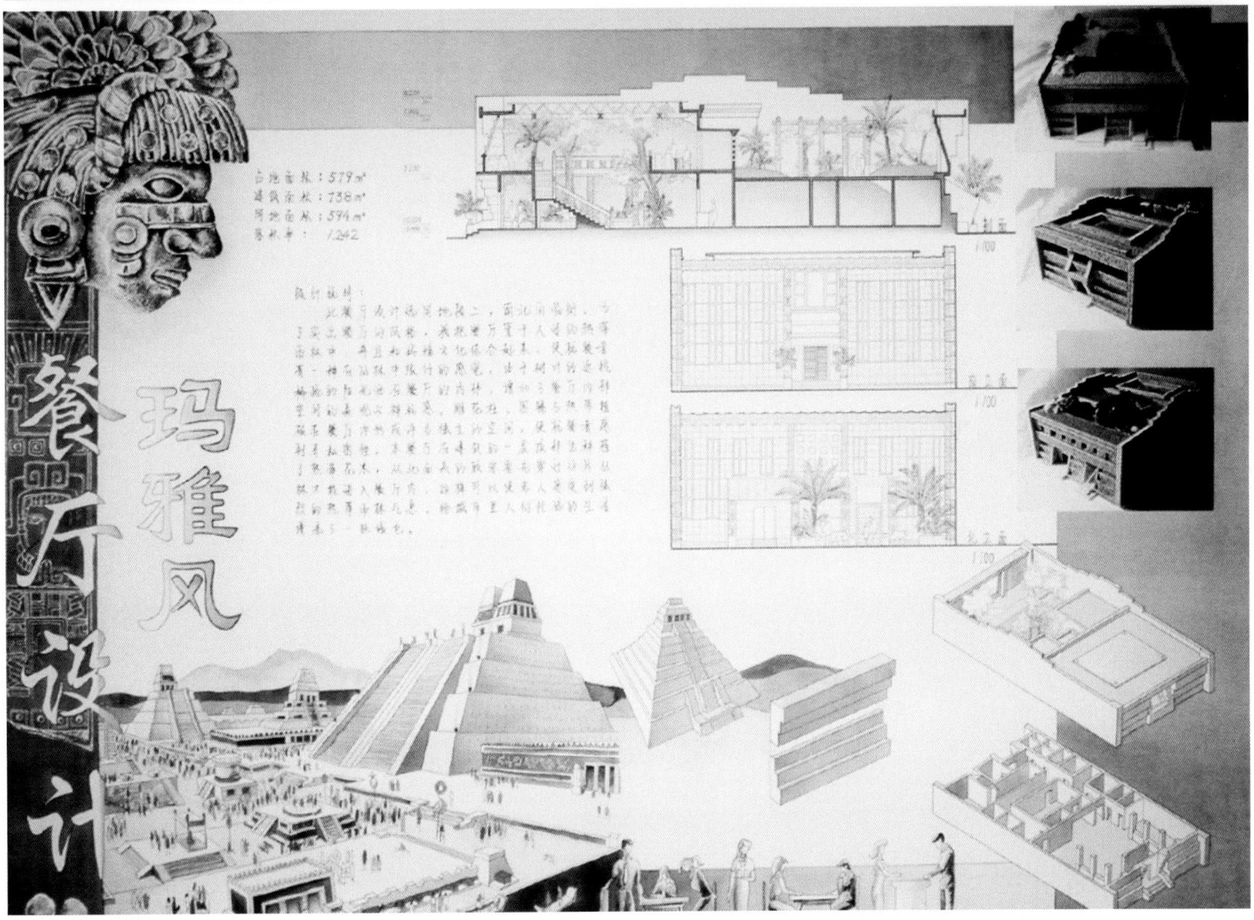

占地面积：579 m²
建筑面积：738 m²
用地面积：594 m²
容积率： 1.242

餐厅设计

玛雅风

学生姓名： 王　博

指导教师： 崔　铁　梁玮男

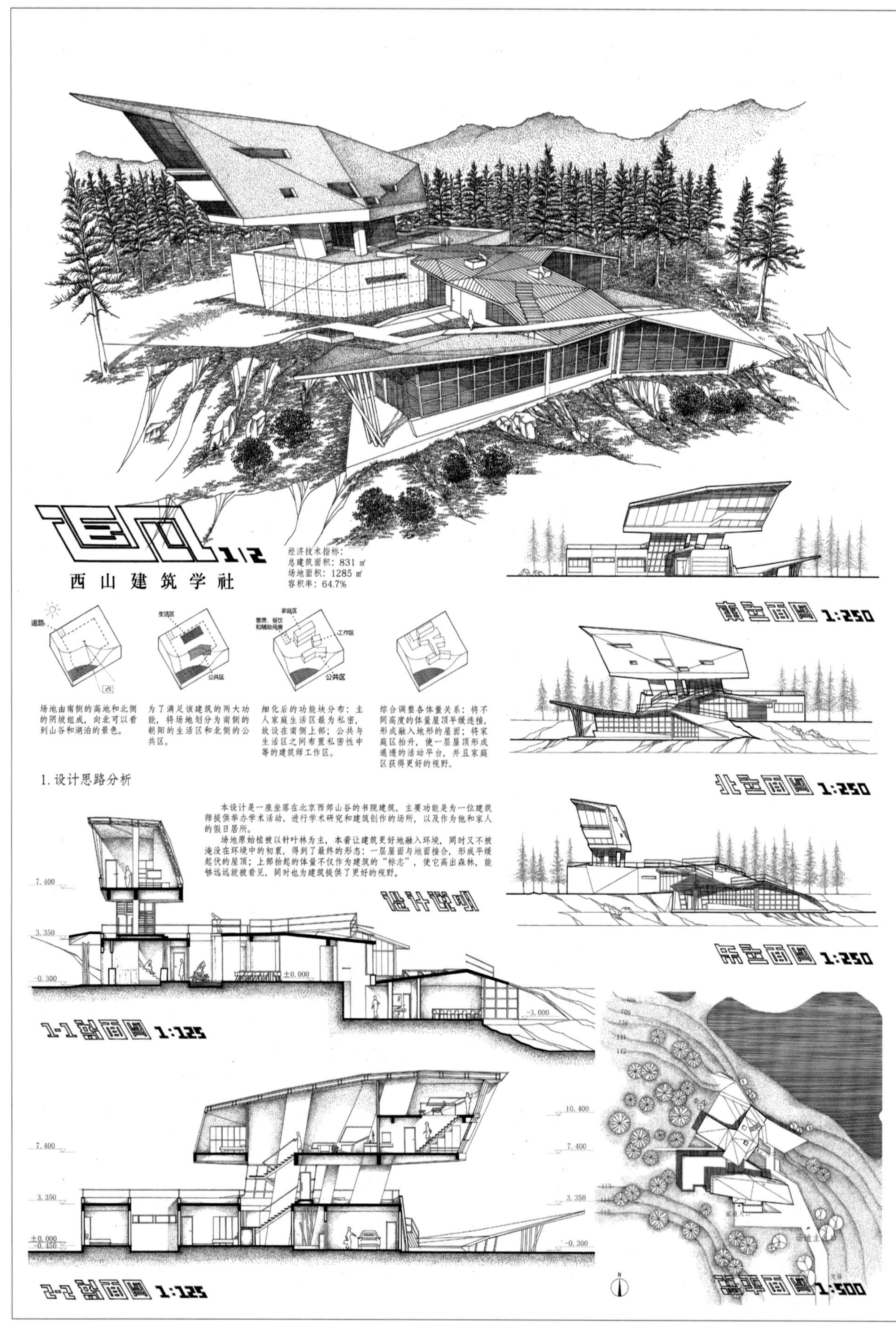
1/2
西 山 建 筑 学 社
经济技术指标：
总建筑面积：831 ㎡
场地面积：1285 ㎡
容积率：64.7%
道路
西
生活区
公共区
家庭区
客房、餐饮
和辅助用房
工作区
公共区
场地由南侧的高地和北侧的阴坡组成，向北可以看到山谷和湖泊的景色。
为了满足该建筑的两大功能，将场地划分为南侧的朝阳的生活区和北侧的公共区。
细化后的功能块分布：主人家庭生活区最为私密，故设在南侧上部；公共与生活区之间布置私密性中等的建筑师工作区。
综合调整各体量关系：将不同高度的体量屋顶平缓连接，形成融入地形的屋面；将家庭区抬升，使一层屋顶形成通透的活动平台，并且家庭区获得更好的视野。
1. 设计思路分析
本设计是一座坐落在北京西郊山谷的书院建筑，主要功能是为一位建筑师提供举办学术活动、进行学术研究和建筑创作的场所，以及作为他和家人的假日居所。
场地原始植被以针叶林为主，本着让建筑更好地融入环境，同时又不被淹没在环境中的初衷，得到了最终的形态：一层屋面与地面接合，形成平缓起伏的屋顶；上部抬起的体量不仅作为建筑的“标志”，使它高出森林，能够远远就被看见，同时也为建筑提供了更好的视野。
设计说明
南立面图 1:250
北立面图 1:250
1:250
7.400
3.350
-0.300
±0.000
-3.000
1-1剖面图 1:125
10.400
7.400
3.350
±0.000
-0.450
-0.300
2-2剖面图 1:125
总平面图 1:500

学生姓名：谢润明

指导教师：张 娟 罗 丹

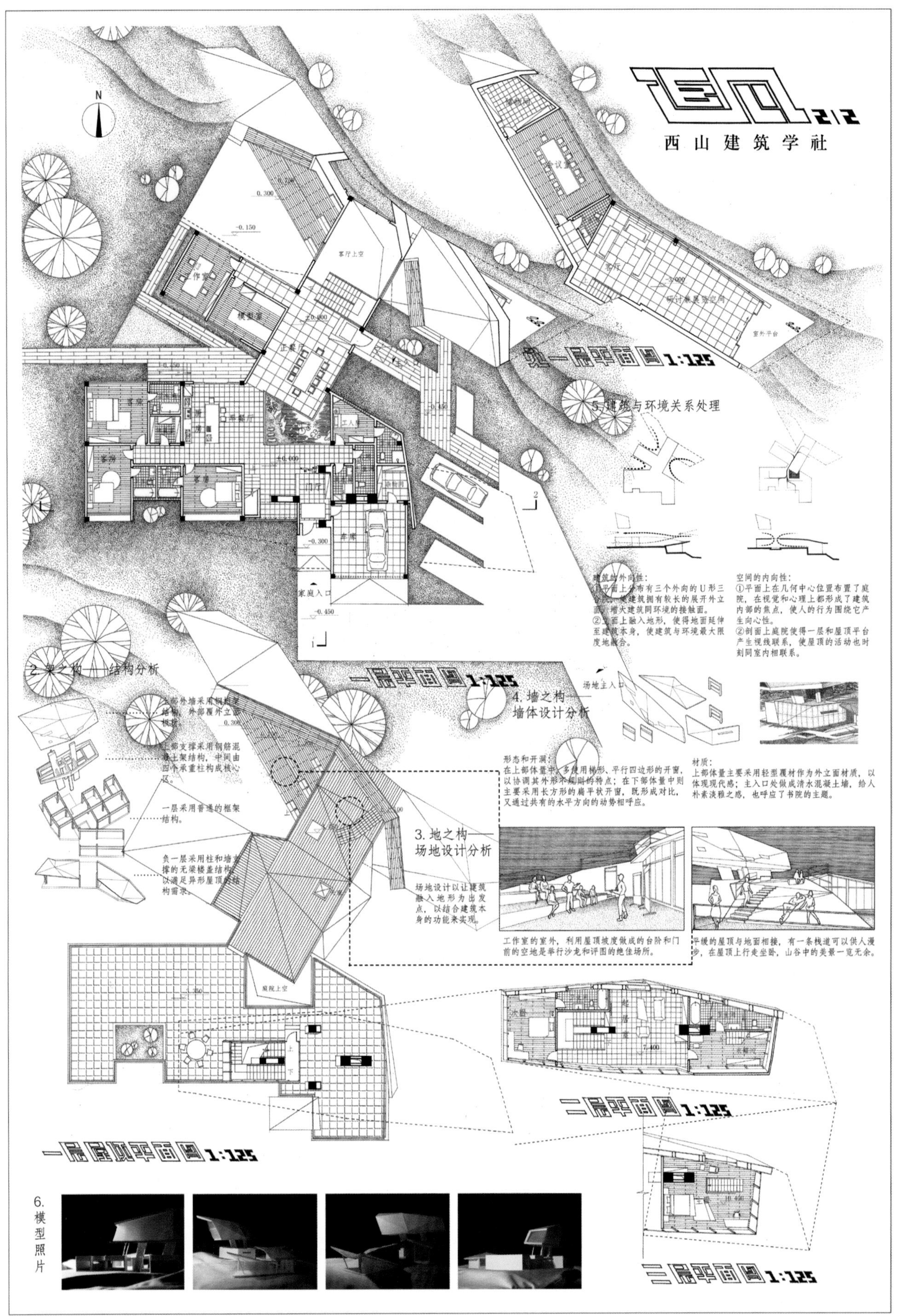

学生姓名：谢润明

指导教师：张 娟 罗 丹

西山建筑学社

一层平面图 1:125

5.建筑与环境关系处理

建筑的外向性：
①平面上分布有三个外向的U形三合院，使建筑拥有较长的展开外立面，增大建筑同环境的接触面。
②立面上融入地形，使得地面延伸至建筑本身，使建筑与环境最大限度地融合。

空间的内向性：
①平面上在几何中心位置布置了庭院，在视觉和心理上都形成了建筑内部的焦点，使人的行为围绕它产生向心性。
②剖面上庭院使得一层和屋顶平台产生视线联系，使屋顶的活动也时刻同室内相联系。

一层平面图 1:125

场地主入口

4.墙之构——
墙体设计分析

2.架之构——结构分析

①上部外墙采用钢柱框架结构，外部覆盖外立面。
②中部支撑采用钢筋混凝土框架结构，中间由四个承重柱构成核心。
③一层采用普通的框架结构。
④负一层采用柱和墙支撑的无梁楼盖结构，以满足异形屋顶的结构需求。

3.地之构——
场地设计分析

场地设计以让建筑嵌入地形为出发点，以结合建筑本身的功能来实现。

形态和色调：
在上部体量多使用梯形、平行四边形的开窗，以协调其外形不规则的特点；在下部体量中则主要采用长方形的扁平状开窗，既形成对比，又通过共有的水平方向的动势相呼应。

材质：
上部体量主要采用轻型覆材作为外立面材质，以体现现代感；主入口处做成清水混凝土墙，给人朴素淡雅之感，也呼应了书院的主题。

工作室的室外，利用屋顶坡度做成的台阶和门前的空地是举行沙龙和评图的绝佳场所。

平缓的屋顶与地面相接，有一条栈道可以供人漫步，在屋顶上行走坐卧，山谷中的美景一览无余。

一层屋顶平面图 1:125

二层平面图 1:125

三层平面图 1:125

6.模型照片

山居素日 — 西山书院设计 1

设计说明

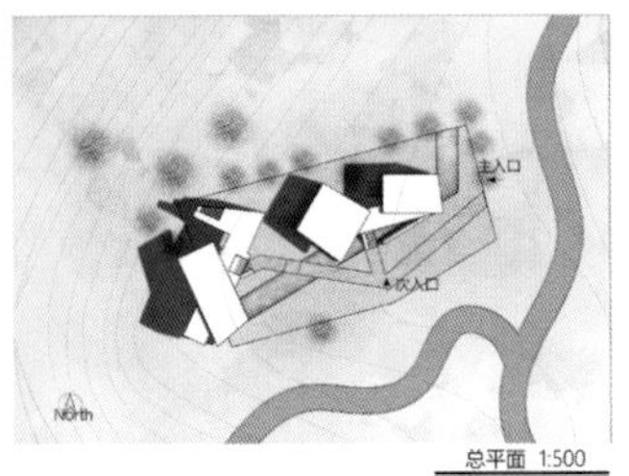
主入口
次入口
North
总平面 1:500

建筑经济指标

建筑用地面积：1500 平方米

总建筑面积：500 平方米

建筑面积：360 平方米

建筑密度：24%

建筑容积率：24%

绿化率：65%

停车数位：2

建筑层数：1、2

建筑高度：6 米、10 米

设计意图

山居素日书源设计旨在以朴实的当代的地、墙、架、梯、具五种建造形态完成一个具有中国传统文化内涵和西山地域特点的具有学术交流功能的居院方案设计。设计包括单体建筑、室外空间、绿化植被等。

主题立意

（1）山居素日书院供当代诗词创作家之长期研修、讲学之用。山居素日的出发点在提供给当代诗词创作空间，它的出发点在给作家足够宁静平和的场所用以创作，在建筑的一侧给予作者充分的开放空间以及开阔的视野，俗话说：读万卷书，行万里路。我希望做创作的人们在书院中能品味大自然的壮美，领略人文的源远流长。避免闭门造车这种情况，但同时书院中也具备了私密的空间，这可以让作家在忙碌之余得以充分的休息。

（2）山居素日书院设计用建筑语汇尝试表达书院“礼乐相成”的特点，表现一定的地域性、文化性、艺术性。

（3）山居素日设计中系统的使用地、墙、架、梯、具“五造”的设计语汇与手法。其设计中“五造”的设计手法深入其中，“五造”不仅是形式上的统一，也结合了功能、外观、资源利用上面，正可谓对应了建筑要素：坚固、实用、美观。

书院模型

整体鸟瞰

前厅局部

前厅入口

后厅正面

后厅局部

后厅局部

书院平面、立面、剖面

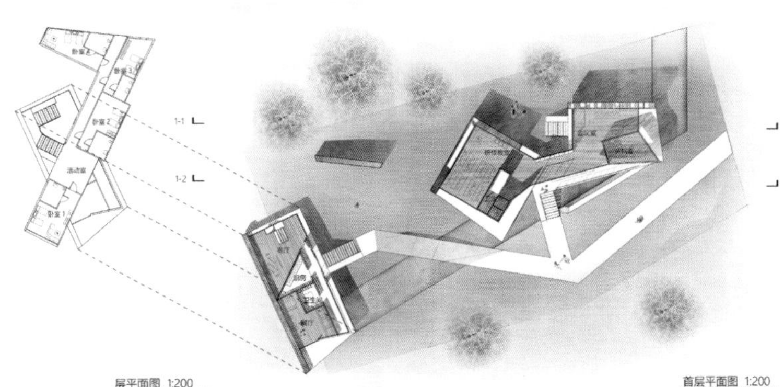
1-1
1-2
层平面图 1:200

首层平面图 1:200

+9.500
+5.500
±0.000
剖面图 1-1 1:200

+9.500
+5.500
剖面图 1-2 1:200

+9.500
+5.500
+0.500
东立面图 1:100

学生姓名：郭俣男　　**指导教师：袁　琳**

山居素日 — 西山书院设计 2

场地意境

秋日见心斋钓鱼亭实景

见心斋意境

空山新雨后，天气晚来秋。明月松间照，清泉石上流。
竹喧归浣女，莲动下渔舟。随意春芳歇，王孙自可留。

——山居秋暝 王维

上述诗篇描绘的是王维自己在山间秋雨过后闲适的生活，山雨初霁，幽静闲适，清新宜人。而这次书院设计的原定地块 — 见心斋，就像是王维诗中所描绘的静谧之地，让人流连在自然之景，沉醉在乡土之乐。

左图中标注的就是见心斋的位置，可以看出见心斋依山而建，并有道路通过，交通便利，便于欣赏景色。

见心斋是一座环形庭院式建筑，造型别致，环境清静。院内有半圆开水池。池水清澈，游鱼可数。沿水池东、南、北三面建有半圆形回廊，连接着正面三间水榭。

书院体块演变

私密空间　　开放空间

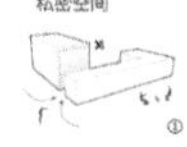

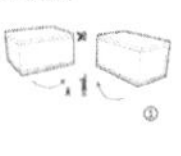

场地分析

概念生成

本设计地段香山见心斋所在，（假题），旧的见心斋风格典雅，主要表现在亭、顶、墙上面（如上图标注），而现代的书院我意在还原见心斋原来的意境，选择的建筑使用面积与见心斋大同小异，只不过以比较规则的几何体代替了原来曲线的墙面，取消了围墙而改用树木来代替。

在见心斋的基础上设计一个融合现代建筑艺术与古代建筑景观的建筑并非易事，这既要迎合古代风景园林的审美，也要符合现代人们生活学习的需求，我的出发点是为现代诗作家创造一个环境优雅、视野开阔的现代建筑。
山居素日书院以对角线为轴线，两个建筑之间留有视线上的联系，一高一低，一前一后，相互照应，同时把原先湖状的水池改成流动的条状，与连接两个建筑的道路相互穿插，组成了第二条轴线，这与见心斋屋亭只见角角相对，山石与围墙错落相应有着异曲同工之妙。

书院可持续分析

太阳能的利用

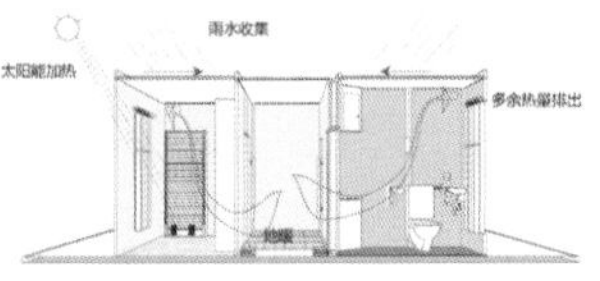
雨水收集
太阳能加热
多余热量排出

雨水的收集利用

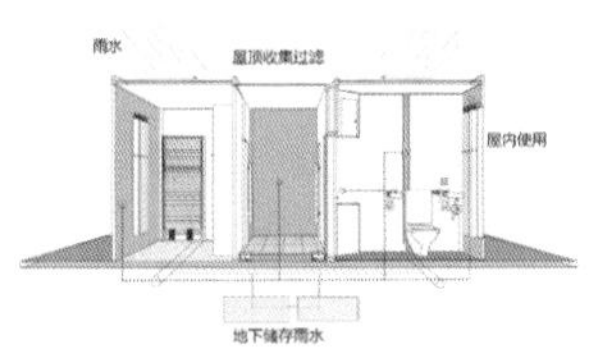
雨水
屋顶收集过滤
屋内使用
地下储存雨水

地 - 墙 - 架 - 梯 - 具分析

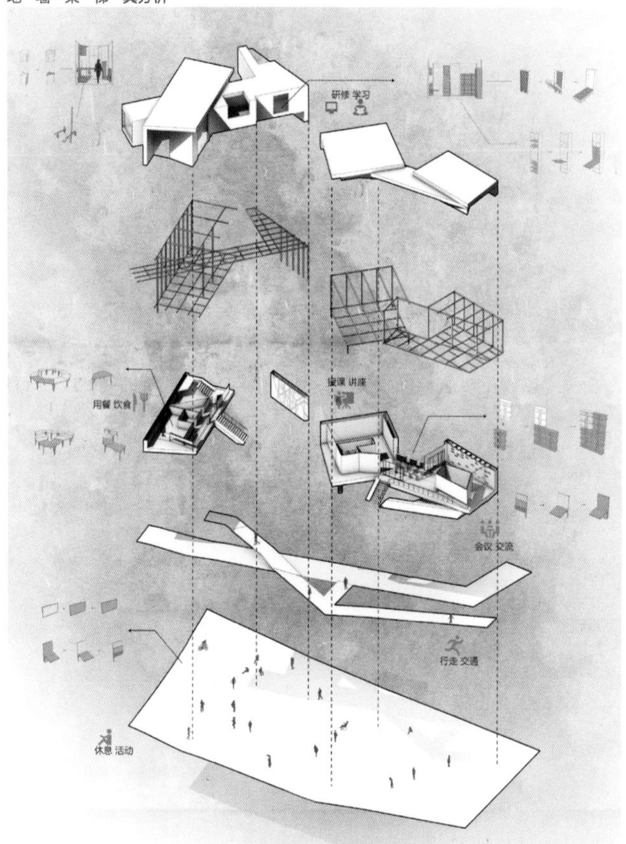
研修 学习
用餐 饮食
授课 讲座
会议 交流
行走 交通
休息 活动

+9.500
+5.500
+0.500
±0.000

西立面图 1:100

学生姓名：郭俣男　　**指导教师：袁　琳**

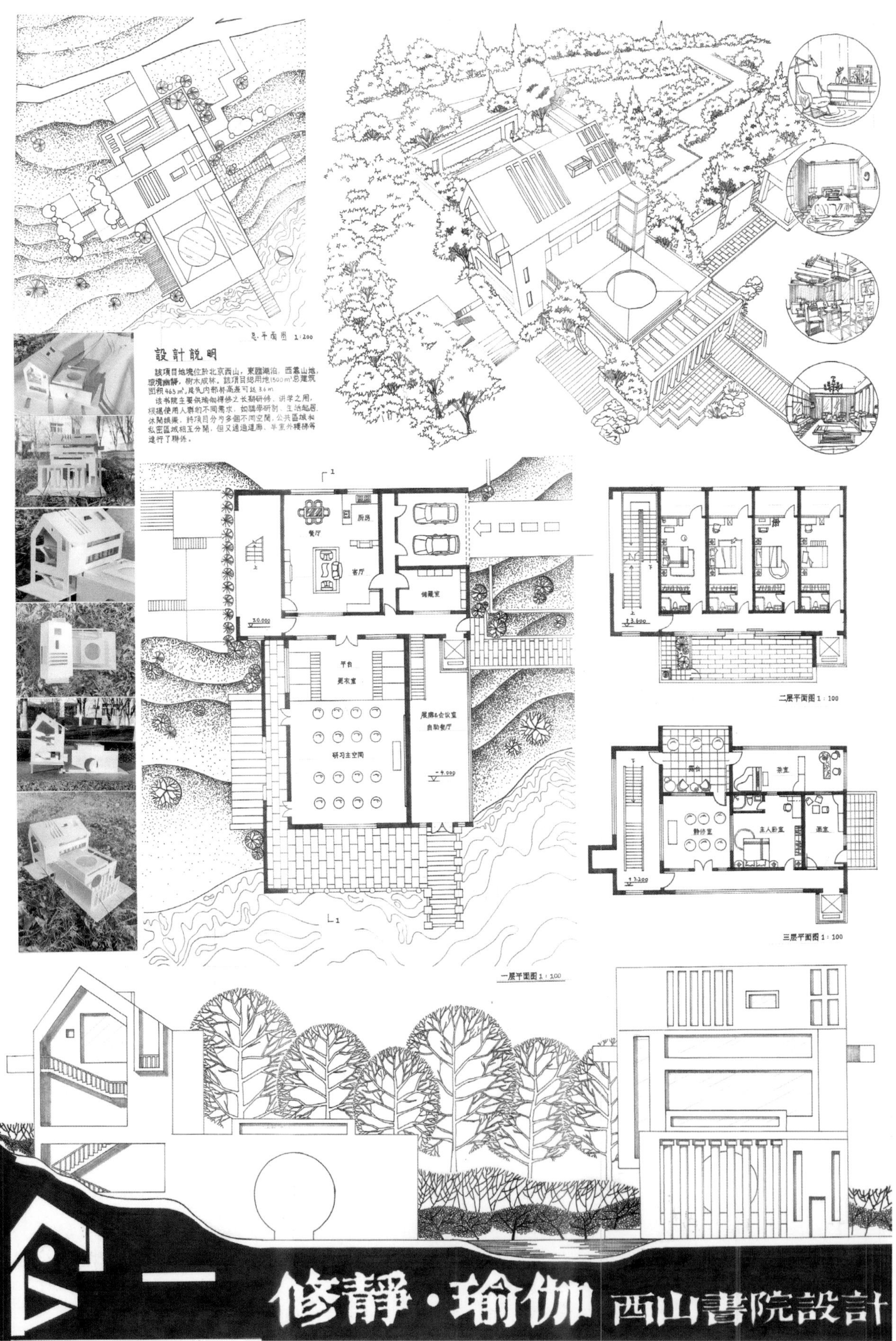
总平面图 1:200
設計說明
該項目地塊位於北京西山，東臨湖泊，西靠山地，環境幽靜，樹木成林。該項目總用地1500m²总建筑面积465m²。建筑内部样高差可达3.6m。
该书院主要供瑜伽禅修之长期研修、讲学之用，根据使用人群的不同需求，如讲学研讨、生活起居、休闲娱乐，将项目分为多個不同空間，公共區域和私密區域相互分開，但又通過連廊、半室外樓梯等進行了聯係。
餐厅
厨房
客厅
储藏室
平台
更衣室
研习主空间
展廊&会议室
自助餐厅
二层平面图 1:100
三层平面图 1:100
一层平面图 1:100
修静·瑜伽
西山書院設計

学生姓名：范阿诺　　　　指导教师：贾　东　宋效巍

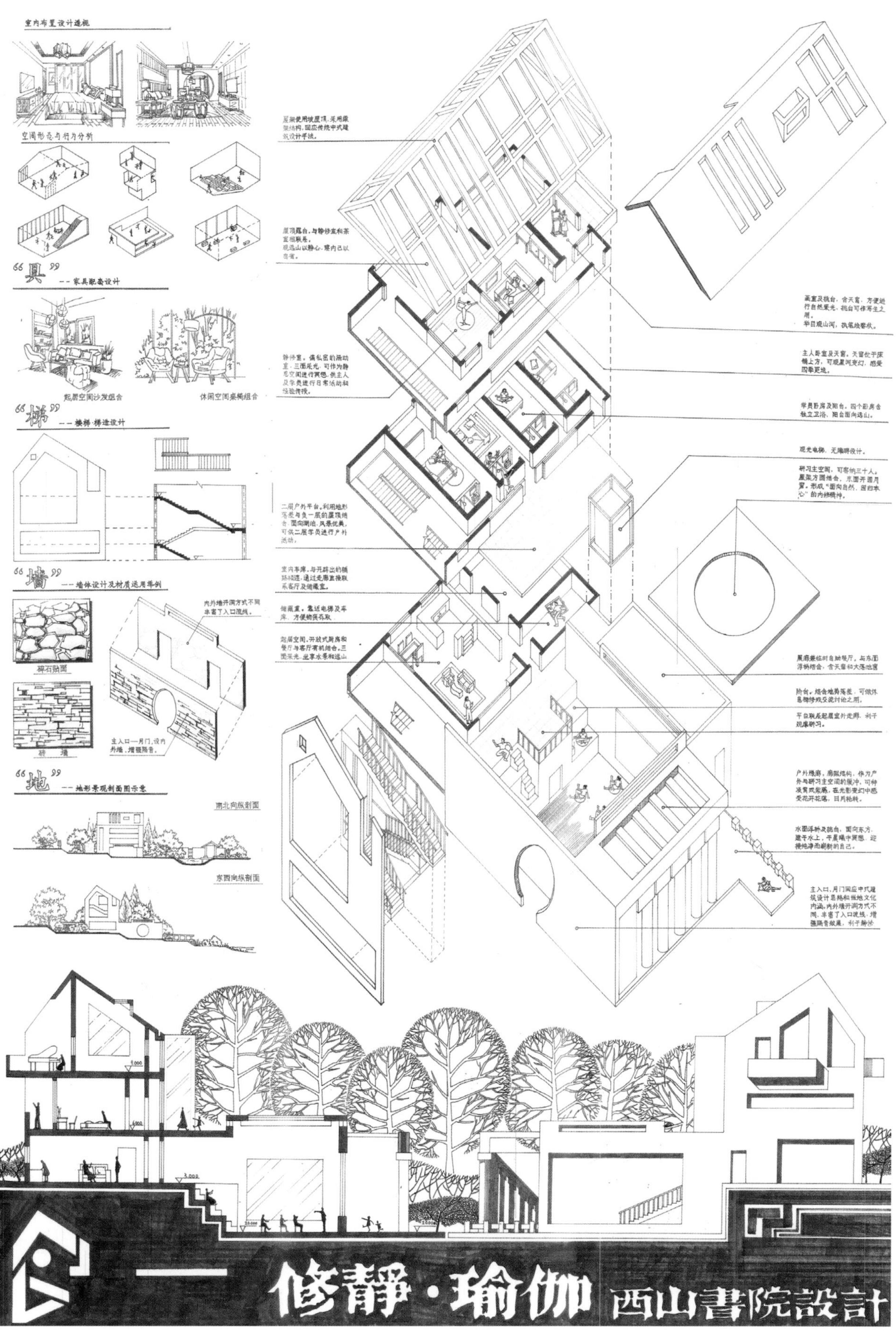
室内布置设计透视
空间形态与行为分析
"具" ——家具配套设计
起居空间沙发组合
休闲空间桌椅组合
"梯" ——楼梯·梯造设计
"墙" ——墙体设计及材质运用举例
碎石贴面
砖墙
内外墙开洞方式不同丰富了入口流线。
主入口——月门，设内外墙，增强隔音。
"地" ——地形景观剖面图示意
南北向纵剖面
东西向纵剖面
屋架使用坡屋顶，采用桁架结构，回应传统中式建筑设计手法。
屋顶露台，与静修室和茶室相联系。观远山以静心，察内己以自省。
静修室。偏私密的活动室，三面采光，可作为静思空间进行冥想，供主人及学员进行日常活动和经验传授。
二层户外平台。利用地形落差与负一层的屋顶结合，面向湖泊，风景优美，可供二层学员进行户外活动。
室内车库。与开辟出的辅路相连，通过走廊直接联系客厅及储藏室。
储藏室。靠近电梯及车库，方便物资存取
起居空间。开放式厨房和餐厅与客厅有机结合。三面采光，坐享水景和远山
画室及挑台。含天窗，方便进行自然采光，挑台可作写生之用。
举目观山河，执笔绘春秋。
主人卧室及天窗。天窗位于床铺上方，可观星河变幻，感受四季更迭。
学员卧房及阳台。四个卧房含独立卫浴，阳台面向远山。
观光电梯，无障碍设计。
研习主空间，可容纳三十人。屋架方圆结合，东面开圆月窗，形成"面向自然，回归本心"的内修精神。
展廊兼临时自助餐厅。与东面浮桥结合，含天窗和大落地窗
阶台。结合地势落差，可做休息禅修或交流讨论之用。
平台联系起居室外走廊，利于观摩研习。
户外缓廊，廊架结构，作为户外与研习主空间的缓冲，可种凌霄或紫藤，在光影变幻中感受花开花落，日月轮转。
水面浮桥及挑台，面向东方，建于水上，于晨曦中冥想，迎接纯净而崭新的自己。
主入口，月门回应中式建筑设计思路和当地文化内涵。内外墙开洞方式不同，丰富了入口流线，增强隔音效果，利于静修
修静·瑜伽 西山書院設計

学生姓名：范阿诺　　　　**指导教师**：贾　东　宋效巍

KINDERGARTEN DESIGN

室外景观设计

室外的设计，是一个由瓷砖铺地的小广场，和呼应主体建筑的起伏绿色草坪带的造型组成的。

小广场有供孩子娱乐的大型设施，也有供孩子玩耍的石质小品，还有起伏绿地侧面的壁画。

绿色带状草坪起伏不同，充满乐趣，有可以攀爬又可以涂鸦的涂鸦墙，还有不同坡度的陡坡。

草坪地形可以形成供儿童休憩的椅子，还有可以从小锻炼孩子运动能力的分等级的篮筐。

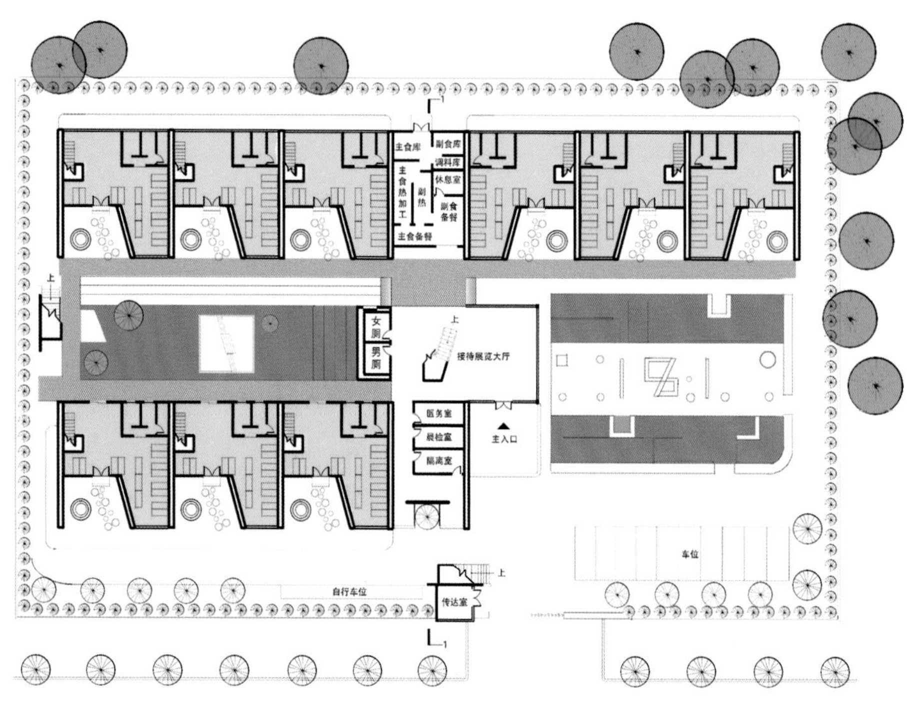

主食库
副食库
调料库
休息室
主食热加工
副热
副食备餐
主食备餐
女厕
男厕
上
接待展览大厅
医务室
晨检室
隔离室
主入口
自行车位
传达室
车位

一、二层平面图 1:200

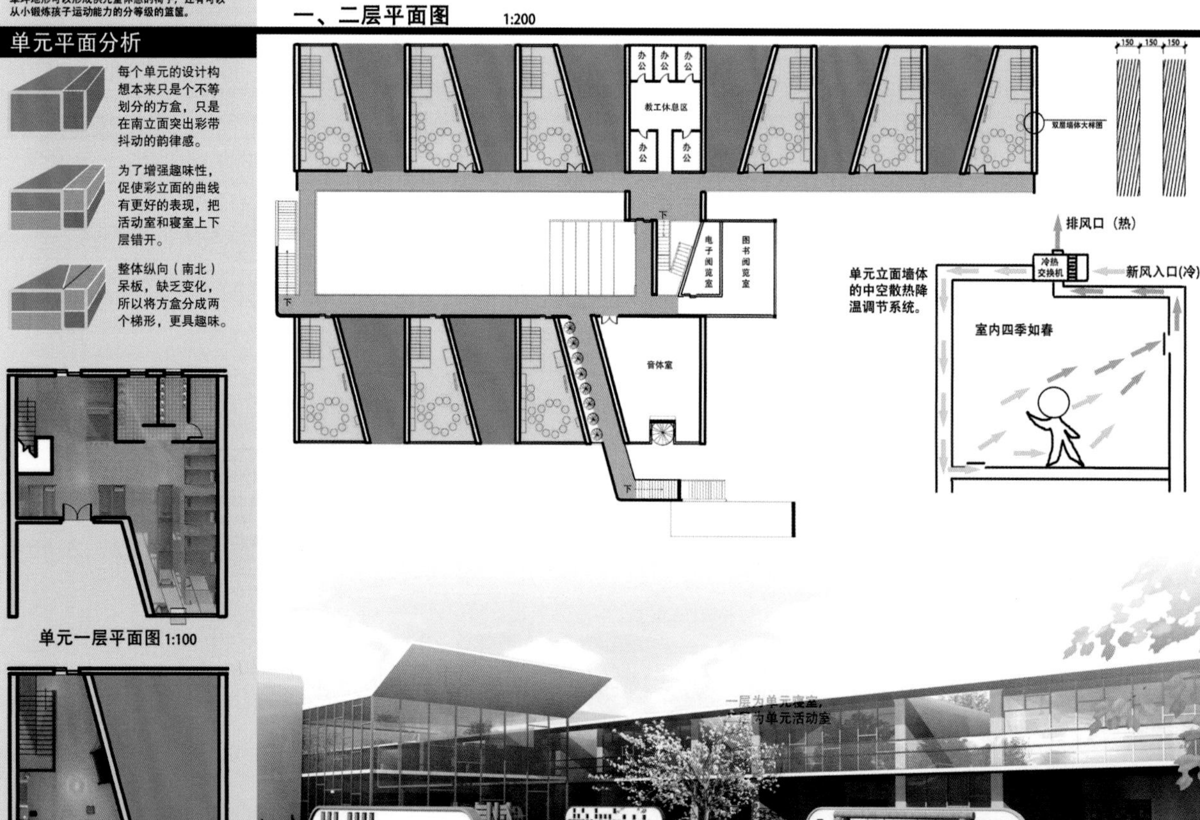

办公
教工休息区
双层墙体大样图
150
下
电子阅览室
图书阅览室
音体室
排风口（热）
冷热交换机
新风入口(冷)
单元立面墙体的中空散热降温调节系统。
室内四季如春

单元平面分析

每个单元的设计构想本来只是个不等划分的方盒，只是在南立面突出彩带抖动的韵律感。

为了增强趣味性，促使彩立面的曲线有更好的表现，把活动室和寝室上下层错开。

整体纵向（南北）呆板，缺乏变化，所以将方盒分成两个梯形，更具趣味。

单元一层平面图 1:100

单元二层平面图 1:100

学生姓名：张 乔

指导教师：崔 轶 胡 燕

KINDERGARTEN DESIGN

设计说明

建筑用地位于苏州小石城社区 B–7 区域，丁字路口东北转角，交通便利。设计灵感来自于运动的彩带，这也体现了小朋友活泼灵动的天性。黄、绿、白三色的彩带分别代表了孩子阳光、健康、纯洁的性格和美好的未来，它们交织在一起就组成了此建筑设计的初步构思。鉴于苏州地处江南，具有园林庭院式的建筑氛围，所以使建筑成半围合式的形态，环绕的廊道连接着南北主体建筑，无不体现出江南风情。为减碳节能，建筑需防晒，所以建筑主体外墙是中空的较厚墙体，上下设置换气设施，一层屋顶大面积种植绿化也能有效降温节能。出于儿童的活动需求，活动室南立面设整面玻璃幕墙，保障采光充足，时尚现代。建筑造型给人流畅、统一、和谐的整体感，让人从很远就能感受到幼儿园欢快的气氛。

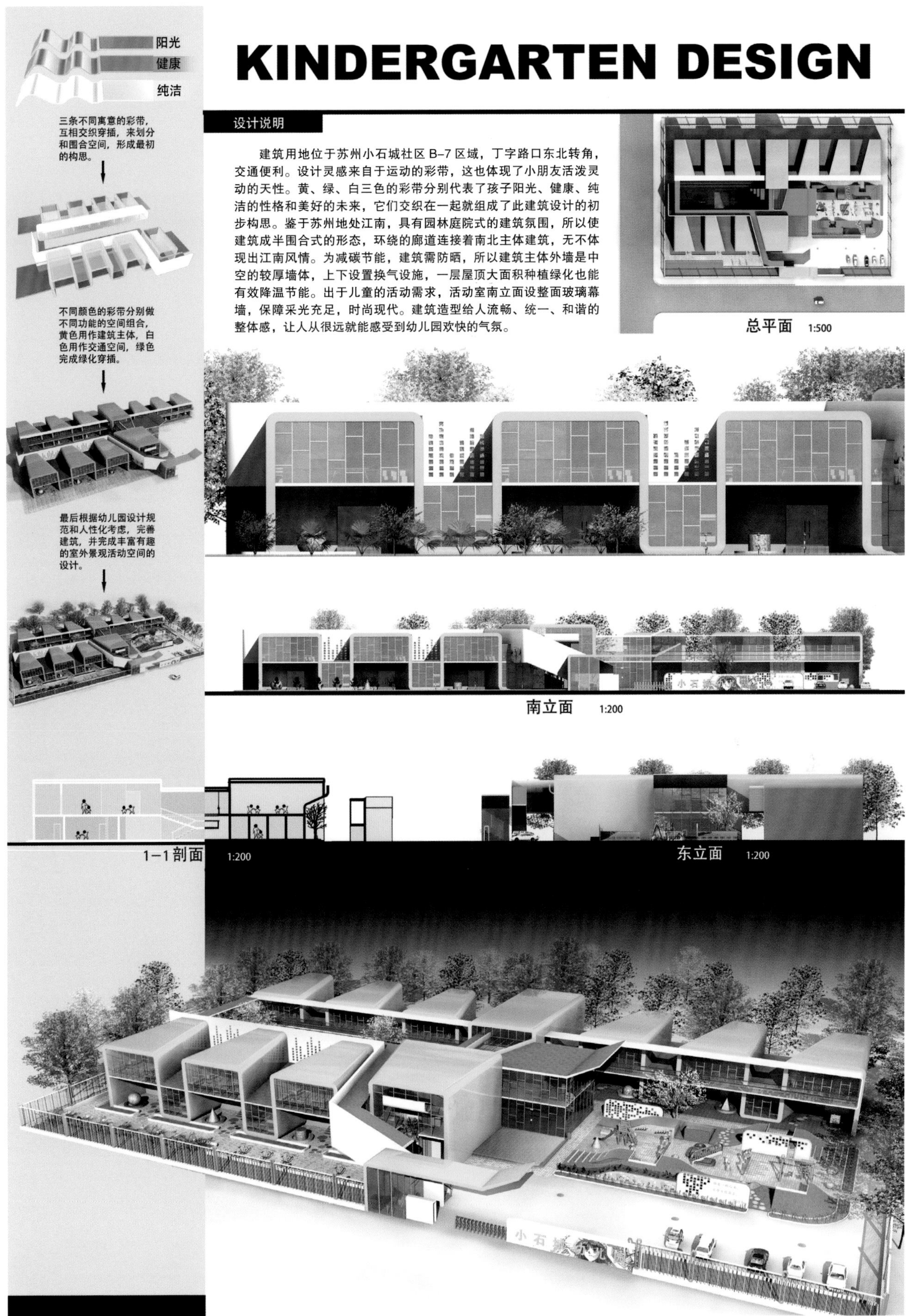
阳光
健康
纯洁
三条不同寓意的彩带，互相交织穿插，来划分和围合空间，形成最初的构思。
不同颜色的彩带分别做不同功能的空间组合，黄色用作建筑主体，白色用作交通空间，绿色完成绿化穿插。
最后根据幼儿园设计规范和人性化考虑，完善建筑，并完成丰富有趣的室外景观活动空间的设计。
总平面 1:500
南立面 1:200
1–1剖面 1:200
东立面 1:200
小石城

学生姓名：张　乔

指导教师：崔　铁　胡　燕

绿·岛 KINDERGARTEN DESIGN 1

设计说明：

设计强调孩子应在自然中成长，以“绿色的草坡”为基本概念。以统一、理性的手法组织单元空间与公共空间。通过草坡的形式实现了在自然中生长，用覆土的手法实现了建筑与自然最大限度的融合。室外由点（天窗）、线（栈道）、面（草坪）组成，既解决了室内通风采光的问题，同时又满足了在自然中生长的需要，通过栈道形式的丰富变化，连接各个室外游乐空间。

经济技术指标：

用地面积：9170m²　　建筑面积：3600m²
建筑密度：0.23　　容积率：0.39
绿化面积：90%

场地分析：

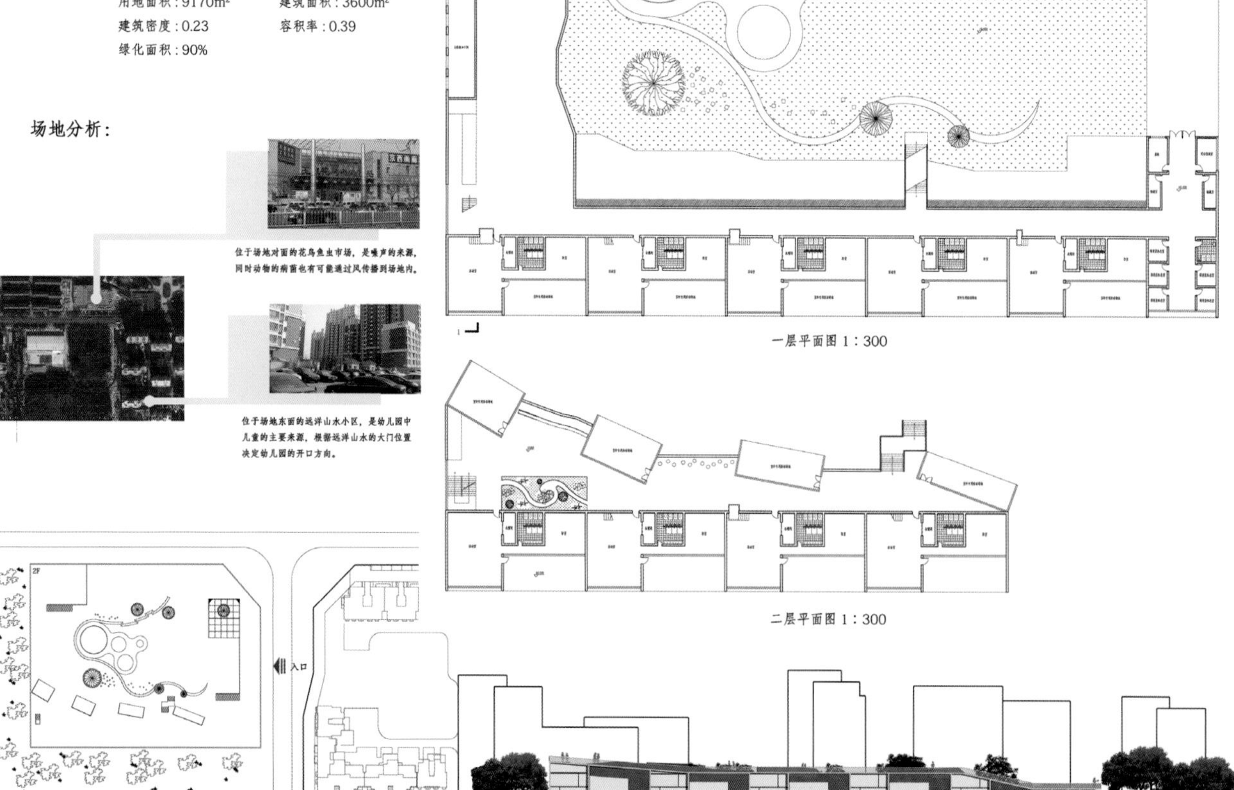
位于场地对面的花鸟鱼虫市场，是噪声的来源，同时动物的病菌也有可能通过风传播到场地内。
位于场地东面的远洋山水小区，是幼儿园中儿童的主要来源，根据远洋山水的大门位置决定幼儿园的开口方向。
入口

一层平面图 1 : 300

二层平面图 1 : 300

总平面图 1 : 2000

南立面 1 : 300

学生姓名： 周世伦　　**指导教师：** 崔　轶　王新征

绿色屋顶分析：

轻质种植土
排水垫
隔热层
屋顶结构板

减低噪声

绿色屋顶能够减少3分贝的噪声，并能够帮助隔声层减少8分贝以内的噪声。

隔热作用

绿色屋顶可被看作是另外一层隔热层，可以减少对于主要能源的消耗。

热量阻隔

在夏季时节里，绿色屋顶可以通过蒸腾作用来降低室内的温度。

雨水收集

将雨水收集于屋顶，减少水土流失。

绿·岛 KINDERGARTEN DESIGN 2

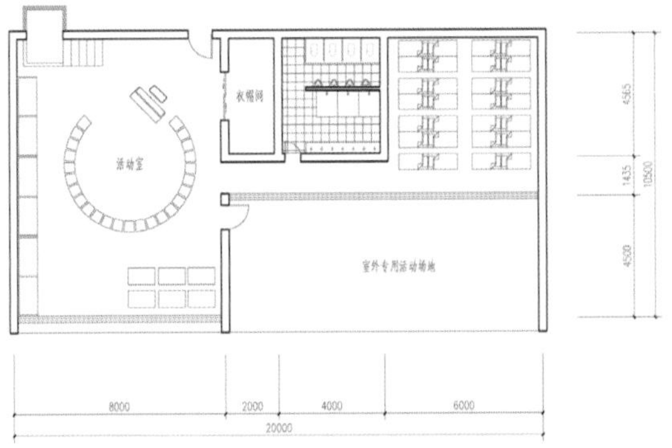

基本功能单元图 1：100

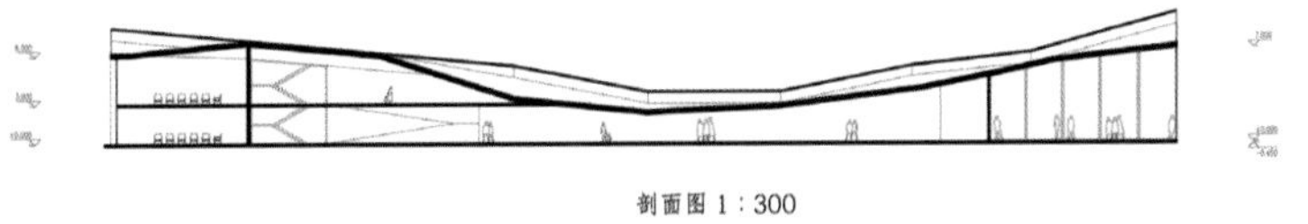

剖面图 1：300

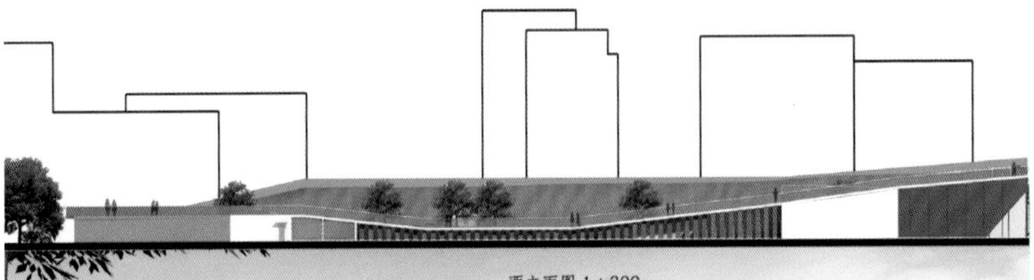

可活动的百叶制造出丰富的光影，镜面的屋顶投出百叶的影子，趣味十足，大面积的玻璃将室外的景色毫不遗漏地引入室内。

不同大小的圆形天窗，投入室内一道一道光束，使走廊成为一个天然的舞台，孩子们在舞台上展现自我。

弯曲的镜面屋顶将孩子的影子投到屋顶上，给孩子虚幻的感觉，促进儿童想象力的发展。

墙上不规则的开窗在走廊中投射不同的光影，立在墙上的木片提供儿童攀爬的机会，充分满足儿童好动的天性。

会议室上的天窗既可以通风采光，也可以当作室外座椅，同时，孩子可通过天窗观察室内的情况。

西立面图 1：300

沿街立面透视图

学生姓名： 周世伦　　**指导教师：** 崔　轶　王新征

建筑形态演变

将场地形成网格

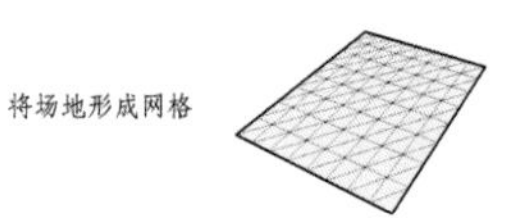

充分利用地形营造自由的空间

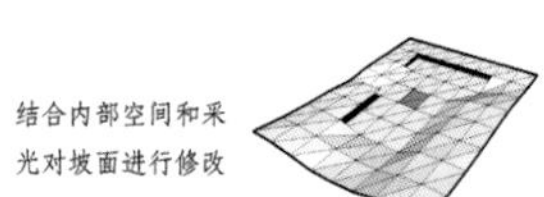

结合内部空间和采光对坡面进行修改

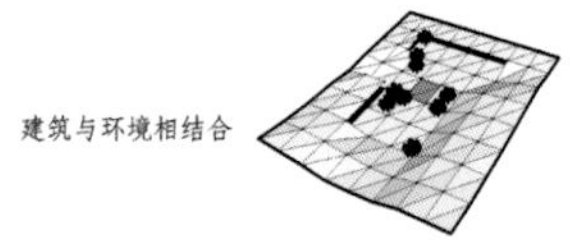

建筑与环境相结合

采光与通风分析

交通流线分析

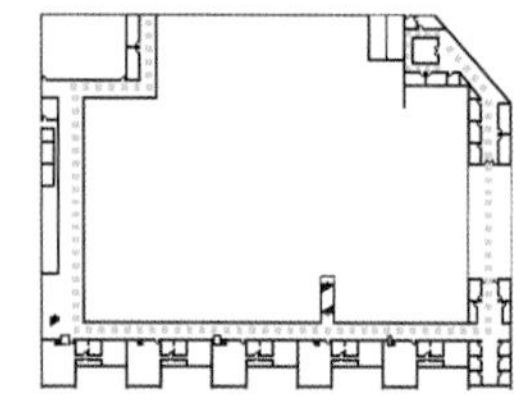

栈道四重奏

波浪形的栈道，提供孩子们躲藏的空间，因其独特的形状也不会影响孩子进入其他游乐空间。

筒形的栈道，孩子们在这里既可以独自学习，也可以与同伴一起分享自己的想法。

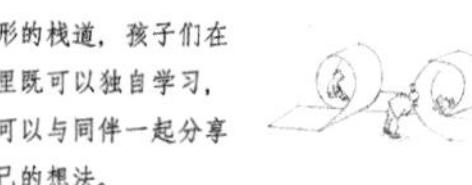

树下围绕的栈道提供了交流的空间，投出丰富的光影。

扭曲的栈道提供休息的空间，扭曲的形状提供给孩子丰富的想象空间。

可活动百叶分析

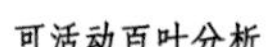

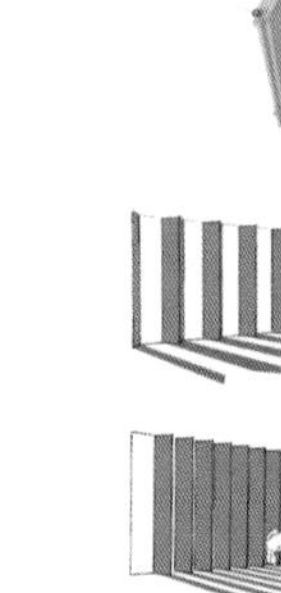

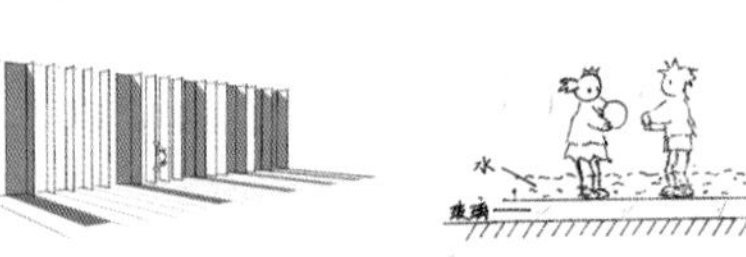

细部

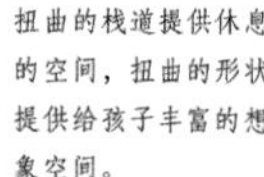

中间的气囊使孩子可以在上面跳跃。

中间掏空，孩子可以来回爬过，外表皮包裹草皮。

可按下的木桩，不规律地安放在栈道的两旁。

小天窗随意地分布在草坡上，平时覆盖着草皮，孩子可以掀开草皮观察室内的情况。

水只没过孩子的脚，戏水时比较安全。玻璃使水池中的水更加清彻，吸引孩子戏水。

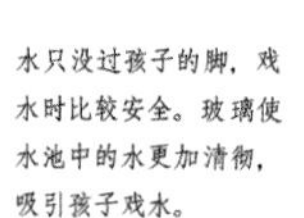

游戏空间：

绿·岛 KINDERGARTEN DESIGN 3

学生姓名：周世伦

指导教师：崔　铁　王新征

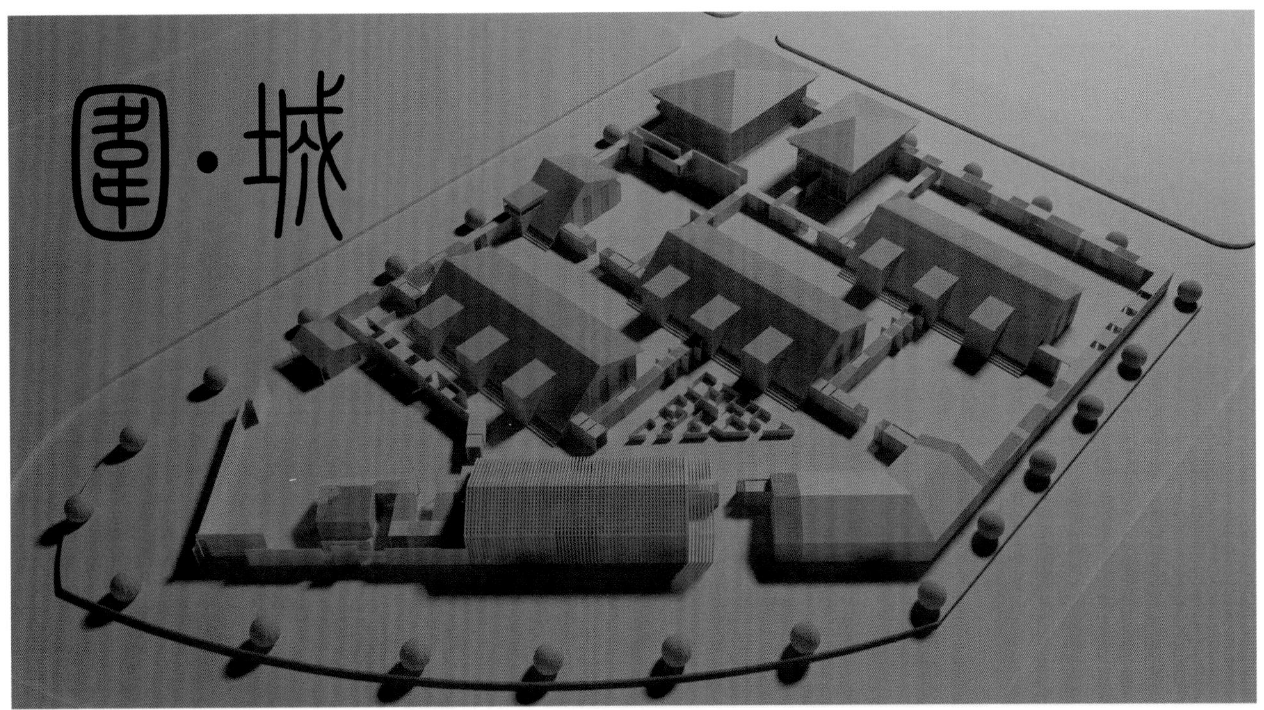
圍·城

设计说明

该设计以“围合”和“交流”为基本概念，在枯燥的钢筋混凝土都市中围合出一处儿童的世界，以统一、理性的手法组织单元空间、公用空间以及室外空间。木构单元错落布置，通过连廊的形式解决单元间的交流，形成院落布局，更营造出丰富的室外空间，增加儿童在室外的活动以及相互的交流。设计理念受到墨西哥建筑师巴拉干的影响，力求通过“围合”及创造“交流”，营造出一个属于儿童的静谧、温馨的世界。

巴拉干曾说，外界是不友好的。于是他的建筑总是有高墙与外界相隔。巴拉干用墙、色彩、水、阳光以及墨西哥风情构造着属于他自己的静谧而愉悦的世界。墙的竖立并不是彻底地与外界隔离，而是确立了一种人与人的关系；亲人、友人、陌生人或敌人。内外并不随着墙的竖立而分割，只是形成了一种关系，墙只是这种关系的一种提示或者表达。

建筑面积：3550平方米

建筑密度：47%

容积率：29%

绿化率：41%

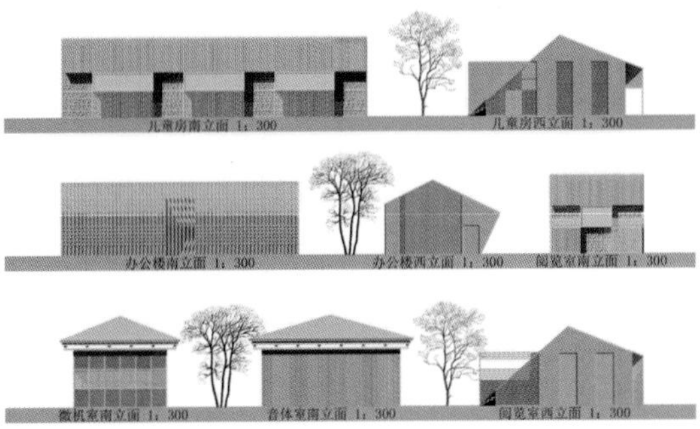

儿童房南立面 1：300 儿童房西立面 1：300

办公楼南立面 1：300 办公楼西立面 1：300 阅览室南立面 1：300

微机室南立面 1：300 音体室南立面 1：300 阅览室西立面 1：300

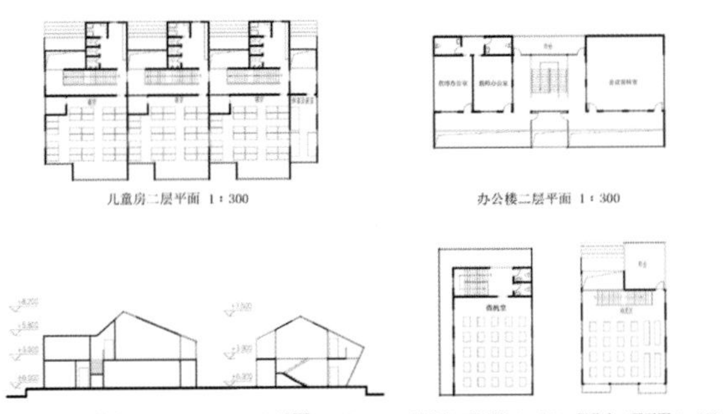

儿童房二层平面 1：300 办公楼二层平面 1：300

A-A剖面 1：300 B-B剖面 1：300 微机室二层平面 1：300 阅览室二层平面 1：300

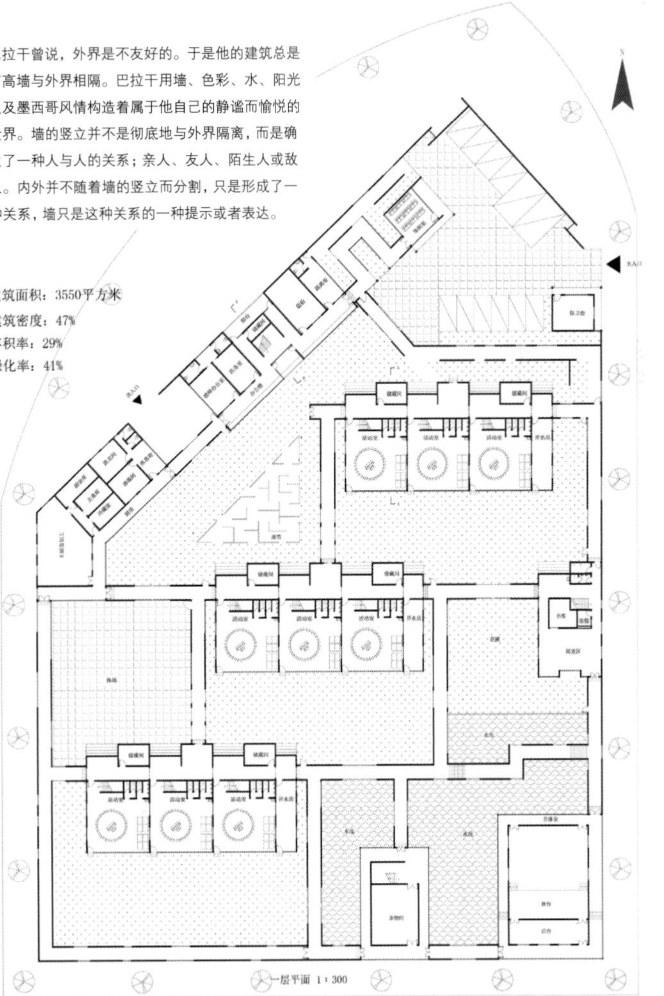

一层平面 1：300

学生姓名：肖国艺

指导教师：崔 轶 王新征

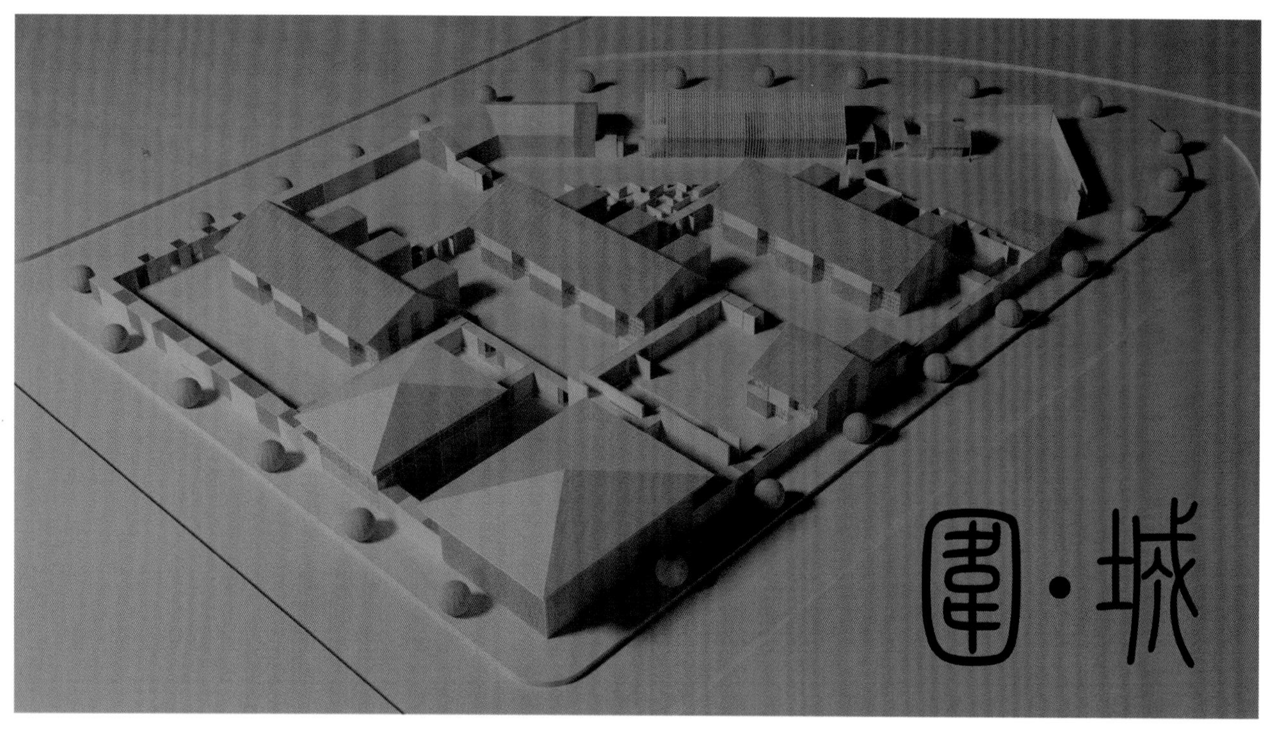
圍·城

连廊丰富的形态和光影变幻

该给孩子一个什么样的世界？围绕着这个问题寻找设计的灵感。孩子的世界应该是自由的、无邪的，充满想象的世界。在里面没有外界的嘈杂、纷扰，而且并不是拘泥在狭小的室内，而是在洒满阳光或者雨珠的树下、草地上、墙角边抑或屋檐下，用孩子特有的眼光打量这个世界。

单元间的连廊设计，不仅创造了交流，更是通过不同的空间形态以及光影变化，营造出变幻的空间氛围，创造出一个儿童的充满梦幻的世界。

连廊各种开启状态

连廊的空间形态以及光影变化设计

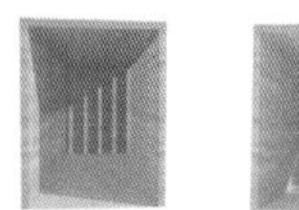

连廊可开启设计　　根据天气等情况选择连廊状态

旋转
推拉

2

学生姓名：肖国艺

指导教师：崔　轶　王新征

圍城

总平面 1：2000

色彩，作为空间的塑造者之一，能够赋予空间以不同的情感。它能够影响人与空间环境的交流，以及在那里发生的互动。色彩的组合给予空间无限的变幻。空间的功能引导色彩的组合，同时色彩的组合也影响空间的性质，以及给人的感受。

对智力有益的色彩：黄、黄绿、橙、淡蓝。

交通分析以及主次入口选择

室外迷宫设计

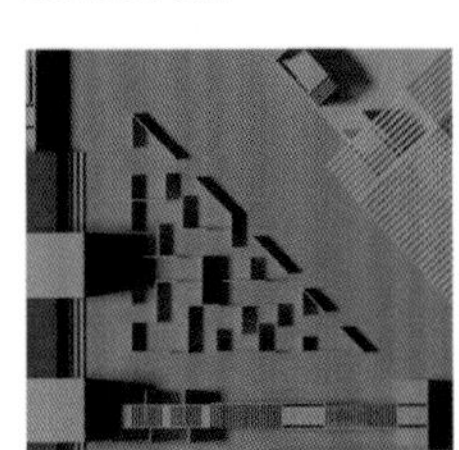

坡屋顶采光设计

儿童房寝室配色

儿童房活动室配色

3

学生姓名：肖国艺

指导教师：崔 轶 王新征

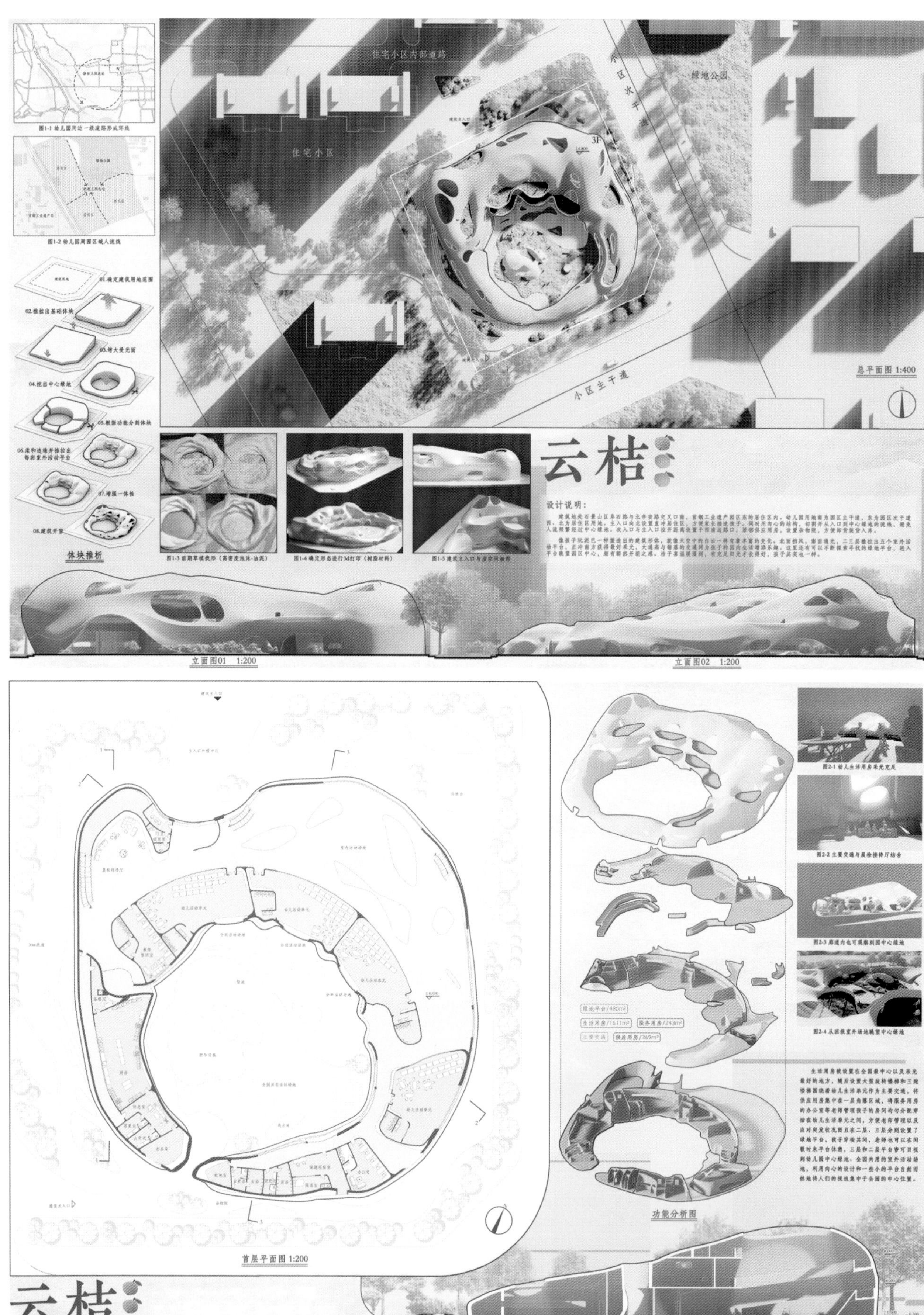
图1-1 幼儿园所处一级道路形成环线
图1-2 幼儿园周围区域人流线
01.确定建筑用地范围
02.推拉出基础体块
03.增大受光面
04.挖出中心绿地
05.根据功能分割体块
06.柔和边缘并推拉出每班室外活动平台
07.增强一体性
08.建筑开窗
体块推析
住宅小区内部道路
绿地公园
小区次干道
住宅小区
小区主干道
总平面图 1:400
图1-3 前期草模找形（高密度泡沫-油泥）
图1-4 确定形态进行3d打印（树脂材料）
图1-5 建筑主入口与庭空间细部
云桔
设计说明：
建筑地处石景山区阜石路与北辛安路交叉口南，首钢工业遗产园区东的居住区内。幼儿园用地南为园区主干道，东为园区次干道，西、北为居住区用地。主入口向北设置直冲居住区，方便家长接送孩子。同时用向心的结构，切割开从入口到中心绿地的流线，避免人流频繁经过中心绿地。次入口与主入口拉开距离设置于西南边路口，紧邻供应用房，设置杂物院，方便卸货装货入库。
像孩子玩泥巴一样塑造出的建筑形体，就像天空中的白云一样有着丰富的变化。北面挡风，南面通光，二三层推拉出五个室外活动平台，正冲南方获得最好采光，大通高与错落的交通网为孩子的园内生活增添乐趣。这里还有可以不断探索寻找的绿地平台，进入平台眺望园区中心，颇有豁然开朗之感。桔子喜温暖湿润，有充足阳光才长得好，孩子其实也一样。
立面图01 1:200
立面图02 1:200
首层平面图 1:200
图2-1 幼儿生活用房采光充足
图2-2 主要交通与晨检接待厅结合
图2-3 廊道内也可观察到园中心绿地
图2-4 从班级室外活动地眺望中心绿地
绿地平台/480m²
生活用房/1611m²
服务用房/243m²
主要交通
供应用房/369m²
生活用房被设置在全园景中心以及采光最好的地方，随后设置大型旋转楼梯和三跑楼梯围绕着幼儿生活单元作为主要交通，将供应用房集中在一层角落区域，将服务用房的办公室等老师管理孩子的房间均匀分配穿插在幼儿生活单元之间，方便老师管理以及应对突发状况而且在二层、三层分别设置了绿地平台，孩子穿梭其间，老师也可以在闲暇时来平台休憩，三层和二层平台皆可目视到幼儿园中心绿地。全园共用的室外活动场地，利用向心的设计和一些小的平台自然而然地将人们的视线集中于全园的中心位置。
功能分析图
云桔
剖面图1-1 1:200

学生姓名：金子舟

指导教师：贾　东　宋效巍

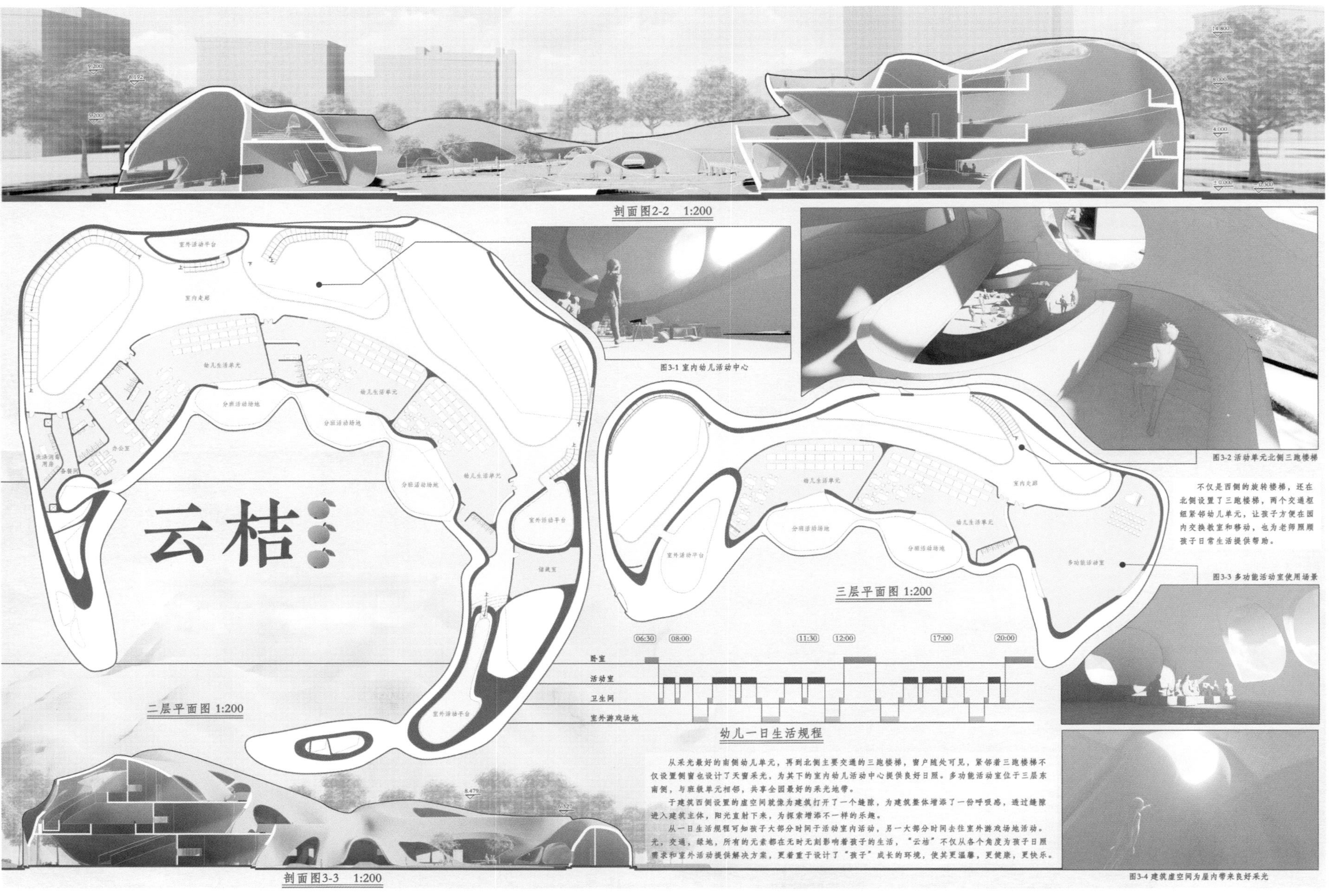
剖面图2-2 1:200
图3-1 室内幼儿活动中心
图3-2 活动单元北侧三跑楼梯
不仅是西侧的旋转楼梯，还在北侧设置了三跑楼梯，两个交通枢纽紧邻幼儿单元，让孩子方便在园内交换教室和移动，也为老师照顾孩子日常生活提供帮助。
图3-3 多功能活动室使用场景
云桔
二层平面图 1:200
三层平面图 1:200
06:30
08:00
11:30
12:00
17:00
20:00
卧室
活动室
卫生间
室外游戏场地
幼儿一日生活规程
从采光最好的南侧幼儿单元，再到北侧主要交通的三跑楼梯，窗户随处可见，紧邻着三跑楼梯不仅设置侧窗也设计了天窗采光，为其下的室内幼儿活动中心提供良好日照。多功能活动室位于三层东南侧，与班级单元相邻，共享全园最好的采光地带。
于建筑西侧设置的虚空间就像为建筑打开了一个缝隙，为建筑整体增添了一份呼吸感，透过缝隙进入建筑主体，阳光直射下来，为探索增添不一样的乐趣。
从一日生活规程可知孩子大部分时间于活动室内活动，另一大部分时间去往室外游戏场地活动。光，交通，绿地，所有的元素都在无时无刻影响着孩子的生活，“云桔”不仅从各个角度为孩子日照需求和室外活动提供解决方案，更着重于设计了“孩子”成长的环境，使其更温馨，更健康，更快乐。
剖面图3-3 1:200
图3-4 建筑虚空间为屋内带来良好采光

学生姓名：金子舟

指导教师：贾 东 宋效巍

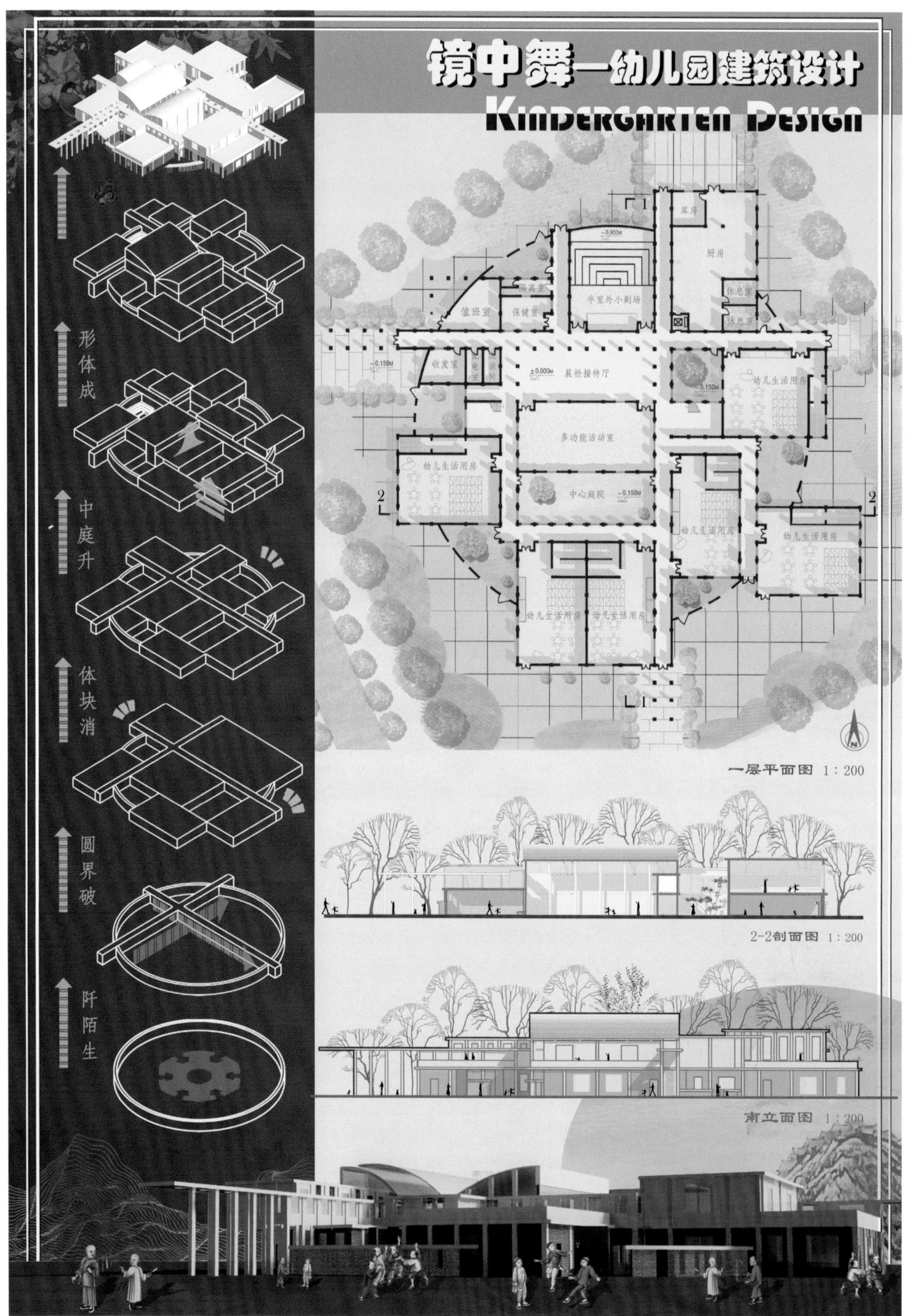
镜中舞—幼儿园建筑设计
KINDERGARTEN DESIGN
形体成
中庭升
体块消
圆界破
阡陌生
库房
厨房
半室外小剧场
隔离室
值班室
保健室
休息室
收发室
晨检接待厅
多功能活动室
幼儿生活用房
中心庭院
一层平面图 1：200
2-2剖面图 1：200
南立面图 1：200

学生姓名：范阿诺

指导教师：贾 东 宋效巍

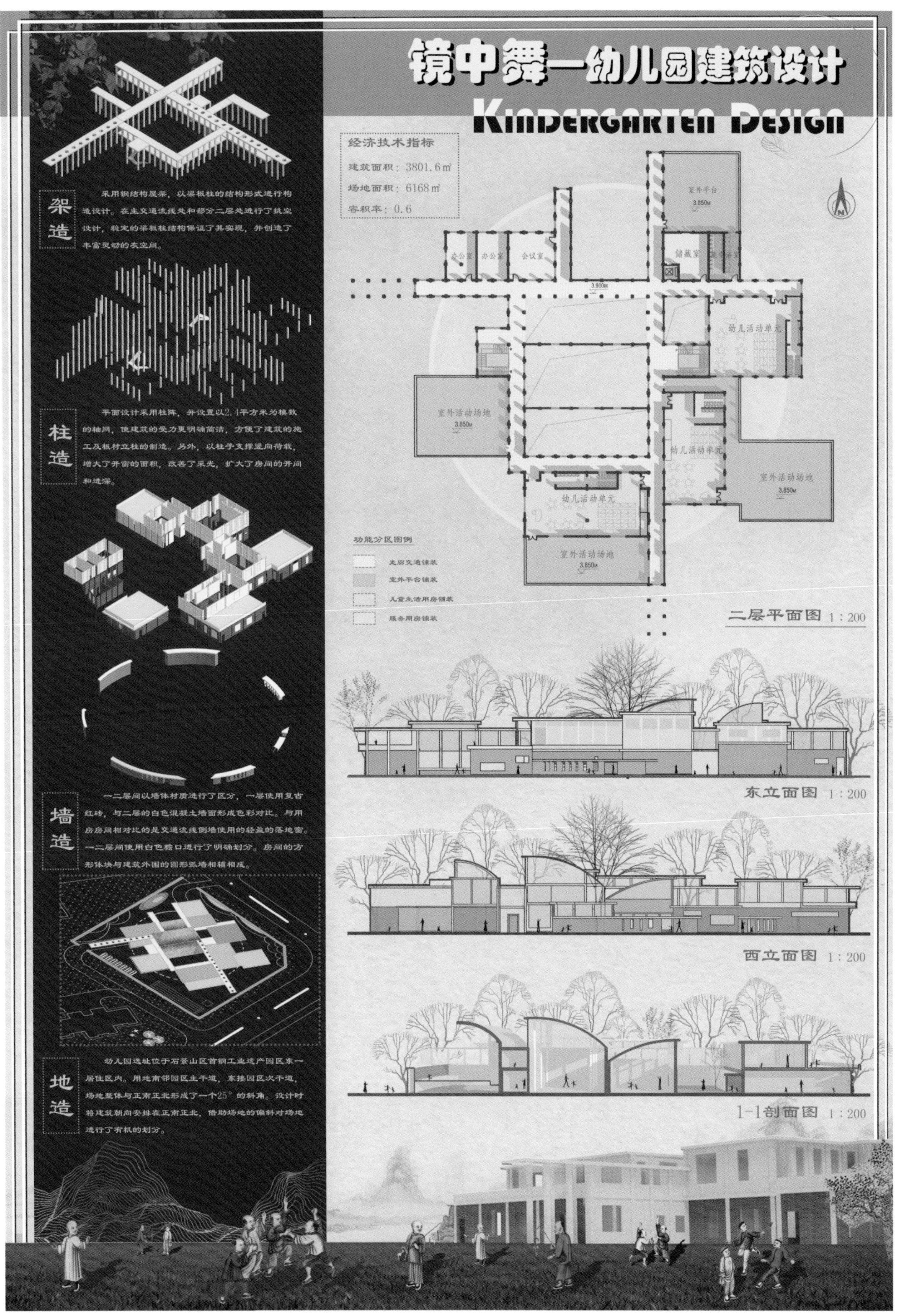
镜中舞—幼儿园建筑设计
KINDERGARTEN DESIGN
经济技术指标
建筑面积：3801.6㎡
场地面积：6168㎡
容积率：0.6
架造
采用钢结构屋架，以梁板柱的结构形式进行构造设计。在主交通流线处和部分二层处进行了挑空设计，稳定的梁板柱结构保证了其实现，并创造了丰富灵动的灰空间。
柱造
平面设计采用柱阵，并设置以2.4平方米为模数的轴网，使建筑的受力更明确简洁，方便了建筑的施工及板材立柱的制造。另外，以柱子支撑竖向荷载，增大了开窗的面积，改善了采光，扩大了房间的开间和进深。
墙造
一二层间以墙体材质进行了区分，一层使用复古红砖，与二层的白色混凝土墙面形成色彩对比。与用房房间相对比的是交通流线侧墙使用的轻盈的落地窗。一二层间使用白色檐口进行了明确划分。房间的方形体块与建筑外围的圆形弧墙相辅相成。
地造
幼儿园选址位于石景山区首钢工业遗产园区东一居住区内。用地南邻园区主干道，东接园区次干道，场地整体与正南正北形成了一个25°的斜角。设计时将建筑朝向安排在正南正北，借助场地的偏斜对场地进行了有机的划分。
室外平台
3.850M
办公室
办公室
会议室
储藏室
3.900M
幼儿活动单元
室外活动场地
3.850M
幼儿活动单元
室外活动场地
3.850M
幼儿活动单元
室外活动场地
3.850M
功能分区图例
走廊交通铺装
室外平台铺装
儿童生活用房铺装
服务用房铺装
二层平面图 1：200
东立面图 1：200
西立面图 1：200
1-1剖面图 1：200

学生姓名：范阿诺

指导教师：贾　东　宋效巍

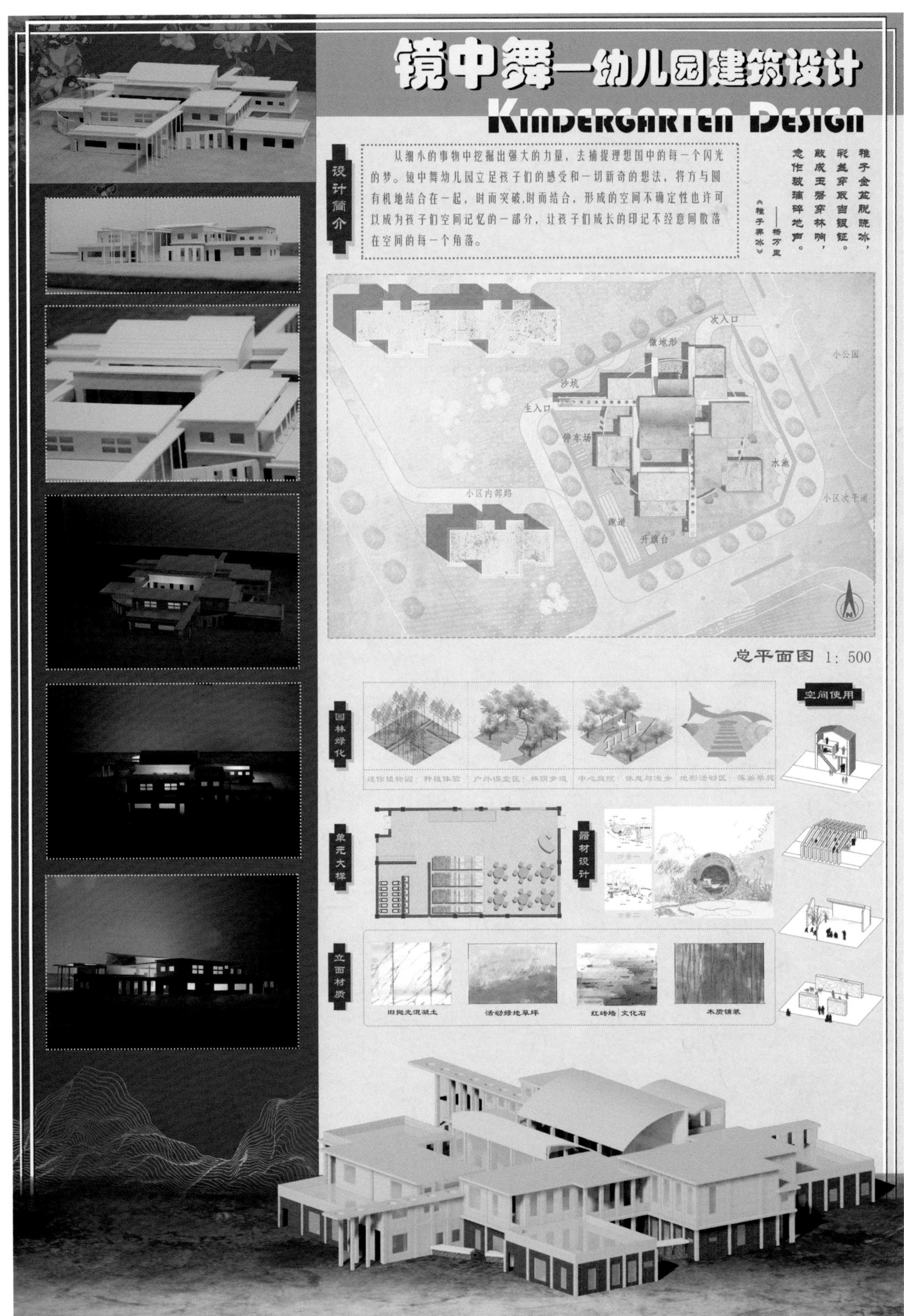

镜中舞—幼儿园建筑设计
KINDERGARTEN DESIGN
设计简介
从细小的事物中挖掘出强大的力量，去捕捉理想国中的每一个闪光的梦。镜中舞幼儿园立足孩子们的感受和一切新奇的想法，将方与圆有机地结合在一起，时而突破,时而结合，形成的空间不确定性也许可以成为孩子们空间记忆的一部分，让孩子们成长的印记不经意间散落在空间的每一个角落。
稚子金盆脱晓冰，
彩丝穿取当银钲。
敲成玉磬穿林响，
忽作玻璃碎地声。
——杨万里《稚子弄冰》
次入口
微地形
小公园
沙坑
主入口
停车场
水池
小区内部路
小区次干道
跑道
升旗台
总平面图 1：500
园林绿化
迷你植物园：种植体验
户外课堂区：林荫步道
中心庭院：休息与漫步
地形活动区
空间使用
单元大样
器材设计
立面材质
旧抛光混凝土
活动绿地草坪
红砖墙
文化石
木质铺装

学生姓名： 范阿诺　　　　**指导教师：** 贾　东　宋效巍

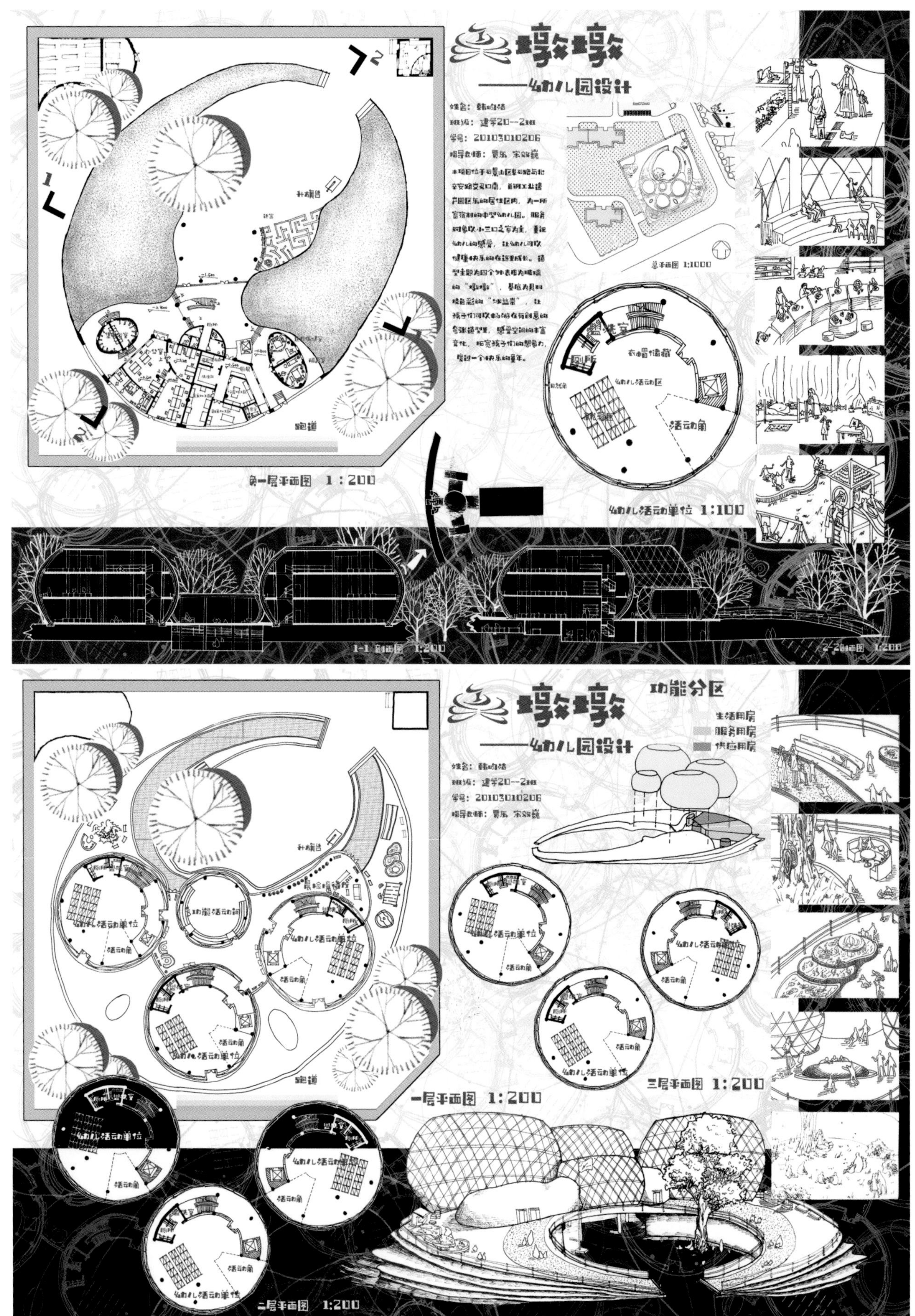
嚎嚎
——幼儿园设计
姓名：韩韵洁
班级：建学20--2班
学号：20103010206
指导教师：贾东 宋效巍
总平面图 1:1000
第一层平面图 1:200
幼儿活动单位 1:100
1-1 剖面图 1:200
功能分区
生活用房
服务用房
供应用房
一层平面图 1:200
三层平面图 1:200
二层平面图 1:200
幼儿活动单位
活动角

学生姓名：韩韵洁　　　　指导教师：贾　东　宋效巍

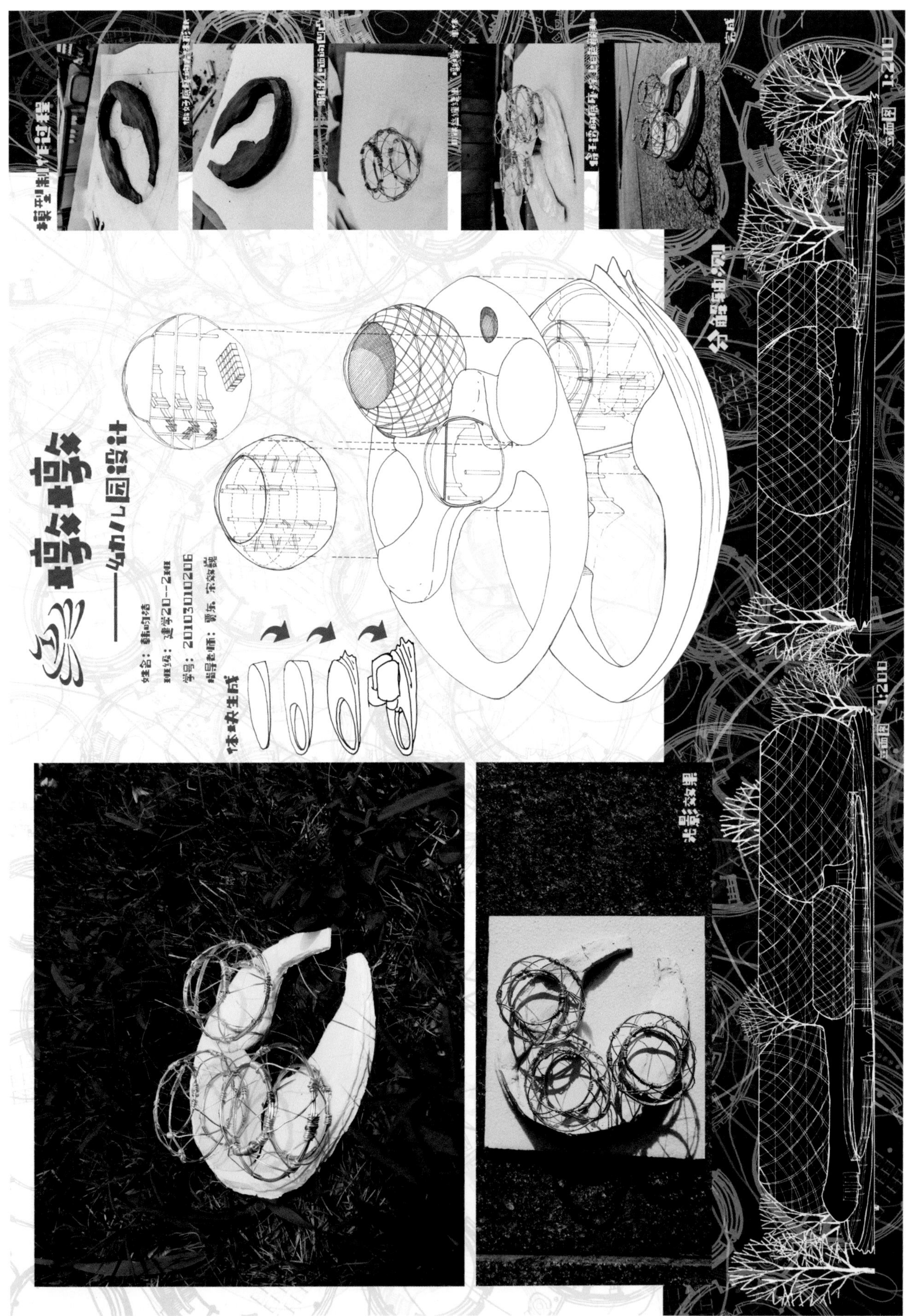
模型制作过程
体块生成
分解轴测
光影效果
立面图 1:200

学生姓名：韩韵洁　　　　**指导教师：**贾　东　宋效巍

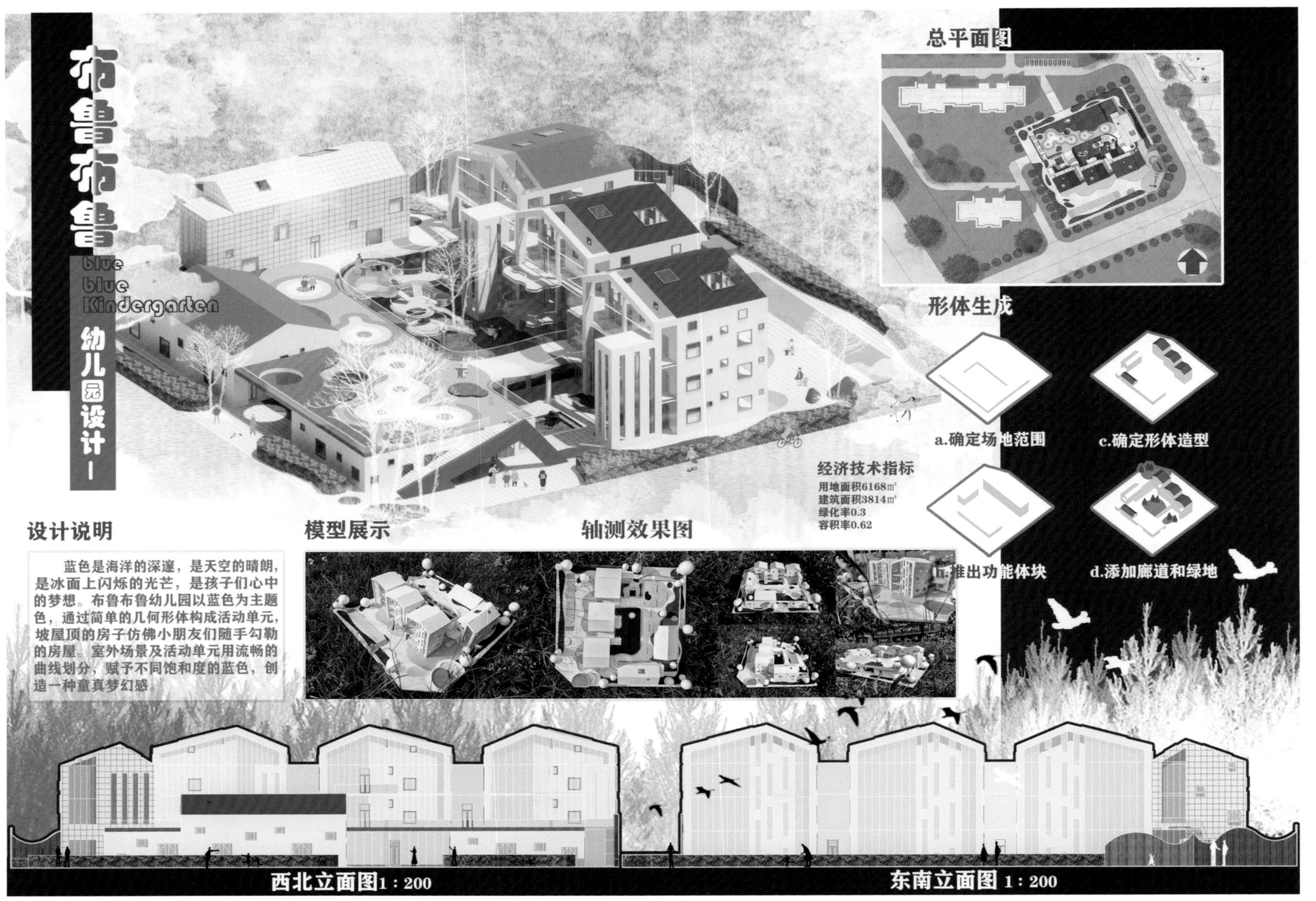

布鲁布鲁
blue
blue
Kindergarten
幼儿园设计 I
总平面图
形体生成
a.确定场地范围
b.推出功能体块
c.确定形体造型
d.添加廊道和绿地
经济技术指标
用地面积6168㎡
建筑面积3814㎡
绿化率0.3
容积率0.62
设计说明
蓝色是海洋的深邃，是天空的晴朗，是冰面上闪烁的光芒，是孩子们心中的梦想。布鲁布鲁幼儿园以蓝色为主题色，通过简单的几何形体构成活动单元，坡屋顶的房子仿佛小朋友们随手勾勒的房屋。室外场景及活动单元用流畅的曲线划分，赋予不同饱和度的蓝色，创造一种童真梦幻感。
模型展示
轴测效果图
西北立面图1：200
东南立面图 1：200

学生姓名：黄秋怡

指导教师：贾　东　宋效巍

布鲁布鲁
blue blue Kindergarten
幼儿园设计 II
户外空间
活动广场
主入口
次入口
中心庭院
中庭功能分析
a.视线交流
b.交通功能
c.游戏功能
d.采光功能
攀爬平台
微地形
活动广场
活动教室
攀爬平台
中心庭院
下沉花园
次入口
主入口
一层平面图 1：200
1-1 剖面图 1：200
2-2 剖面图 1：200
布鲁布鲁
blue blue Kindergarten
幼儿园设计 III
桌椅形态
a.灵活摆放
满足多种活动
b.连接摆放
用于儿童游戏
c.组合摆放
用于集体活动
活动单元大样图 1：75
a.教学
b.阅读
c.游戏
d.娱乐
二层平面图 1：200
三层平面图 1：200
室内空间展示
活动单元
多功能活动室一层
多功能活动室二层
二层读书角
活动单元轴测图 1：75

学生姓名：黄秋怡

指导教师：贾　东　宋效巍

设施材质：整体
形态为混凝土浇筑，
外露表层为橡胶材质。
设施构建方式：将整体划分为等间距的
长方体，分别浇筑成形之后再进行拼装。
ENTERTAINMENT FACILITY OF CHILDREN
儿童对未知世界的探索是无限的，本方案本着让幼儿在娱乐设施内自由活动的原则来设计，在一个25m×10m×1.8m的长方体中挖去很多空的洞，形成了富有趣味性的通道，幼儿可以在其中进行走、爬、攀、钻等活动。活动流线灵活，活动方式多种多样，充分发挥了幼儿对事物的探索精神。设计的灵感来源于《猫和老鼠》动画片中的奶酪，看到小老鼠在其中穿行，便联想到了幼儿的好动性格。设施的外观吸引眼球，很好地激发了幼儿的活动欲望。
平面图　1:100
立面图1　1:100
立面图2　1:100

学生姓名：吴加愈　李　雪　　　　**指导教师**：王新征　张　娟

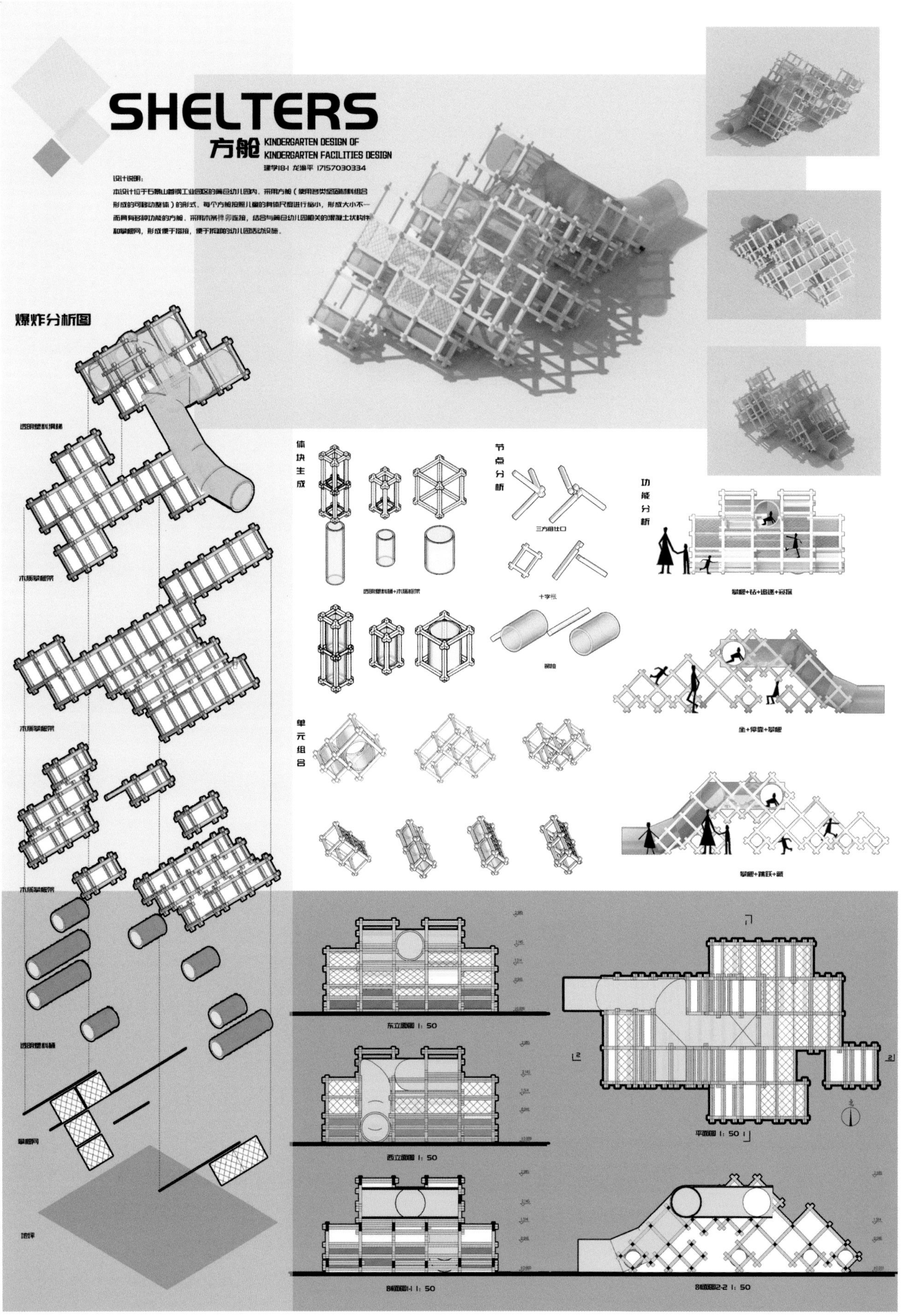
SHELTERS
方舱 KINDERGARTEN DESIGN OF
KINDERGARTEN FACILITIES DESIGN
建学18-1 龙瑜平 17157030334
设计说明：
本设计位于石景山首钢工业园区的筒仓幼儿园内，采用方舱（使用各类坚固材料组合形成的可移动整体）的形式，每个方舱按照儿童的身体尺度进行缩小，形成大小不一而具有多种功能的方舱，采用木条榫卯连接，结合与筒仓幼儿园相关的混凝土状构件和攀爬网，形成便于搭接，便于拆卸的幼儿园活动设施。
爆炸分析图
透明塑料滑梯
木质攀爬架
木质攀爬架
木质攀爬架
透明塑料桶
攀爬网
地坪
体块生成
透明塑料桶+木质框架
节点分析
十字榫
单元组合
功能分析
攀爬+钻+追逐+躲藏
坐+停靠+攀爬
攀爬+跳跃+滑
东立面图 1：50
西立面图 1：50
平面图 1：50
剖面图1-1 1：50
剖面图2-2 1：50

学生姓名：龙瑜平 **指导教师：**贾　东　宋效巍

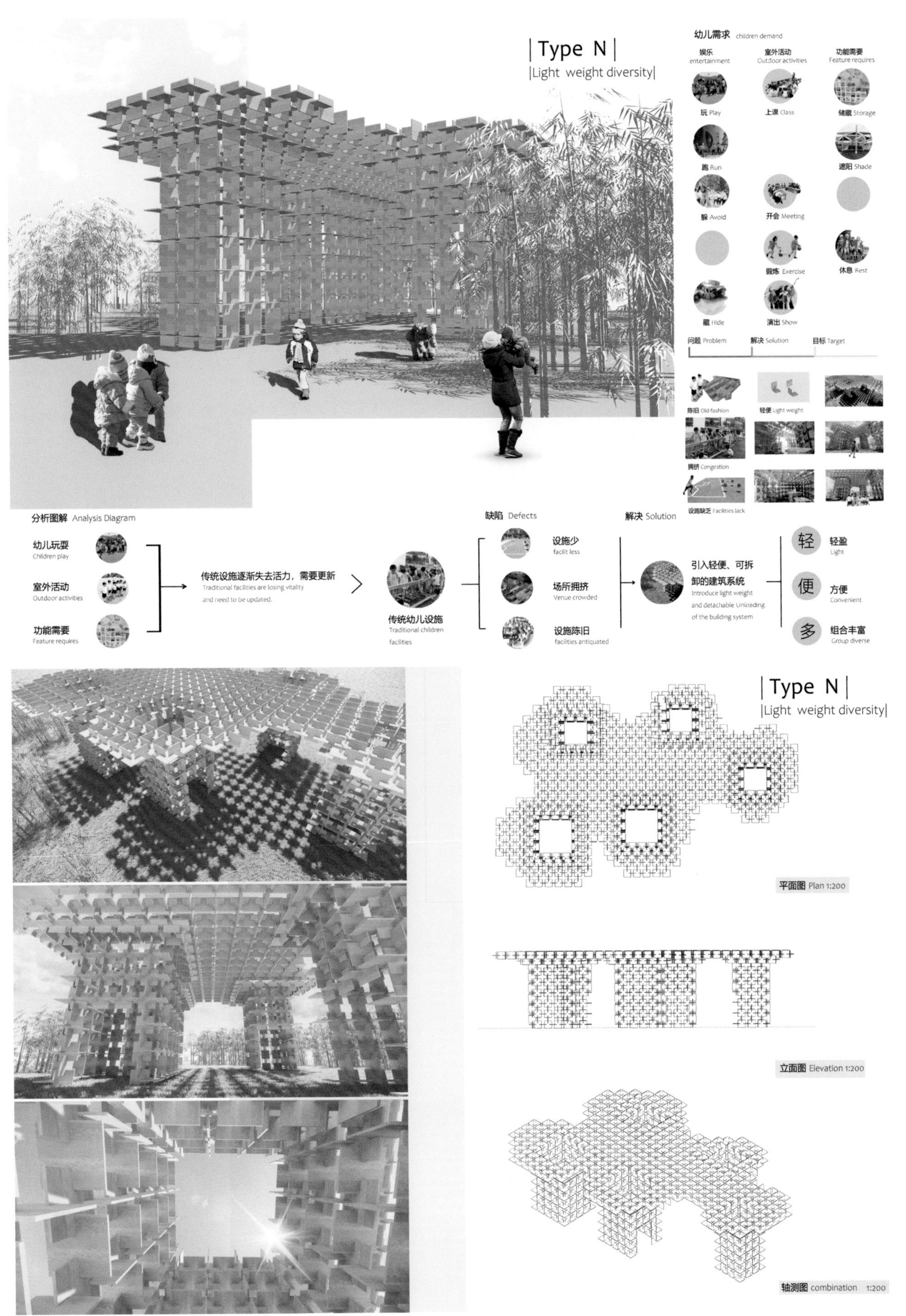

|Type N|
|Light weight diversity|
幼儿需求 children demand
娱乐 entertainment
室外活动 Outdoor activities
功能需要 Feature requires
玩 Play
上课 Class
储藏 Storage
跑 Run
遮阳 Shade
躲 Avoid
开会 Meeting
锻炼 Exercise
休息 Rest
藏 Hide
演出 Show
问题 Problem
解决 Solution
目标 Target
陈旧 Old-fashion
轻便 Light weight
拥挤 Congestion
设施缺乏 Facilities lack
分析图解 Analysis Diagram
幼儿玩耍 Children play
室外活动 Outdoor activities
功能需要 Feature requires
传统设施逐渐失去活力，需要更新
Traditional facilities are losing vitality and need to be updated.
传统幼儿设施 Traditional children facilities
缺陷 Defects
设施少 facilit less
场所拥挤 Venue crowded
设施陈旧 facilities antiquated
解决 Solution
引入轻便、可拆卸的建筑系统
Introduce light weight and detachable Unloading of the building system
轻 轻盈 Light
便 方便 Convenient
多 组合丰富 Group diverse
|Type N|
|Light weight diversity|
平面图 Plan 1:200
立面图 Elevation 1:200
轴测图 combination 1:200

学生姓名：欧阳宏坤

指导教师：贾　东　宋效巍

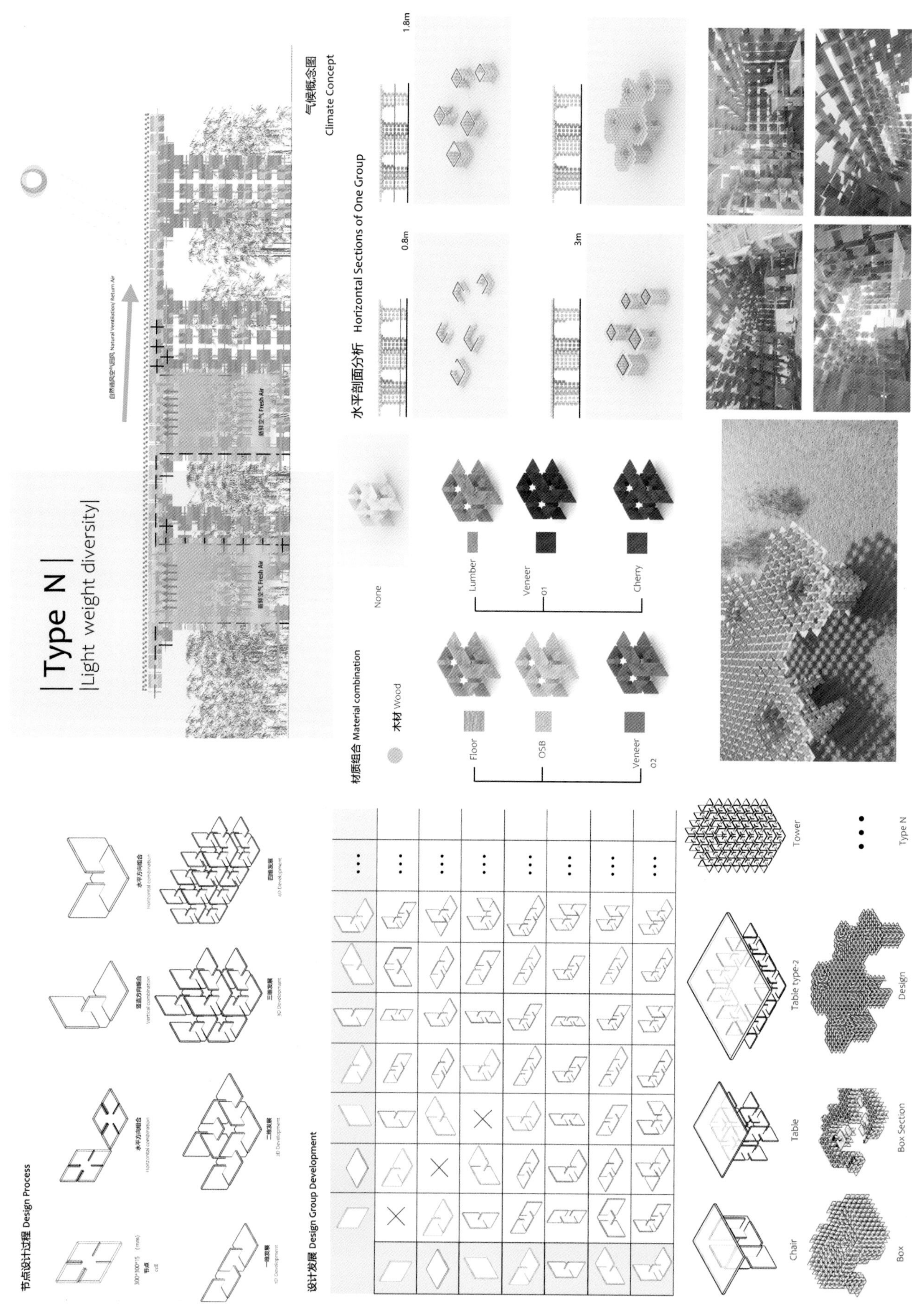
|Type N|
|Light weight diversity|
气候概念图
Climate Concept
水平剖面分析 Horizontal Sections of One Group
1.8m
0.8m
3m
材质组合 Material combination
木材 Wood
None
Floor
OSB
Veneer 02
Lumber
Veneer 01
Cherry
节点设计过程 Design Process
设计发展 Design Group Development
Chair
Table
Table type-2
Tower
Box
Box Section
Design
Type N

学生姓名：欧阳宏坤

指导教师：贾 东 宋效巍

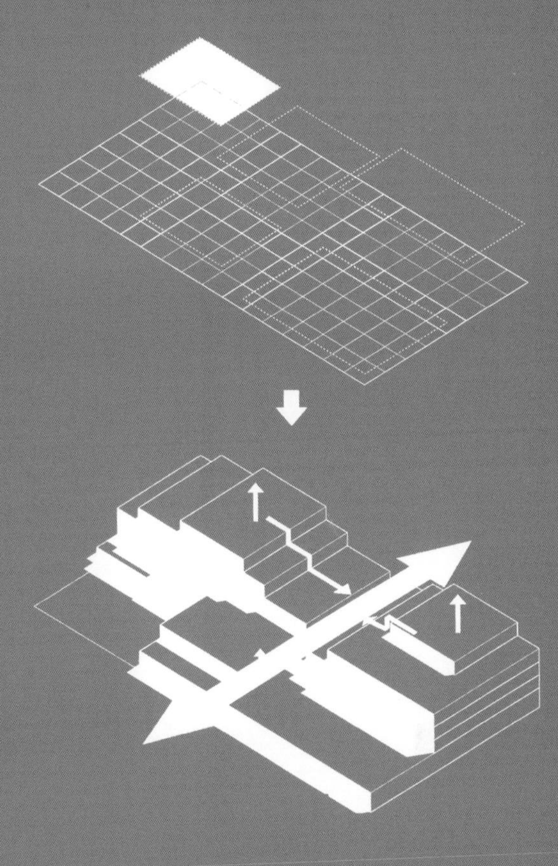

三年级

人文·技术

课程设计教案
优秀学生作品

课程设计教案

北方工業大學建築系

课程体系与教学重点

整体课程体系

教学阶段

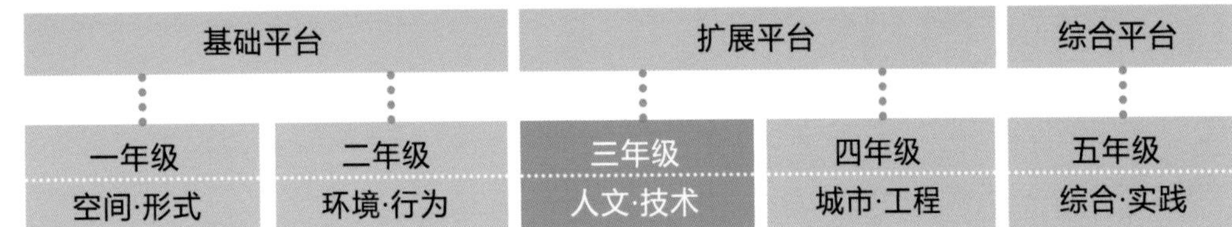
基础平台
扩展平台
综合平台
一年级
空间·形式
二年级
环境·行为
三年级
人文·技术
四年级
城市·工程
五年级
综合·实践

三年级课程体系

以专业STUDIO为核心的并行与递进的课程体系

教学主线

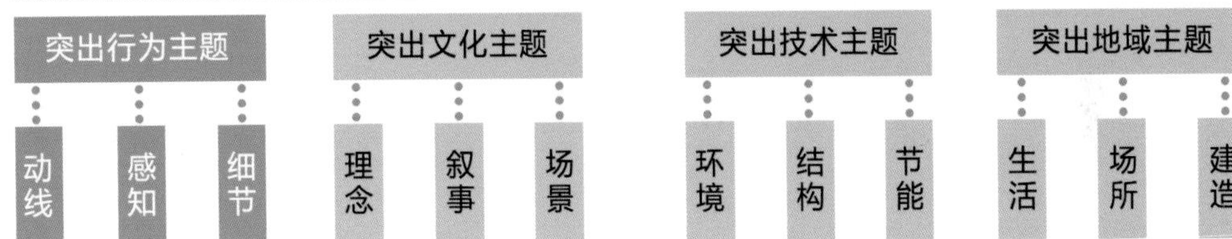
突出行为主题
动线
感知
细节
突出文化主题
理念
叙事
场景
突出技术主题
环境
结构
节能
突出地域主题
生活
场所
建造

养老建筑设计课题

以行为与空间关系为主导的养老建筑设计课题

训练重点

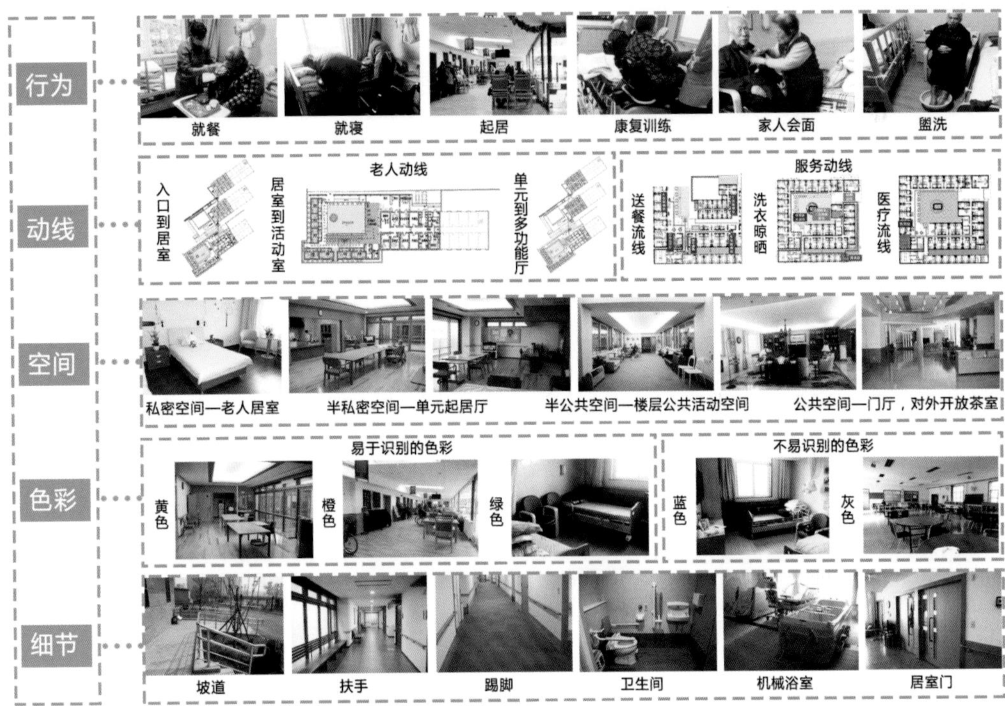
行为
就餐
就寝
起居
康复训练
家人会面
盥洗
动线
老人动线
入口到居室
居室到活动室
单元到多功能厅
服务动线
送餐流线
洗衣晾晒
医疗流线
空间
私密空间—老人居室
半私密空间—单元起居厅
半公共空间—楼层公共活动空间
公共空间—门厅，对外开放茶室
色彩
易于识别的色彩
黄色
橙色
绿色
不易识别的色彩
蓝色
灰色
细节
坡道
扶手
踢脚
卫生间
机械浴室
居室门

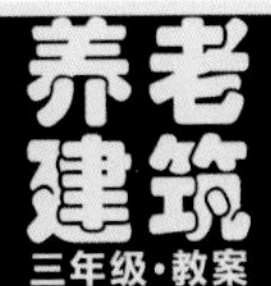
养老建筑
三年级·教案

北方工業大學建築系

教学流程与时间安排

成果要求	时间安排		教学进程
老年人行为特点与空间关系调研报告 基地调研报告 制作基地模型 收集养老院优秀案例	第一周	A / B	**行为调研** 行为与空间对应关系 学生分组到养老院，实地观察老年人的就餐、起居、康复训练、家人会面、盥洗、户外活动等日常生活行为及相应空间，每组重点观察一至两项内容。记录老年人的行为场景、所需空间平面图并标注尺寸。
基地环境分析图 设计构思分析图 行为可能性的提案 功能体块草模 造型草模	第二周	A / B	**设计构思** 行为可能性的设计 在行为调研的基础上，设想老年人的理想生活状态，从可为老年人提供什么样的行为可能性、带来何种空间感受的角度出发，结合环境条件，提出设计构思。 公共空间环绕内向庭院设计；考虑私密性的多层次室内空间设计；考虑周围环境的形态演变；考虑环境与空间贯通联系
功能分区示意图 各层平面图 生活流线分析图 服务流线分析图 造型草模	第三周	A / B	**动线设计** 生活动线与服务动线 从老年人居室到单元起居空间、楼层活动空间、多功能厅、室外活动空间等各个不同功能空间的生活动线设计；厨房进货、备餐、送餐，医疗服务，洗衣晾晒，污物处理等服务动线的设计。
表达行为与空间关系的平面图 局部空间模型 或局部空间效果图 或剖切透视图	第四周	A / B	**空间设计** 基于心理与感知需求 考虑老年人的心理与感知的需求，进行“私密一半私密一半公共一公共”不同层次的空间设计，以及上下层之间、室内外之间空间关系的设计，为老年人提供更多的空间可选择性，以及感知自然、感知他人活动的有益刺激的空间体验。
基地中的造型模型 带立面的电脑模型 立面图	第五周	A / B	**造型与色彩设计** 基于空间与色彩认知特点 针对老年人空间认知能力与色彩认知能力下降的特点，在造型设计上应注重提高建筑的可识别性，避免老年人在行进中迷失；在建筑室内外色彩的选择上，应主要选用老年人易识别的暖色系列。
日照分析图 自然通风分析图 不同功能空间窗地比表、窗户样式 平面柱网布置 剖面图	第六周	A / B	**空间性能设计** 日照、通风、采光 日照要求：合理配置居室与单元起居厅，尽可能满足日照要求。 通风设计：通过自然通风减少和消除异味，是养老院设计的基本要求。 采光设计：满足不同功能空间的基本窗地比要求，并选择适宜的开窗形式。 通风分析；日照分析
绘制三个以上细节设计详图并标注尺寸 选择其一制作1：20模型	第七周	A / B	**细节设计** 基于动作和人体尺度 日常使用与紧急救助：入口雨篷、电梯、残疾人停车位。 步行特点：楼梯、坡道、扶手。 轮椅使用：走廊宽度、踢脚高度、墙护角窗台高度。 日常使用与护理需求：居室、卫生间、浴室。
总平面 平、立、剖面图 效果图、分析图 模型照片 图纸中应有各阶段成果	第八周	A / B	**方案表达** 图纸排布顺序 规范制图 构图的完整 图面层次 绘制完成全套图纸 评图

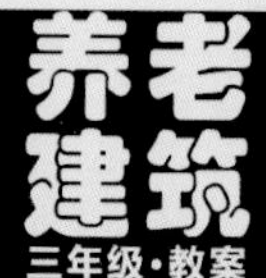
养老建筑
三年级·教案

北方工業大學建築系

成果及评价

教师评语

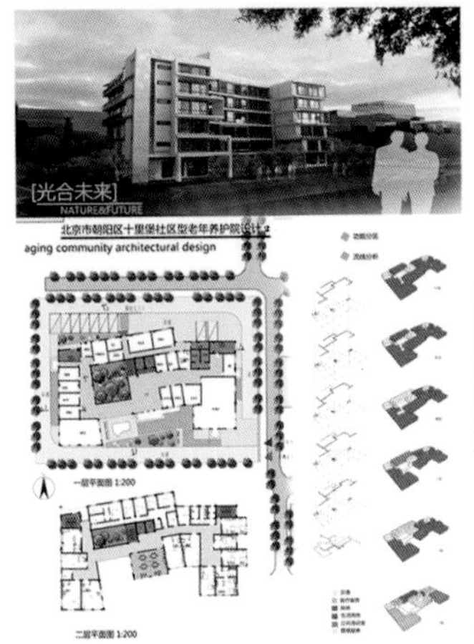
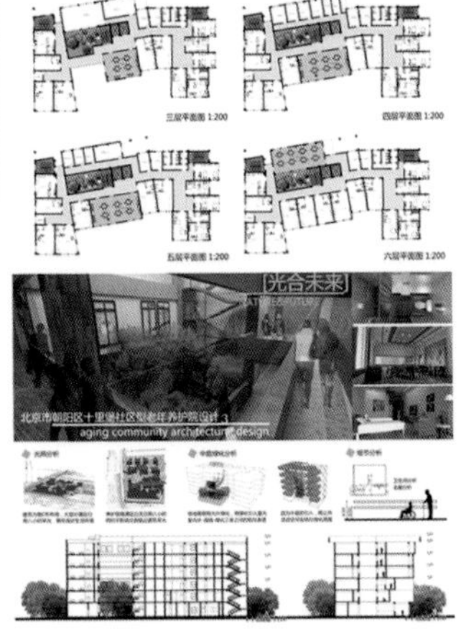

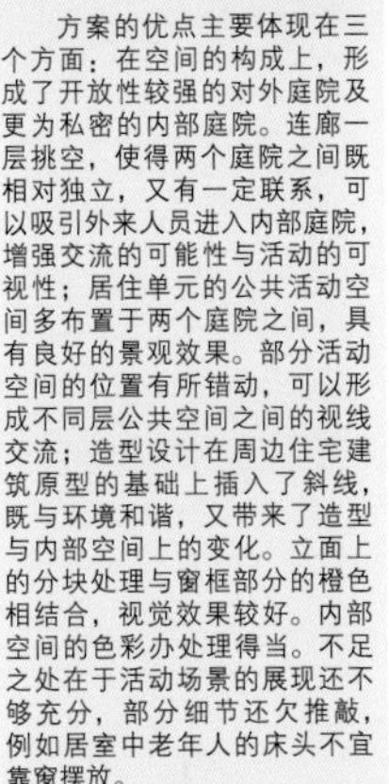
方案的优点主要体现在三个方面：在空间的构成上，形成了开放性较强的对外庭院及更为私密的内部庭院。连廊一层挑空，使得两个庭院之间既相对独立，又有一定联系，可以吸引外来人员进入内部庭院，增强交流的可能性与活动的可视性；居住单元的公共活动空间多布置于两个庭院之间，具有良好的景观效果。部分活动空间的位置有所错动，可以形成不同层公共空间之间的视线交流；造型设计在周边住宅建筑原型的基础上插入了斜线，既与环境和谐，又带来了造型与内部空间上的变化。立面上的分块处理与窗框部分的橙色相结合，视觉效果较好。内部空间的色彩办处理得当。不足之处在于活动场景的展现还不够充分，部分细节还欠推敲，例如居室中老年人的床头不宜靠窗摆放。

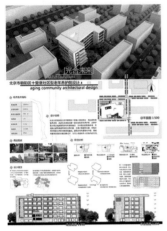

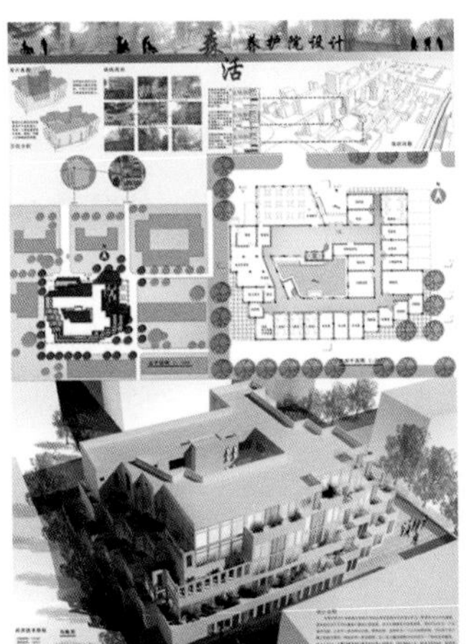
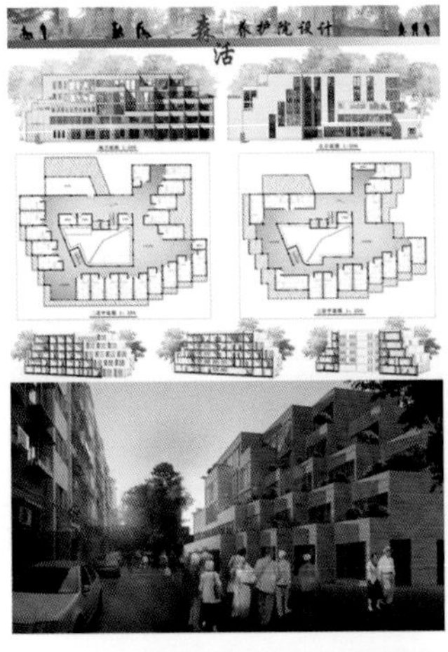
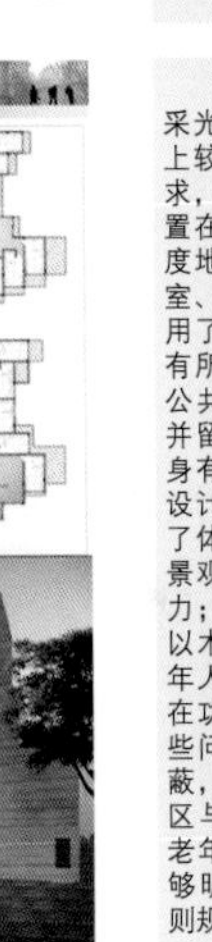

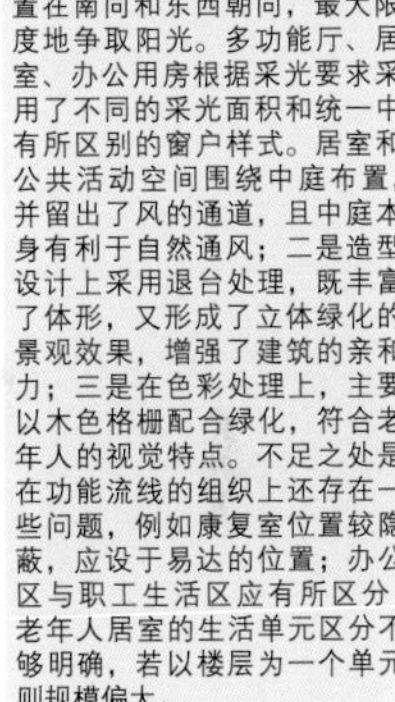
方案的优点：一是在日照、采光和通风等空间性能的设计上较充分。方案考虑了日照要求，将老年人居室尽可能地布置在南向和东西朝向，最大限度地争取阳光。多功能厅、居室、办公用房根据采光要求采用了不同的采光面积和统一中有所区别的窗户样式。居室和公共活动空间围绕中庭布置，并留出了风的通道，且中庭本身有利于自然通风；二是造型设计上采用退台处理，既丰富了体形，又形成了立体绿化的景观效果，增强了建筑的亲和力；三是在色彩处理上，主要以木色格栅配合绿化，符合老年人的视觉特点。不足之处是在功能流线的组织上还存在一些问题，例如康复室位置较隐蔽，应设于易达的位置；办公区与职工生活区应有所区分；老年人居室的生活单元区分不够明确，若以楼层为一个单元则规模偏大。

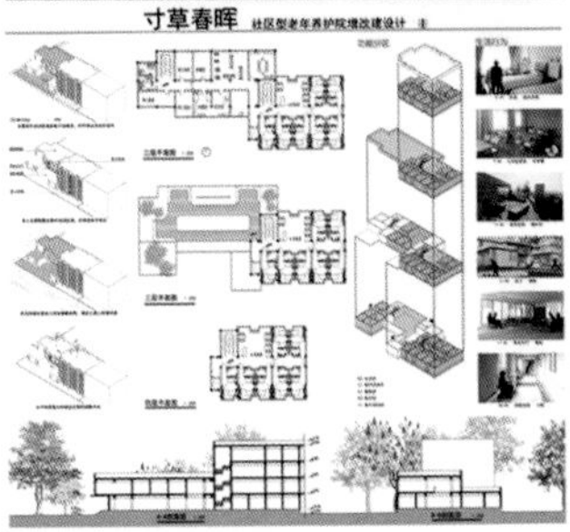

该作业完成的内容为另一用地范围内原有建筑部分改造及其西侧加建二层的课题设定。在北侧邻近道路的局促用地内，靠南侧留出了U形的半围合户外活动空间，能够确保老年人户外活动的安全性和冬季充足的日照。这一U形半围合空间的概念延续到了老年人居室部分的走廊、单元起居厅以及屋顶花园的座椅布置，不同私密程度、多层次的空间为老年人提供了更多的选择性。方案对老年人的日常生活行为与场景进行了有对应性的设计，对楼梯、坡道、扶手、家具、老人居室、卫生间等细节设计进行了较深入的推敲，并制作了大比例模型。方案整体功能分区明确，流线组织基本合理，面积紧凑，实用性较强。图纸的表达比较完整、规范，但在建筑造型和立面设计的丰富性、体现具有居家氛围的亲和力方面略显不足。

养老建筑
三年级·教案

北方
大學
建築系

整体课程体系

教学阶段

基础平台		扩展平台		综合平台
一年级	二年级	三年级	四年级	五年级
空间·形式	环境·行为	人文·技术	城市·工程	综合·实践

教学主线

以专业STUDIO为核心的并行与递进的课程体系

突出行为主题	突出文化主题	突出技术主题	以地域为线索
动线、感知、细节	理念、叙事、场景	环境、结构、节能	生活、场所、建造

三年级课程体系

题目设置

空间设计的深化			空间设计的拓展
老年人建筑社区设计	博物馆设计概念设计	观演类建筑技术设计	空间观念与技能拓展训练

训练要点

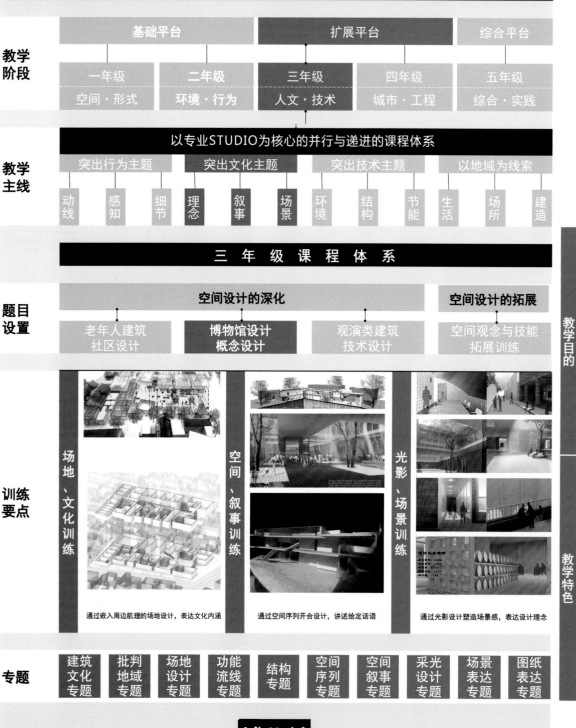

场地、文化训练

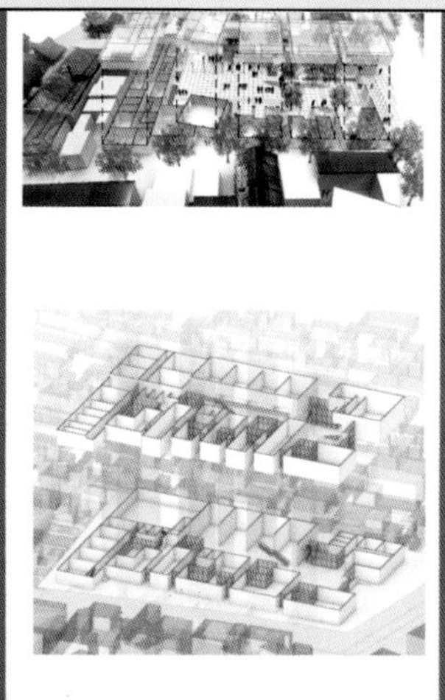

通过嵌入周边肌理的场地设计，表达文化内涵

空间、叙事训练

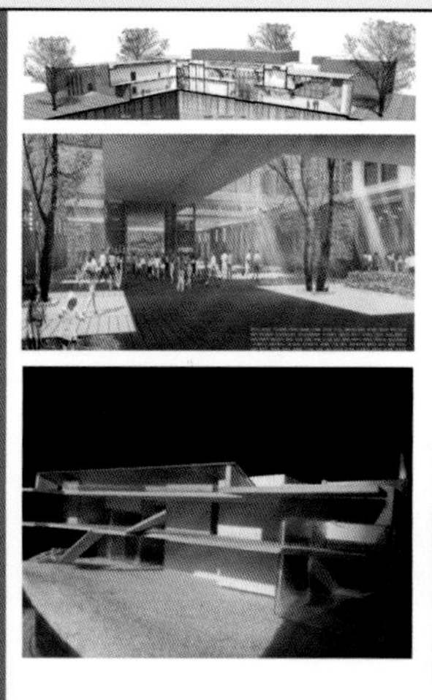

通过空间序列开合设计，讲述给定话语

光影、场景训练

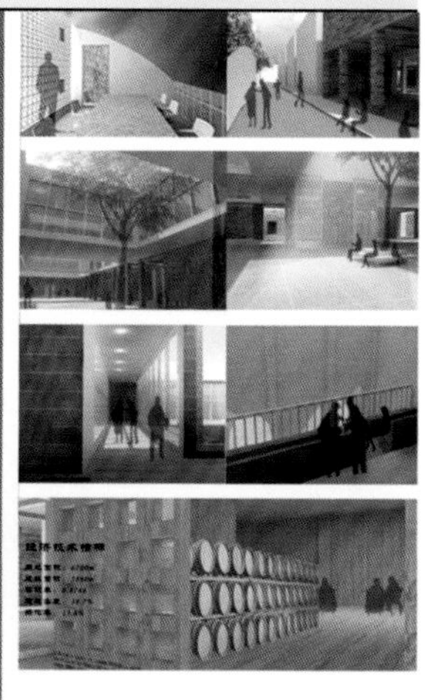

通过光影设计塑造场景感，表达设计理念

专题

建筑文化专题　批判地域专题　场地设计专题　功能流线专题　结构专题　空间序列专题　空间叙事专题　采光设计专题　场景表达专题　图纸表达专题

博物館

三年級.教案

教学目的

□让学生充分认识到观察和分析周边
境的重要性，能够通过建筑与周边环
之间关系的处理，表达设计理念。

□强化学生严谨分析各方面因素，在
种规范、功能限制中寻求解决方案，
达概念的能力。

□提高学生表现技巧，以及在设计过
中熟练地运用绘图、模型制作、电脑
助设计、电脑表现的能力。能够表达
间叙事，表达设计意图与场景感。

□培养学生对采光相关建筑技术问题
运用，并运用光线塑造形体与空间。

□指导学生注意建筑的表皮、材质
质感等特性，同时，指导学生对建
的三维空间特性与序列的叙事性有
好的认识。

□鼓励学生发展自己的设计理念，锻
从概念设计发展到合理的建筑方案设
的能力。

□通过公开评图，培养学生交换想法
参与思路讨论的习惯。

教学特色

□针对不同学生的特点，完成分层教
内容规划：

针对第一个层面（基本功欠佳，方
设计能力较弱）的同学，我们希望
学成果中体现以下内容：掌握中
建筑设计基本理论知识；掌握建筑
计方法、步骤等基本技能；深化建
设计表达技法与能力，完成教学大
要求。

针对第二个层面（基本功较好，方
能力中上水平，对设计兴趣尚可）
同学，我们希望教学成果中除较好
完成第一层面内容之外，体现以下
容：培养建筑设计的文化意识；学
并掌握建筑设计中常用的环境分析
法；在设计中融入文化观念，并通
恰当的手法加以表达。

针对第三个层面（基本功扎实，方
设计能力突出，对设计兴趣浓厚）
同学，我们希望教学成果中除较好
完成前两个层面的内容之外，学生
通过空间手段完成以下四个方面的
知训练：考虑人们对博物馆的精神
要；在环境文化脉络中思考建筑
题；具备一定的环境意识，综合思
建筑与城市界面之间的关系；尝试
过设计解决现实存在的社会问题。

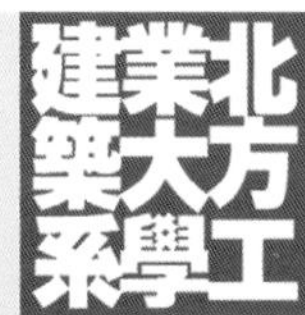
建築系
北方工業大學

地段 · 任务

概述

本课题要求学生在两个地段中选择一块，完成一个中型博物馆/美术馆的建筑方案设计，在设计中学会运用建筑语汇表达特定文化理念，对方案进行比较、调整和取舍。并要求能够进行场地设计与采光的设计与分析。

地段

地段一位于香山，基地总用地面积约6500m²。位于香山饭店东南、双清别墅东北。在用地范围内有翠微亭和古树需要保留。西侧有风景区的道路，地段为山腰位置，场地已平整，南北高差为5m。香山公园位于北京西北郊，始建于金代。元、明、清都在此营建离宫别院，香山寺曾为京西寺庙之冠。清乾隆十年（1745年），皇家在香山公园大兴土木，建造殿宇廊轩，共成名噪京城的二十八景，乾隆皇帝赐名"静宜园"，园内文物古迹众多，是一座具有山林特色的皇家园林。在京西"三山五园"中占一山一园。

建筑红线

地段二位于煤市街与大栅栏西街的交会处。基地总用地面积约6700m²。地段东侧为煤市街；南侧为大栅栏西街；北侧为杨梅竹斜街。煤市街历史悠久，乾隆年间，煤市街一分为二，大栅栏以北称北煤市街，以南称南煤市街。清朝中期以后，煤市街逐渐发展成为美食一条街。据1910年统计，煤市街有著名饭庄、饭馆22家。《朝市丛载》记录，这里有万兴居酱肉、致美斋熘鱼片、泰丰楼烩爪尖、百景楼烩肝肠、普云斋酱肘与酱鸡等许多食肆。因此，煤市街被民俗专家们称为老北京的"美食街"。

地段一
地段二

要求

功能	理念	环境	要素
地段一为当代美术馆，展示当代艺术家美术作品。地段二为民俗博物馆，展示老北京民俗风貌。	本设计每个地段给定两段话，任选一段，理解，领会，并尝试用建筑语汇表达其中蕴含的理念。	两个可选地段均位于已建成的成熟环境之中，要求设计嵌入原有肌理，将环境织补完整。	在设计中要求通过环境、形式操作、空间序列、光影要素的强调体现给定话语。

功能与面积

零
总建筑面积6000m²，可上下浮动10%
建筑限高18m，局部可设计突破体，不得超过40m
绿地率大于30%

壹 参观服务：300m²
□含入口门厅、售票处、礼品店、咖啡厅、衣物寄存处、卫生间等

贰 展厅及配套：2700m²
□常设展厅1500m²
□临时展厅（主要用于引进展览）500m²
（展厅最小50m²，最大600m²，高度3~6m）
□体验空间500m²
（每个空间尺度、功能自行安排）
□其他用房（贵宾休息室、观众服务台、警卫办公室、讲解员办公室、卫生间等）200m²

叁 藏品库房与修复：1000m²
□暂存室150m²
□藏品库500m²
□修复室70m²
□照相室50m²
□裱糊室70m²
□编目室50m²
□办公室40m²
□其他工作人员辅助用房70m²

肆 学术研究：500m²
□研究中心100m²
□学术交流室120m²
□图书资料80m²
□小报告厅200m²

伍 行政办公：300m²
□馆长室、副馆长室2×30m²
□接待室30m²
□行政办公3×30m²
□会议室50m²
□卫生间、贮藏间等50m²

陆 机械设备用房：300m²
□含配电室、保安监控室、消防控制室、空调机械室等

柒 其他公共空间：约1000m²
含走廊、楼电梯、卫生间等

解题 · 立意

地段一

对于当代的两种不同释义 —— 当代与传统

- 继承：坦腹江亭暖，长吟野望时。水流心不竞，云在意俱迟。——（唐）杜甫
- 颠覆：建筑同在某一空间中发生的事件的关系与它同空间本身的关系是等量的。在当今这个火车站变博物馆、教堂变夜总会的世界，我们不得不接受形式和功能的这种异乎寻常的交换性，不得不接受现代主义所认可的传统或教条的因果关系的丧失。——屈米《事件建筑》

地段二

对于民俗在两种不同时空的再现 —— 日常与节日

- 静、散：她是在宽广的林荫路、长曲的胡同、繁华的街道、宁静如田园的地方长大的。在那个地方，常人家里也有石榴树、金鱼缸，也不次于富人的宅第庭院。在那个地方，夏天在露天茶座儿上，人舒舒服服地坐着松柏树下的藤椅子品尝，花上两毛钱就耗过一个漫长的下午。在那个地方，在茶馆儿里，吃热腾腾的葱爆羊肉，喝白干儿酒，达官贵人、富商巨贾与市井小民引车卖浆者摩肩接踵。有令人惊叹不止的戏院，精美的饭馆子、市场、灯笼街、古玩街……，玩儿票唱戏的和京戏迷，还有诚实恳切风趣诙谐的老百姓。——林语堂《京华烟云》
- 闹、聚：除夕之次，夜子初交，门外宝炬争辉，玉珂竞响。肩舆簇簇，车马辚辚。百官趋朝，贺元旦也。闻爆竹声如击浪轰雷，遍乎朝野，彻夜无停。更间有下庙之博浪鼓声，卖瓜子解闷声，卖江米白酒击冰盏声，卖桂花头油摇唤娇娘声，卖合菜细粉声，与爆竹之声，相为上下，良可听也。……纵非亲厚，亦必奉节酒三杯。若至戚忘情，何妨烂醉！俗说谓新正拜节，走千家不如坐一家，而车马喧阗，追欢竟日，可谓极一时之胜也矣。——（清）潘荣陛《帝京岁时纪胜》

图纸内容

基本图	总平面图	总平面图，1:500	包括外环境、内庭院景观设计，设计图纸应能清晰地表达设计思路，阐释对周边环境的理解，同时图面清晰，布局优美。
	平面图	首层平面图，带场地，1：300	注意各种功能出入口总图环境的关系；注意线型搭配、各种符号标识、字体及字体大小配置、配景画法；要求图纸清洁整齐，准确反映空间信息。
		各层平面图及屋顶平面图，1:300	注意线型搭配、各种符号标识、字体及字体大小配置、配景画法；要求图纸清洁整齐，准确反映空间信息。
	立面图	2~3个，1:300	注意线型搭配、材料符号、构造细节、材质肌理表达、立面配景搭配。
	剖面图	2~3个，1:300	
	透视/轴测图	表现方式不限	表现室内、外场景，反映建筑与环境的关系，反映建筑形式逻辑，反映空间序列，反映光影关系。
	分析图	表现方式不限	
深化图	采光	对采光的深化设计图纸，表现方式不限。	
	场景	表现能够反映给定理念的典型空间场景，表现方式不限。	

博物館
三年級.教案

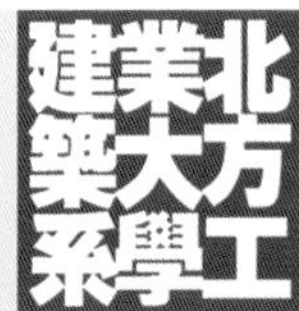
北方工業大學建築系

设计过程及评价

周		内容
第一周	A	教案准备
	B	
第二周	A	集中授课
	B	
第三周	A	方案构思
	B	
第四周	A	方案推进
	B	
第五周	A	
	B	方案表达
第六周	A	
	B	阶段评图
第七周	A	
	B	
第八周	A	终期评图
	B	

教案准备

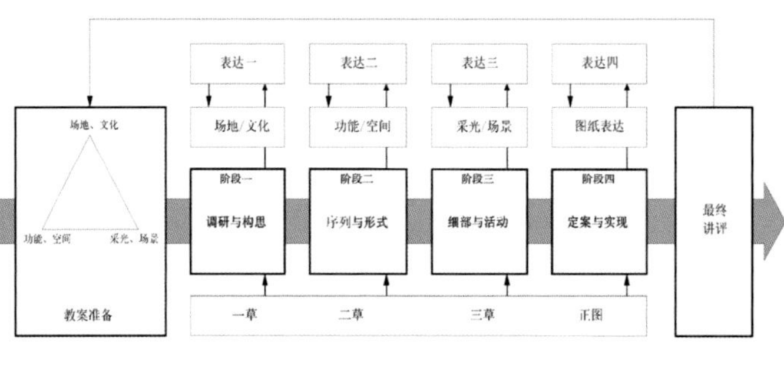
场地、文化
功能、空间
采光、场景
表达一
表达二
表达三
表达四
场地/文化
功能/空间
采光/场景
图纸表达
教案准备
阶段一
调研与构思
阶段二
序列与形式
阶段三
细部与活动
阶段四
定案与实现
最终讲评
一草
二草
三草
正图

集中授课

第一周第一次课集中讲授任务书要求、解题，并作博物馆专题讲授。第五周第一次课集中讲授博物馆光环境。

方案构思

以给定意象展开构思，以快题+概念模型的形式确定方案；为期两周。

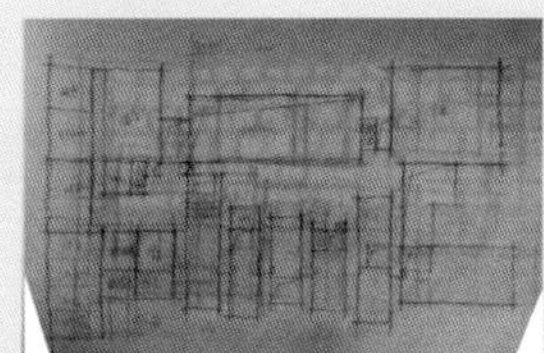

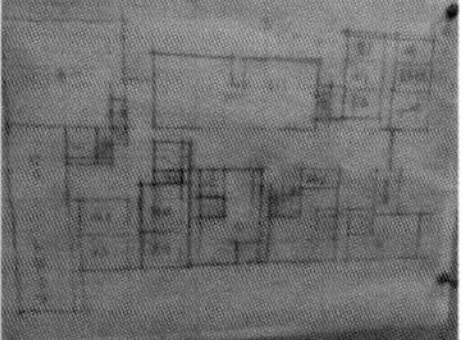

方案推进

以草图+电脑草模等方式推进方案，持续至终期评图。

方案表达

以课上快题+电子模型等方式表达方案，持续至终期评图，主要集中于第六、七周。

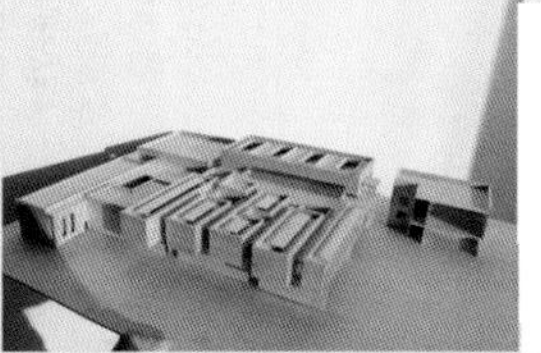
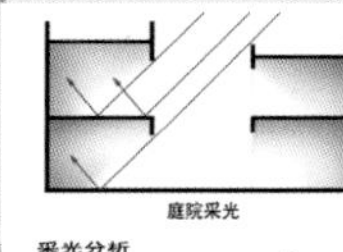
庭院采光
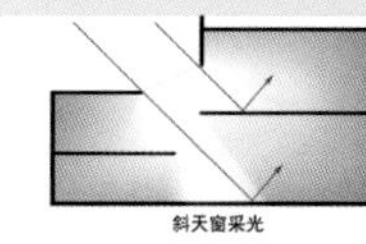
斜天窗采光
采光分析
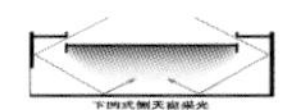
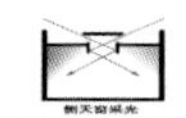

阶段评图

在三个时间节点集中组织班级/年组评图。

终期评图

A1设计图，表达方式不限，并提交相应的电子文档；终期评图以全年级范围内公开汇报的形式展开。

水流云在 山水清音

引导学生在环境与场地、空间的形式与序列以及光影关系的设计中，逐步深入地体现给定意向，并通过深化设计再现场景。

调研与构思	场地/文化
序列与形式	功能/空间
细部与活动	采光/场景

场地、文化

1. 本阶段开始，教师讲授相关概念、理论、相应的分析方法、设计意图以及实例分析。学生在开始阶段必须根据提供的建筑环境及场地地形图，通过实地踏勘或资料查询，结合第一次讲课内容，从理性分析和感性认知两方面体验并领悟环境，了解所涉建筑类型的特殊性和一般性功能要求，其所承载的文化意义。
2. 方案构思，在此阶段，学生发展方案设计初步意图。本阶段学生完成构思草模，辅助以草图，在教师指导下研究概念的可性，发展空间想象，有机处理建筑与环境间的关系，并进行检验。重在多角度讨论分析问题，多方案比较，最终完成方案选。制作带总图环境的一草模型。

第二周第二次课成果展示，合班集体评

功能、空间

1. 深化方案设计。教师指导学生有机处理建内部的功能流线与交通流线，合理处理内部间与外部空间的衔接过渡。平面符合博览建的功能要求。合理解决结构、功能、规范、防等各种问题。相应地修改总图、体量关处理好想法概念与实际功能之间的平衡。
2. 在处理好功能的同时要兼顾空间效果与外体量。创造符合博览建筑特征、适应环境空间序列与建筑形象。对于有余力的同学应思考社会、文化技术等相关理念，培养己的设计方法以及对建筑设计的理解。

在这一阶段教师可插入一、两个快题学生的工作进度。

第四周第二次课成果展示，合班集体评

采光、场景

1. 展厅光环境设计。具体要求详见任务书
2. 细部处理。门窗洞口的位置、大小；采光计；特殊处理的细部构造；家具布置；间布置；楼梯细部处理等。在细部处理时调整平面、立面、剖面的局部变化。
3. 能反映给定理念的场景细部深化，要求人的活动以及环境气氛。

在这一阶段教师可插入快题设计教学进学生的工作进度。

第六周第二次课成果展示，合班集体评

定案、实现

阶段四，学生在教师指导下完成设计的表现工作。这一段需要注意的问题有以个方面：

首先，鼓励表现形式的多样性，鼓励模型和电脑模型，也可徒手绘图。

第二，对有余力的同学进行个别加工，成弹性教学体系所要求的分层设定目标，反映在最终成果上。

第三，注重表现的统一性，杜绝草草的态度。

第四，最后进行一次讲评，使学生对的工作进行总结性的评价，有利于学生进能力提高。

博物館

三年級·教案

北方工業大學建築系

水流云在 山水清音

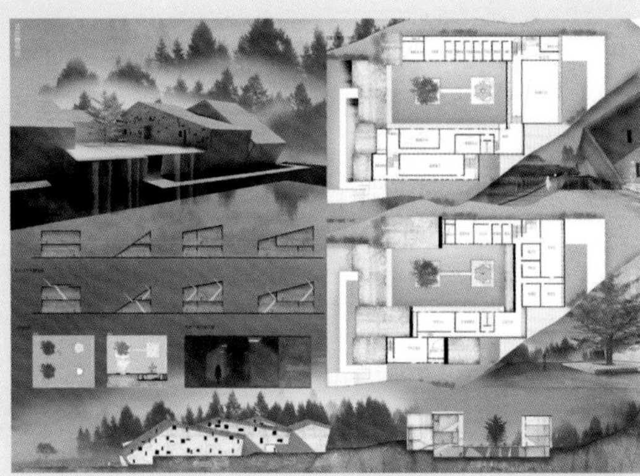

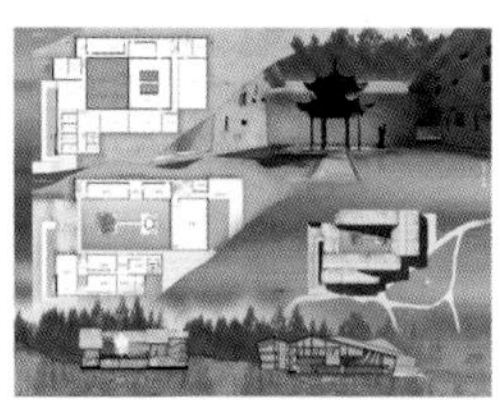

胡同·院——民俗博物馆设计 THE DESIGN OF FOLK CUSTOM MUSEUM

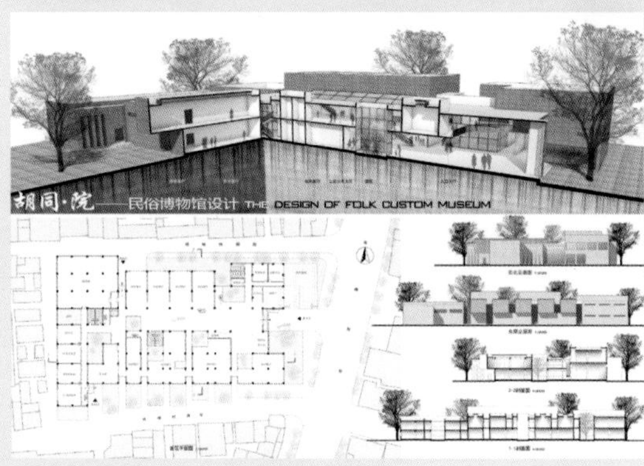
胡同·院——民俗博物馆设计 THE DESIGN OF FOLK CUSTOM MUSEUM

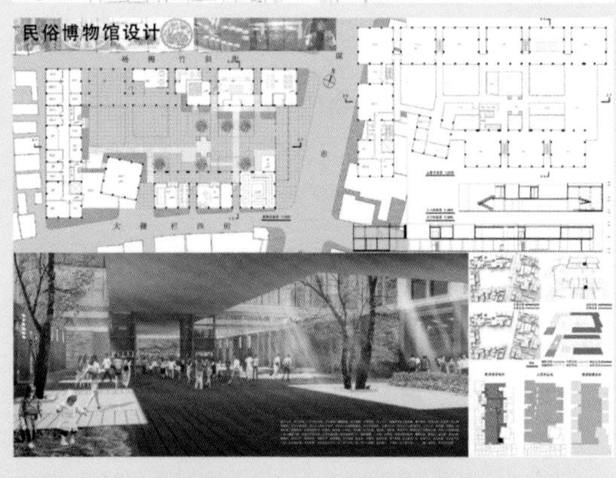
南锣鼓院——民俗博物馆设计
民俗博物馆设计

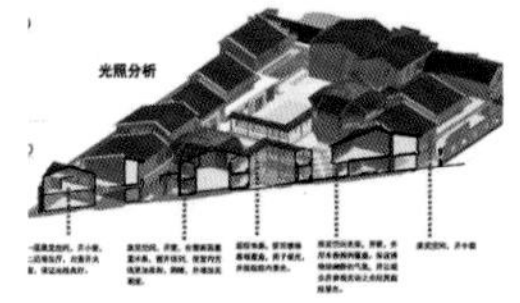
光照分析

作业评析（上）

场地/文化	空间/叙事	细部/场景	定案/表现
与香山文脉融合较好，能够织补环境	通过空间序列能够基本表达诗句内涵	对户外场景有设计	图纸深度有待加强

作业评析（中）

场地/文化	空间/叙事	细部/场景	定案/表现
与煤市街文脉融合较好，能够织补环境	通过空间序列能够基本表达日常意向	对户内场景有设计	应增加场景表达

作业评析（下）

场地/文化	空间/叙事	细部/场景	定案/表现
与煤市街文脉融合较好，能够织补环境	通过空间序列能够基本表达节日意向	对户内/外场景有设计	图纸表达较为充分

博物館
三年級·教案

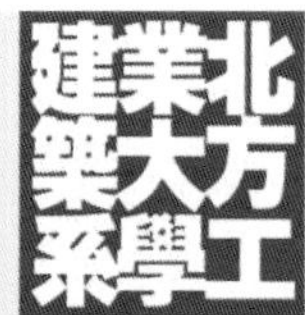
北方工業大學建築系

整体课程体系

教学阶段

基础平台 | 扩展平台 | 综合平台

一年级 空间·形式 | 二年级 环境·行为 | 三年级 人文·技术 | 四年级 城市·工程 | 五年级 综合·实践

教学主线

以专业STUDIO为核心的并行与递进的课程体系

- 突出行为主题：感知、动线、细节
- 突出文化主题：理念、叙事、场景
- 突出技术主题：环境、结构、节能
- 以地域为线索：生活、场所、建造

整体关系：一年级强调基础训练，二年级重视基本原理和方法，三年级加强拓展和提高，四年级关注建筑和城市结合，侧重城市设计，五年级对知识全面整合。

观演建筑

题目设置

基于技术实现的观演建筑课题

- 以观演空间为主题的扩展设计
- 以实现为主题的观演建筑设计

训练重点：强调设计中处理建筑构思、场地设计与技术要求之间的关系，强调设计过程中流线、功能逻辑、特定技术要求、结构体系等基本设计问题。

训练要点

A 场地实现
① 多条复杂流线的组织与实现
② 室外观演活动的场地实现
③ 场景与活动、分析与实现

B 结构实现
① 大跨度结构选型
② 结构主要构件估算
③ 结构构件对空间尺度的影响

C 声学视线实现
① 视线设计与剖面、平面
② 声学设计与剖面、平面
③ 混响设计与剖面、平面
④ 纵断面模型

D 观演的特定功能实现
① 舞台技术影响
② 设备技术影响
③ 演出及设备的过程影响

E 物理技术实现
① 节能策略
② 局部节点
③ 采光实现

教学内容：培养学生在综合分析环境要素的基础上进行方案构思的能力，掌握场地设计的基本方法。培养学生根据剧场功能要求及基地环境特点进行空间组合及造型设计的能力。能够运用相关课程知识进行合理的结构选型，并进行观众厅的声学与视线设计。

训练目标：掌握观演建筑基本特征，掌握观演建筑各功能部分的组织结构和流线的组织设计方法。掌握技术设计方法与要点。

专题

场地设计专题 | 人性化专题 | 材料专题 | 文化专题 | 改造专题 | 结构专题 | 物理技术专题 | 造型专题 | 地域专题 | 多方式表达

观演建筑
三年级·教案

北方工業大學建築系

设计过程及评价

第一周 A B

基地调研

以小组为单位进行场地调研，预习相关剧场知识，参观剧场。提交基地调研报告、剧场认知报告。制作相应比例的基地模型。

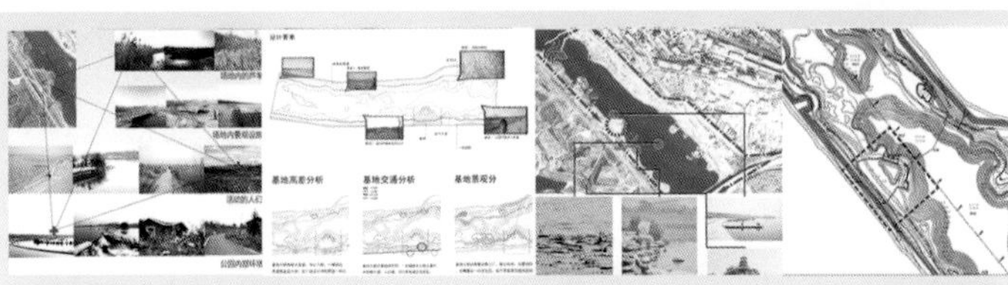
基地高差分析
基地交通分析
基地景观分析

第二周 A B

基于观演行为的场景

进行环境基地分析，形成设计立意，进行设计构思表达。提交设计构思分析图若干、1∶500 形体草模、1∶500 总平面草图。

第三周 A B

功能流线组织

学习观演建筑的特定功能要求，了解观众与演员流线、舞台布景运送流线。提交总平面图（含场地设计）、各层平面图（1∶300）、功能流线分析图。

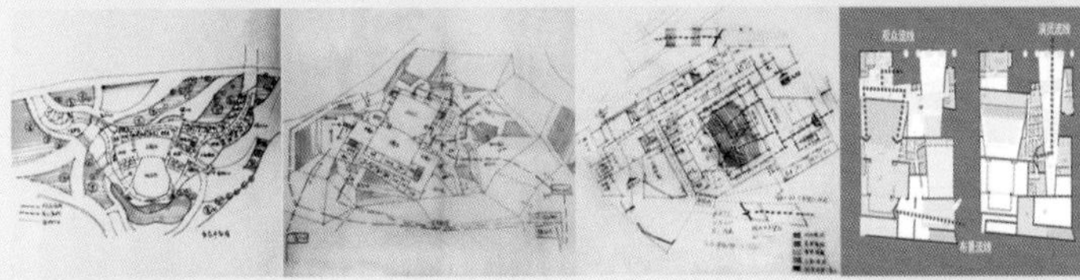

第四周 A B

空间造型设计

学习剧场建筑空间特点、造型特点，滨水建筑造型处理手法。提交平面深化图、内部空间设计图、透视与轴测草图。

第五周 A B

结构选型方案调整

进行结构类型的合理选择，理清主次空间结构关系、结构与空间的关系，完成主要结构构件尺寸估算，结构体系电脑建模，平、立、剖草图。

第六周 A B

第七周 A B

技术设计

利用所学声学知识进行混响计算及视线设计，完成舞台剖面模型（1∶50）。

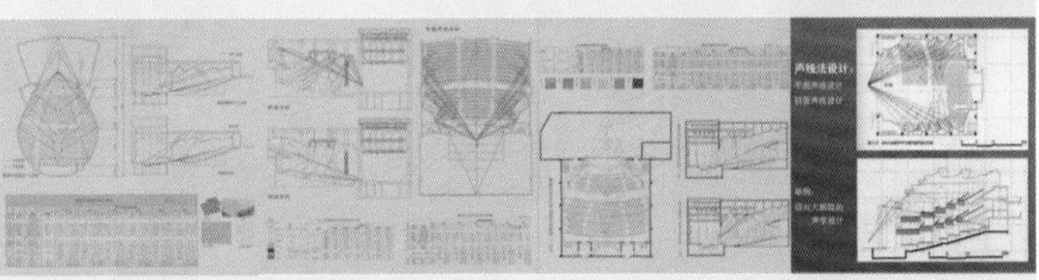

第八周 A B

图纸绘制

图纸数量为 3 张统一完整构图的 A1 设计图，模型以照片形式体现在图纸中，并提交相应的电子文档；终期评图以全年级公开汇报的形式展开。

观演建筑

三年级·教案

教学重点

1. 在环境与场地方面，培养学生在综合分析环境要素的基础上进行方案构思的能力，掌握场地设计的基本手法。
2. 在功能与空间方面，培养学生根据剧场的功能要求及基地环境特点进行空间组合及造型设计的能力。
3. 在技术方面，能够正确运用相关课程知识，进行合理的结构选型以及观众厅的声学与视线设计。

观众使用部分

1. 观众席：750~800 座，可不设楼座。面积可参考 0.7~0.8m^2/ 座。
2. 门厅：150~200m^2；售票柜台：按 2 个工作位考虑。小卖部：0.04~0.1m^2/ 座；衣物存放：0.05~0.15m^2/ 座。
3. 观众前厅：0.18~0.3m^2/ 座。
4. 休息厅：0.18~0.3m^2/ 座，与前厅合并时可取 0.25~0.4m^2/ 座。
5. 卫生间：男卫每 100 座设 1 个大便器，每 40 座设 1 个小便器；女卫每 25 座设 1 个大便器。设残疾人卫生间。
6. 管理室：15~20m^2。
7. 贵宾休息室：50~80m^2。

舞台部分

1. 主舞台：采用镜框式台口，台口宽 10~12m，高度 6~7m。台唇宽度 1.5~2m。主舞台宽度 18~21m，深度 12~15m，高度为 2 倍台口高度加 2m。设升降舞台。
2. 侧台：主舞台两侧设侧台。侧台宽度≥台口宽度，深度约为 3/4 台口宽度，高度不低于台口高度。道具出入口净宽≥ 2.4m、净高≥ 3.6m，不考虑车辆直接进入侧台。
3. 耳光室：供一人操作（底部应高出地面 2.5m 以上）；面光室：开口应在 1~1.2m。
4. 灯控室：20~30m^2（应方便观察舞台演出）声控室：20~30m^2。
5. 舞台监督控制室：30~50m^2（应方便观察舞台演出）。不设后舞台，不设乐池。

演出准备部分

1. 候场区：每个区域≥ 30m^2，应能联系两侧侧台。与走廊合并时，走廊宽度≥ 2.8m。
2. 抢妆间：20m^2；大化妆间：30m^2 × 4 间；中化妆间：20m^2 × 3 间；演员用卫生间：男女各 1 间。
3. 服装间：20~30m^2 × 4~5 间；道具间：15~20m^2 × 2 间；演出办公室：20m^2 × 1 间。
4. 小型练功房：100~120m^2 × 1 间（净高 6m）；小排练室：12~20m^2 × 4 间。
5. 布景存放间：50m^2 × 1 间，应与舞台联系方便。
6. 灯光音响设备存放间：50m^2 × 1 间。

行政办公

办公室：15~20m^2 × 4–5 间；会议：50~60m^2；接待：50m^2；医务：15m^2。

设备用房

消防及保安监控室：30m^2；变配电室：80m^2；空调机房：160m^2；水设备间：80m^2 × 2 间；换热间：80m^2。

北方工業大學建築系

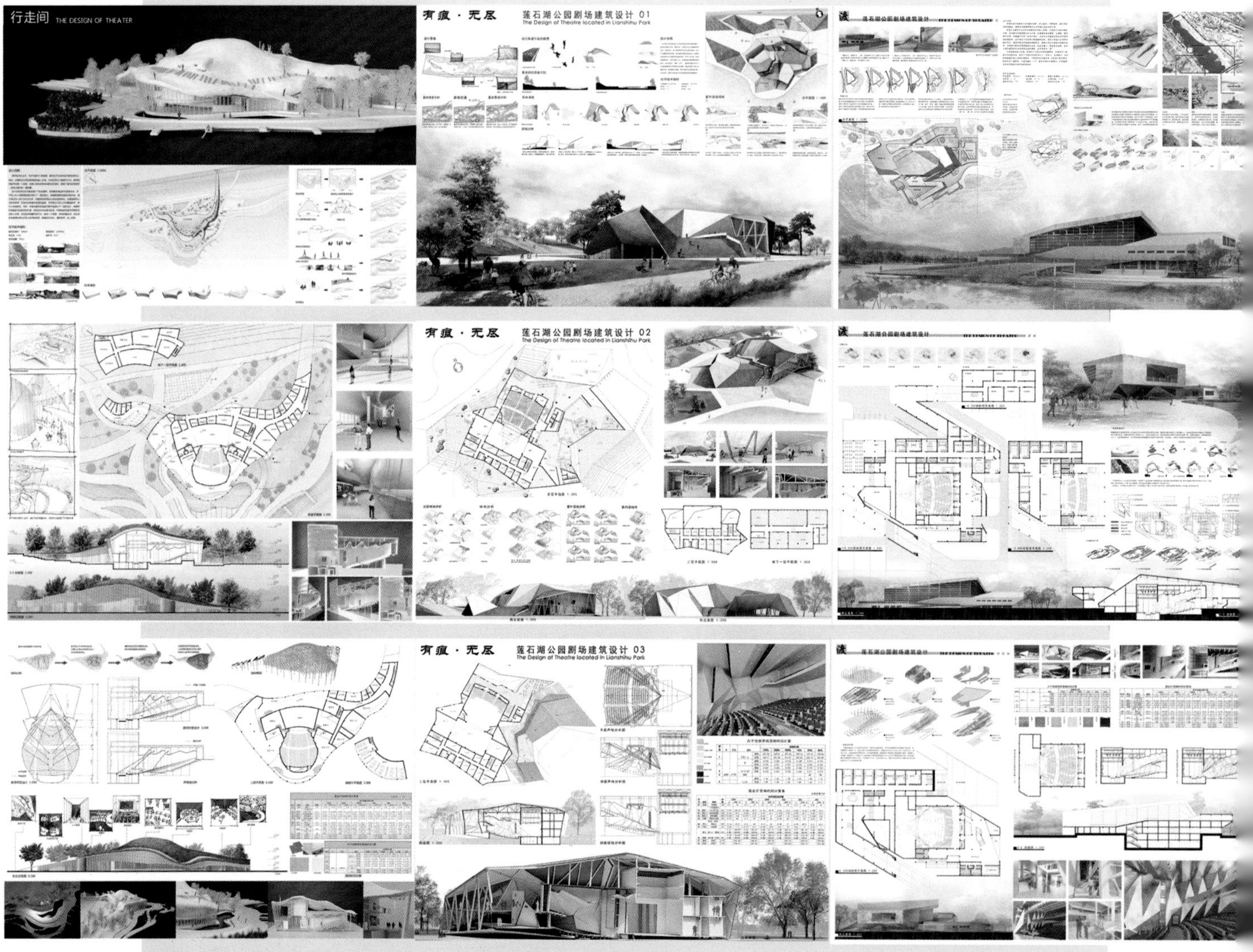

作业评析

作业一（左）

方案通过对场地空间和交通流线的组织将剧院的功能与滨水公园的公共活动较好地结合在一起，体现了设计者对于场地特征的理解。绿化屋面和穿越屋面的景观步道的设计，将建筑整合到滨水地段的整体景观环境中来。方案的内部功能分区明确，流线组织清晰，对空间的处理符合公共建筑的特点。方案对剧院的视线、声学、结构、设备的设计正确且有一定深度，体现了设计者将建筑技术课程的学习成果应用于设计作业中的能力。

作业二（中）

方案从对场地活动类型的分析入手，以自行车极限运动与观演活动的结合为主题，通过场地内自行车活动场地与建筑的结合，将现状公园的公共活动与剧场建筑的功能整合在一起。不规则折面的形态母题，使建筑体量与场地空间融为一体。方案的功能流线设计合理，在较为复杂的形体中容纳了明确的功能组织。连续的公共空间使建筑的室内空间具有了清晰的性格。在观众厅和舞台部分的设计上，能够将视线、声学等观演建筑必需的技术性内容和建筑的形态有机地结合起来。

作业三（右）

方案通过对观演建筑主体空间与附属空间的明确区分在公园中创造出独特的视觉景观，同时附属体量逐层叠落的效果也在滨水地带形成了丰富的公共空间。在内部空间的处理上，明确的功能分区和对于公共活动空间的强调符合当代观演类建筑的功能特色，对室内与室外活动关系的强调也突出了场地的特征。同时，对观演部分视线、声学、结构和设备恰当而深入的设计也是方案的特点之一。

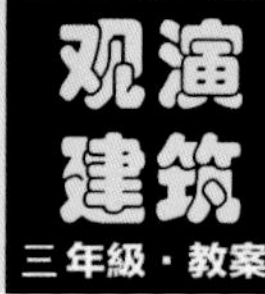
观演建筑
三年级·教案

优秀学生作品

建筑Studio：行为专题
建筑Studio：文化专题
建筑Studio：技术专题

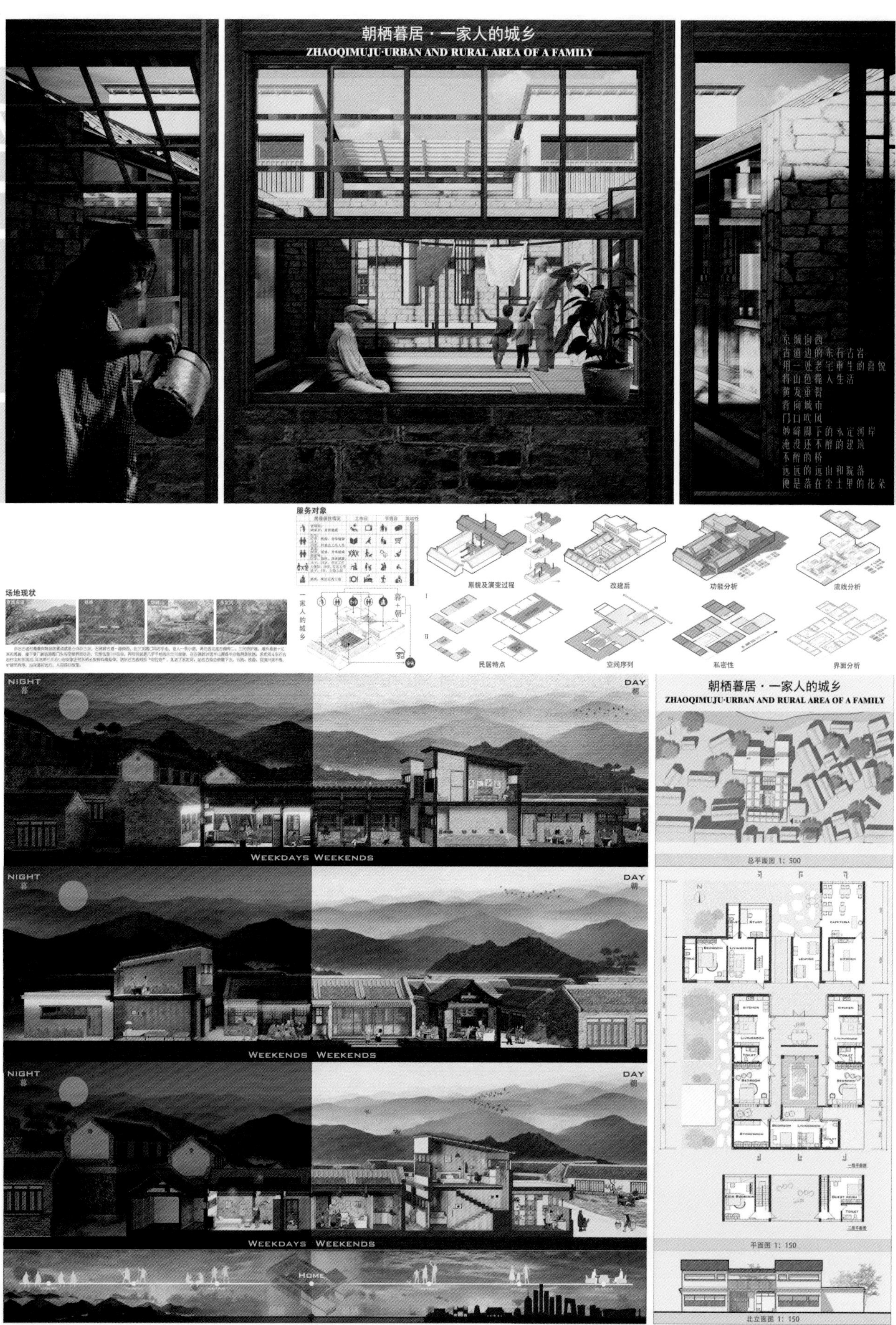
朝栖暮居 · 一家人的城乡
ZHAOQIMUJU·URBAN AND RURAL AREA OF A FAMILY
京城向西
古道边的东石古岩
用一处老宅重生的喜悦
将山色揽入生活
黄发垂髫
背向城市
门口吹风
妙峰脚下的永定河岸
淹没还不醉的建筑
不醉的桥
远远的远山和院落
便是落在尘土里的花朵
服务对象
场地现状
原貌及演变过程
改建后
功能分析
流线分析
民居特点
空间序列
私密性
界面分析
NIGHT
暮
DAY
朝
WEEKDAYS WEEKENDS
WEEKENDS WEEKENDS
WEEKDAYS WEEKENDS
HOME
总平面图 1:500
平面图 1:150
北立面图 1:150

学生姓名： 何星辰　贾晋悦　　**指导教师：** 张宏然　贾文燕

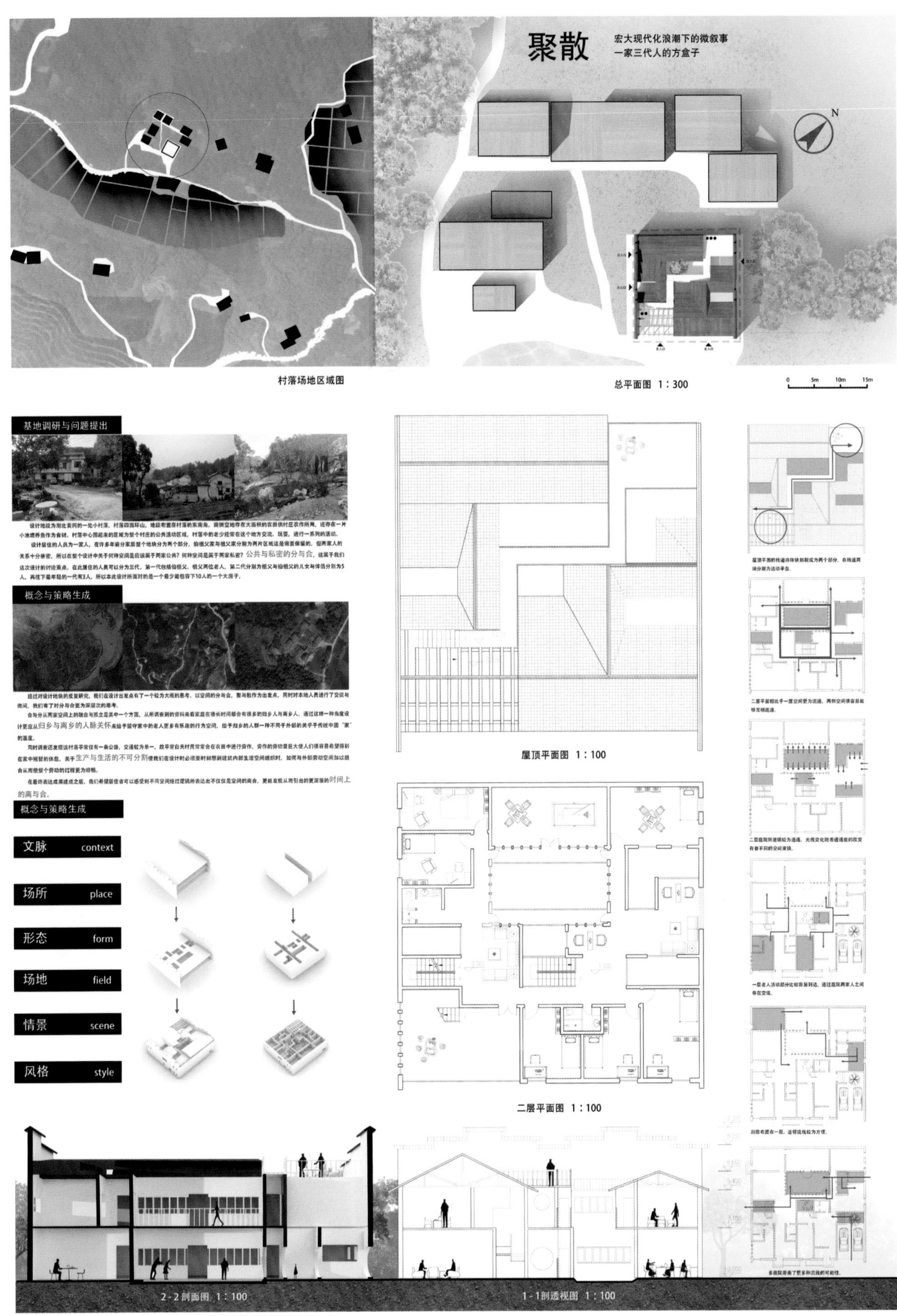
聚散
宏大现代化浪潮下的微叙事
一家三代人的方盒子
N
村落场地区域图
总平面图 1：300
0 5m 10m 15m
基地调研与问题提出
设计地段为湖北黄冈的一处小村落，村落四面环山，地段布置在村落的东南角，南侧空地存在大面积的农田供村庄农作所用，还存在一片小池塘养鱼作为食材。村落中心围起来的区域为整个村庄的公共活动区域，村落中的老少经常在这个地方交流、玩耍，进行一系列的活动。
设计居住的人员为一家人，在许多年前分家后整个地块分为两个部分，伯祖父家与祖父家分别为两片区域这是需要保留的。但两家人的关系十分亲密，所以在整个设计中关于何种空间是应该属于两家公共？何种空间是属于两家私密？公共与私密的分与合，这属于我们这次设计的讨论重点。在此居住的人员可以分为三代，第一代包括伯祖父、祖父两位老人，第二代分别为祖父与伯祖父的儿女与伴侣分别为5人，再往下最年轻的一代有3人，所以本此设计所面对的是一个最少能包容下10人的一个大房子。
概念与策略生成
经过对设计地块的反复研究，我们在设计出发点有了一个较为大概的思考。以空间的分与合，聚与散作为出发点，同时对本地人员进行了交谈与询问，我们有了对分与合更为深层次的思考。
合与分从两家空间上的融合与孤立是其中一个方面，从所调查到的资料来看家庭在很长时间都会有很多的归乡人与离乡人。通过这样一种角度设计更应从归乡与离乡的人脉关怀来给予留守家中的老人更多有乐趣的行为空间，给予归乡的人群一种不同于外部的关乎于传统中国“家”的温度。
同时调查还发现该村落平常仅有一条公路，交通较为单一，故平常白天村民常常会在农田中进行劳作，劳作的劳动量巨大使人们很容易希望得到在家中短暂的休息。关于生产与生活的不可分割使我们在设计时必须要时刻想到建筑内部生活空间组织时，如何与外部劳动空间加以组合从而使整个劳动的过程更为顺畅。
在最终表达成果建成之后，我们希望居住者可以感受到不同空间经过逻辑所表达出不仅仅是空间的离合，更能发现从而引出的更深层的时间上的离与合。
概念与策略生成
文脉 context
场所 place
形态 form
场地 field
情景 scene
风格 style
屋顶平面图 1：100
二层平面图 1：100
2-2剖面图 1：100
1-1剖透视图 1：100

学生姓名：韩世翔　占　伟

指导教师：张宏然　贾文燕

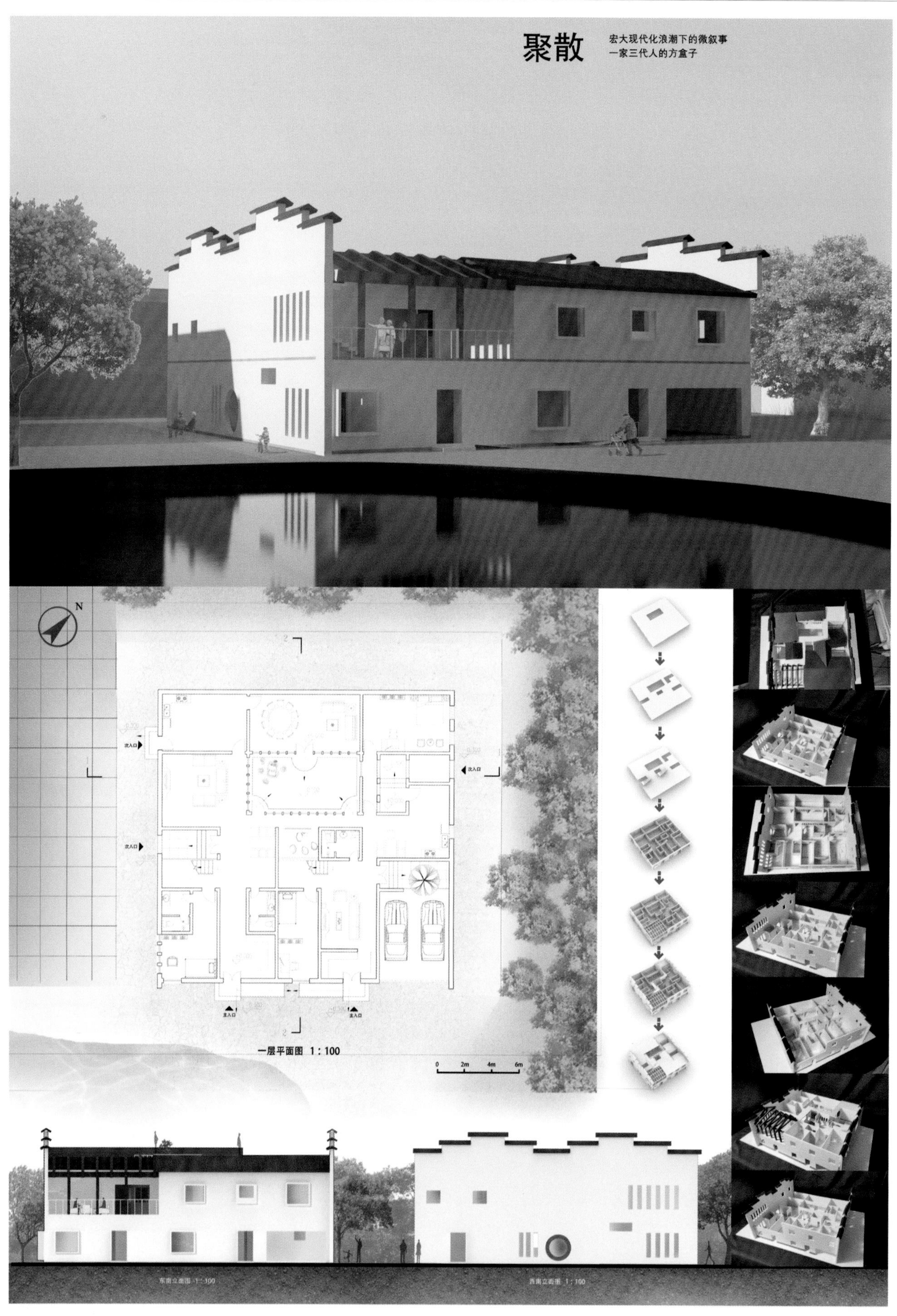
聚散
宏大现代化浪潮下的微叙事
一家三代人的方盒子
一层平面图 1：100
0 2m 4m 6m

学生姓名：韩世翔　占　伟

指导教师：张宏然　贾文燕

聚散

宏大现代化浪潮下的微叙事
一家三代人的方盒子

积雨空林烟火迟，蒸藜炊黍饷东菑。漠漠水田飞白鹭，阴阴夏木啭黄鹂。山中习静观朝槿，松下清斋折露葵。野老与人争席罢，海鸥何事更相疑。

——王维《积雨辋川庄作》

宋代诗人沈晦在《初至松阳》一诗中曾这样描写中国乡村："惟此桃花源，四塞无他虞"。千年以后，云雾依旧缭绕的"桃花源"里藏着100多座格局完整的古村落，被国家地理杂志誉为"最后的江南秘境"。

而现如今山间一栋栋承载着地道山民生活的百年老宅，随着村民生活方式与价值观的改变，在建设与发展中被破坏，遗弃。项目选址于此，在为乡村居民提供暂栖之地以外，也肩负着复兴乡村的重任，寄托了我们对人类与自然以及人工环境之间关系的期望与思索。

中国几千年来的传统根基在农业文明。真正属于我们自己的建筑文化传统在于"内有建筑师的建筑"为主体的乡村聚落，有机整体的城乡关系，以及持续数千年的延续发展模式，一种处于"文化自觉"的地域性。在最近的一轮城市大发展之后，在整体结构性方面中国的城市已经再难看到确凿的物质环境载体，去传承历史和传统的文脉。所幸这个过程还未完全发生于广大的农村。中国真正的地域性在乡村，城乡关系的思考促发了我们的实践。

而设计的生成，是寻找建筑与场地关系的过程，也是发现契机、创造活力的过程。

许多人理想中的乡土工艺和建造方式如今已经很难实现，当下乡村的快速发展激发出了大量"非正规"的建造浪潮，原有的传统营建体系已经不存，城市标准化的建筑流程也没有推广，各种具有普适性的方法在乡村中广泛生长，随机混搭的方式充满了民间创造性和丰富性。我们也就不执著于对于传统的完全恢复，实质上传统精神不在其质，而在其神；传统的营造工艺并不是我们追求的，将现代性融入古老的地域精神是地域性的最好诠释。

方盒子不过是这个乡村物理空间变化的一个片段。我们不指望一所小房子能改变什么，但希望在某个局部带来一种乡村风貌的新平衡。我们期待人们重新审视历史痕迹的意义，也期待人们能发现过往与时间的美，我们更期待人们能重新关注这片土地，让它们能够重新被艺术描绘和歌颂。

屋顶栈道的作用是为了让人有近距离接触传统灰瓦坡屋顶的机会，同时在此过程中得以对平面上的形状大小不一的庭院进行思考。

在屋顶栈道的两端分别为两个不同的活动平台，让人们在其中休憩与进行各种活动，在栈道的不同段，依照坡屋顶的坡度出现了竖直方向的变化。

屋顶轴测图

二层靠南侧阳光充足的区域布置了两家人共同使用的阳台，在阳台之上为了保持方正形式感，加了木框架同时承担了增加光影关系细节的用处。

二层因为由庭院开窗形式多样而产生了不同通透度的特点，我们将通透度的高与低作为一种逻辑，试图给人一种从黑暗向光明的引导，同时在光与暗不同的区域放置了不同的功能。

中庭的二层分别从两侧布置了走廊供交通与观景两用，同时屋顶的栈道也能观赏到中庭的景象，中庭的中心感由此产生。

在布置墙体的过程中，我们特意将局部墙体高度降低来尝试营造一种不同寻常的空间感受，如在起居室的部分做了不同标高的墙体，让人融入其中。

二层轴测图

二层圆窗与方窗的对比传达几何形体的一种对比，中庭可以看作整个建筑的一个巨大采光器，在其中窗所带来了不同有关于光的视觉感受。

走廊两边分别为两家共同使用的庭院与鱼池，整个走廊的开窗全部为长条形开窗，经常处于明亮开敞的环境之中。

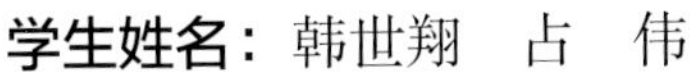

在圆洞中行走与在平常的走廊里穿行有很大的不同，不仅仅是空间上的变化，在时间感受上来说圆洞与圆洞之间游览过程的停顿使时间有一定程度上的延长，以带来更多乐趣。

四个相通的圆洞给人不同空间视觉上的乐趣感，圆洞间人群中游走，时隐时现。

一层轴测图

学生姓名：韩世翔　占　伟

指导教师：张宏然　贾文燕

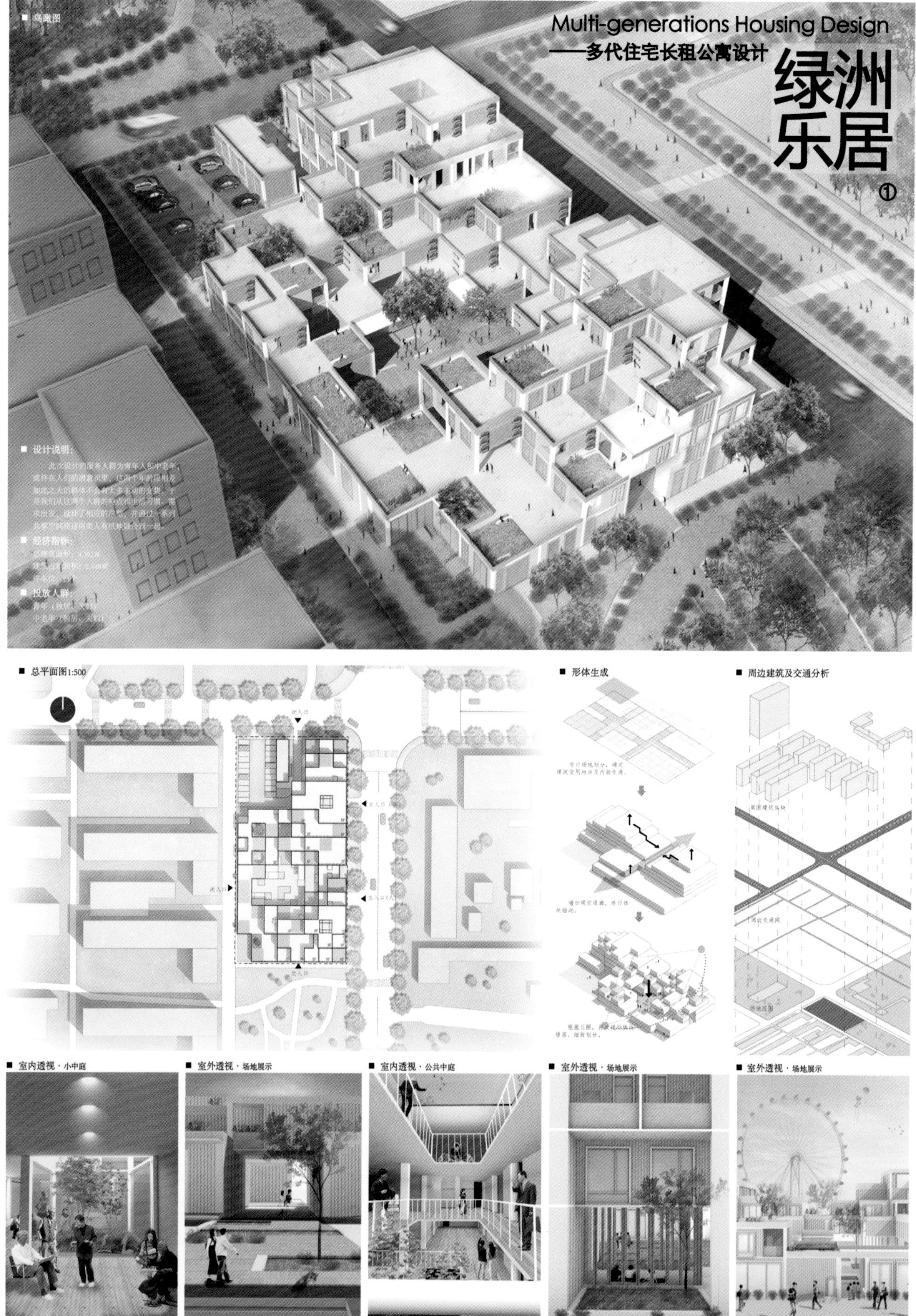
鸟瞰图
Multi-generations Housing Design
——多代住宅长租公寓设计
绿洲乐居
①
设计说明：
经济指标：
投放人群：
总平面图1:500
形体生成
周边建筑及交通分析
室内透视 · 小中庭
室外透视 · 场地展示
室内透视 · 公共中庭
室外透视 · 场地展示
室外透视 · 场地展示

学生姓名：牛一凡　冯　萱　林紫薇　　**指导教师：**温　芳　贾文燕

一层平面图 1：200
户型展示
透视图
Multi-generations Housing Design
——多代住宅长租公寓设计
绿洲乐居
②

学生姓名：牛一凡　冯　萱　林紫薇

指导教师：温　芳　贾文燕

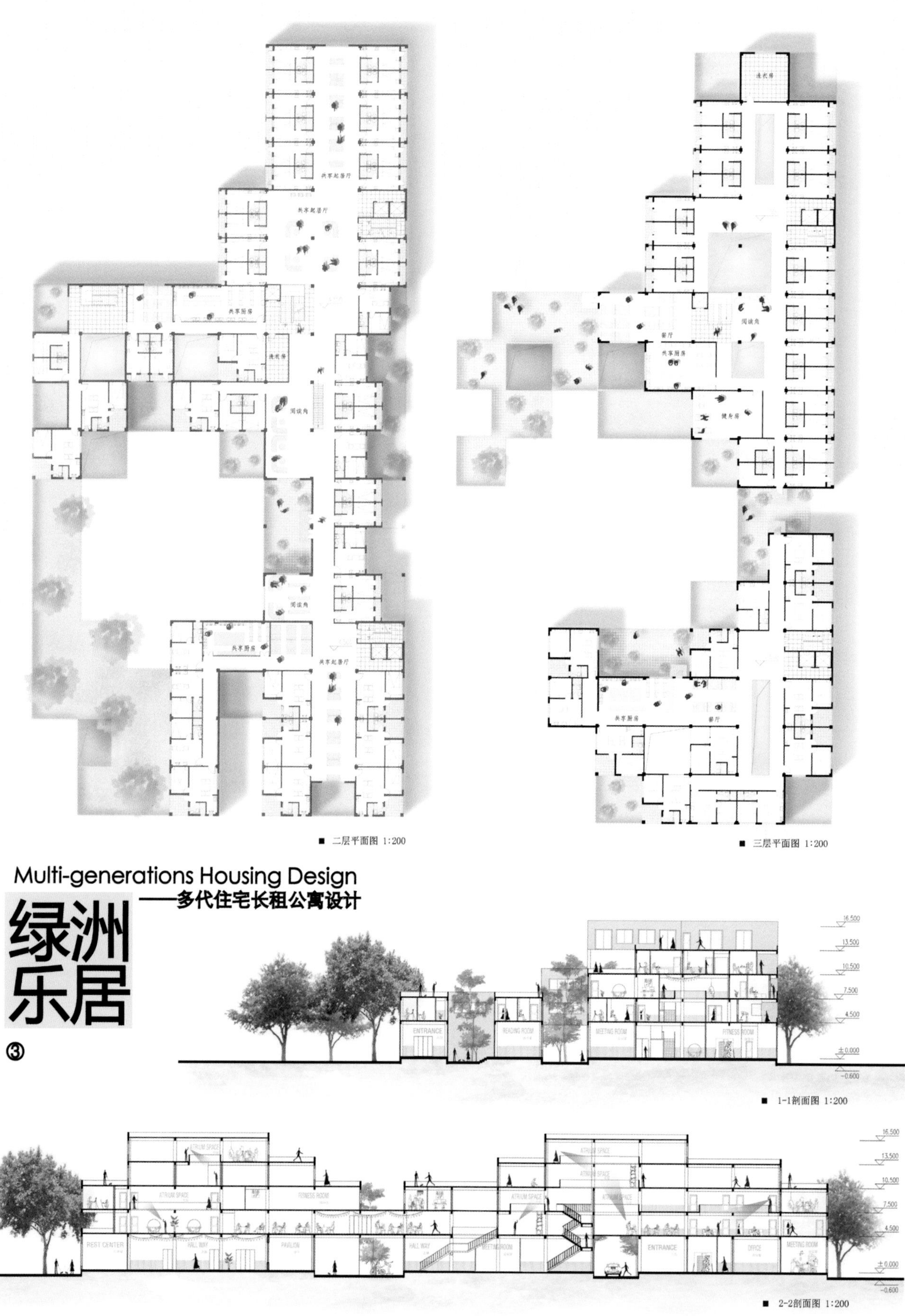

二层平面图 1:200
三层平面图 1:200
Multi-generations Housing Design
——多代住宅长租公寓设计
绿洲乐居
③
1-1剖面图 1:200
2-2剖面图 1:200

学生姓名：牛一凡　冯　萱　林紫薇　　　指导教师：温　芳　贾文燕

■ 公共空间视线分析
位于南北向的多层综合中庭为人们提供了竖向的视觉贯通。
建筑本身错动的体块以及预留的阳台，为室内外交流提供了多种可能。
位于建筑整体西侧的露天中庭，营造了阳光充足的阅读空间，玻璃幕墙的材质让人在室内可以沐浴阳光，感受自然。
位于东侧中部的中庭提供了楼层上下交流的机会。
■ 爆炸图
人群不仅在室内活动，还可以从室内到达室外露天平台，内外贯通。
位于多层的中庭，是空间上下贯通。
■ 四、五层平面图 1：200
④
绿洲乐居——多代住宅长租公寓设计
Multi-generations Housing Design
■ 南立面图 1：200
■ 东立面图 1：200

学生姓名： 牛一凡　冯　萱　林紫薇　　　**指导教师：** 温　芳　贾文燕

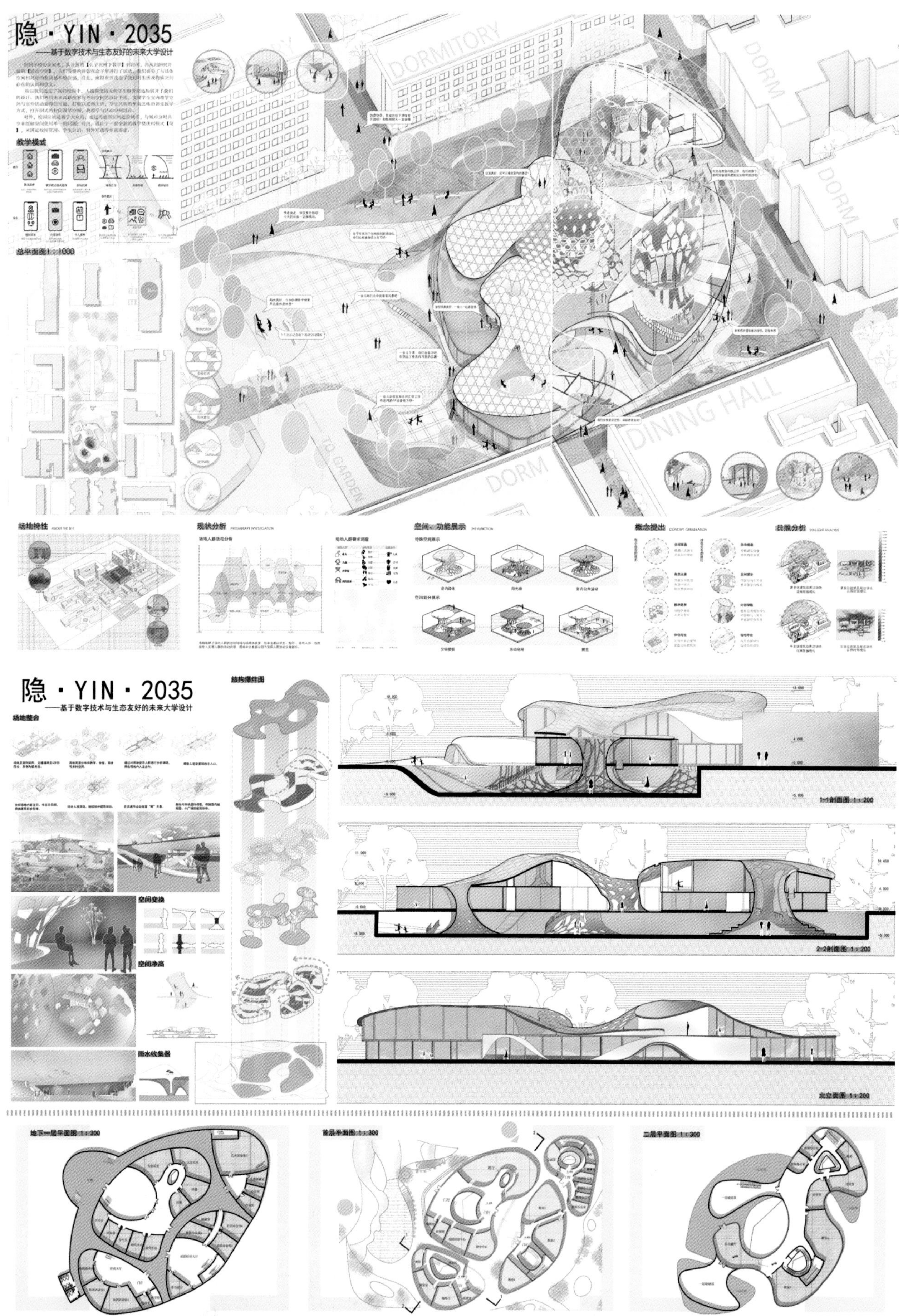
隐·YIN·2035
——基于数字技术与生态友好的未来大学设计
教学模式
总平面图 1：1000
DORMITORY
DORM
DINING HALL
TO GARDEN
场地特性
现状分析
空间、功能展示
概念提出
日照分析
场地整合
结构爆炸图
空间变换
空间净高
雨水收集器
1-1剖面图 1：200
2-2剖面图 1：200
北立面图 1：200
地下一层平面图 1：300
首层平面图 1：300
二层平面图 1：300

学生姓名：牛一凡　延陵思琪

指导教师：张宏然　贾文燕

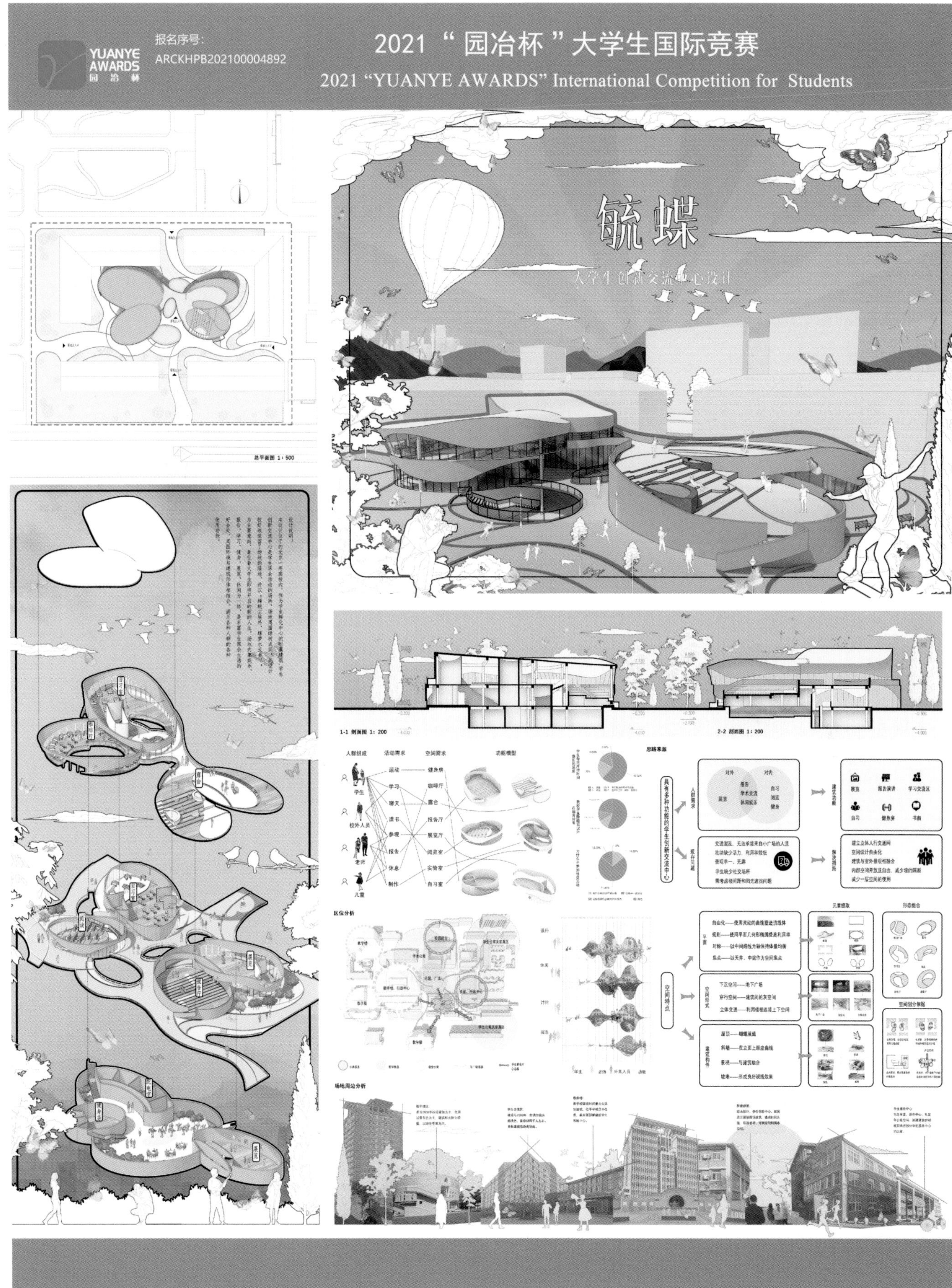

报名序号:
ARCKHPB202100004892
2021 " 园冶杯 " 大学生国际竞赛
2021 "YUANYE AWARDS" International Competition for Students
YUANYE AWARDS 园冶杯
毓蝶
大学生创新交流中心设计
总平面图 1：500
1-1 剖面图 1：200
2-2 剖面图 1：200
区位分析
场地周边分析

学生姓名：段文漪　龙渝平　　　　指导教师：钱　毅　张宏然

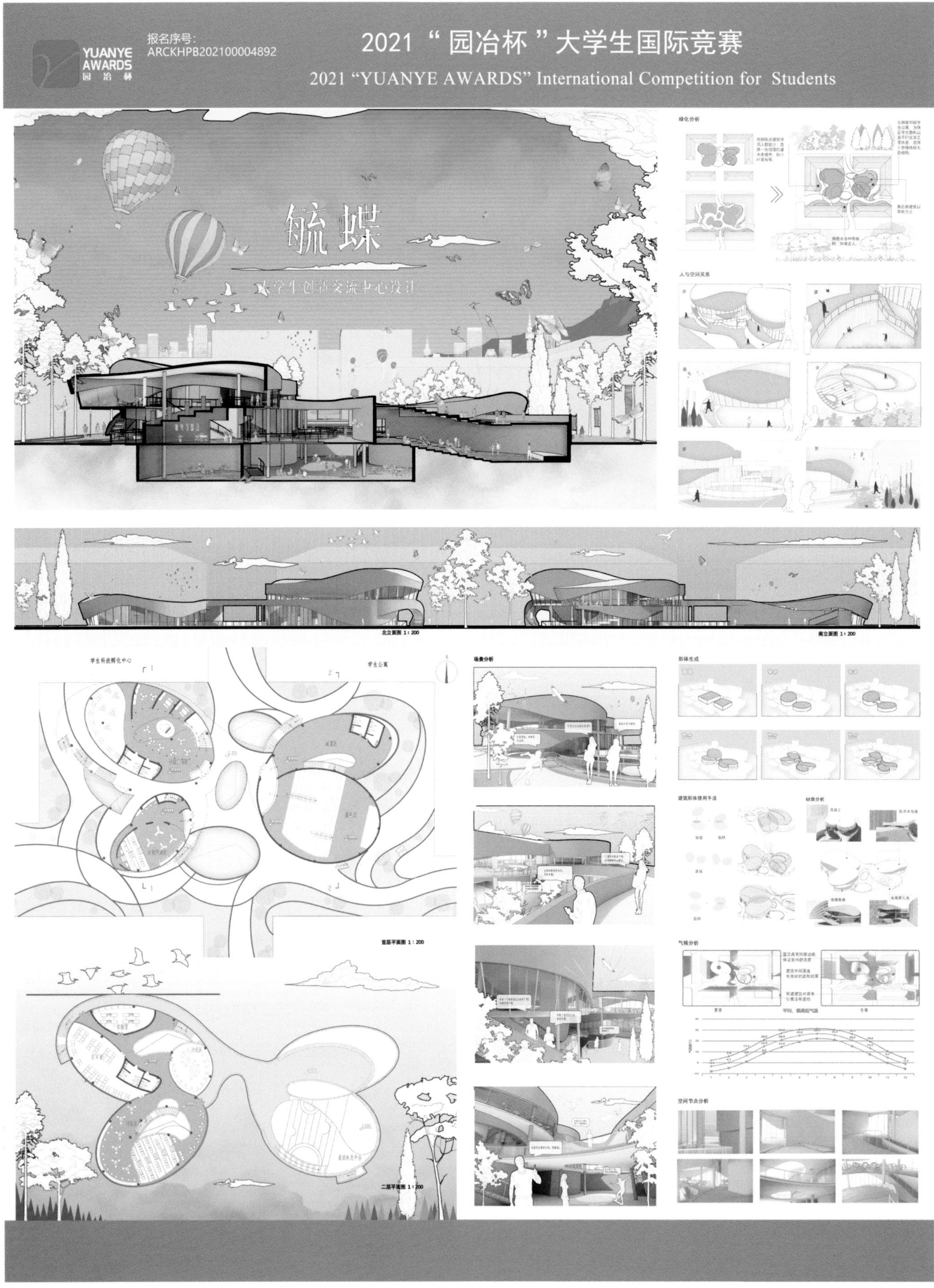

报名序号：
ARCKHPB202100004892
YUANYE AWARDS
园冶杯
2021 "园冶杯"大学生国际竞赛
2021 "YUANYE AWARDS" International Competition for Students
毓蝶
大学生创新交流中心设计
北立面图 1：200
南立面图 1：200
首层平面图 1：200
二层平面图 1：200

学生姓名：段文漪　龙渝平　　　　指导教师：钱　毅　张宏然

水流云在 山水清音

——香山当代美术馆设计

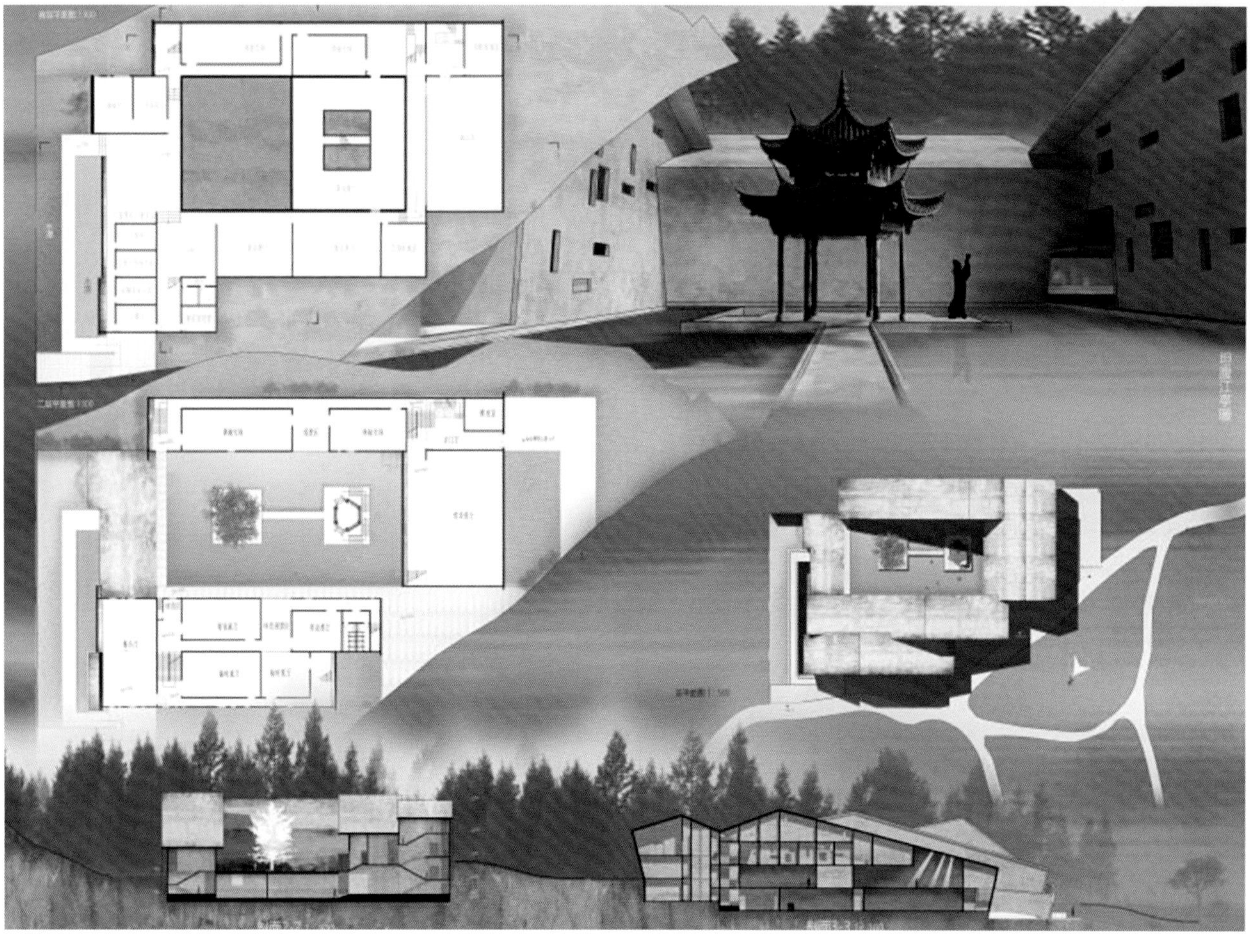

正立面 1：300

剖面 1：300

学生姓名：曾　程

指导教师：王又佳　王新征

学生姓名：曾　程　　　　**指导教师：**王又佳　王新征

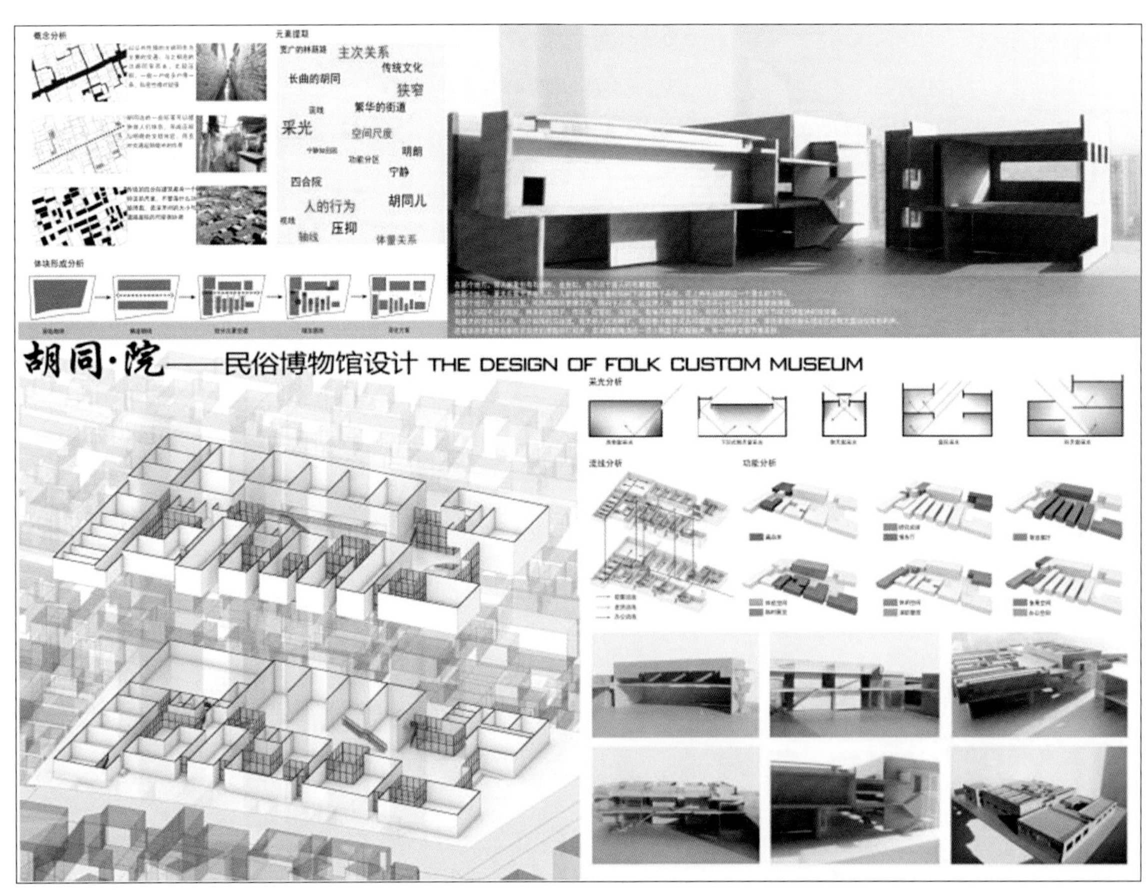
概念分析
元素提取
主次关系
传统文化
长曲的胡同
狭窄
繁华的街道
采光
空间尺度
明朗
四合院
宁静
人的行为
胡同儿
压抑
体量关系
体块形成分析
胡同·院——民俗博物馆设计 THE DESIGN OF FOLK CUSTOM MUSEUM
采光分析
流线分析
功能分析

学生姓名：李　民　　　　**指导教师：**王又佳　王新征

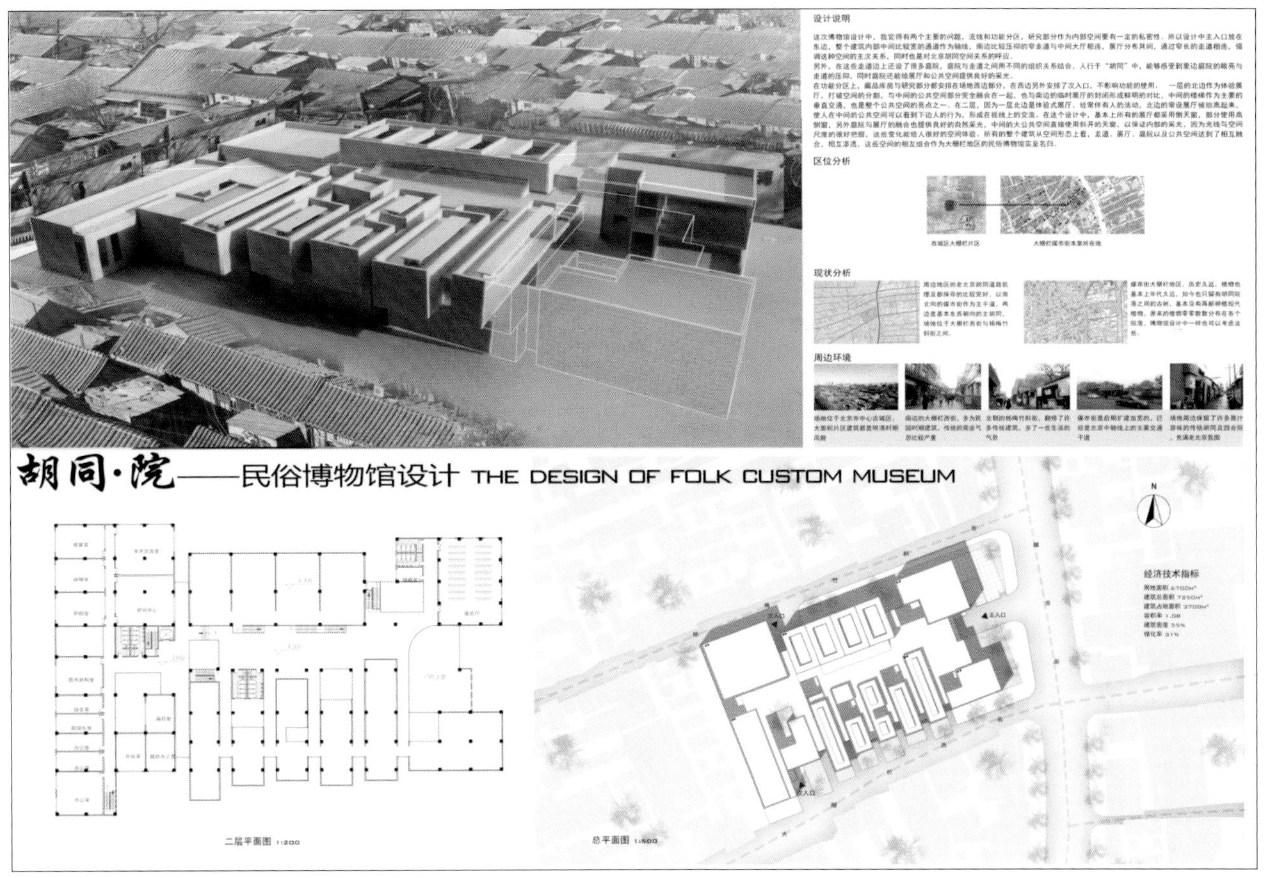
设计说明
这次博物馆设计中，我觉得有两个主要的问题，流线和功能分区，研究部分作为内部空间要有一定的私密性，所以设计中主入口放在东边，整个建筑内部中间比较宽的通道作为轴线，南边比较压抑的窄走道与中间大厅相连，展厅分布其间，通过窄长的走道相连，强调这种空间的主次关系，同时也是对北京胡同空间关系的呼应。
另外，在这些走道边上还设了很多庭院，庭院与走道之间用不同的组织关系结合，人行于"胡同"中，能够感受到里边庭院的敞亮与走道的压抑，同时庭院还能给展厅和公共空间提供良好的采光。
在功能分区上，藏品库房与研究部分都安排在场地西边部分，在西边另外安排了次入口，不影响功能的使用。一层的北边作为体验展厅，打破空间的分割，与中间的公共空间部分完全融合在一起，也与南边的临时展厅的封闭形成鲜明的对比，中间的楼梯作为主要的垂直交通，也是整个公共空间的亮点之一。在二层，因为一层北边是体验式展厅，经常伴有人的活动，北边的常设展厅被抬高起来，使人在中间的公共空间可以看到下边人的行为，形成在视线上的交流。在这个设计中，基本上所有的展厅都采用侧天窗，部分使用高侧窗，另外庭院与展厅的融合也提供良好的自然采光，中间的大公共空间直接使用斜开的天窗，以保证内部的采光，因为光线与空间尺度的很好把握，这些变化能给人很好的空间体验。所有的整个建筑从空间形态上看，走道、展厅、庭院以及公共空间达到了相互融合，相互渗透，这些空间的相互组合作为大栅栏地区的民俗博物馆实至名归。
区位分析
西城区大栅栏片区
大栅栏煤市街本案所在地
现状分析
周边环境
胡同·院——民俗博物馆设计 THE DESIGN OF FOLK CUSTOM MUSEUM
经济技术指标
二层平面图 1:200
总平面图 1:500

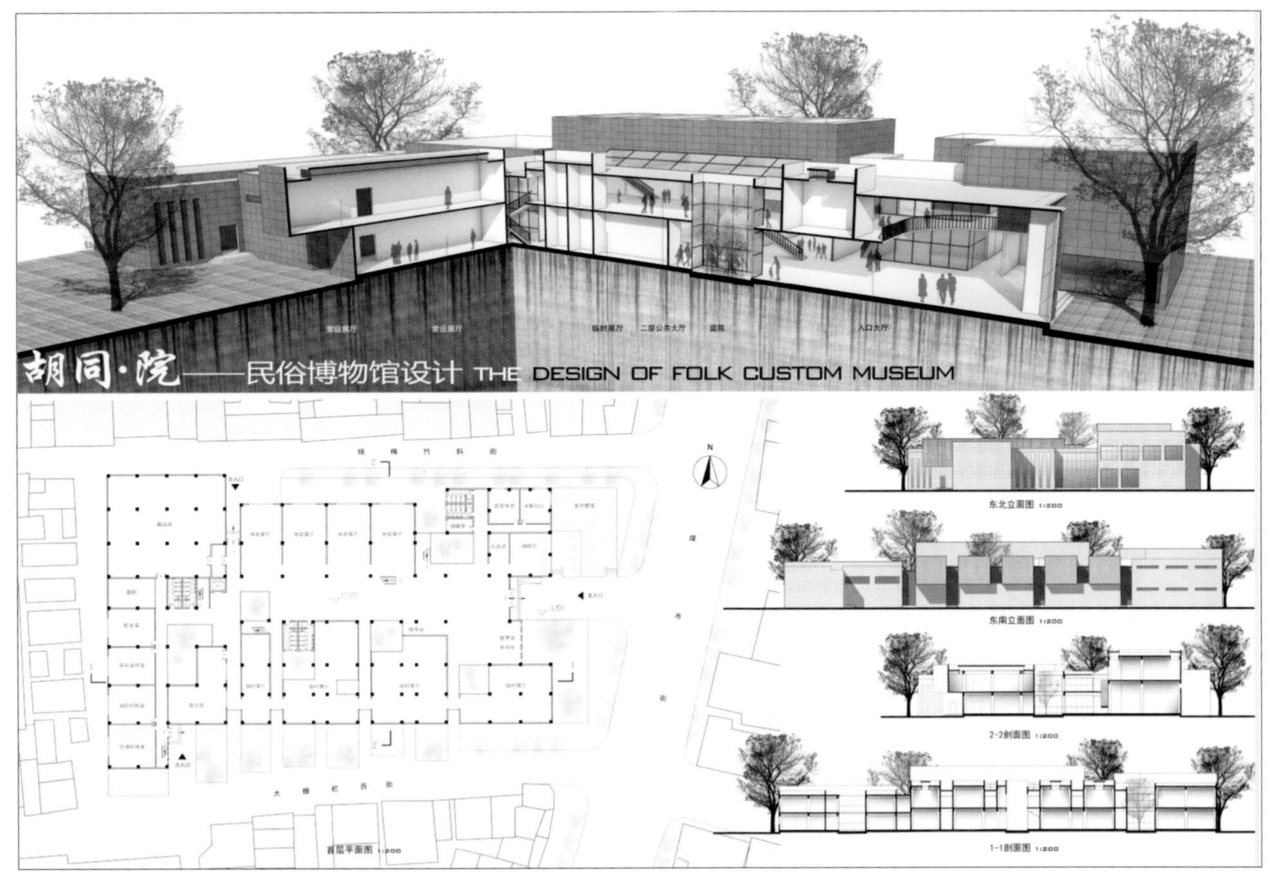
常设展厅
常设展厅
临时展厅
二层公共大厅
庭院
入口大厅
胡同·院——民俗博物馆设计 THE DESIGN OF FOLK CUSTOM MUSEUM
东北立面图 1:200
东南立面图 1:200
2-2剖面图 1:200
1-1剖面图 1:200
首层平面图 1:200

学生姓名：李　民　　　　**指导教师**：王又佳　王新征

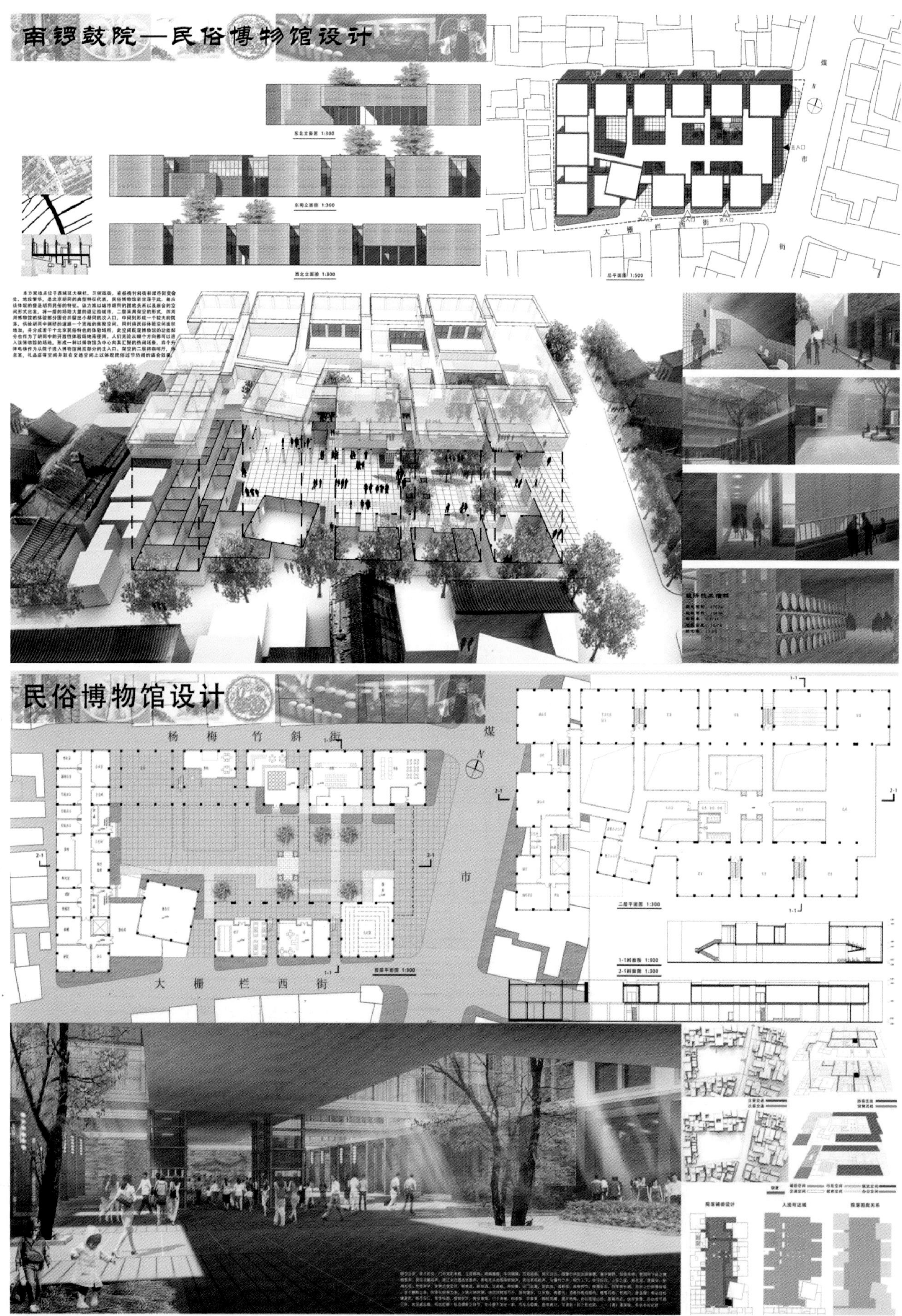
南锣鼓院—民俗博物馆设计
民俗博物馆设计
杨 梅 竹 斜 街
大 栅 栏 西 街
煤
市
街
东北立面图 1:300
东南立面图 1:300
西北立面图 1:300
总平面图 1:500
首层平面图 1:300
二层平面图 1:300
1-1剖面图 1:300
2-1剖面图 1:300
院落铺装设计
人流可达域
院落图底关系

学生姓名：翁　宇

指导教师：王又佳　王新征

中国南方的乡村保留了过去传统生活的记忆，接受着现代科技文明的渗透，等待着未来无限可能的到来。我们选择了较为熟悉的安徽省黄山市黟县碧山村作为思路的起点，在极具特色的徽派建筑中，碧山村未被过度商业开发，保有着淳朴的民风，生活气息和历代传承下来的文化气氛浓郁参与建筑学学习两年后，我们渴望在这儿建造一个能够真正融入村庄，开放自由的建筑学院，将传统的建筑教育回归到人人都可以参与其中的"泛建筑"状态。此次设计意在为村民和学生之间的双向沟通构筑一个平台，将建筑分散到村庄中，在对其进行合理的组织之后，既不破坏乡村肌理，又为他们之间提供更多的可能性。徽派建筑是长期适应地方气候的产物，当地夏季高温多雨，冬季寒冷潮湿，我们充分借鉴其对于气候与环境的反应，将其与现代技术相结合应用到此次的设计中。如果在村庄中建一所大学会是怎样的情景？在碧山，我们一同做了一次美好的畅想。
Architecture Education In a Village
鄉村建院——散落于村莊的教育
隋 开皇十二年 黟县改属歙州，州治设于黟县碧山
明 嘉靖四十二年 知县谢廷杰创办"碧阳书院"于城南，因地处碧山之阳故名
清 光绪三十二年 县创办碧阳高等小学
中华民国 民国二十七年 苏州东吴大学附属中学在碧山书院内开学，暑期迁沪
中华人民共和国 2011年 一个关于知识分子回归乡村的"碧山计划"在碧山展开
入口 Entrance
教学区 Teaching Area
工作室 Studio
木作实验坊 Carpentry Laboratory
图书馆 Library

学生姓名：骆路遥　孙艺畅　苗　菁　游奕琦　　　　**指导教师：王又佳**

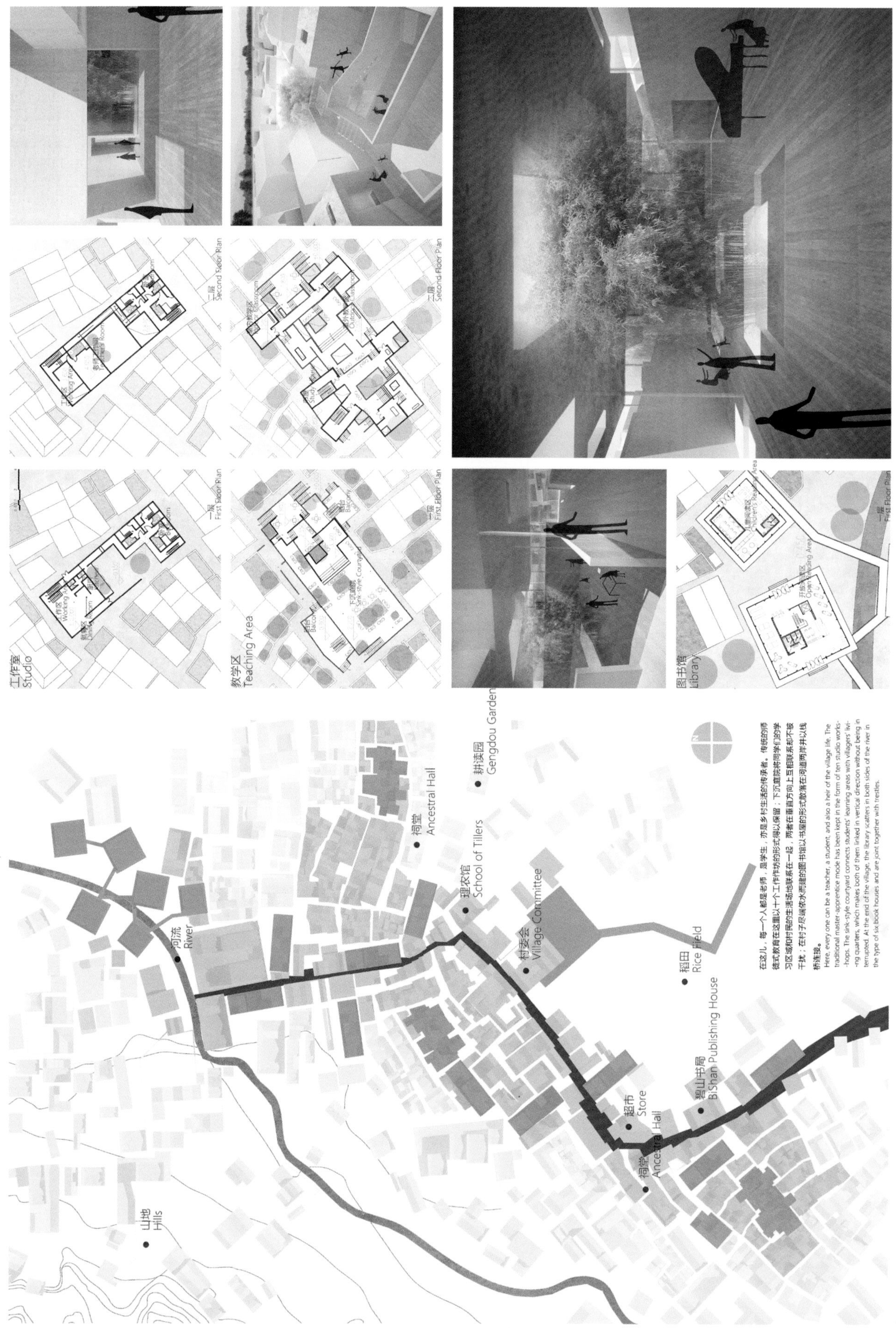
工作室
Studio
一层
First Floor Plan
二层
Second Floor Plan
教学区
Teaching Area
下沉庭院
Sink-style Courtyard
一层
First Floor Plan
二层
Second Floor Plan
图书馆
Library
儿童阅读区
Children's Reading Area
开放阅读区
Open Reading Area
一层
First Floor Plan
山地
Hills
河流
River
祠堂
Ancestral Hall
理农馆
School of Tillers
耕读园
Gengdou Garden
村委会
Village Committee
超市
Store
祠堂
Ancestral Hall
碧山书局
BiShan Publishing House
稻田
Rice Field
在这儿，每一个人都是老师，是学生，亦是乡村生活的传承者。传统的师徒式教育在这里以十个工作作坊的形式得以保留；下沉庭院将同学们的学习区域和村民的生活场地联系在一起，两者在垂直方向上互相联系却不被干扰；在村子尽端依水而建的图书馆以书屋的形式散落在河道两岸并以栈桥连接。
Here, every one can be a teacher, a student, and also a heir of the village life. The traditional master-apprentice mode has been kept in the form of ten studio works--hops. The sink-style courtyard connects students' learning areas with villagers' livi--ng quarters, which makes both of them linked in vertical direction without being in terrupted. At the end of the village, the library scatters in both sides of the river in the type of six book houses and are joint together with trestles.

学生姓名：骆路遥　孙艺畅　苗　菁　游奕琦

指导教师：王又佳

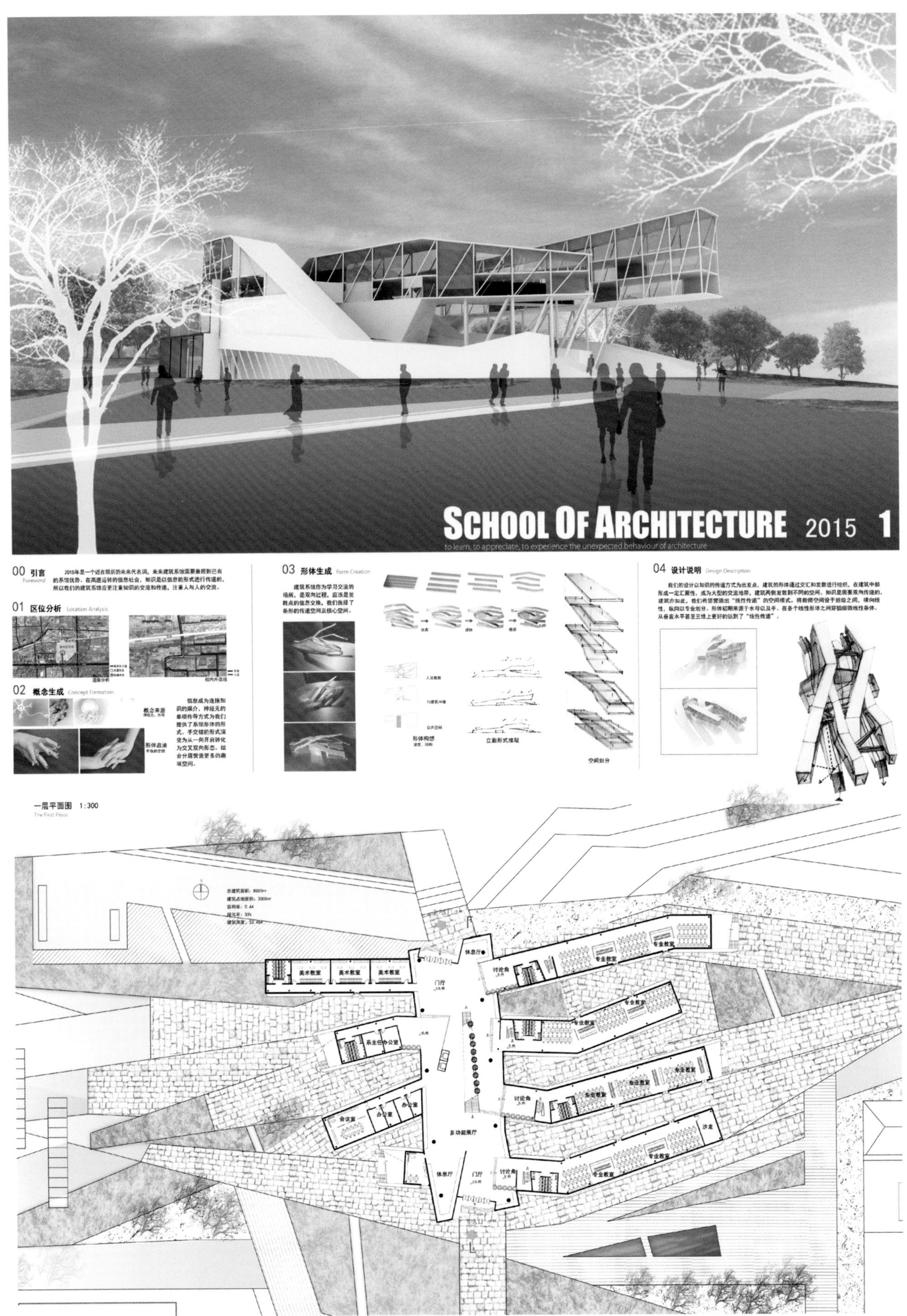
SCHOOL OF ARCHITECTURE 2015 1
to learn, to appreciate, to experience the unexpected behaviour of architecture
00 引言 Foreword
01 区位分析 Location Analysis
02 概念生成 Concept Formation
03 形体生成 Form Creation
04 设计说明 Design Description
一层平面图 1:300
The First Floor

学生姓名：梁曼青　张　萌

指导教师：王又佳　王滑歌

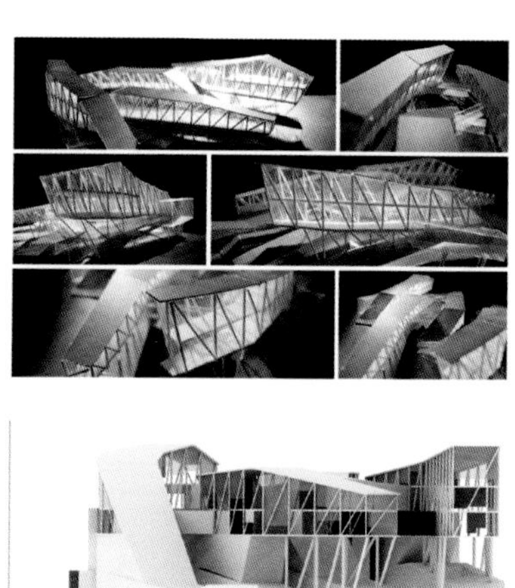

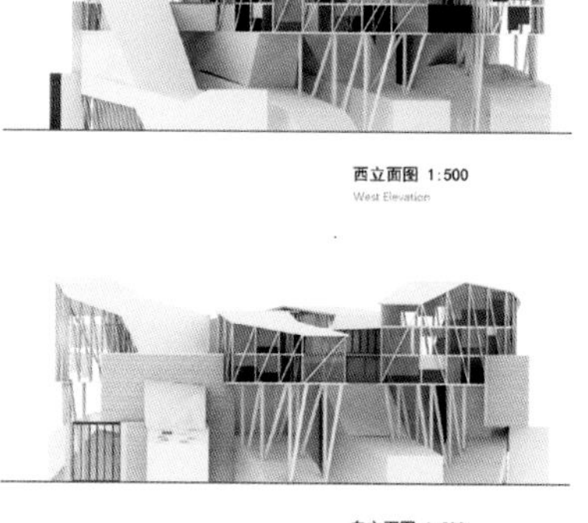

西立面图 1:500
West Elevation

东立面图 1:500
East Elevation

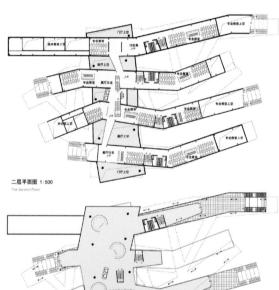

二层平面图 1:500
The Second Floor

三层平面图 1:500
The Third Floor

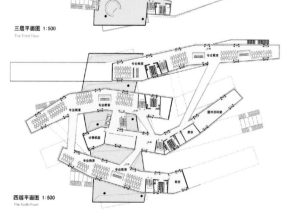

四层平面图 1:500
The Forth Floor

SCHOOL OF ARCHITECTURE 2015 2

to learn, to appreciate, to experience the unexpected behaviour of architecture

功能分区分析图
Function Analyse

南立面图 1:500
South Elevation

北立面图 1:500
North Elevation

学生姓名：梁曼青　张　萌

指导教师：王又佳　王滑歌

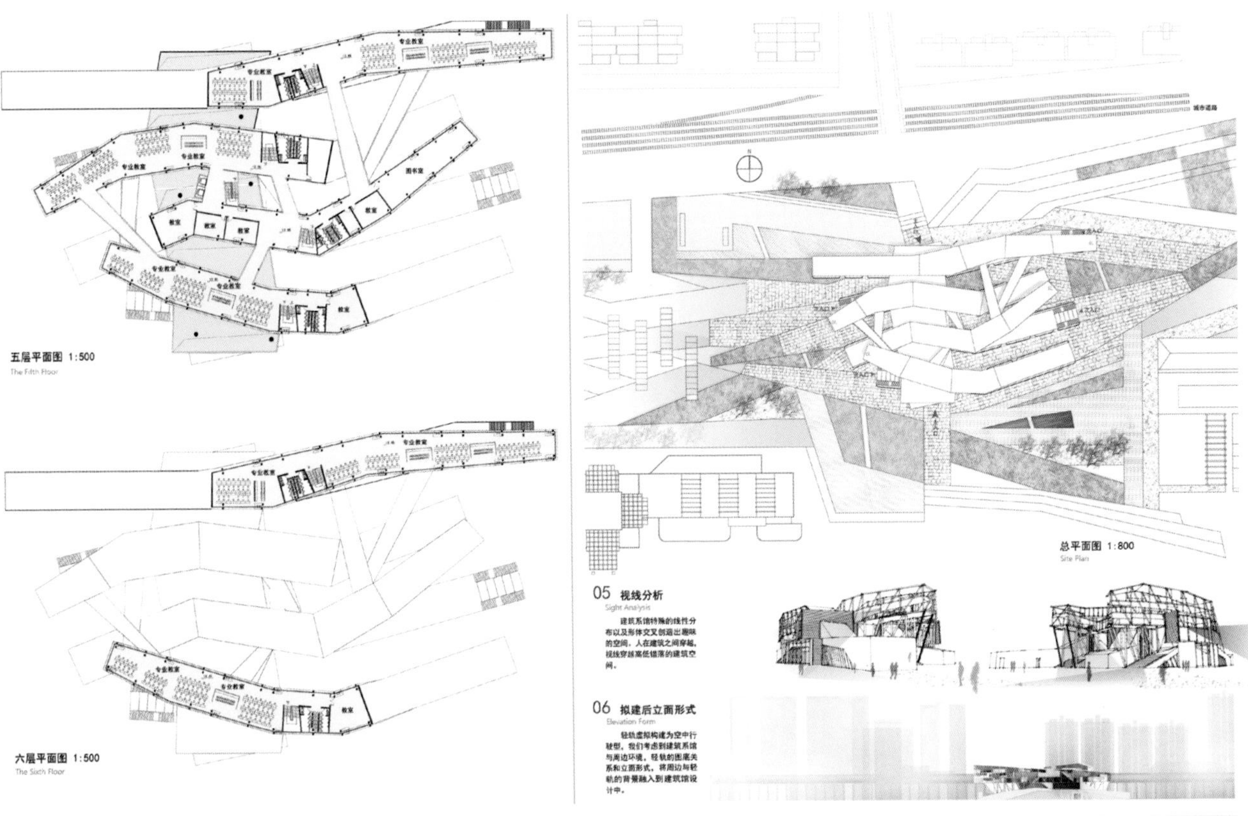
专业教室
图书室
教室
城市道路

五层平面图 1:500
The Fifth Floor

六层平面图 1:500
The Sixth Floor

总平面图 1:800
Site Plan

05 视线分析
Sight Analysis

建筑系馆特殊的线性分布以及形体交叉创造出趣味的空间，人在建筑之间穿梭，视线穿越高低错落的建筑空间。

06 拟建后立面形式
Elevation Form

轻轨虚拟构建为空中行驶型，我们考虑到建筑系馆与周边环境，轻轨的图底关系和立面形式，将周边与轻轨的背景融入到建筑馆设计中。

SCHOOL OF ARCHITECTURE 2015 3

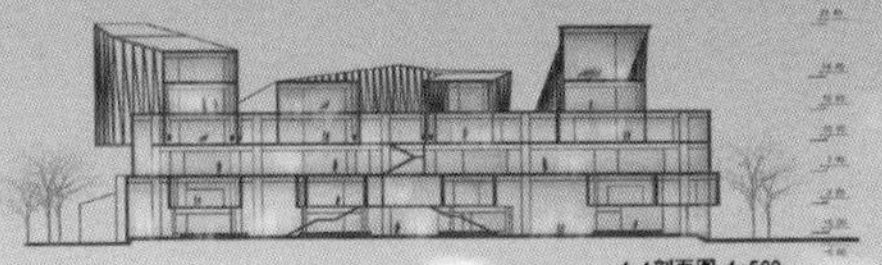

1-1剖面图 1:500
Section

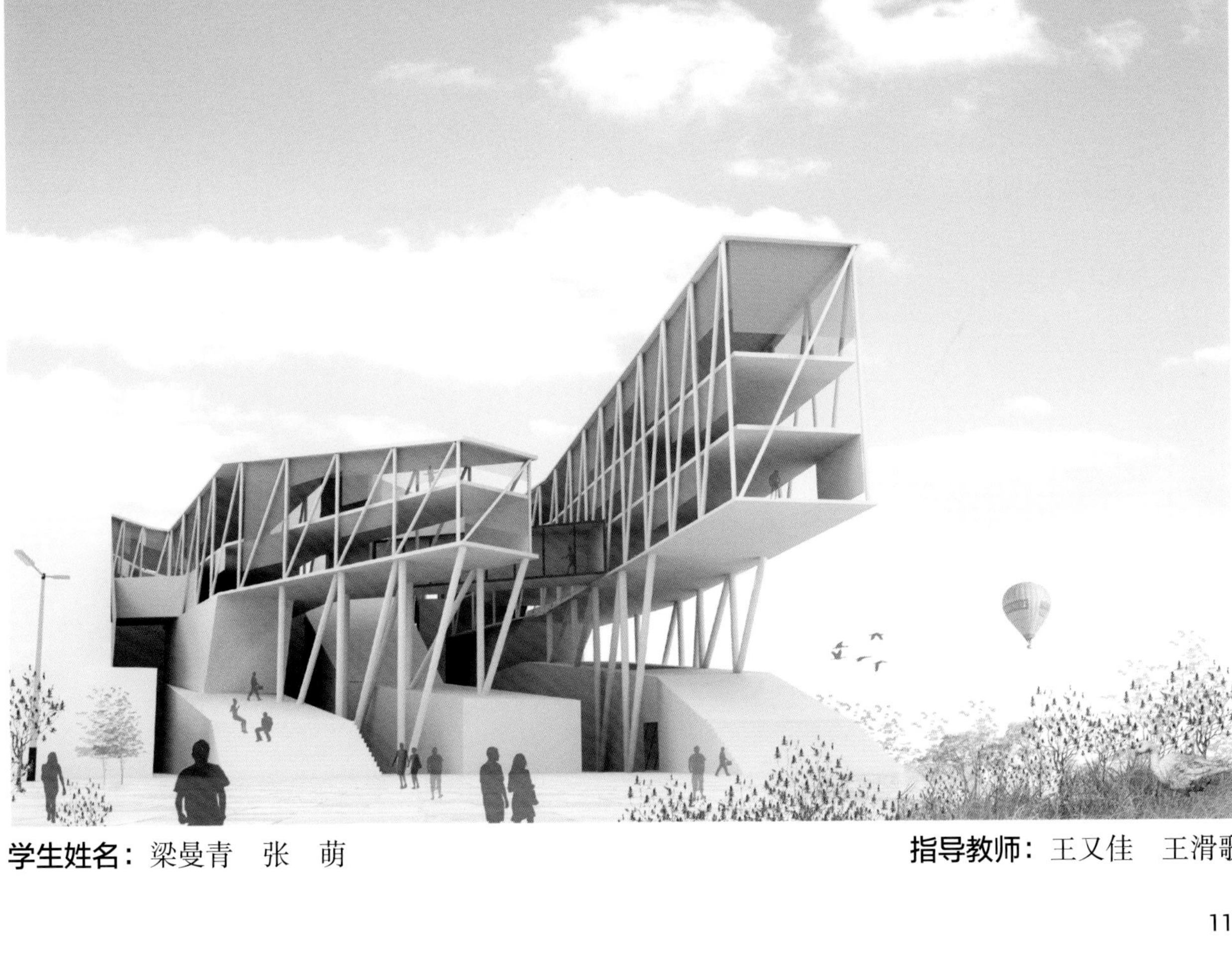

学生姓名： 梁曼青　张　萌

指导教师： 王又佳　王滑歌

大地之歌 I 剧场设计
THE SONG OF GAEA
大地之歌 II 剧场设计
THE SONG OF GAEA
湖景效果图
2-2剖面图 1:300
总平面图 1:1000
1-1剖面图 1:200
北立面图 1:200
地下一层平面图 1:300
东立面图 1:300
一层平面图 1:300

学生姓名：沈　佳　李清清

指导教师：马　欣　王又佳

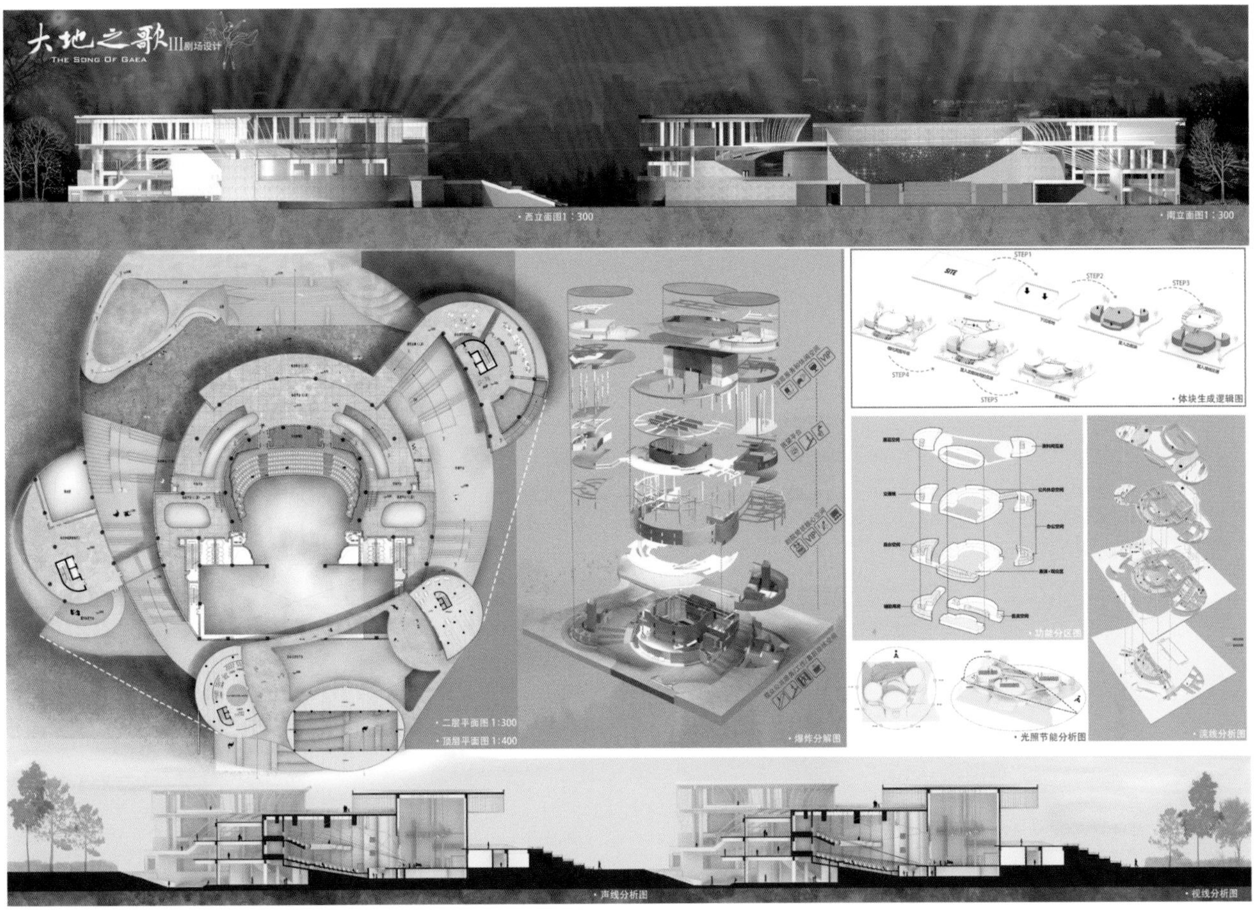

大地之歌III剧场设计

THE SONG OF GAEA

西立面图1：300

南立面图1：300

二层平面图 1:300

顶层平面图 1:400

爆炸分解图

体块生成逻辑图

功能分区图

光照节能分析图

流线分析图

声线分析图

视线分析图

学生姓名：沈 佳 李清清

指导教师：马 欣 王又佳

设计说明
首钢工业园剧场设计

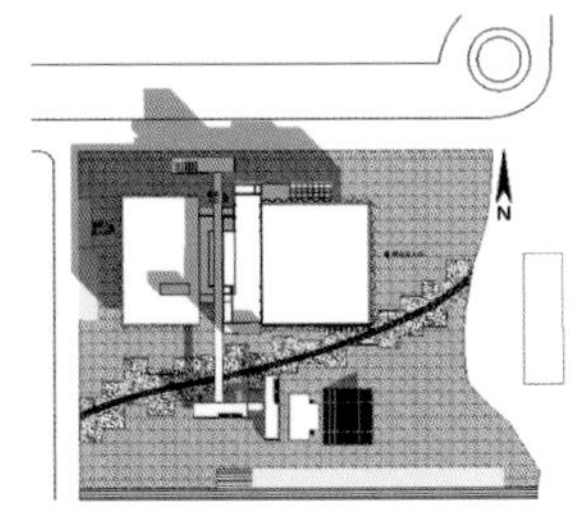

总平面图 1:1000

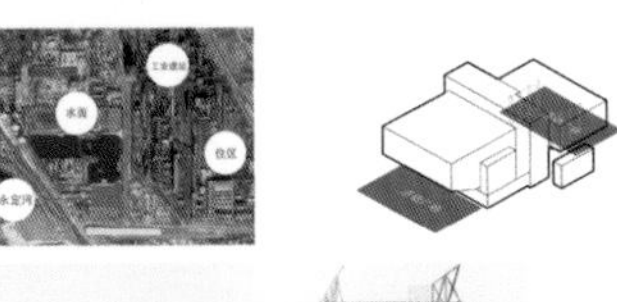

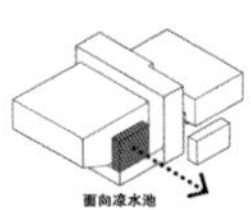

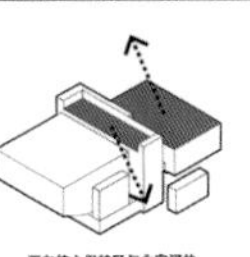

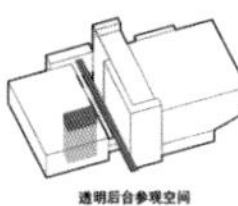

学生姓名：司 文 张欣杰

指导教师：马 欣

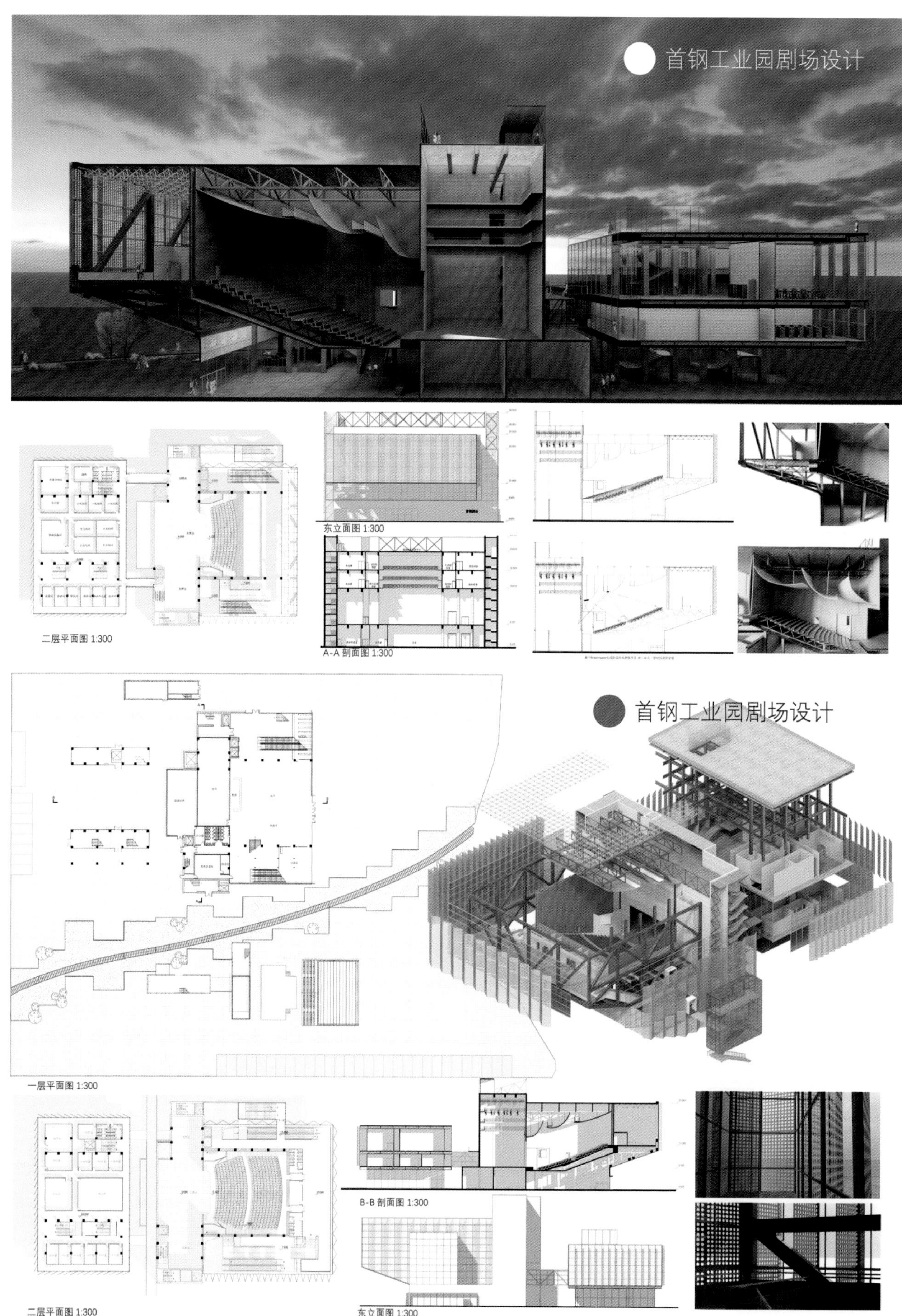

首钢工业园剧场设计
东立面图 1:300
二层平面图 1:300
A-A 剖面图 1:300
首钢工业园剧场设计
一层平面图 1:300
二层平面图 1:300
B-B 剖面图 1:300
东立面图 1:300

学生姓名： 司　文　张欣杰

指导教师： 马　欣

围院——太阳能养老院设计 1

设计说明

Design Specification

方案的灵感源于泉州地区常见的三合院民居的形式，整体是一个大院子，在院子中又有若干个小院子，形成院中有院的整体平面布局。屋顶的形式源于泉州传统民居高高翘起的飞燕脊形象，从各个角度看，屋顶层层叠叠错落有致，使人联想到泉州著名的古老建筑。在太阳能技术的使用上，充分利用太阳能被动技术，使得室内采光充足，夏季通风顺畅，辅助以太阳能主动技术，通过在屋顶上的太阳能光伏瓦将太阳能转化利用，以解决泉州地区冬季阴冷潮湿，夏季炎热的问题。

The inspiration of this plans stems from the living style of triple-house courtyard commonly seen in Beijing area. Generally, it is a lager courtyard with several small yards among it, which forms the overall plane layout of yard within yard. The form of rooftop derives from the image of Quanzhou traditional flying s wallow ridge. The roofs of the houses overlap and form a patchwork pattern which reminds people of the ancient architecture. By adopting solar energy technology, the house enjoys a good daylighting and comfortable ventilation in summer, which has solved the problems of sullenwinter and hot summer. Besides, with the aid of solar energy auto-technology, the solar energy can be transferred through the solar photovoltaic tiles.

Each Month Healing And Cooling days In Quanzhou

300 300 300 300 300 300 300

Jan. Fer. Mar. Apr. May. Jun. Jul. Aug. Sep. Oct. Nov. Dec.

Cooling days(d)
Heating days(d)

Monthly Amount of Precipitation in quanzhou

200 180 160 140 120 100 80 60 40 20 0

Jan.	Fer.	Mar.	Apr.	May.	Jun.	Jul.	Aug.	Sep.	Oct.	Nov.	Dec.
29	56	82	100	116	140	104	173	125	30	18	22

Monthly Solar Radiation Of A Year In Quanzhou

600 500 400 300 200 100 0

Jan. Fer. Mar. Apr. May. Jun. Jul. Aug. Sep. Oct. Nov. Dec.

Total radiation(MJ/㎡)
Vertical radiation(MJ/㎡)
Diffuse radiation(MJ/㎡)

Monthly Air And Land Temperature Of A Year In Quanzhou

30 25 20 15 10 5 0

Land temperature
Air temperature

SITE PLAN 1:1000

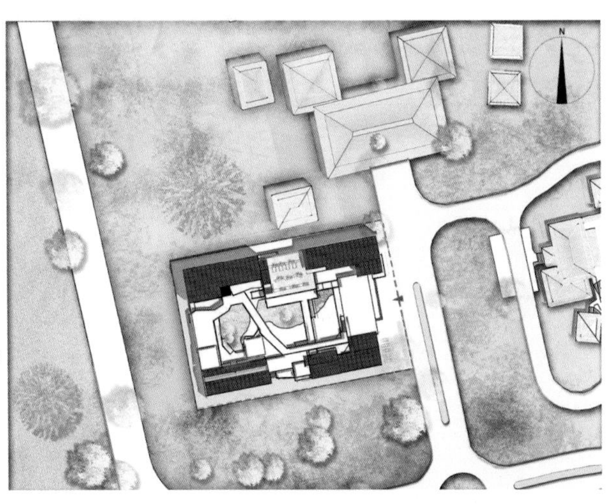
N

学生姓名：李倩芸 贾兆元 李 磊 郭梦铭 凌 艺 薛冰琳 指导教师：马 欣 赵春喜

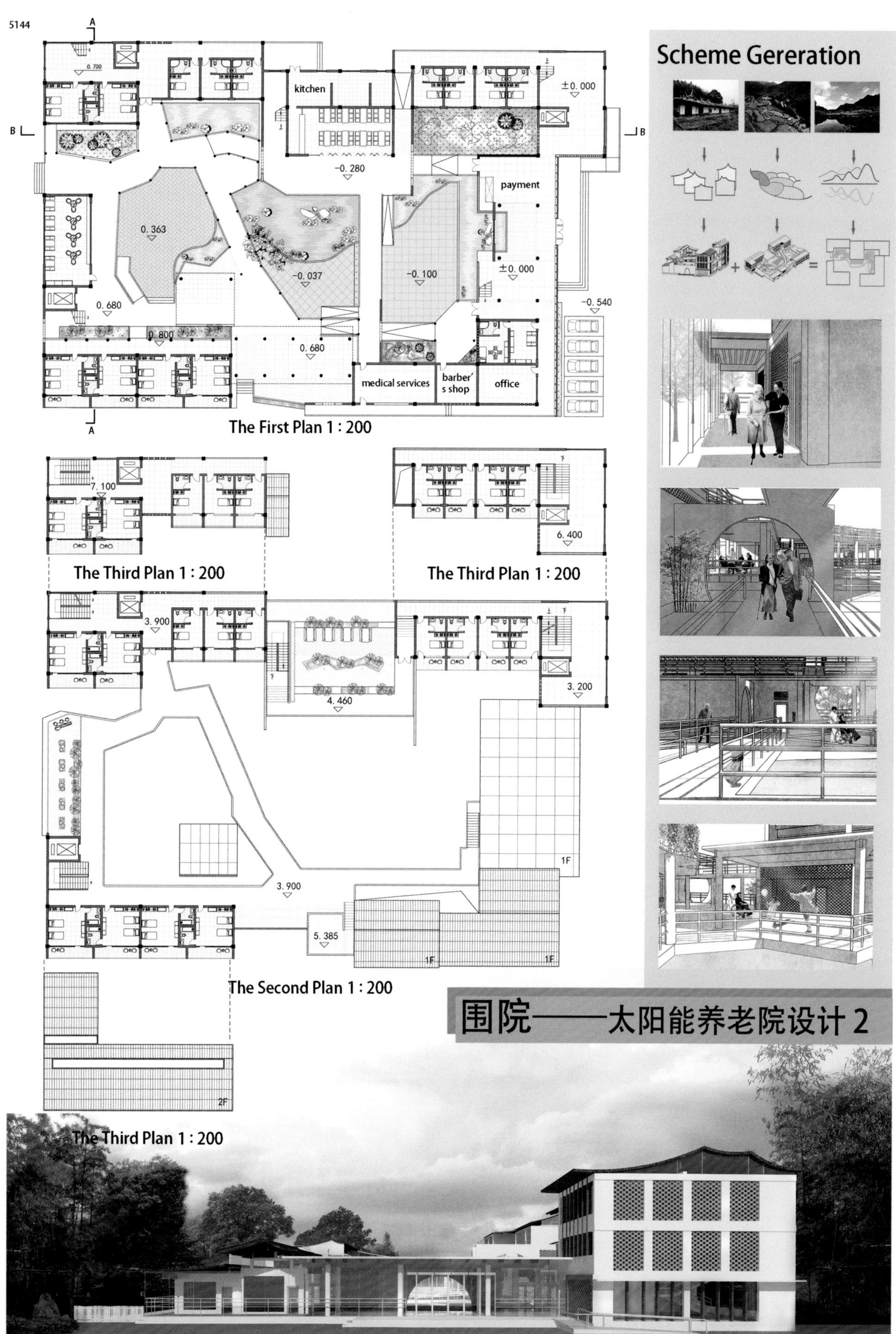
5144
kitchen
payment
medical services
barber's shop
office
The First Plan 1 : 200
The Third Plan 1 : 200
The Third Plan 1 : 200
The Second Plan 1 : 200
The Third Plan 1 : 200
Scheme Gereration

围院——太阳能养老院设计 2

学生姓名：李倩芸　贾兆元　李　磊　郭梦铭　凌　艺　薛冰琳　　指导教师：马　欣　赵春喜

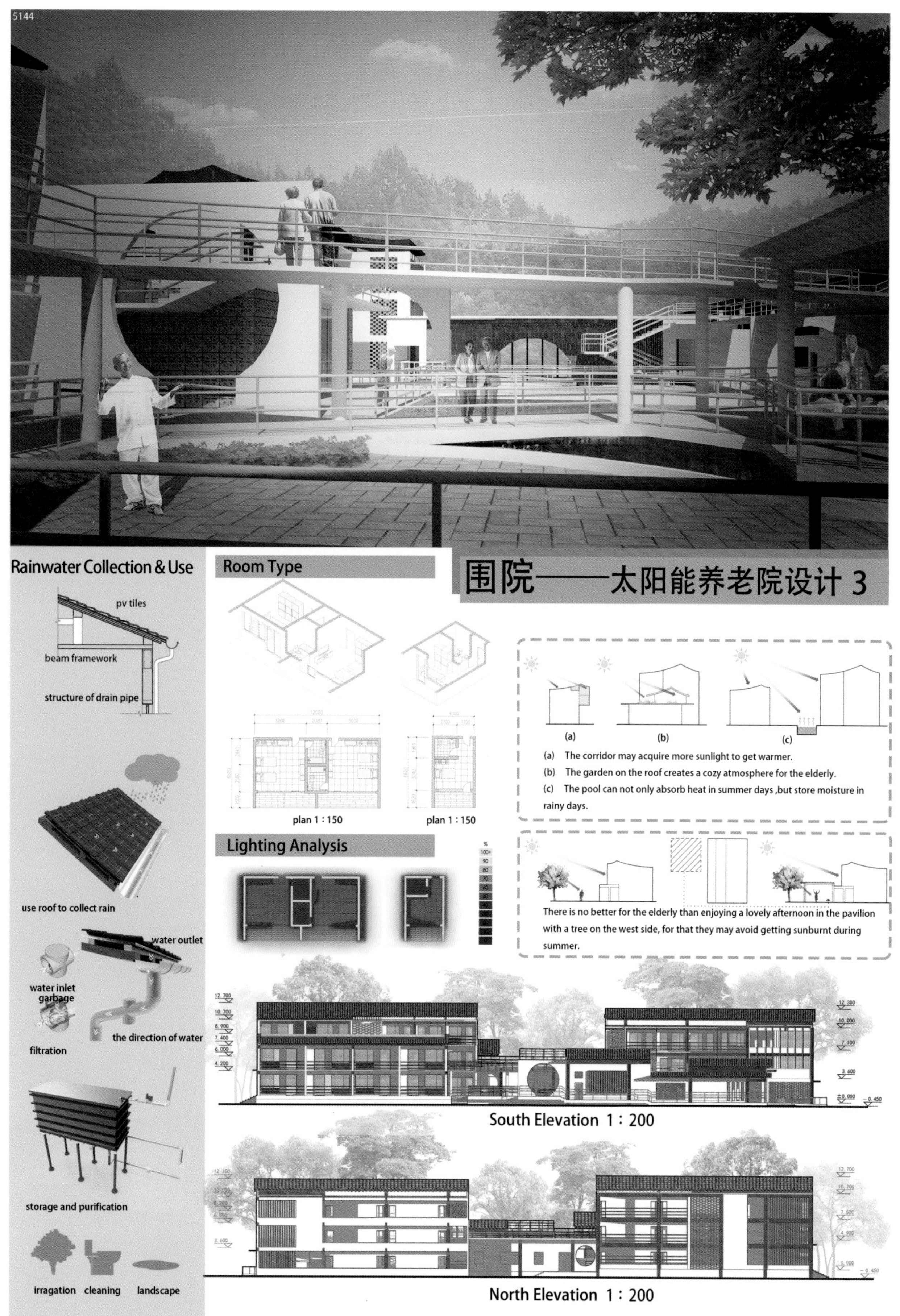
5144
Rainwater Collection & Use
pv tiles
beam framework
structure of drain pipe
use roof to collect rain
water outlet
water inlet
garbage
filtration
the direction of water
storage and purification
irragation
cleaning
landscape
Room Type
plan 1：150
plan 1：150
Lighting Analysis
围院——太阳能养老院设计 3
(a)
(b)
(c)
(a) The corridor may acquire more sunlight to get warmer.
(b) The garden on the roof creates a cozy atmosphere for the elderly.
(c) The pool can not only absorb heat in summer days ,but store moisture in rainy days.
There is no better for the elderly than enjoying a lovely afternoon in the pavilion with a tree on the west side, for that they may avoid getting sunburnt during summer.
South Elevation 1：200
North Elevation 1：200

学生姓名：李倩芸　贾兆元　李　磊　郭梦铭　凌　艺　薛冰琳　　指导教师：马　欣　赵春喜

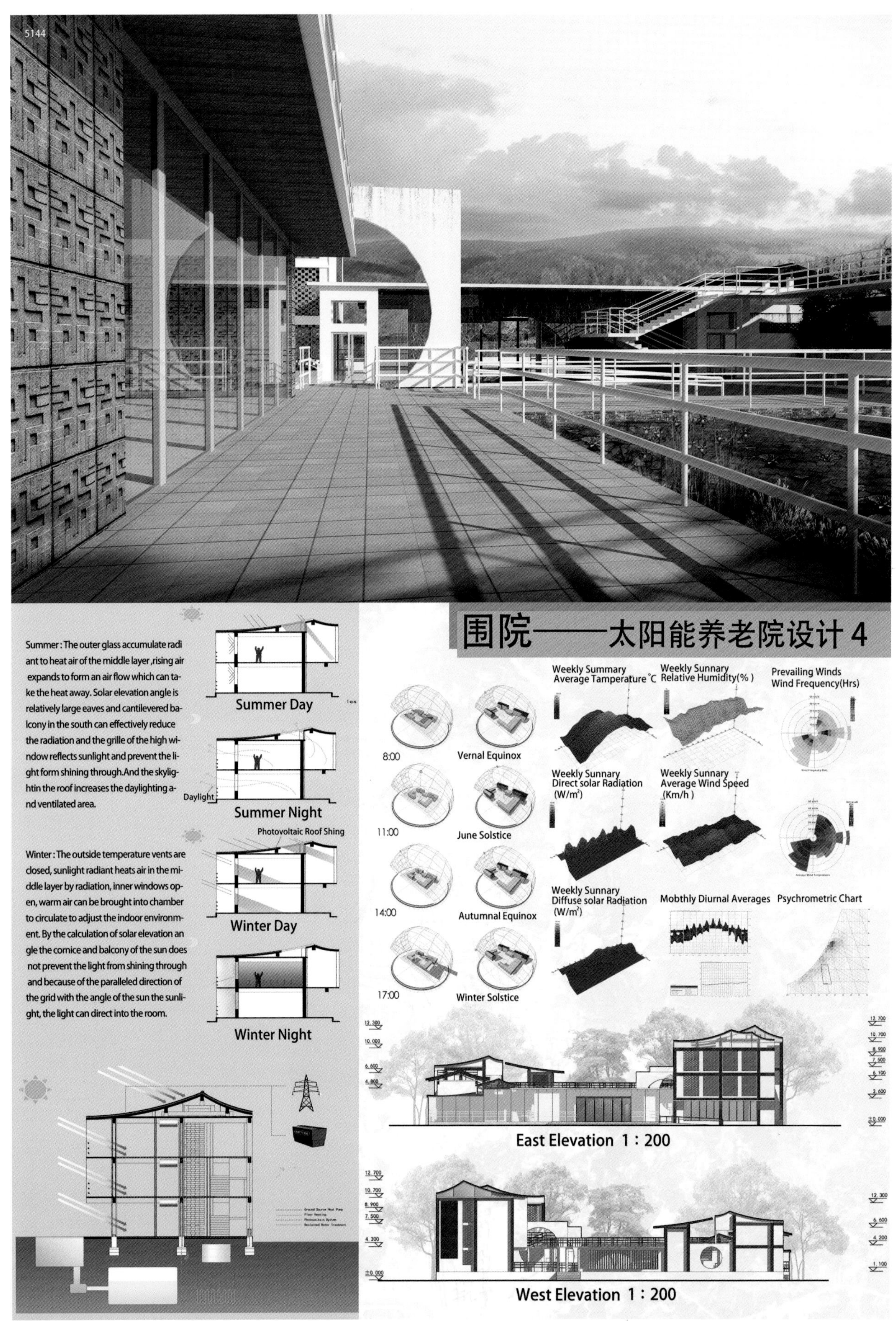
5144
围院——太阳能养老院设计 4
Summer: The outer glass accumulate radiant to heat air of the middle layer ,rising air expands to form an air flow which can take the heat away. Solar elevation angle is relatively large eaves and cantilevered balcony in the south can effectively reduce the radiation and the grille of the high window reflects sunlight and prevent the light form shining through.And the skylightin the roof increases the daylighting and ventilated area.
Winter: The outside temperature vents are closed, sunlight radiant heats air in the middle layer by radiation, inner windows open, warm air can be brought into chamber to circulate to adjust the indoor environment. By the calculation of solar elevation angle the cornice and balcony of the sun does not prevent the light from shining through and because of the paralleled direction of the grid with the angle of the sun the sunlight, the light can direct into the room.
Summer Day
Daylight
Summer Night
Photovoltaic Roof Shing
Winter Day
Winter Night
Weekly Summary Average Tamperature °C
Weekly Sunnary Relative Humidity(%)
Prevailing Winds Wind Frequency(Hrs)
Weekly Sunnary Direct solar Radiation (W/m²)
Weekly Sunnary Average Wind Speed (Km/h)
Weekly Sunnary Diffuse solar Radiation (W/m²)
Mobthly Diurnal Averages
Psychrometric Chart
8:00
Vernal Equinox
11:00
June Solstice
14:00
Autumnal Equinox
17:00
Winter Solstice
East Elevation 1 : 200
West Elevation 1 : 200

学生姓名：李倩芸 贾兆元 李 磊 郭梦铭 凌 艺 薛冰琳 指导教师：马 欣 赵春喜

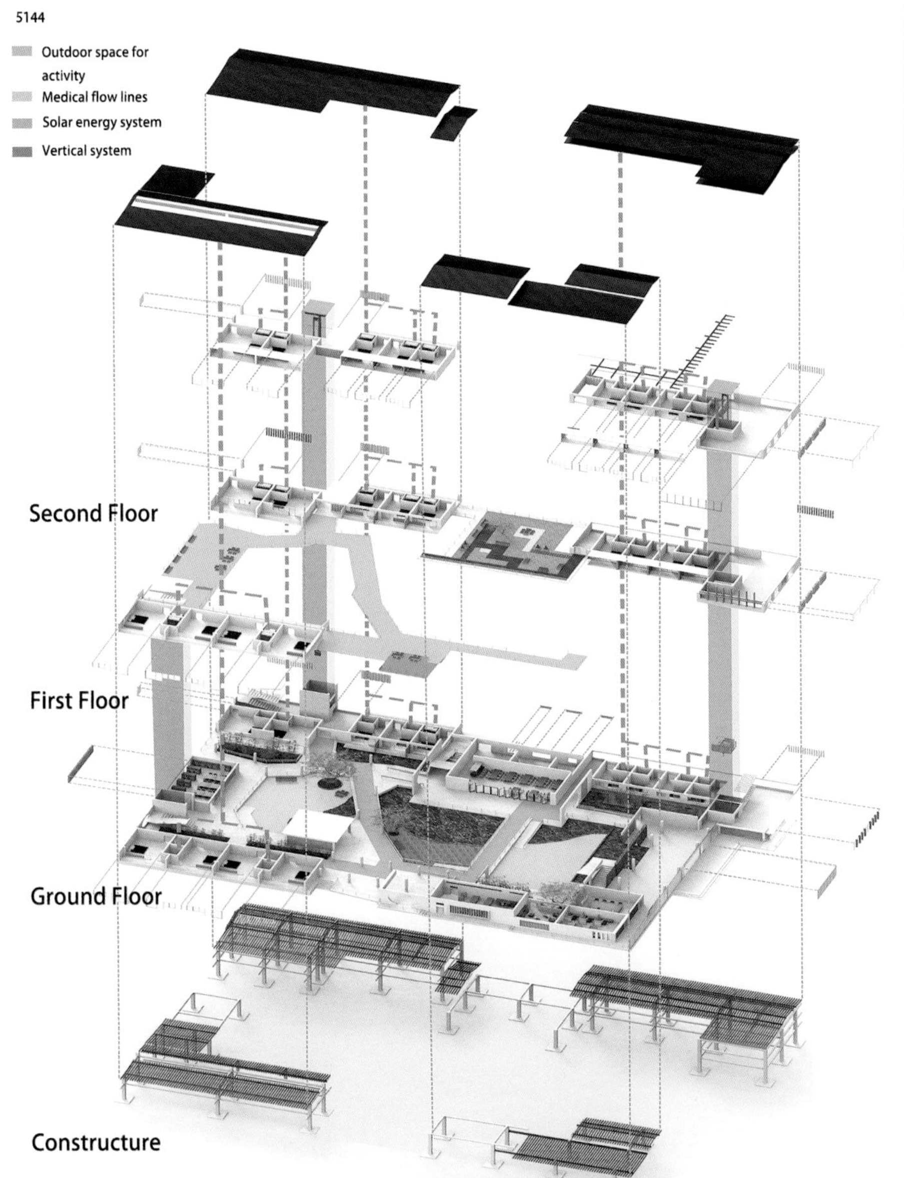

5144
Outdoor space for activity
Medical flow lines
Solar energy system
Vertical system
Second Floor
First Floor
Ground Floor
Constructure

围院——太阳能养老院设计 5

Economic And Technical Index

Order	Function			Num(room)	Area(㎡)
First floor	Residential living room	Single room		6	174
		Double room		7	210
	Living room	Living assistance room	Canteen	1	82.8
			Kitchen	1	60.7
			Communication hall	1	74.3
			Barber shop	1	26.5
	Management service room	storeroom		1	20
		duty room		1	20
		Reception room		1	140
		Office		1	37.5
		Staff rest room		1	19.8
		Staff living room		1	22
	Health care room	Treatment room		1	52
	Public activity area	Acivity room	Room for recreation, chess and cards	1	67.3
		Traffic area			800
Second floor	Residential living room	Single room		7	203
		Double room		6	234
	Public activity area	Traffic area			590
Third floor	Residential living room	Single room		3	72
		Double room		2	58
	Public activity area	Traffic area			190

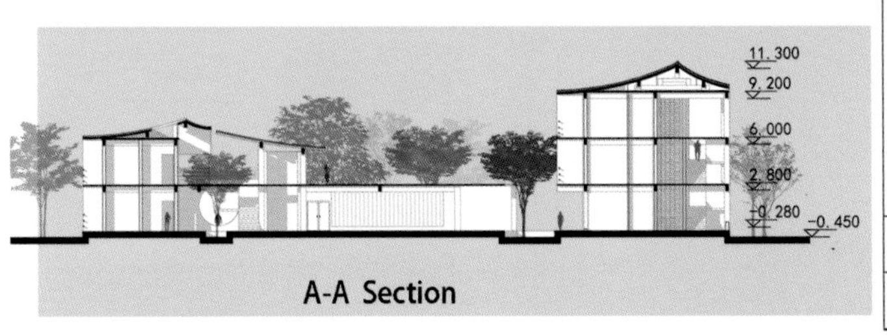

11.300
9.200
6.000
2.800
0.280
-0.450

A-A Section

11.600
9.600
6.400
3.200
±0.000

B-B Section

学生姓名：李倩芸　贾兆元　李　磊　郭梦铭　凌　艺　薛冰琳　　指导教师：马　欣　赵春喜

5144

Active solar energy systems

Based on the previous research on the environment of the Quanzhou,we choose solar photovoltaic panels, lead-acid batteries, heating system and Low - E double glass as the main means of energy saving. The heat loss of the windows and doors is the main part of the building energy consumption. Using the doors and windows which are made of Low-E glass can greatly reduce the heat-lossing caused by radiation from indoor to outdoor, achieving the ideal energy saving effect.

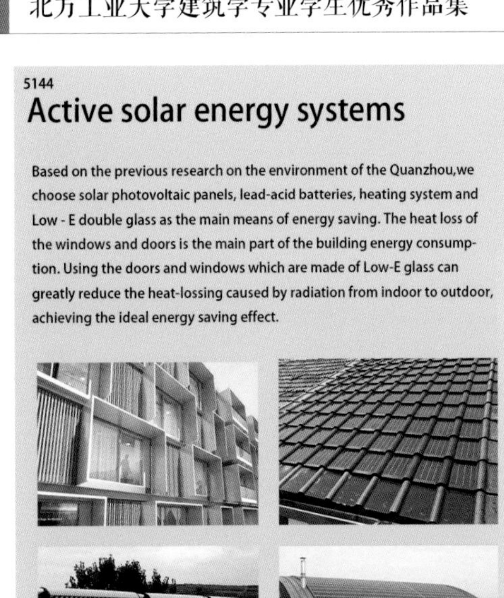

Compared with common tiles, the high-performance tiles which have the characteristics of Efficient insulation, strong waterproof, light weight and long service life,were made of clay, mixing with a variety of special materials. Through the combination of encapsulation technology and solar cells, we succeed in making the solar cells to generate electricity, with the preservation of original architectural style. Eventually, this kind of high-performance tiles which can generate electricity were invented.

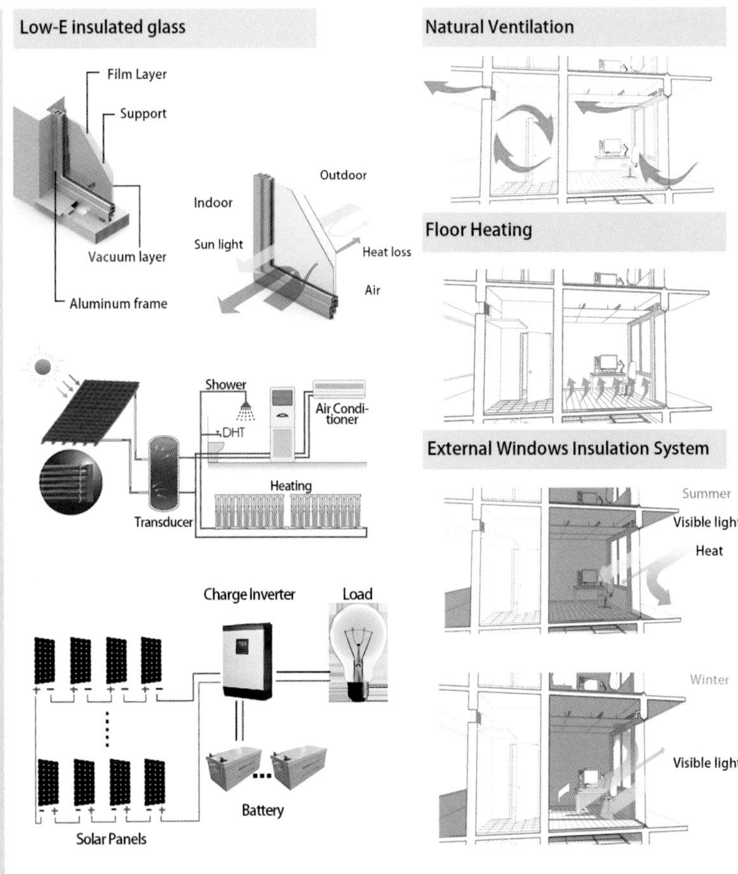
Low-E insulated glass
Film Layer
Support
Vacuum layer
Aluminum frame
Outdoor
Indoor
Sun light
Heat loss
Air
Natural Ventilation
Floor Heating
External Windows Insulation System
Summer
Visible light
Heat
Winter
Visible light
Shower
DHT
Air Conditioner
Heating
Transducer
Charge Inverter
Load
Battery
Solar Panels

围院——太阳能养老院设计 6

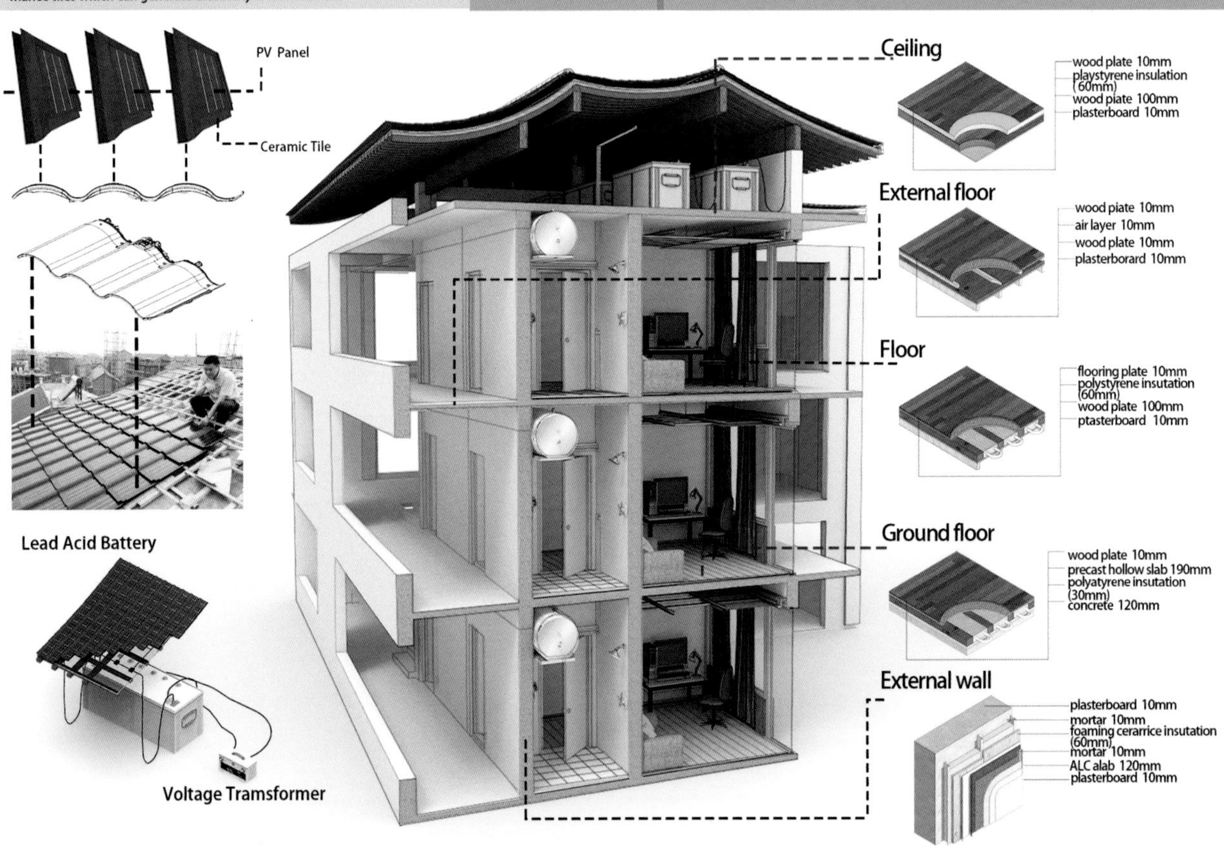
PV Panel
Ceramic Tile
Lead Acid Battery
Voltage Tramsformer
Ceiling
wood plate 10mm
playstyrene insulation (60mm)
wood plate 100mm
plasterboard 10mm
External floor
wood plate 10mm
air layer 10mm
wood plate 10mm
plasterboard 10mm
Floor
flooring plate 10mm
polystyrene insutation (60mm)
wood plate 100mm
ptasterboard 10mm
Ground floor
wood plate 10mm
precast hollow slab 190mm
polyatyrene insutation (30mm)
concrete 120mm
External wall
plasterboard 10mm
mortar 10mm
foaming cerarrice insutation (60mm)
mortar 10mm
ALC alab 120mm
plasterboard 10mm

学生姓名：李倩芸　贾兆元　李　磊　郭梦铭　凌　艺　薛冰琳　　**指导教师：**马　欣　赵春喜

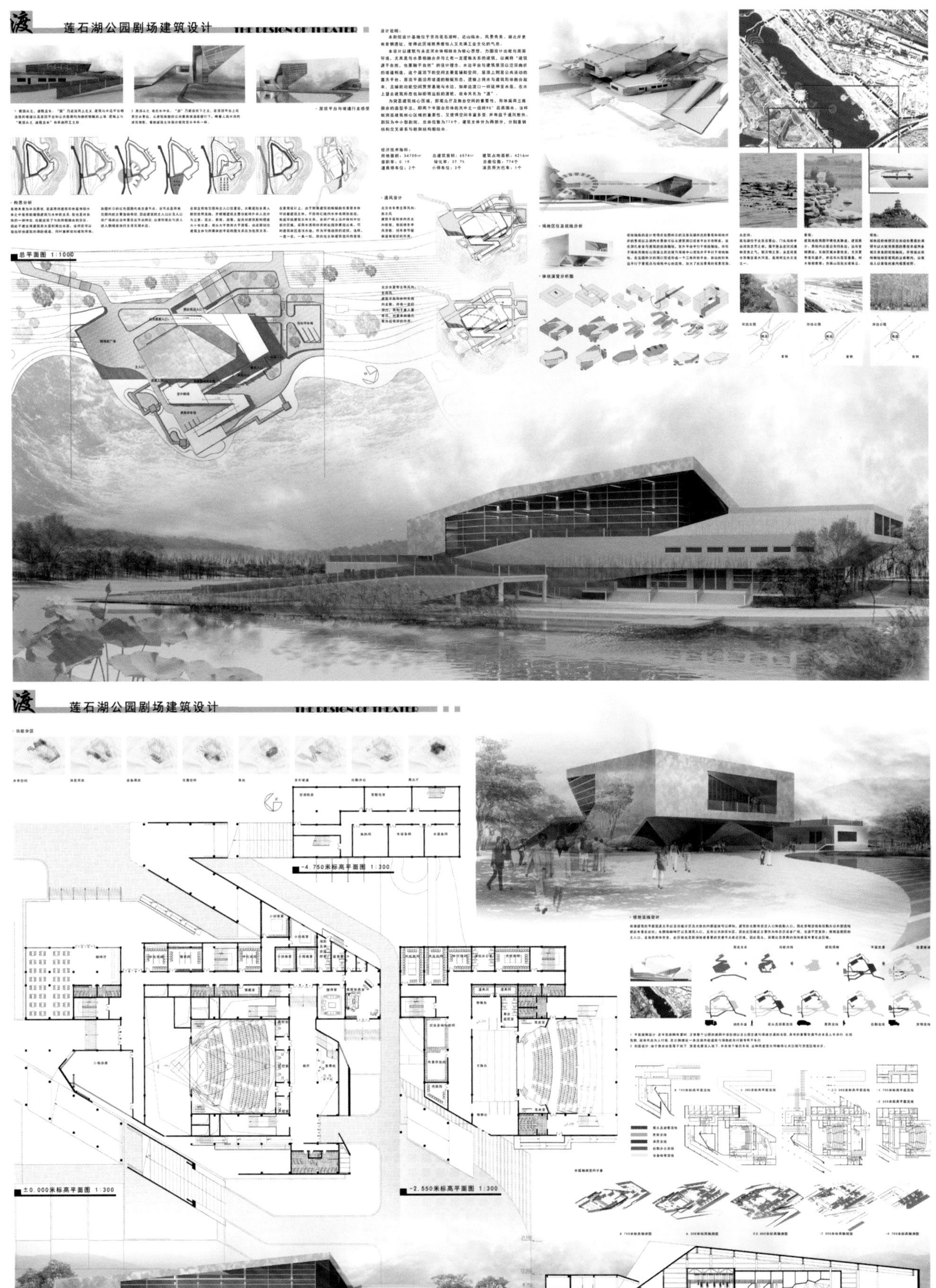
渡 莲石湖公园剧场建筑设计 THE DESIGN OF THEATER
总平面图 1:1000
渡 莲石湖公园剧场建筑设计 THE DESIGN OF THEATER
-4.750米标高平面图 1:300
±0.000米标高平面图 1:300
-2.550米标高平面图 1:300
南立面图 1:300
1-1 剖面图 1:300

学生姓名：王志新 姜 帅

指导教师：马 欣 杨 瑞

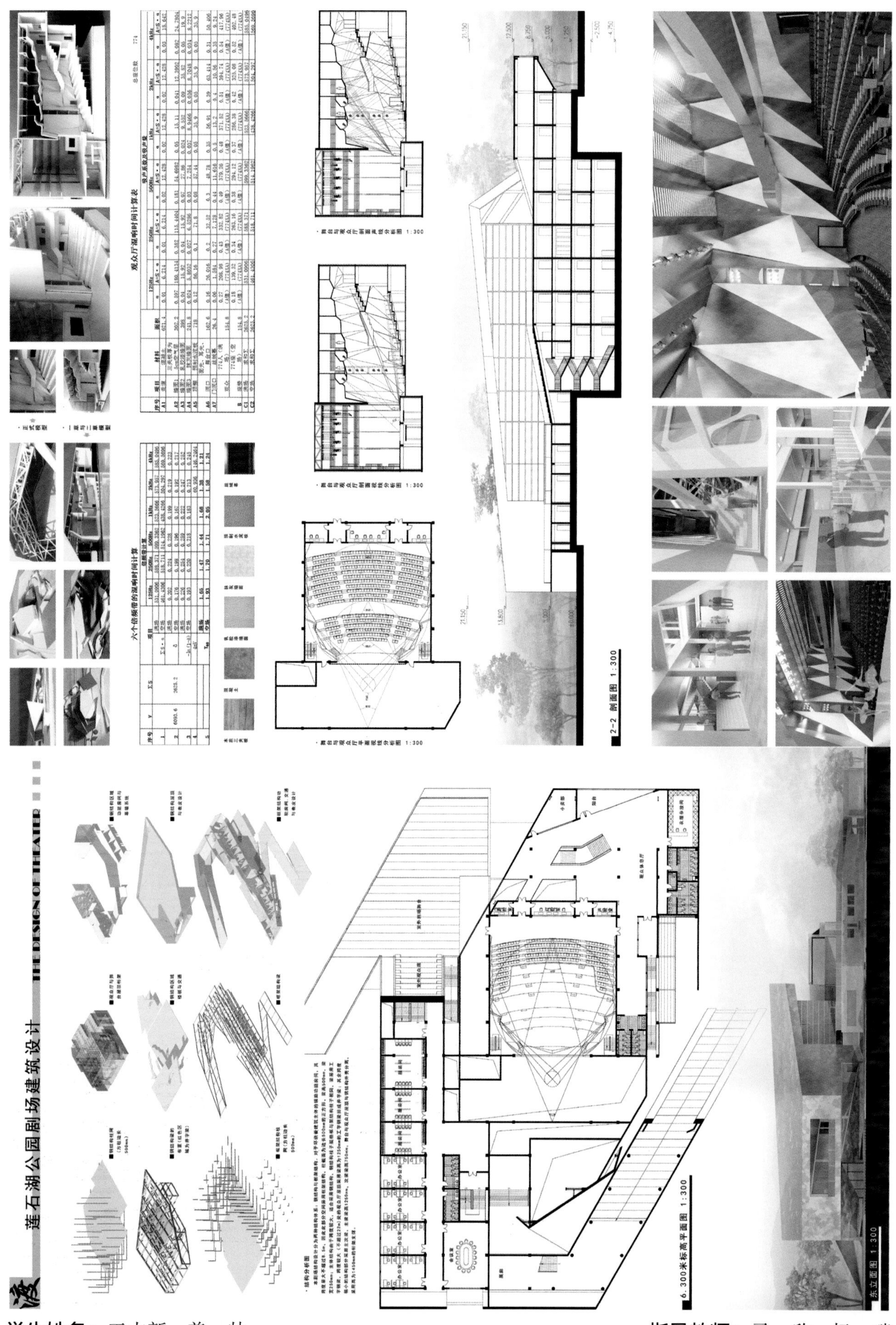
莲石湖公园剧场建筑设计
THE DESIGN OF THEATER
观众厅混响时间计算表
六个倍频带的混响时间计算
2-2 剖面图 1:300
6.300米标高平面图 1:300
东立面图 1:300

学生姓名： 王志新　姜　帅

指导教师： 马　欣　杨　瑞

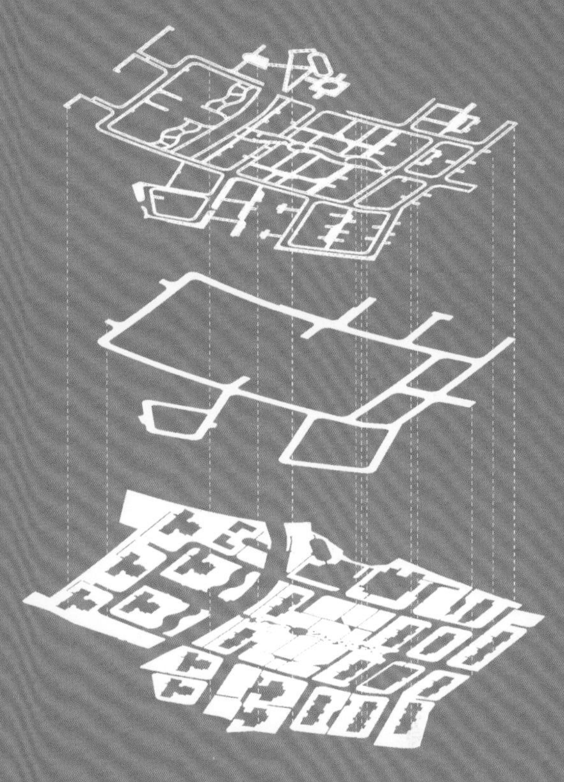

四年级

城市·工程

课程设计教案
优秀学生作品

课程设计教案

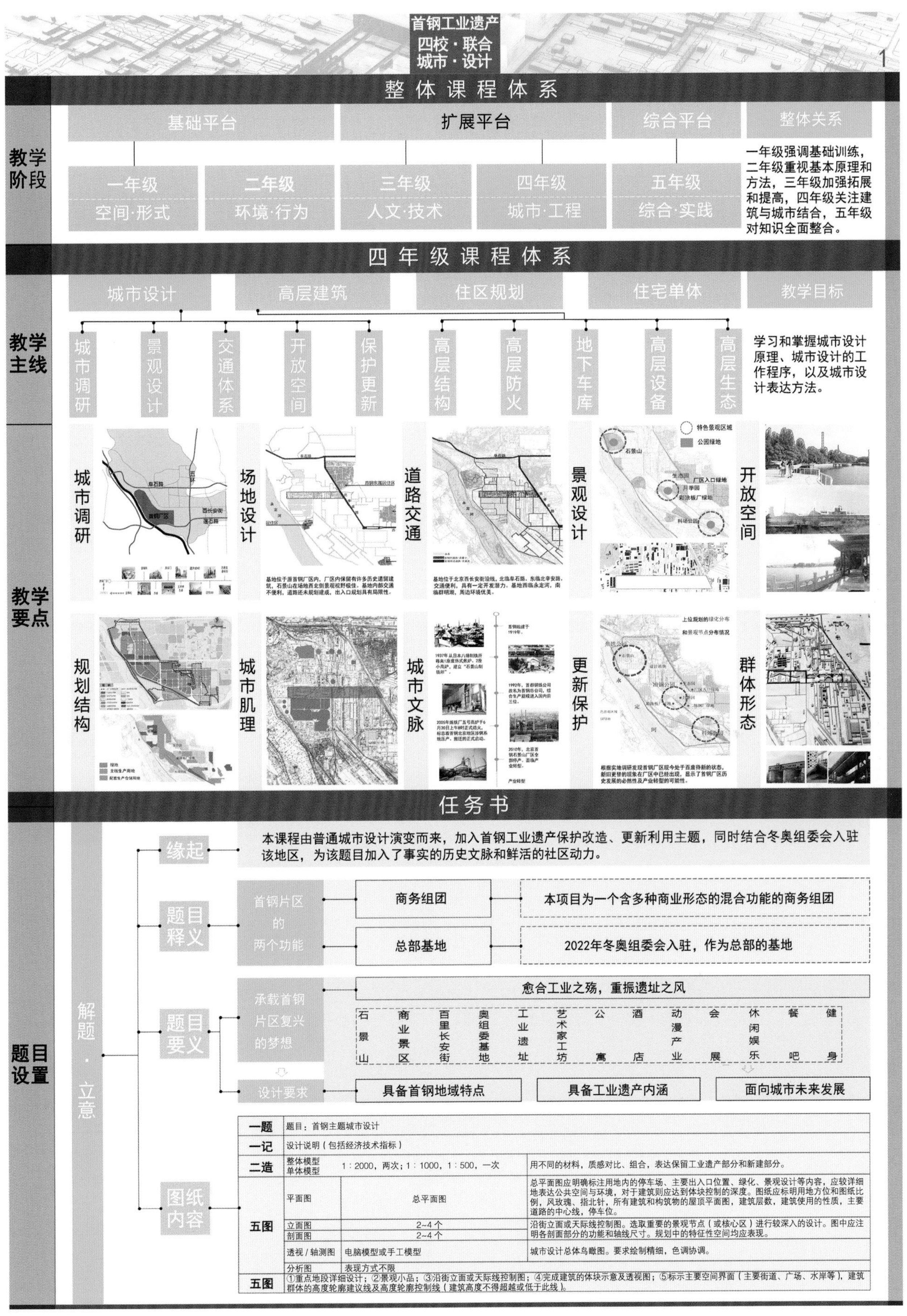
首钢工业遗产
四校·联合
城市·设计
1
整体课程体系
教学阶段
基础平台
扩展平台
综合平台
整体关系
一年级
空间·形式
二年级
环境·行为
三年级
人文·技术
四年级
城市·工程
五年级
综合·实践
一年级强调基础训练，二年级重视基本原理和方法，三年级加强拓展和提高，四年级关注建筑与城市结合，五年级对知识全面整合。
四年级课程体系
教学主线
城市设计
高层建筑
住区规划
住宅单体
教学目标
城市调研
景观设计
交通体系
开放空间
保护更新
高层结构
高层防火
地下车库
高层设备
高层生态
学习和掌握城市设计原理、城市设计的工作程序，以及城市设计表达方法。
教学要点
城市调研
场地设计
道路交通
景观设计
开放空间
规划结构
城市肌理
城市文脉
更新保护
群体形态
任务书
缘起
本课程由普通城市设计演变而来，加入首钢工业遗产保护改造、更新利用主题，同时结合冬奥组委会入驻该地区，为该题目加入了事实的历史文脉和鲜活的社区动力。
题目设置
解题·立意
题目释义
首钢片区的两个功能
商务组团
本项目为一个含多种商业形态的混合功能的商务组团
总部基地
2022年冬奥组委会入驻，作为总部的基地
题目要义
承载首钢片区复兴的梦想
愈合工业之殇，重振遗址之风
石景山
商业景区
百里长安街
奥组委基地
工业遗址
艺术家工坊
公寓
酒店
动漫产业
会展
休闲娱乐
餐吧
健身
设计要求
具备首钢地域特点
具备工业遗产内涵
面向城市未来发展
图纸内容

一题	题目：首钢主题城市设计		
一记	设计说明（包括经济技术指标）		
二造	整体模型 单体模型	1∶2000，两次；1∶1000，1∶500，一次	用不同的材料，质感对比、组合，表达保留工业遗产部分和新建部分。
五图	平面图	总平面图	总平面图应明确标注用地内的停车场、主要出入口位置、绿化、景观设计等内容，应较详细地表达公共空间与环境，对于建筑则应达到体块控制的深度。图纸应标明用地方位和图纸比例，风玫瑰、指北针，所有建筑和构筑物的屋顶平面图，建筑层数，建筑使用的性质，主要道路的中心线，停车位。
	立面图	2~4个	沿街立面或天际线控制图。选取重要的景观节点（或核心区）进行较深入的设计。图中应注明各剖面部分的功能和轴线尺寸。规划中的特征性空间均应表现。
	剖面图	2~4个	
	透视／轴测图	电脑模型或手工模型	城市设计总体鸟瞰图。要求绘制精细，色调协调。
	分析图	表现方式不限	
五图	①重点地段详细设计；②景观小品；③沿街立面或天际线控制图；④完成建筑的体块示意及透视图；⑤标示主要空间界面（主要街道、广场、水岸等），建筑群体的高度轮廓建议线及高度轮廓控制线（建筑高度不得超越或低于此线）。		

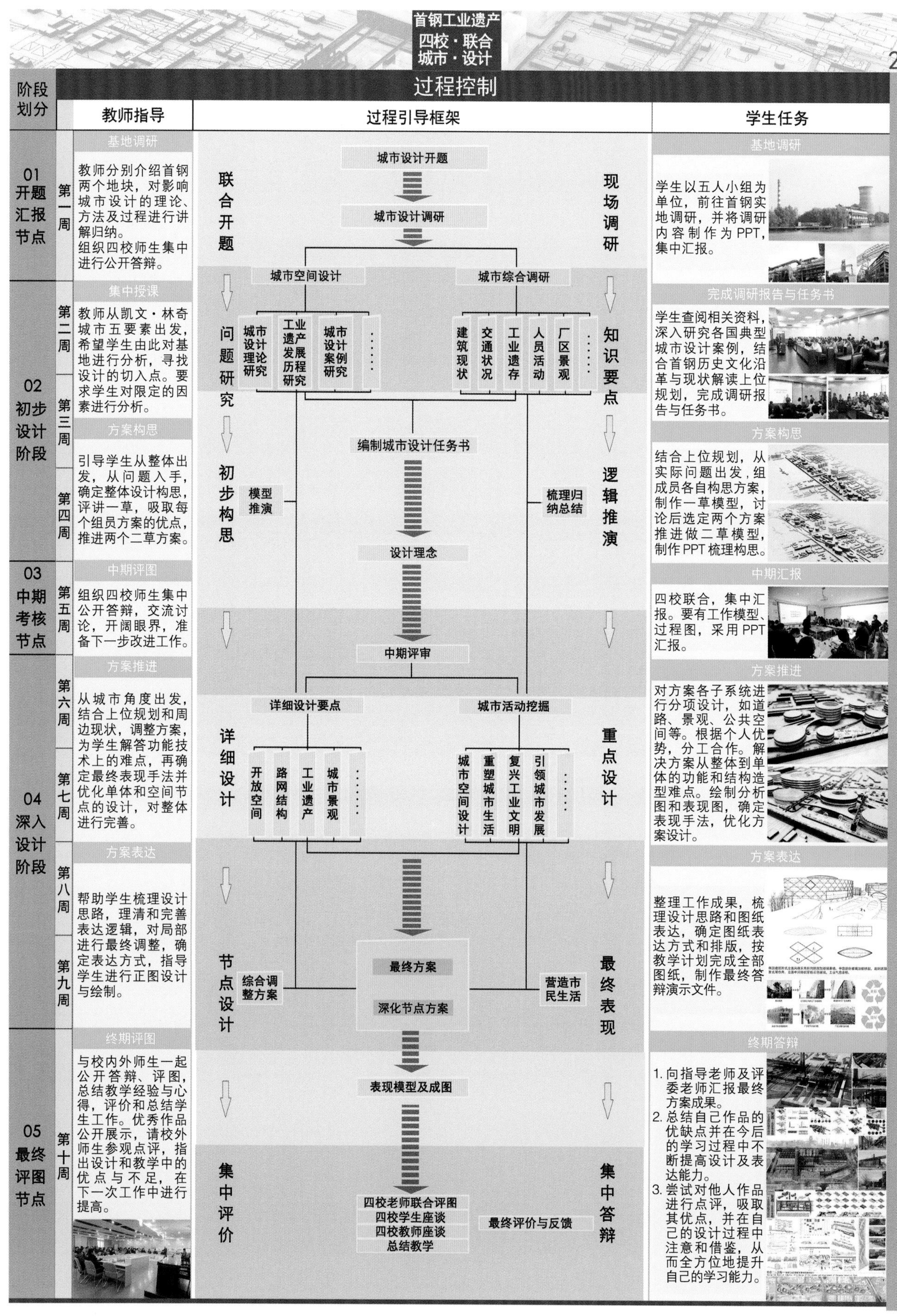
首钢工业遗产
四校·联合
城市·设计
2
过程控制
阶段划分
教师指导
过程引导框架
学生任务
01 开题汇报节点
第一周
基地调研
教师分别介绍首钢两个地块，对影响城市设计的理论、方法及过程进行讲解归纳。
组织四校师生集中进行公开答辩。
城市设计开题
城市设计调研
联合开题
现场调研
基地调研
学生以五人小组为单位，前往首钢实地调研，并将调研内容制作为PPT，集中汇报。
02 初步设计阶段
第二周
第三周
第四周
集中授课
教师从凯文·林奇城市五要素出发，希望学生由此对基地进行分析，寻找设计的切入点。要求学生对限定的因素进行分析。
方案构思
引导学生从整体出发，从问题入手，确定整体设计构思，评讲一草，吸取每个组员方案的优点，推进两个二草方案。
城市空间设计
城市综合调研
城市设计理论研究
工业遗产发展历程研究
城市设计案例研究
……
建筑现状
交通状况
工业遗存
人员活动
厂区景观
……
问题研究
知识要点
编制城市设计任务书
初步构思
模型推演
梳理归纳总结
逻辑推演
设计理念
完成调研报告与任务书
学生查阅相关资料，深入研究各国典型城市设计案例，结合首钢历史文化沿革与现状解读上位规划，完成调研报告与任务书。
方案构思
结合上位规划，从实际问题出发，组成员各自构思方案，制作一草模型，讨论后选定两个方案推进做二草模型，制作PPT梳理构思。
03 中期考核节点
第五周
中期评图
组织四校师生集中公开答辩，交流讨论，开阔眼界，准备下一步改进工作。
中期评审
中期汇报
四校联合，集中汇报。要有工作模型、过程图，采用PPT汇报。
04 深入设计阶段
第六周
第七周
第八周
第九周
方案推进
从城市角度出发，结合上位规划和周边现状，调整方案，为学生解答功能技术上的难点，再确定最终表现手法并优化单体和空间节点的设计，对整体进行完善。
方案表达
帮助学生梳理设计思路，理清和完善表达逻辑，对局部进行最终调整，确定表达方式，指导学生进行正图设计与绘制。
详细设计要点
城市活动挖掘
开放空间
路网结构
工业遗产
城市景观
……
城市空间设计
重塑城市生活
复兴工业文明
引领城市发展
……
详细设计
重点设计
最终方案
深化节点方案
综合调整方案
营造市民生活
节点设计
最终表现
方案推进
对方案各子系统进行分项设计，如道路、景观、公共空间等。根据个人优势，分工合作。解决方案从整体到单体的功能和结构造型难点。绘制分析图和表现图，确定表现手法，优化方案设计。
方案表达
整理工作成果，梳理设计思路和图纸表达，确定图纸表达方式和排版，按教学计划完成全部图纸，制作最终答辩演示文件。
05 最终评图节点
第十周
终期评图
与校内外师生一起公开答辩、评图，总结教学经验与心得，评价和总结学生工作。优秀作品公开展示，请校外师生参观点评，指出设计和教学中的优点与不足，在下一次工作中进行提高。
表现模型及成图
四校老师联合评图
四校学生座谈
四校教师座谈
总结教学
最终评价与反馈
集中评价
集中答辩
终期答辩
1. 向指导老师及评委老师汇报最终方案成果。
2. 总结自己作品的优缺点并在今后的学习过程中不断提高设计及表达能力。
3. 尝试对他人作品进行点评，吸取其优点，并在自己的设计过程中注意和借鉴，从而全方位地提升自己的学习能力。

首钢工业遗产
四校·联合
城市·设计
3
过程引导——以问题为导向的教学引导过程
发现问题
第一周
问题·发现
1. 城市工业遗产何去何从？拆与留。
2. 厂区功能策划与业态定位如何进行？
3. 工业厂区景观如何打造？
4. 城市与工厂区域间的交通如何衔接？
在首钢调研的基础上引导学生自主发现城市问题并依此确定设计主题。
——在首钢厂区现场踏勘、收集文献进行全面调研，然后对资料进行总结，发现城市问题。建议学生抓住一个或几个城市问题深入研究，并依此为基础确立主题形成设计概念，进而将概念进行物化得到城市设计方案。
德国鲁尔工业区
在20世纪六七十年代，西方国家形成一种新的文化遗产观念，认为产业遗产是人类进程的历史见证。鲁尔区的兴衰联结几代人的生活，因此，德国将这里大片产业基地保存下来。
理论·案例
城市设计理论、工业遗产保护与更新理论学习及其相关著名案例研究
分析问题
第二周——第四周
特色·分析
分析场地中具有场所特色的空间、建筑物等，唤起工业记忆。
功能业态
商务组团
包含多种商业形态
总部基地
冬奥组委会入驻
遗产保护
愈工业之殇
复遗址之风
改造更新
首钢特色工业遗产
面向城市未来发展
要点·分析
通过分析得出场地设计要点。
1. 功能业态策划：其规模应根据此地对建筑市场需求调研来确定，同时可以考虑用旧办公厂房改造而来。
业态调研：对类似的项目业态进行调研分析，同时根据周边社区功能需求来确定业态及规模。
2. 工业遗产保护：上位规划中确定的保护类工厂构筑物应该给予保留，同时可以作为城市景观要素来加以利用。
3. 改造与更新：新功能的植入可以采用旧厂房改造和新建两种方法。新建部分应该考虑适当增加建筑容积率以满足开发面积需求。
解决问题
第五周——第十周
解决·要素
道路
道路等级、周边联系、流线分析
边界
周边建筑边界、天际线
区域
功能分区、相互联系
节点
景观节点、公共空间
标志物
标志性建筑物、构筑物
解决·要点
1. 道路网体系：包括车行交通和人行交通两个级别的体系。
2. 公共空间：广场、街道、水体、绿地都是城市设计目标，体会“空”的“空间”，空间与实体相互转换的图底关系。
3. 景观体系：将自然景观和人工景观进行合理的组织。
4. 滨水空间：着意打造宜人的滨水空间，应该充分考虑对湖水景观的利用，在沿湖部分可以考虑休闲娱乐类型，如建筑创作工坊、酒店等。
5. 石景山麓：靠近石景山的地方比较安静，可结合水面进行一体化设计。
最终成图
作业评析
作业评语
工业遗产
此方案设计重点保护原有旧厂房，保留了原有厂区管道、厂房构筑物等，进行了适当加建并赋予了新的城市功能。
道路交通
此方案设计中厂区内进行人车分流，交通流线不仅仅局限于平面，更是包含有丰富的竖向交通流线，增强城市参与感。
功能业态策划
此方案设计中的结构也指城市业态问题，学生通过调查分析，得出适宜首钢工业区改造的业态。
场地设计
此方案设计在整个场地中充分利用高差形成丰富的空间层次，场地利用弧线划分明确。
景观设计
此方案设计具体设计了“石景山一群名湖”景观通廊，将区域内重点景观节点利用建筑手法联系起来。
作业图纸
作业模型
教学总结与反馈
教学中学生遇到的困惑与迷茫
1. 课程任务书没有具体设计任务，设计目标空泛，没有建筑内容、面积，学生无所适从。
2. 思维模式不同，从单体走向城市和区域，学生感觉迷茫。
3. 学生面对复杂多样的城市问题，如同面对沙漠，学习无抓手。
4. 最终设计成果要求不明确，没有内容与设计深度要求，学生感觉缺乏控制力。
5. 在尺度方面存在从微观到宏观之间的断层，使学习难以衔接，学生要学习和掌握什么不够明确。
困惑的解决——教师引导方法
1. 在调研的基础上加强理性分析与逻辑推演空间策划，对定位、功能、面积规模进行推导。此步骤为高难度教学，重点对能力强的学生进行引导。
2. 跳出微观单体，走向宏观城市，转换思维模式，强调理性与逻辑性。
3. 用优秀范例启发学生关注常用研究方法和研究角度，进行模仿与学习。
4. 对能力不同的学生进行因材施教、分层教学。基本要求是训练城市空间形态设计的能力。
5. 用摆沙盘模型的方法引导学生实现从微观到宏观的跨越。

建构主义教学理论指导下的设计教学：酒店设计教案

模拟设计院 教学模式下的职业建筑设计训练

建筑学 · 四年级

教学体系
教学目的
指导原则
课题介绍

1
3

教学体系及原则

教学体系及思路

“2+2+1”的目标体系

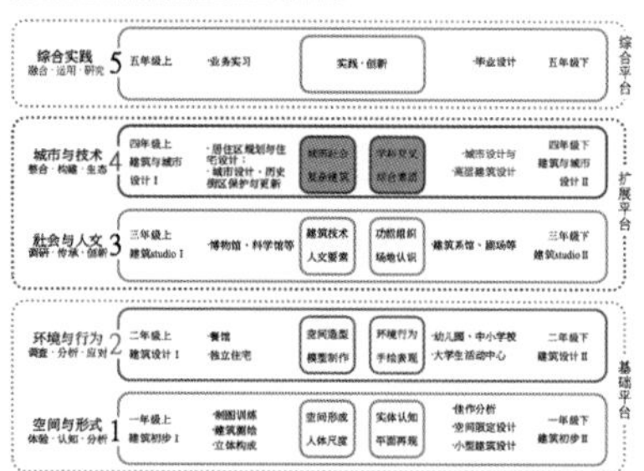

综合实践 融合 · 运用 · 研究 5
五年级上
· 业务实习
实践 · 创新
· 毕业设计
五年级下
综合平台
城市与技术 整合 · 构建 · 生态 4
四年级上 建筑与城市设计 I
· 城市设计与 · 高层建筑设计
四年级下 建筑与城市设计 II
社会与人文 调研 · 传承 · 创新 3
三年级上 建筑studio I
· 博物馆 · 科学馆等
建筑技术 人文要素
功能组织 场地认识
· 建筑系馆 · 剧场等
三年级下 建筑studio II
扩展平台
环境与行为 调查 · 分析 · 应对 2
二年级上 建筑设计 I
· 餐馆 · 独立住宅
空间造型 模型制作
环境行为 手绘表现
· 幼儿园 · 中小学校 · 大学生活动中心
二年级下 建筑设计 II
空间与形式 体验 · 认知 · 分析 1
一年级上 建筑初步 I
空间形成 人体尺度
实体认知 平面再现
· 佳作分析 · 空间限定设计 · 小型建筑设计
一年级下 建筑初步 II
基础平台

四年级在体系中的位置

整体关系

承上—启下

本科教学体系为以设计方法学和系统理论为构架的阶段性目标教学体系。以1~5年级的专业设计课为主轴， 依据不同的阶段目标配置相关的人文、技术理论课程。 人文与技术围绕设计课程的核心主轴 形成进阶的建筑设计训练的教学构架。

重要环节

过渡—衔接

在五年的教学规划中，四年级是整个框架中极为重要的一个环节。它紧密依托于前三年的设计基础，同时是建筑学本科阶段向职业建筑设计阶段的过渡与衔接。对从学生向建筑师的角色转变，以及五年级的毕业设计、实习等阶段起着关键性的作用。

训练重点

技术—创新

四年级训练的重点在于强化学生“建筑设计的拓展”。以大型公共建筑和城市街区设计研究为教学主体，依托多层次、多类型、多学科的教学团队，整合多专业内容，加强人文科学、工程技术与设计创新教育的有机结合，使学生综合设计、自主创新能力实现质的飞跃。

四年级教学的特殊意义

职业链接

学校—设计院

着力培养学生综合分析和解决实际问题的能力，强调建筑师的职业训练，结合实际工作培养学生的全面创作和设计能力。

角色转变

学生—实习建筑师

建筑师基本技能的训练，要掌握建筑设计各阶段的工作内容、要求及其相互关系，提高设计中综合解决实际问题的能力。

知识整合

建筑—技术/城市/社会/人文

设计过程中对所学的技术、材料、设备、结构等方面知识进行综合运用，掌握与相关专业协同合作的方法。

四年级教学的总体目标

培养“职业建筑师”所应具备的“综合能力”素质

1. 设计能力：培养综合运用已学相关知识和技术处理较复杂功能、技术建筑的设计能力。
2. 分析能力：培养对设计相关要素综合分析的能力。
3. 表达能力：培养熟练的绘图表达、模型表达，计算机辅助表达，口头表达以及综合运用各种表达方式的能力。
4. 技术能力：指导学生关注技术的实际意义，学习正确选择结构、材料、设备等的方法。

根据“综合提高”“职业培训”的教学要求，我们的课程构架在“建筑技术层面深化”与“城市环境层面拓展”两个方向基础上，设置了“理论专题深入设计”的环节。意在通过课程设计整合建筑结构、造型、设备、法规、生态等理论课程，学生结合自身兴趣选择专题，完成实习前的最后一个设计题目。

“城市与技术”课程的教学构架

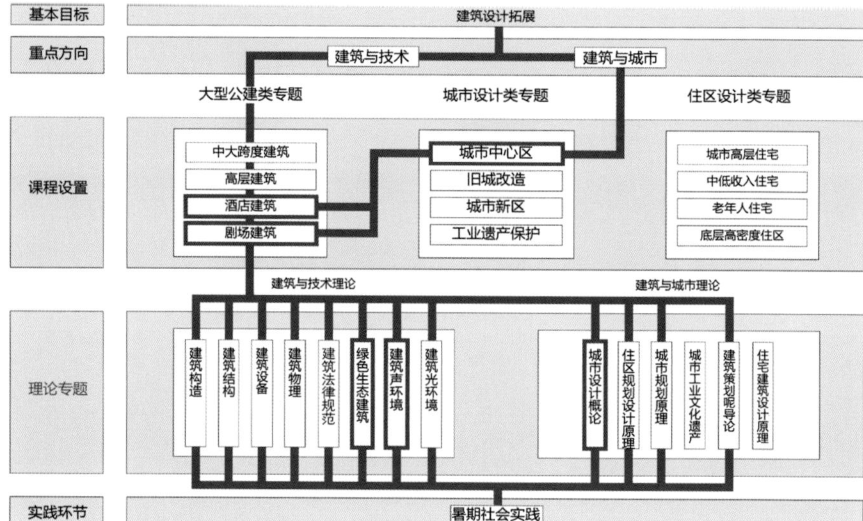

基本目标
建筑设计拓展
重点方向
建筑与技术
建筑与城市
大型公建类专题
城市设计类专题
住区设计类专题
课程设置
中大跨度建筑
高层建筑
酒店建筑
剧场建筑
城市中心区
旧城改造
城市新区
工业遗产保护
城市高层住宅
中低收入住宅
老年人住宅
底层高密度住区
建筑与技术理论
建筑与城市理论
理论专题
建筑构造
建筑结构
建筑设备
建筑物理
建筑法律规范
绿色生态建筑
建筑声环境
建筑光环境
城市设计概论
住区规划设计原理
城市规划原理
城市工业文化遗产
建筑策划导论
住宅建筑设计原理
实践环节
暑期社会实践

高层酒店课题背景

在四年级教学中，“高层建筑设计”是一个重要的环节，对于学生理解城市的复杂性、系统性并提出解决方案起着关键性的作用。综合技术的运用训练是建筑学本科阶段向职业建筑设计阶段的过渡与衔接，高层酒店建筑设计旨在通过较为复杂、建筑规模较大型的设计题目的训练，进一步加深学生对建筑设计原理的理解，融会贯通相关课程内容，培养解决较为复杂建筑功能与形式并协调艺术、技术因素的能力。

高层酒店课题设置

学习任务布置

场地设计：综合地段的地形条件、规划条件、规范要求，周边城市建筑环境、交通环境，处理好建筑总体布局、地段内外的人、车流交通布局，主、次入口的设置，场地停车、绿化环境设计。

建筑设计：正确理解相关规范与指标，组织好各功能空间的组合及主次流线关系。综合建筑平面、立面的设计，塑造室内外协调统一的空间组合和外观造型。

技术设计：鉴于大型公共建筑构成的综合性、复杂性，应注重结构选型、设备选型对设计构思、空间处理的影响，并结合智能、节能、生态等设计因素。

功能分区要求

大致的功能定位是裙房部分除酒店和办公必要的配套设施外，低层尽可能地多考虑（主要指一层至三层）商业面积，建筑中间部分是写字楼，顶层为酒店部分（如果是多个塔楼设计，酒店和办公部分也可分区设计）。地下室设人防，平时用为汽车库。地下三层为人防（平时作为汽车库）和设备用房，地下二层为汽车库，地下一层考虑为商业用房。

建筑形式

本项目立面的设计需要考虑到建设和街景的立面效果。需要特别说明的是建筑立面的设计要充分考虑夜景照明时的细节效果。另：立面设计要考虑室外空调机位的技术细节。

成果要求

总图布局与环境设计、功能布局设计、结构、设备等技术环节设计、建筑造型设计，从建筑设计、环境设计的表现效果。

面积配比

01	客房部分	300间	47%
02	公共部分	2100m²	6%
03	餐饮部分	3500m²	10%
04	会议部分	2100m²	6%
05	康乐部分	1750m²	5%
06	行政部分	28000m²	8%
07	工程部分	2800m²	8%
08	车库部分	3500m²	10%
	总面积	35000m²	100%

模拟设计院的教学实践

建构主义，教，学

教师（传达者） 传授知识 教学 → 学生（知识体系的被动接受者）

教师（组织者、指导者、帮助者、促进者） 重点教 传授知识 获取知识 主动学 学生（知识体系的主动构架者）

研究性、自主性、能动性的知识体系架构过程

整合，拉通，激活

结构 设备 构造 法规 设计课 → 结构 设备 构造 法规 设计课

理论- - -实践（理论与实践脱节） 实践＆理论（理论与实践相辅相成）

激活的、互动的、综合的课程设计操作过程

转变，链接，协同

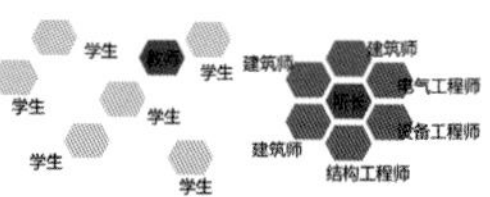

学生
教师
学生
学生
学生
学生
学生
建筑师
建筑师
所长
电气工程师
设备工程师
建筑师
结构工程师

个人学习模式（缺乏合作与应用） 协同工作模式（情景教学与工作体验）

模拟的、体验的、情景的职业技能培训过程

教师—指导

1. 激发学生学习兴趣，帮助学生形成学习动机。
2. 通过创设符合教学内容要求的情境和提示新旧知识之间联系的线索，帮助学生建构当前所学知识的意义。
3. 为了使建构意义更有效，教师应该在可能的条件下组织开展讨论与交流，并对讨论过程进行引导，使之朝着有利于建构知识的方向发展。

学生—主体

1. 用探索法、发现法去建构知识的意义。
2. 在建构意义的过程中主动搜集并分析有关的信息和资料，对所学习的问题提出各种假设并努力加以验证。
3. 把当前学习内容所反映的事物和自己已经知道的事物相联系，并对这种联系加以认真思考。

模拟设计院的教学过程

学习高层建筑设计知识要点并能够熟练地运用，掌握高层建筑方案的设计基本方法，提高面对复杂建筑时的设计能力。

理论课—植入设计课

将一部分专业理论课授课植入课程设计中，解决设计中的主要技术问题以深化设计，形成相对技术设计环节，将单纯知识讲课和单纯设计辅导变为讲授与辅导相结合的方式，“拉通”了专业“理论”和设计“实践”的联系。

设计课—激活理论课

学生在进行设计时能将基础理论课所学到的知识运用到方案设计中，理论课被“激活”，变被动灌输式教学为主动获取型教学，增加学习的兴趣、提高学生的学习热情，让设计方案因得到理论技术支持而得以深化，以取得理论学习和设计实践综合提高的良好效果。

模拟设计院的技术课程

学习高层建筑设计规范的知识点和应用能力，整合其他课程的知识成为一个综合多专业知识的设计：建筑结构知识、建筑构造知识以及建筑设备知识。

模拟工作模式—职业行为体验

“模拟设计院”就是将建筑设计院的工作模式引进建筑设计教学中，按照建筑设计院工作模式来设置的建筑设计情景教学模式。学生通过在模拟设计院的学习可以了解设计院基本工作流程，体验设计院的工作内容、工作流程、管理方式和工作氛围。培养学生的工作计划意识、责任感和合作精神。

培养协同设计—职业能力培养

体验建筑专业，结构专业，水、暖、电等设备专业协同工作模式，以达到同时掌握建筑设计方法、理解结构选型原理、了解设备系统知识的多重教学目标。

模拟设计院的运作模式

模仿设计院的工作程序向学生提供了一个了解设计院基本工作流程的机会培养学生的工作计划意识、责任感和合作精神。

建构主义教学理论指导下的设计教学：酒店设计教案

模拟设计院 教学模式下的职业建筑设计训练

建筑学 · 四年级

运作模式
基础课程
过程控制
阶段成果

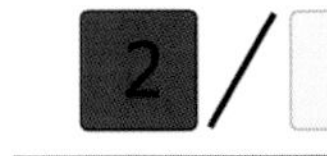

2 / 3

模拟设计院安排

模拟设计院的运作模式

模拟组织结构—设计院的人员建制

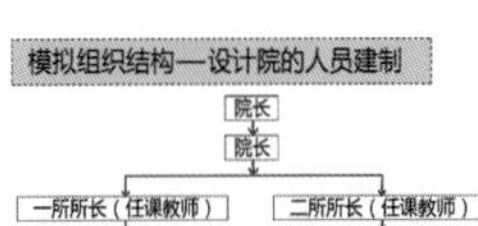

院长
院长
一所所长（任课教师）
所长助理（研究生）
所办公室主任（班长）
设计师（学生）
二所所长（任课教师）
所长助理（研究生）
所办公室主任（班长）
设计师（学生）

模拟设计题目—设计院的真实工程

在设计最终完成之后，学校会邀请设计院的资深工程师模拟甲方，为学生点评设计方案，给学生提出宝贵的建议，并指出错误。

模拟工作环境—设计院的空间布局

设计所空间相对独立：
设计师工作区
讨论会议区
讲评区

模拟工作模式—设计院的工作程序

每个投标小组由3~6个成员组成，共同完成一个设计题目。统一按照自定的时间表逐步完成设计，与设计院的工作模式相仿。让学生提前了解设计院的工作模式，并在学习中逐步掌握设计院的工作节奏。

模拟管理制度—设计院的规章制度

严格遵守设计院规章制度，不迟到不早退，每天按时完成当日工作量，坚决按照自定的时间表完成工作进度，达到最后的设计目的。

模拟设计院的技术课程

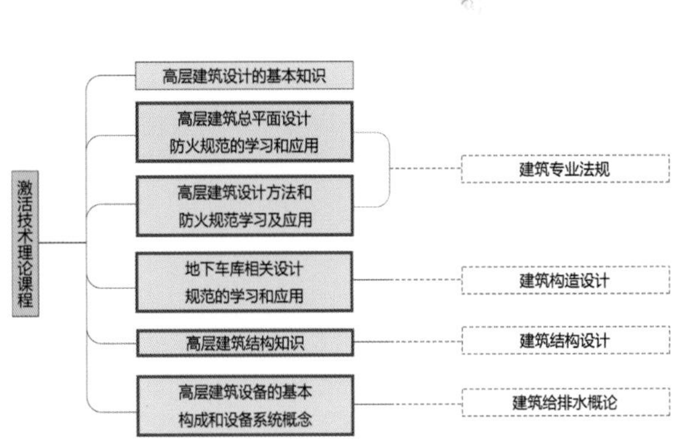

激活技术理论课程
高层建筑设计的基本知识
高层建筑总平面设计
防火规范的学习和应用
高层建筑设计方法和
防火规范学习及应用
地下车库相关设计
规范的学习和应用
高层建筑结构知识
高层建筑设备的基本
构成和设备系统概念
建筑专业法规
建筑构造设计
建筑结构设计
建筑给排水概论

模拟设计院的教学过程

教学全过程的“模拟设计院”控制体系

设计院的模拟	所长：教师	教学组织与安排	阶段	学习阶段与内容	设计师：学生	职业技能的训练
设计院专家总工参与	实地调查、大课讲授 	1. 开题与前期调研准备。 2. 高层建筑设计原理授课。 3. 介绍整体项目背景与基地周边状况，组织学生现场实地调研，体验整个基地环境、道路用地状况，发现整个项目面临的问题，以此为设计依据。	招标：开题与前期调研阶段	1. 阅读任务书，了解设计课程与整个项目的内容。 2. 通过检索和查阅相关的经典案例与理论，作出书面分析。 3. 现场调研，观察整个场地的基本现状，发现有价值的问题，分析场地现有道路交通，场地肌理与区位等实际问题，整合出调研报告，制作 PPT 进行调研汇报。	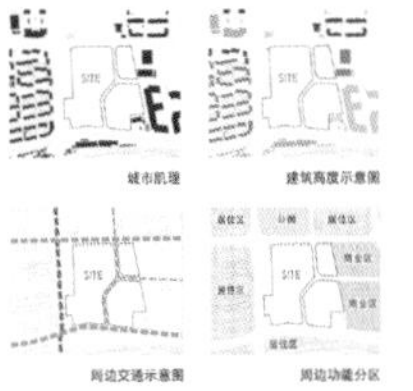 资料收集、调研汇报	职业合作能力的训练
模拟设计院项目竞标	模型探讨、阶段评图 	1. 介绍高层建筑的基本规范与设计中可能出现的问题。组织学生讨论前期调研成果，引导学生从问题入手，确定设计的整体构思。布置学生进行一草设计。 2. 讲评草图。 3. 指出草图的问题，提供解决的基本思路，并对优点给予肯定。组内进行讨论，交换意见。	读标：一草及城市设计阶段	1. 构思出方案的基本方向，结合调研与汇报中提到的实际问题，从问题出发进行一草设计。 2. 确定立意之后进行草模的制作，并进一步推敲。	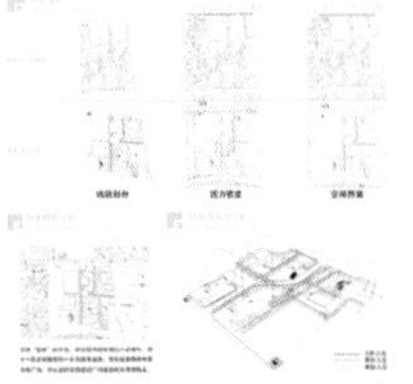 草模推敲、城市设计	职业分析能力的训练
模拟设计院协同设计	专题授课、现场讲解 	1. 集中讲评，针对每个学生的方案进行具体的分析。 2. 组内进行讨论，吸取每个组员方案的优点，最终设计出三草。 3. 邀请相关专业专家技术专题授课，建筑现场调研，参观讲解。	解标：二草及专题学习阶段	1. 小组讨论推进整体方案设计，拟定方案的基本框架和整体的时间安排，结合每个人的优势，分工合作。 2. 完成功能及技术的应用，并且解决各自方案的结构难点。 3. 绘制分析图与表现图，并向老师请教最佳表现手法的运用。	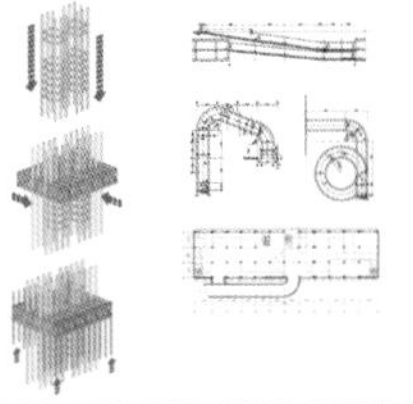 专题学习、技术攻关	职业技术能力的训练
模拟设计院管理制度	所长指导、所内交流 	1. 进一步帮助学生理清设计思路，完善表达逻辑，对设计做局部调整。 2. 指导学生进行正图设计与绘制。	竞标：深入设计及制图阶段	1. 绘制总平面图及其他分析图。 2. 从整体出发，结合城市和地块特点等不同角度，优化方案设计，对场地景观、道路交通、公共空间进行完善。 3. 整合整体工作成果，完善各个细部，梳理整体图纸的表达，最终排版，按教学计划完成全部图纸。	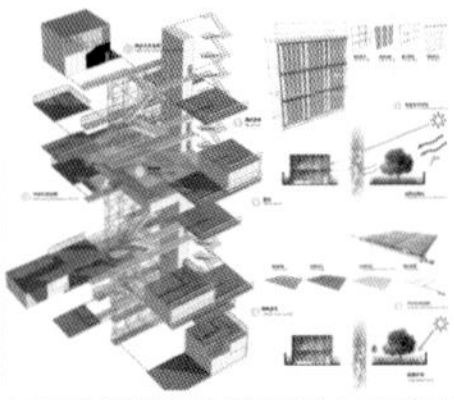 深入设计、正图绘制	职业表达能力的训练
模拟设计院设计程序	专家评标、交流总结 	1. 公开答辩评图，总结教学情况，沙龙公开讲评。 2. 教师填写评语，总结学生工作。 3. 学生优秀作品统一展示，并请外校学生参观。	述标：多方点评及交流阶段	1. 准备成果答辩，向老师及外校评委汇报。 2. 总结自身作品优缺点并在接下来的学习工作中加以提高。 3. 在自我总结之后尝试对他人作品进行总结，并吸取同学的优点，从而全方位提高自身的专业课能力。	 模拟述标、交流总结	职业设计能力的训练

城市肌理　建筑高度示意图　周边交通示意图　周边功能分区

建构主义教学理论指导下的设计教学：酒店设计教案

模拟设计院 教学模式下的职业建筑设计训练

建筑学 · 四年级

教学评价
作业摘选
教学反馈
教学反思

教学成果展示

专题设计教学展示

新颖的结构与造型设计

设计中大胆探索新的建筑结构形式带来的新颖造型，结构经过充分推敲和精确计算，整体效果较好。

设计深度充足，外观设计与结构体系相辅相成，细节处理细致入微，图面表达兼具清晰准确与美观的双重标准，并为建筑、结构体系及与场地关系提供了新的可能。

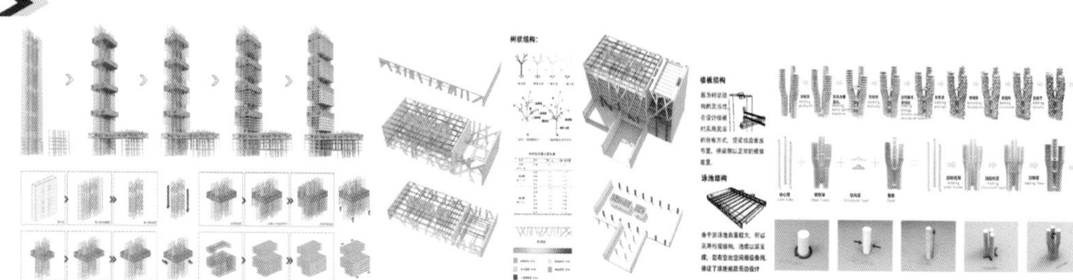

深入的绿色生态设计

设计很好地体现出学生对于生态设计及可持续发展的细致研究与合理应用。建筑与自然融合，无论是内部的垂直花园，还是外部的仿生造型，都尽可能做到了绿色生态。

设计中建筑整体都与自然生态紧密结合。根据建筑内外的不同要求，分别加以设计。

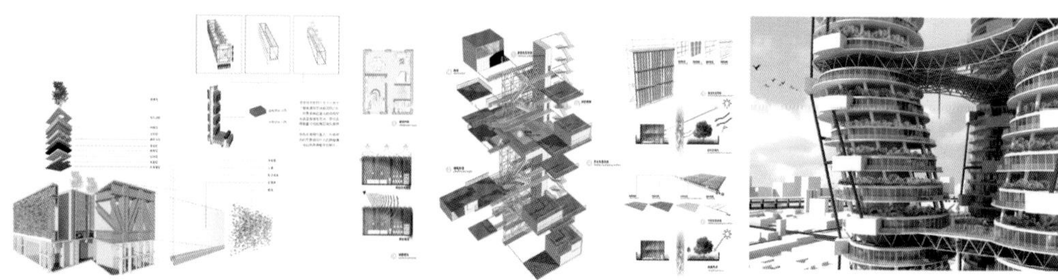

创新的应用技术设计

设计充分表现出学生设计时在技术创新方面思维的广度和深度。学生本着“可持续发展”这一原则，对建筑未来的发展前景进行了大量的设想。

对应用技术设计深入，在对现有技术选择应用的基础上，根据设计的需求进行了大胆的创新，且从多方面对其创新的可实施性作出设想和解析。

问题：裙房做成完全架空，结构如何实现？

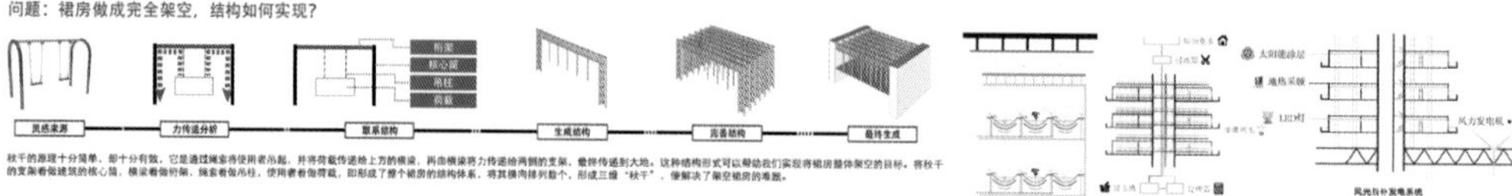

问题：客房部的悬挑形式，结构如何实现？

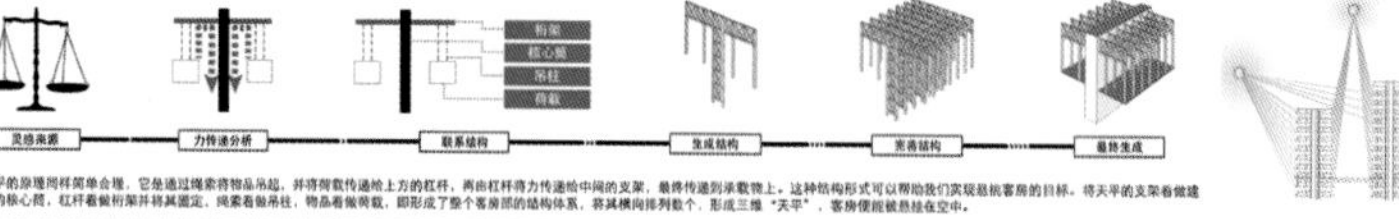

扎实的技术基础设计

设计充分表现出学生设计时在城市设计、防火规范、地下车库设计、设备、构造等各个技术基础方面扎实的、严肃的设计内容。

在设计过程中，教师充分把控、引导，学生积极深入学习、应用。很好地将基础技术理论知识与方案设计融合到一起，较好地解决了复杂功能与形式、技术、艺术等因素的协调问题。

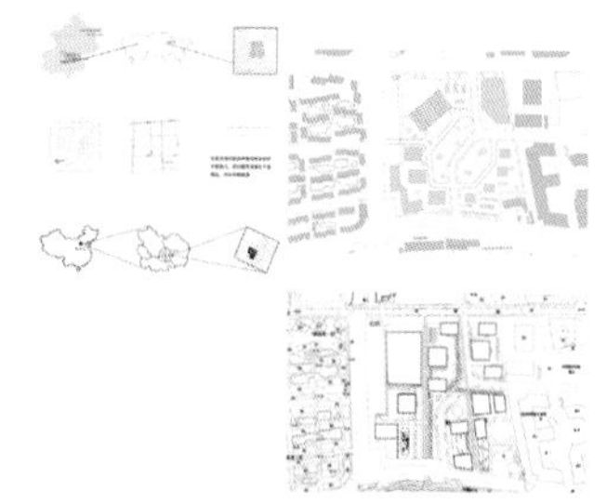

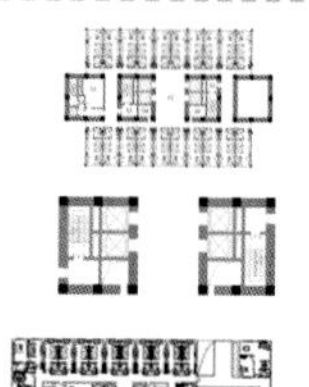

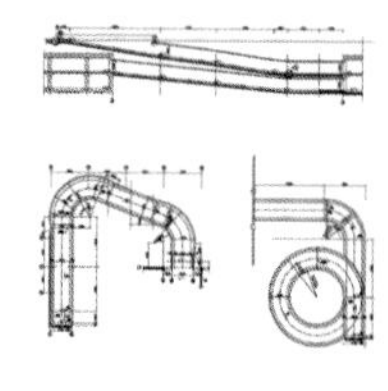

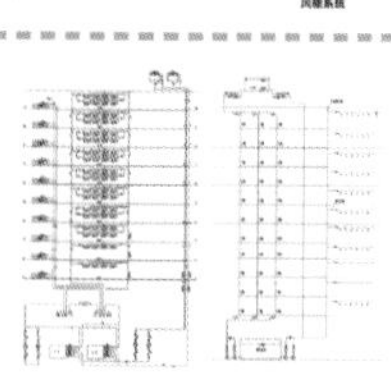

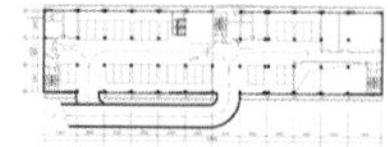

学生评价

1. 通过模拟设计院的教学模式，体验设计院的工作状态，体验了团队合作的工作模式。
2. 做真实方案可以产生巨大的压力和动力，兴趣浓厚，研究性和探索性强。
3. 阶段性成果要求明确，学习收获大。
4. 严格按照工作计划推进，工作有条不紊，培养了良好的工作习惯。
5. 既学习了知识，同时又锻炼了工作能力。
6. 通过团队合作，增强团队意识和团队凝聚力，提高团队战斗力。

成果收获与教学反思

启发创作型教学模式

1. 建立学生独立自主的创作模式。
2. 通过积极鼓励激发学生自由创作热情。
3. 教师调整设计教学沟通方式，创造师生互信、平等讨论的学习模式。
4. 将设计过程变成一个学生发现并享受快乐的过程。推行“启发创作型”教学模式是一个教学模式转型过程，需要长期坚持不断推进。

多课程拉通整合与激活

实现大四综合提高的教学目标。整合技术理论课程进入设计课堂，综合多专业知识进行深入设计；建筑结构课、建筑构造课、建筑设备等，技术理论课与设计课形成良性互动支持。

要推广多课程联合教学还需要进行课程设置综合调整，教学计划调整幅度比较大，有一定的操作难度。

强化设计过程与环节控制

通过设计的过程环节控制来保证教学质量，将整个设计过程分为若干个单元，分阶段按要求完成并提交设计成果，保证教学目标的实现。

强化设计过程环节控制与学生独立自主创作学习模式还有一定的冲突，有待于进一步深入研究。

成果展示

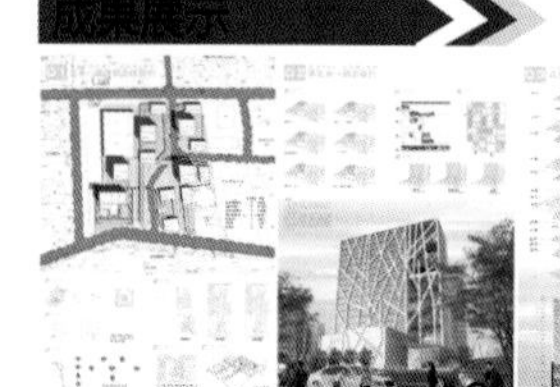

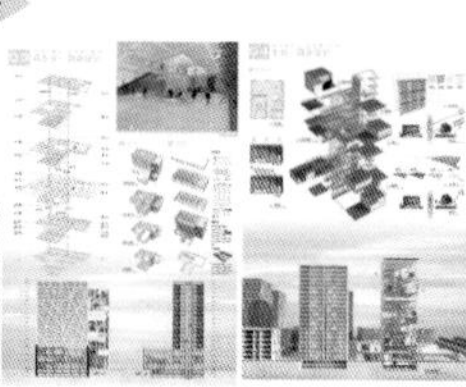

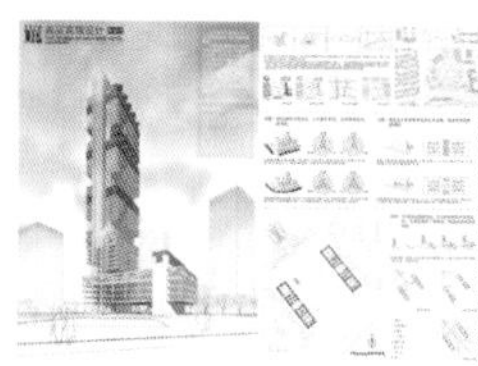

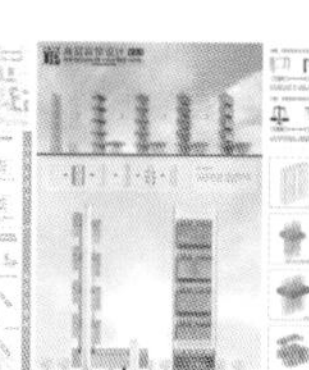

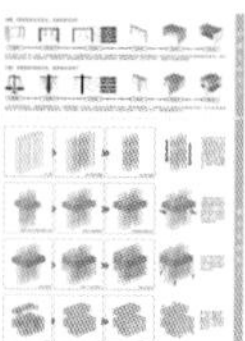

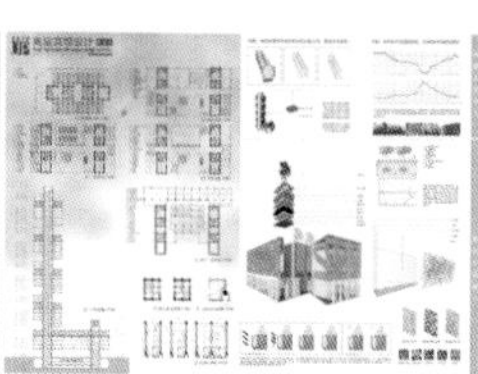

优秀学生作品

建筑与城市设计：城市设计
建筑与城市设计：高层建筑
建筑与城市设计：住区规划
建筑与城市设计：社区图书馆
建筑与城市设计：古建筑木作技术

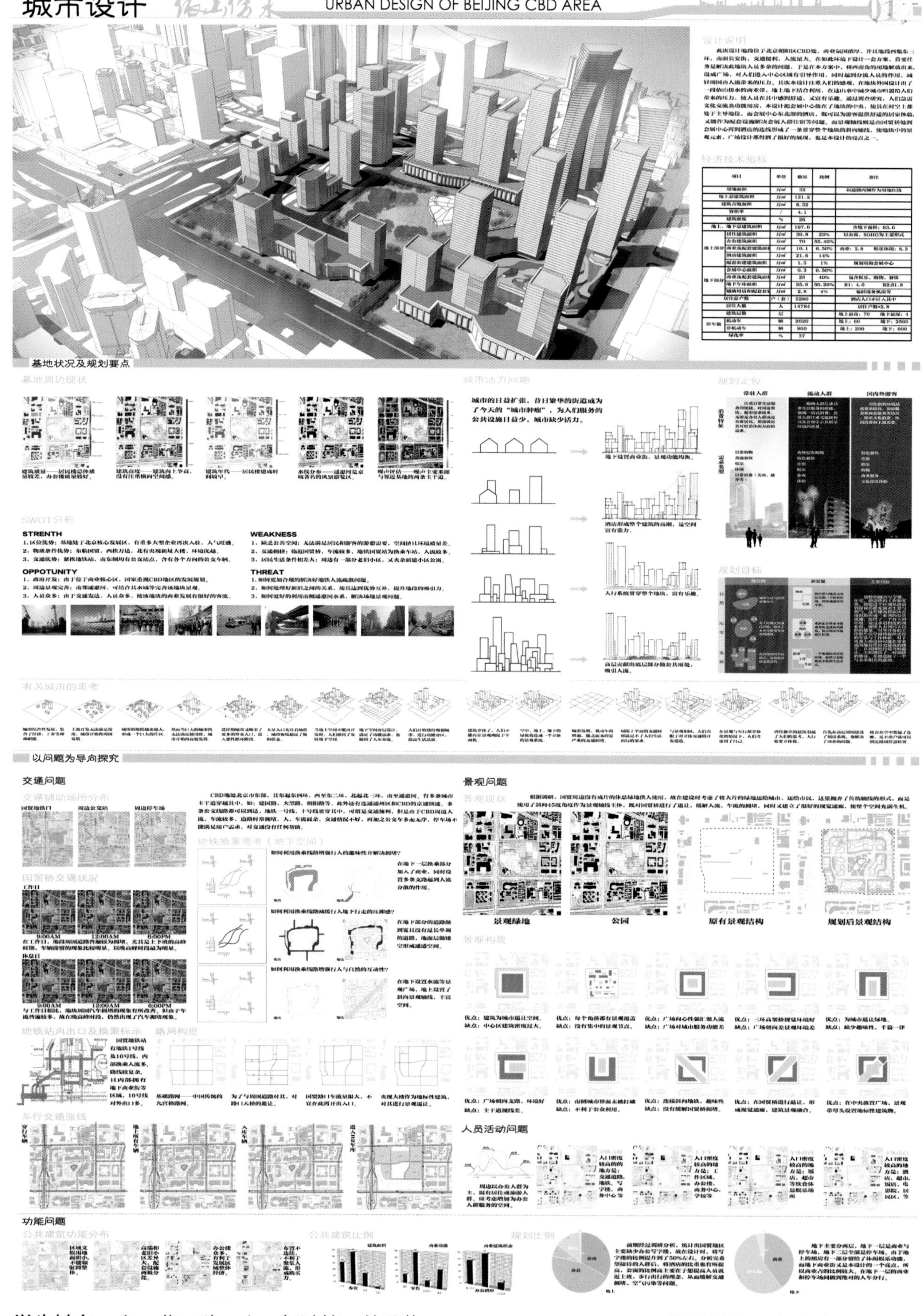

城市设计“依山傍水”
北京市CBD核心区设计
URBAN DESIGN OF BEIJING CBD AREA
01
设计说明
经济技术指标
基地状况及规划要点
基地周边现状
城市活力问题
规划定位
SWOT分析
STRENGTH
WEAKNESS
OPPOTUNITY
THREAT
规划目标
有关城市的思考
以问题为导向探究
交通问题
交通辅助场所分布
国贸桥交通状况
地铁换乘思考（地下空间）
地铁站内出口及换乘标示
路网构想
车行交通流线
景观问题
景观现状
景观地
公园
原有景观结构
规划后景观结构
景观构想
人员活动问题
功能问题
公共建筑功能分布
公共建筑比例
规划比例

学生姓名：和　莎　孙　山　杨鸿毓　林弘伟

指导教师：卜德清　王小斌

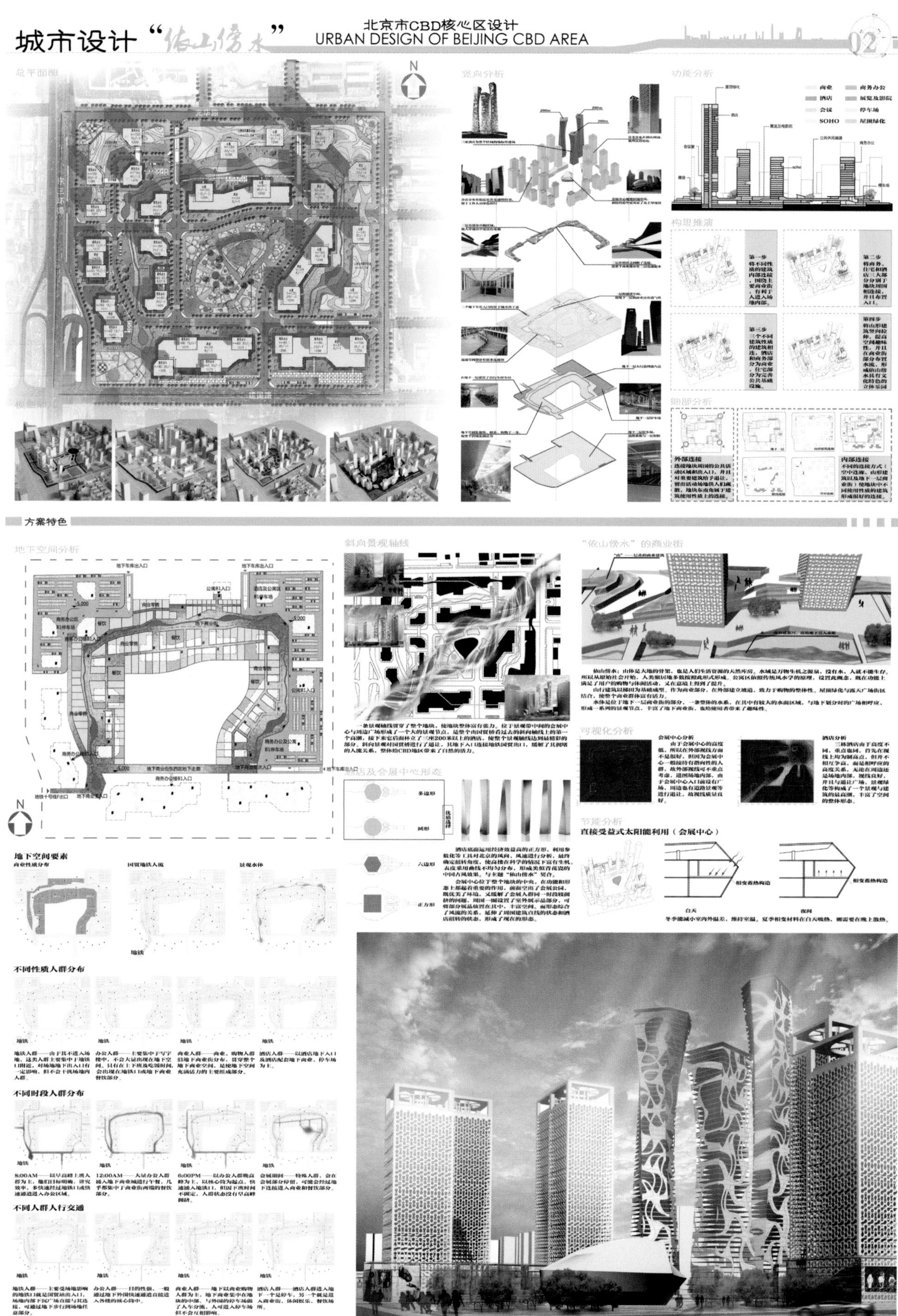
城市设计"依山傍水"
北京市CBD核心区设计
URBAN DESIGN OF BEIJING CBD AREA
02
总平面图
竖向分析
功能分析
构思推演
细部分析
方案特色
地下空间分析
斜向景观轴线
"依山傍水"的商业街
可视化分析
节能分析
直接受益式太阳能利用（会展中心）
地下空间要素
不同性质人群分布
不同时段人群分布
不同人群入行交通

学生姓名：和 莎 孙 山 杨鸿毓 林弘伟　　指导教师：卜德清 王小斌

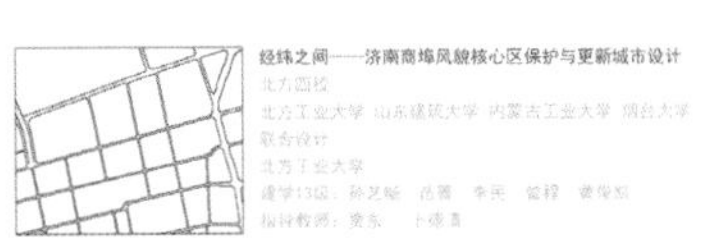

经纬之间——济南商埠风貌核心区保护与更新城市设计

北方四校

北方工业大学 山东建筑大学 内蒙古工业大学 烟台大学

联合设计

北方工业大学

建学13级：孙艺畅 苗菁 李民 曾程 黄俊凯

指导教师：贾东 卜德清

壹 01

第一部分 前期调研与城市设计

第二部分 地块模式

第三部分 地块故事与愿景展望

第四部分 整体轴测

第一部分 前期调研与城市设计 PART 1 Preliminary Research and Urban Design

1.1 济南商埠区的形成 1.1 Formation of Jinan Shangbu District

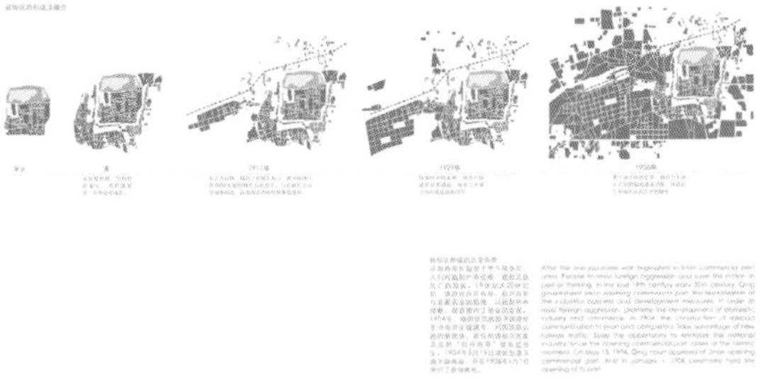

1.2 二十世纪的衍进 1.2 Transition during 20th Century

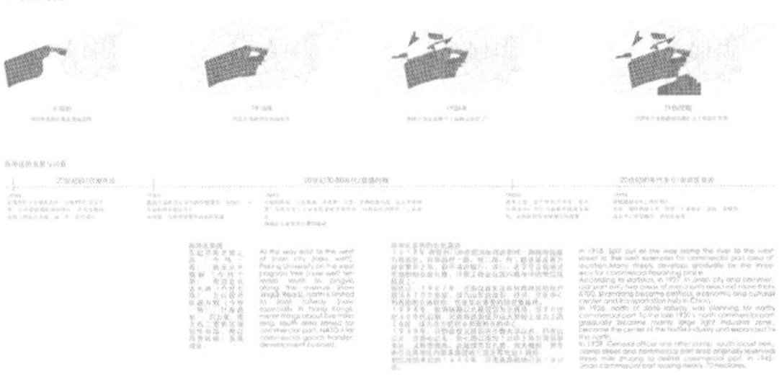

1.3 济南商埠区的基本现状——整体风貌 1.3 Current Situation - Overall Scene

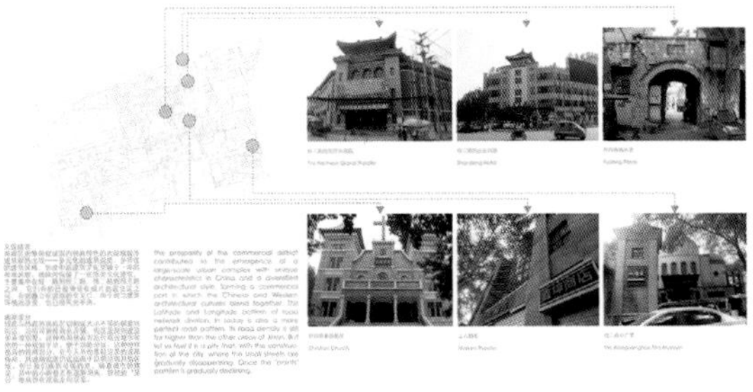

1.4 上位规划 1.4 Master Planning

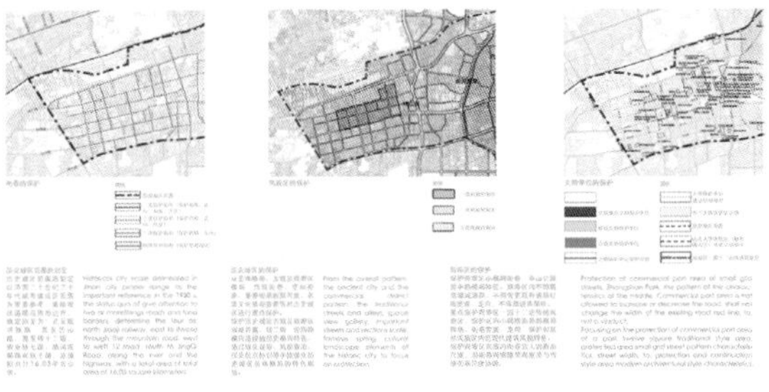

1.5 三维城市形态 1.5 Urban Form in Three Dimension

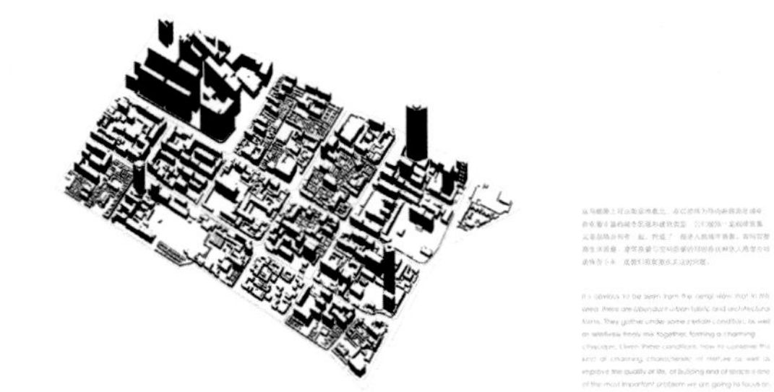

1.6 建成年代 1.6 Built Time

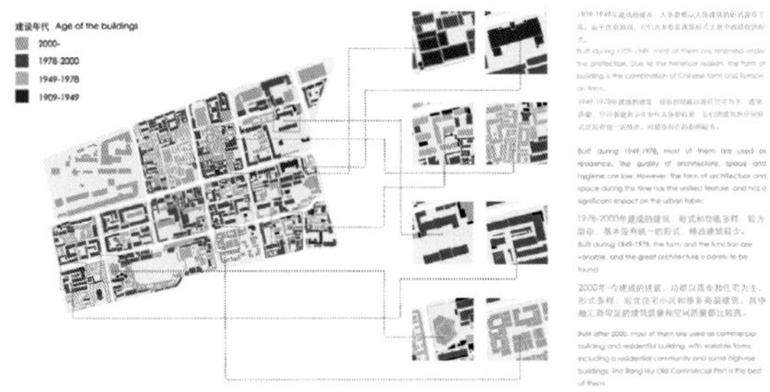

建设年代 Age of the buildings

2000-

1978-2000

1949-1978

1909-1949

1.7 巷陌空间 1.7 Streets and Alleys

1.8 主街道分析——纬三路 1.8 Main Street Analysis - Lat. 3 Road

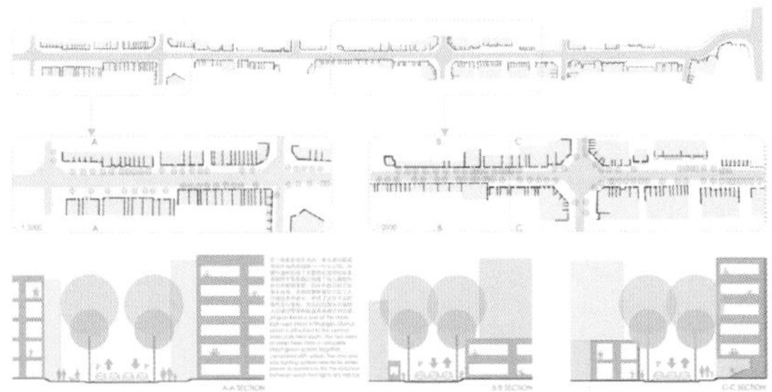

A-A SECTION

B-B SECTION

C-C SECTION

1.9 分阶段实施 1.9 Phased Impletation

1.10 城市设计概念 1.10 Urban Design Concept

学生姓名： 孙艺畅 苗 菁 李 民 曾 程 黄俊凯

指导教师： 贾 东 卜德清

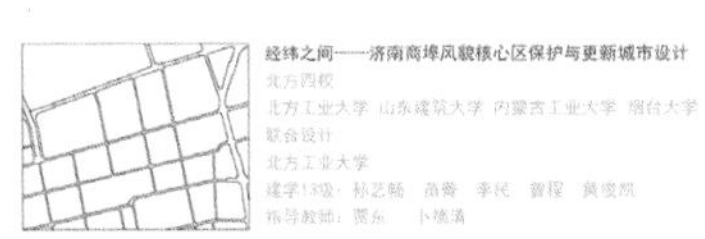

经纬之间——济南商埠风貌核心区保护与更新城市设计

北方四校

北方工业大学 山东建筑大学 内蒙古工业大学 烟台大学

联合设计

北方工业大学

建学13级：孙艺畅　苗菁　李民　曾程　黄俊凯

指导教师：贾东　卜德清

贰 02

第一部分 前期调研与城市设计
第二部分 地块模式与设计研究
第三部分 地块故事与愿景展望
第四部分 整体轴测

第二部分 地块模式与设计研究
2.1 历史建筑的保护

PART 2 Plot Pattern and Design Research
2.1 Preservation of Historical Buildings

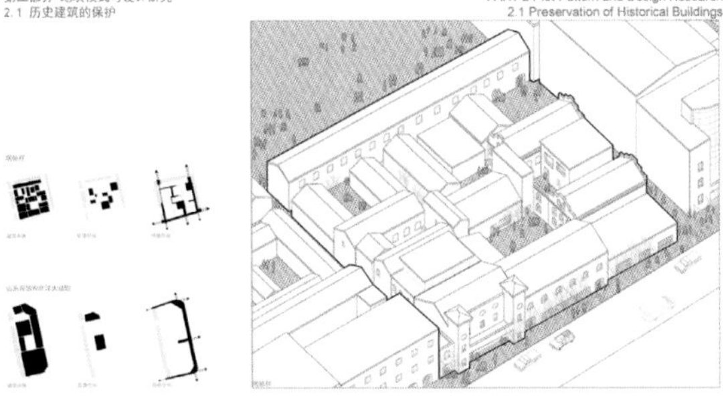

第二部分 地块模式与设计研究
2.2 巷径空间的保护

PART 2 Plot Pattern and Design Research
2.2 Preservation of Street-Alley Space

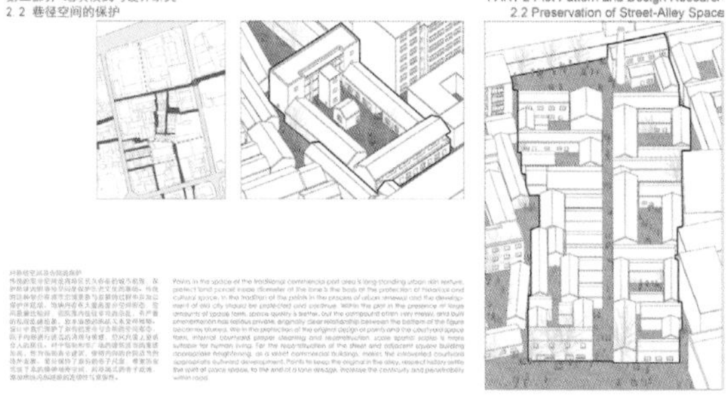

第二部分 地块模式与设计研究
2.3 物理边界

PART 2 Plot Pattern and Design Research
2.3 Physical Boundary

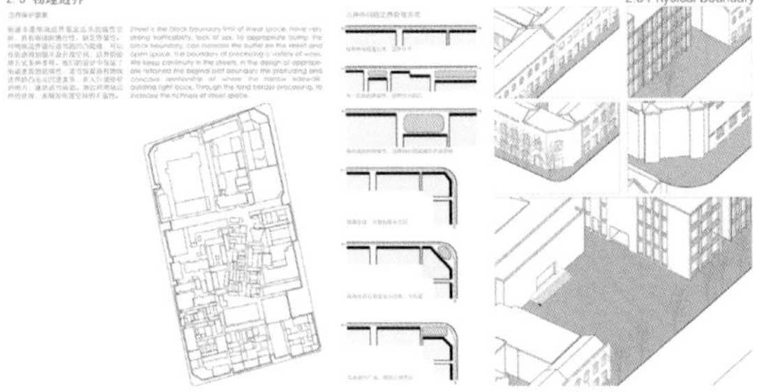

第二部分 地块模式与设计研究
2.4 公共支撑体系

PART 2 Plot Pattern and Design Research
2.4 Public Facilities

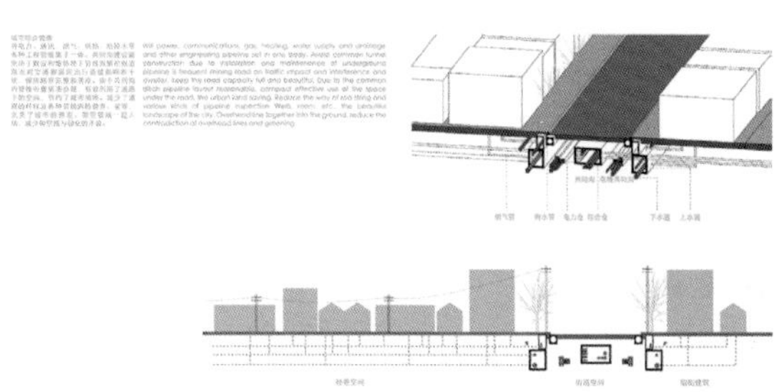

第二部分 地块模式与设计研究
2.5 建筑类型 -1

PART 2 Plot Pattern and Design Research
2.5 Building Typology- 1

第二部分 地块模式与设计研究
2.6 建筑类型 -2

PART 2 Plot Pattern and Design Research
2.6 Building Typology- 2

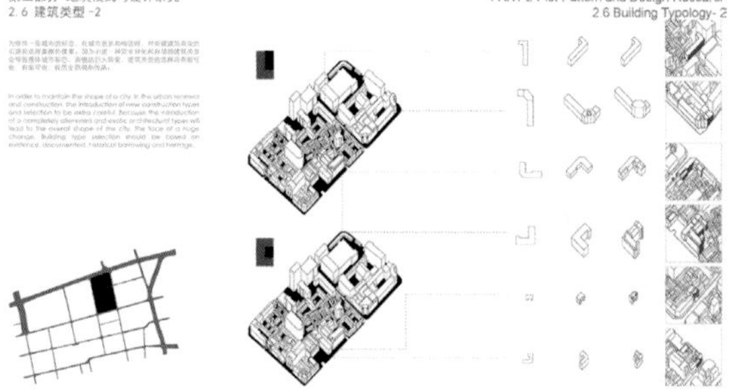

第二部分 地块模式与设计研究
2.7 设计过程

PART 2 Plot Pattern and Design Research
2.7 Design Process

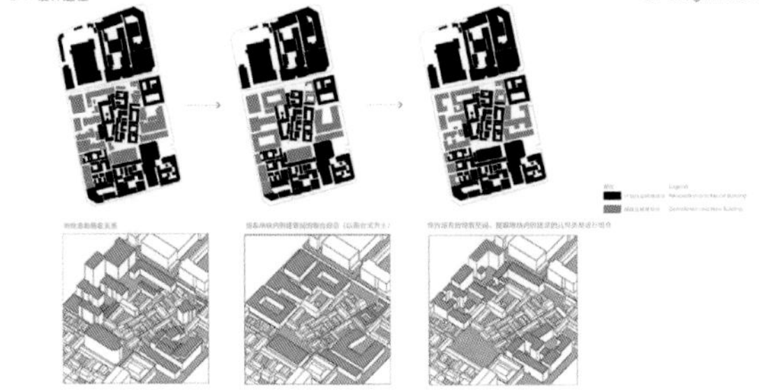

第二部分 地块模式与设计研究
2.8 设计愿景

PART 2 Plot Pattern and Design Research
2.8 Design Vision

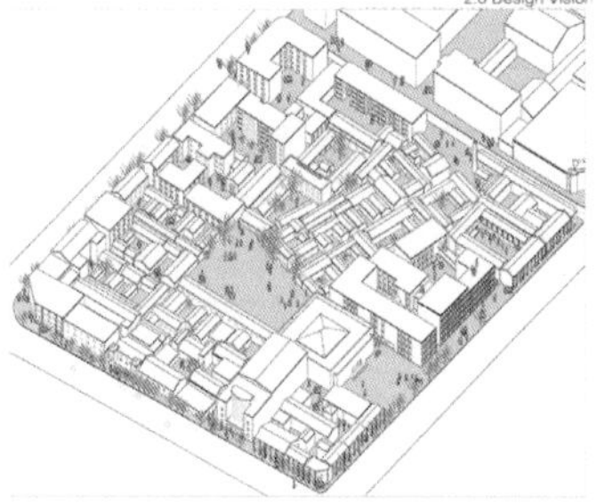

第二部分 地块模式与设计研究
2.9 高度控制

PART 2 Plot Pattern and Design Research
2.9 Height Control

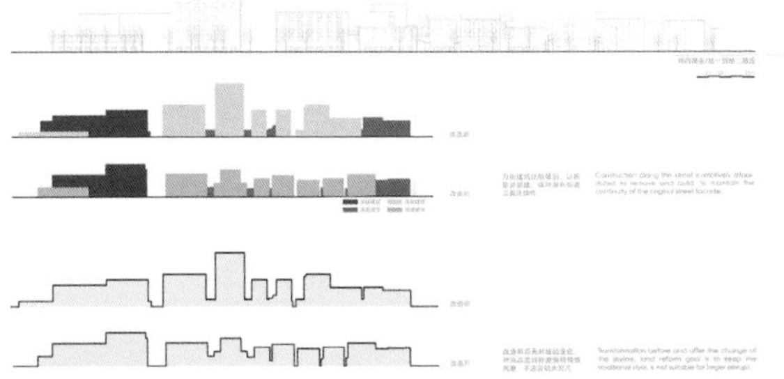

第二部分 地块模式与设计研究
2.10 分阶段实施

PART 2 Plot Pattern and Design Research
2.10 Phased Impletation

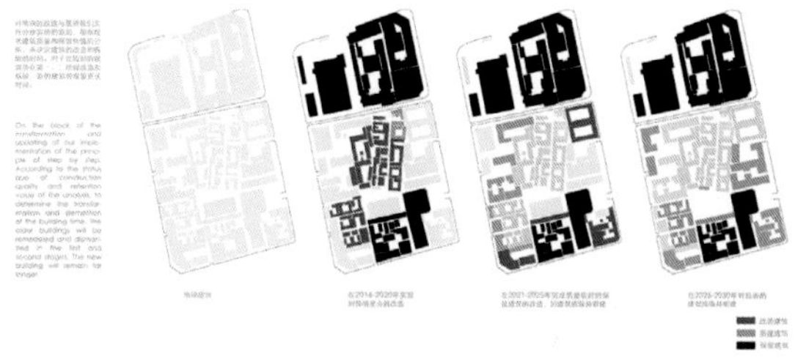

学生姓名：孙艺畅　苗　菁　李　民　曾　程　黄俊凯

指导教师：贾　东　卜德清

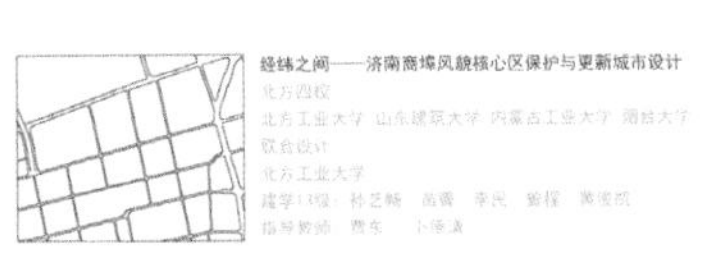
经纬之间——济南商埠风貌核心区保护与更新城市设计
北方四校
北方工业大学 山东建筑大学 内蒙古工业大学 烟台大学
联合设计
北方工业大学
建学13级：孙艺畅 苗青 李民 曾程 黄俊凯
指导教师：贾东 卜德清

叁03

第一部分 前期调研与城市设计
第二部分 地块模式与设计研究
第三部分 地块故事与愿景展望
第四部分 整体轴测

第三部分 地块故事与愿景展望 PART 3 Plot Story and Design Vision
3.1 火车故事 商埠之窗 3.1 The Story of Station, the window of Shangbu

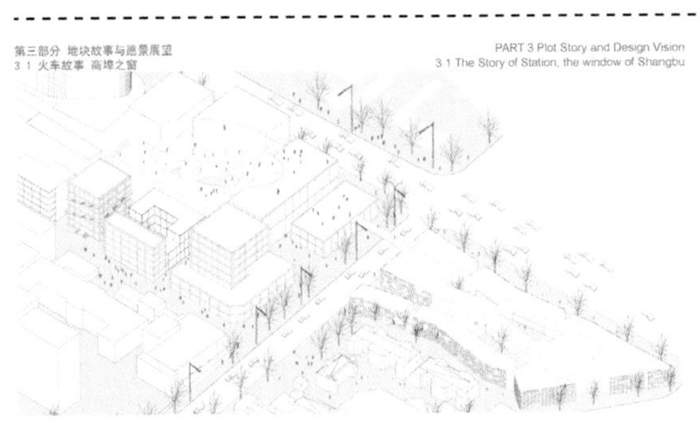

第三部分 地块故事与愿景展望 PART 3 Plot Story and Design Vision
3.2 北洋旧厂 曲艺新园 3.2 The Story of Old Theatre, the Garden of New Art

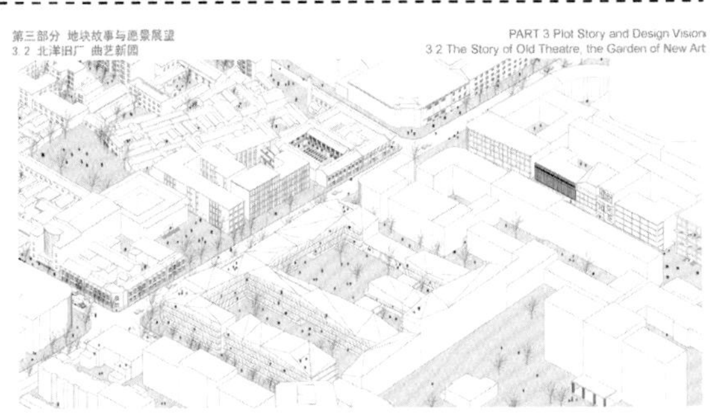

第三部分 地块故事与愿景展望 PART 3 Plot Story and Design Vision
3.3 斜街饕餮 民俗荟萃 3.3 The Street of Food and Folk Art

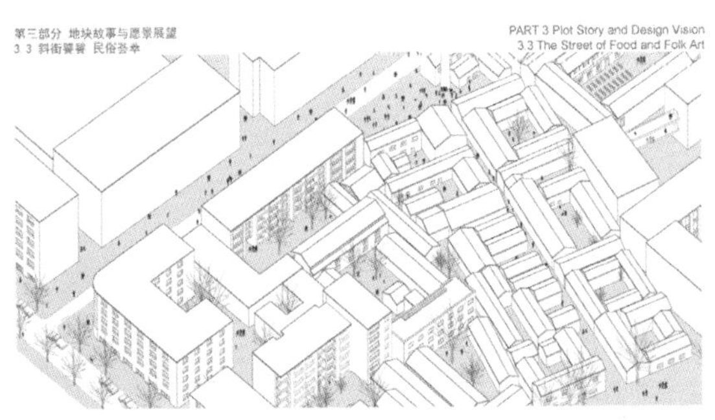

第三部分 地块故事与愿景展望 PART 3 Plot Story and Design Vision
3.4 合院改造 3.4 The Transformation of Courtyerd Housing

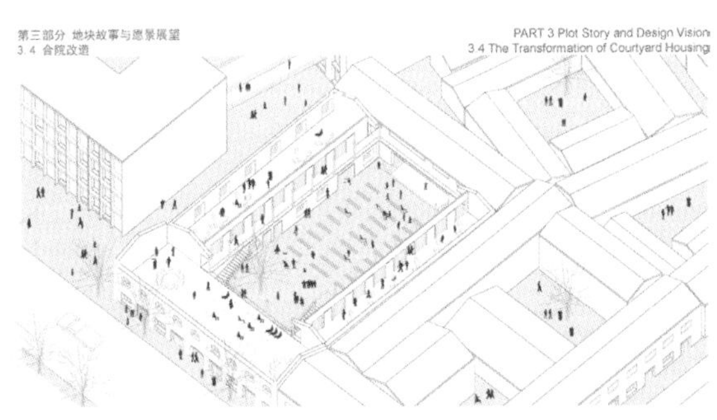

第三部分 地块故事与愿景展望 PART 3 Plot Story and Design Vision
3.5 万紫千红 市集之美 3.5 The Colorful Life of Wanzi Alley

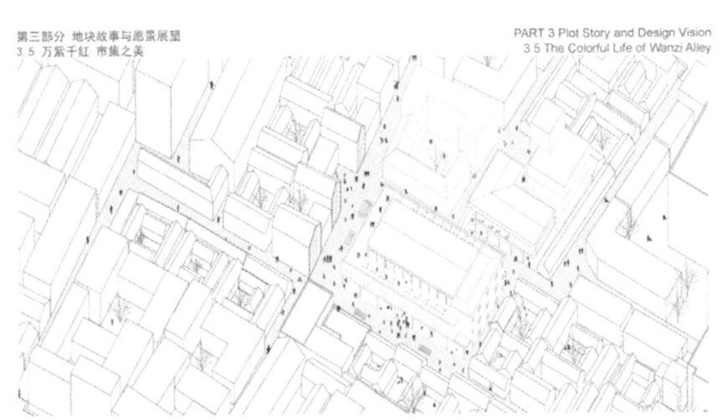

第三部分 地块故事与愿景展望 PART 3 Plot Story and Design Vision
3.6 六合顺巷 生活之乐 3.6 The Six Alley with Joyful Life

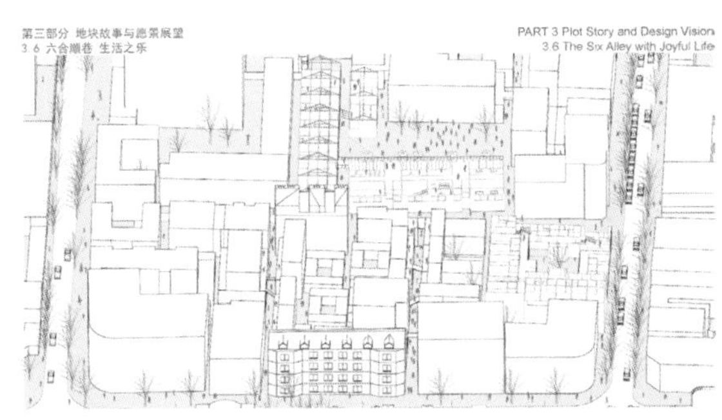

第三部分 地块故事与愿景展望 PART 3 Plot Story and Design Vision
3.7 设计模型-1 3.7 Design Model-1

第三部分 地块故事与愿景展望 PART 3 Plot Story and Design Vision
3.8 设计模型-2 3.8 Design Model-2

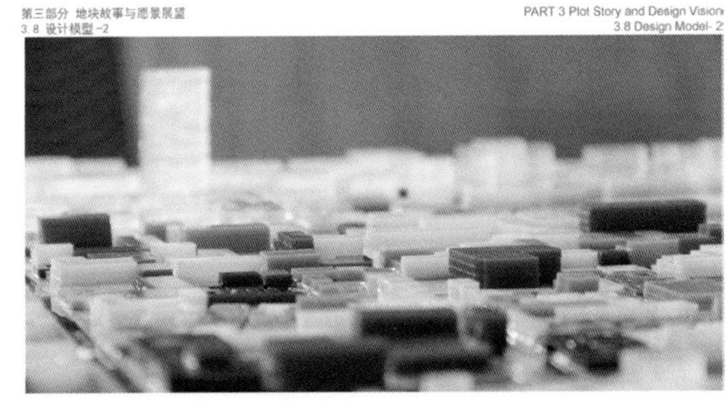

第三部分 地块故事与愿景展望 PART 3 Plot Story and Design Vision
3.9 设计模型-3 3.9 Design Model-3

第三部分 地块故事与愿景展望 PART 3 Plot Story and Design Vision
3.10 设计模型-4 3.10 Design Model-4

学生姓名：孙艺畅 苗 菁 李 民 曾 程 黄俊凯　　**指导教师：**贾 东 卜德清

经纬之间——济南商埠风貌核心区保护与更新城市设计
北方四校
北方工业大学 山东建筑大学 内蒙古工业大学 烟台大学
联合设计
北方工业大学
建学13级 孙艺畅 苗菁 李民 曾程 黄俊凯
指导教师：贾东 卜德清

肆 04

第一部分 前期调研与城市设计
第二部分 地块模式与设计研究
第三部分 地块故事与愿景展望
第四部分 整体轴测

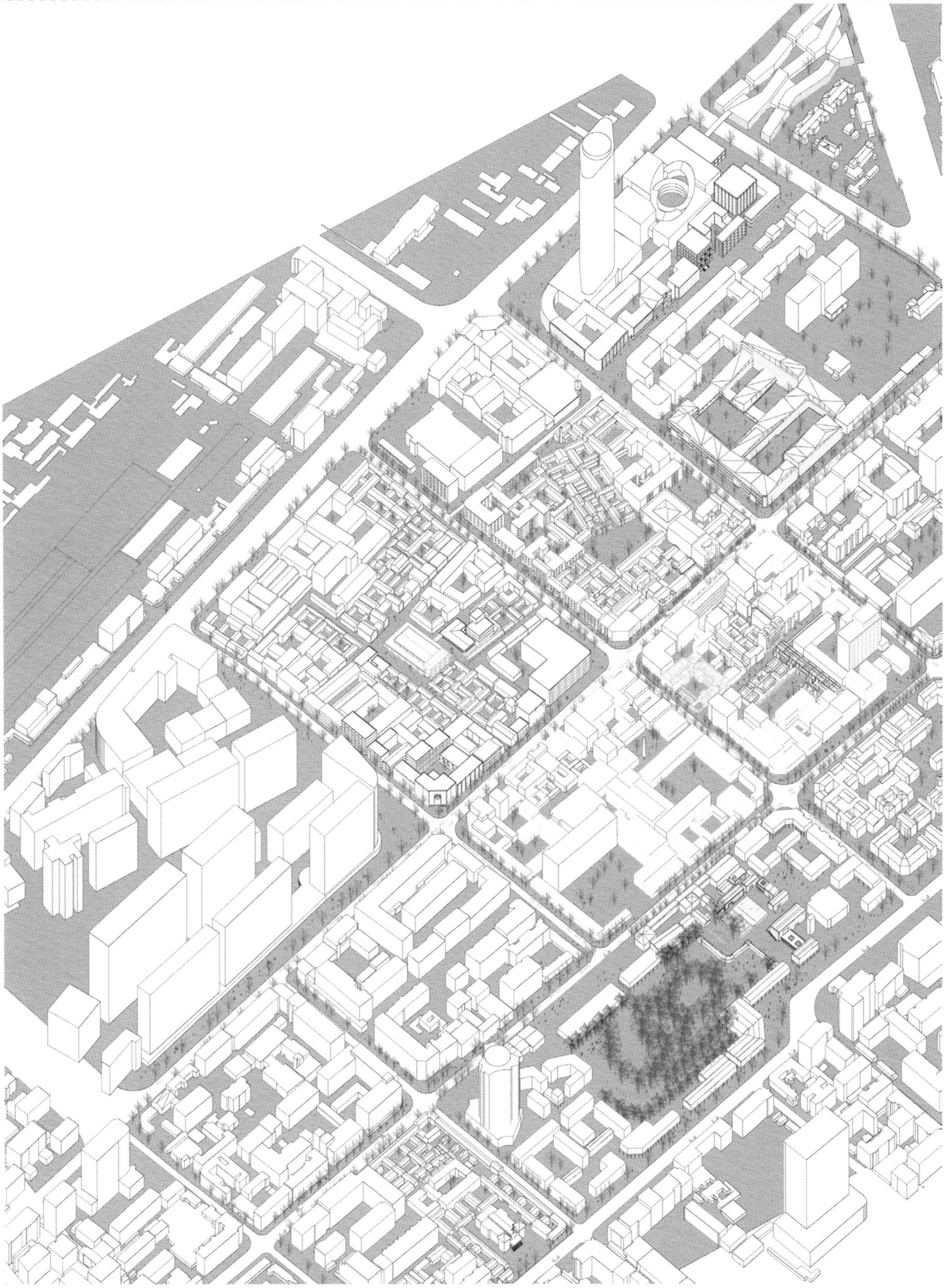

学生姓名：孙艺畅 苗 菁 李 民 曾 程 黄俊凯　　**指导教师：**贾 东 卜德清

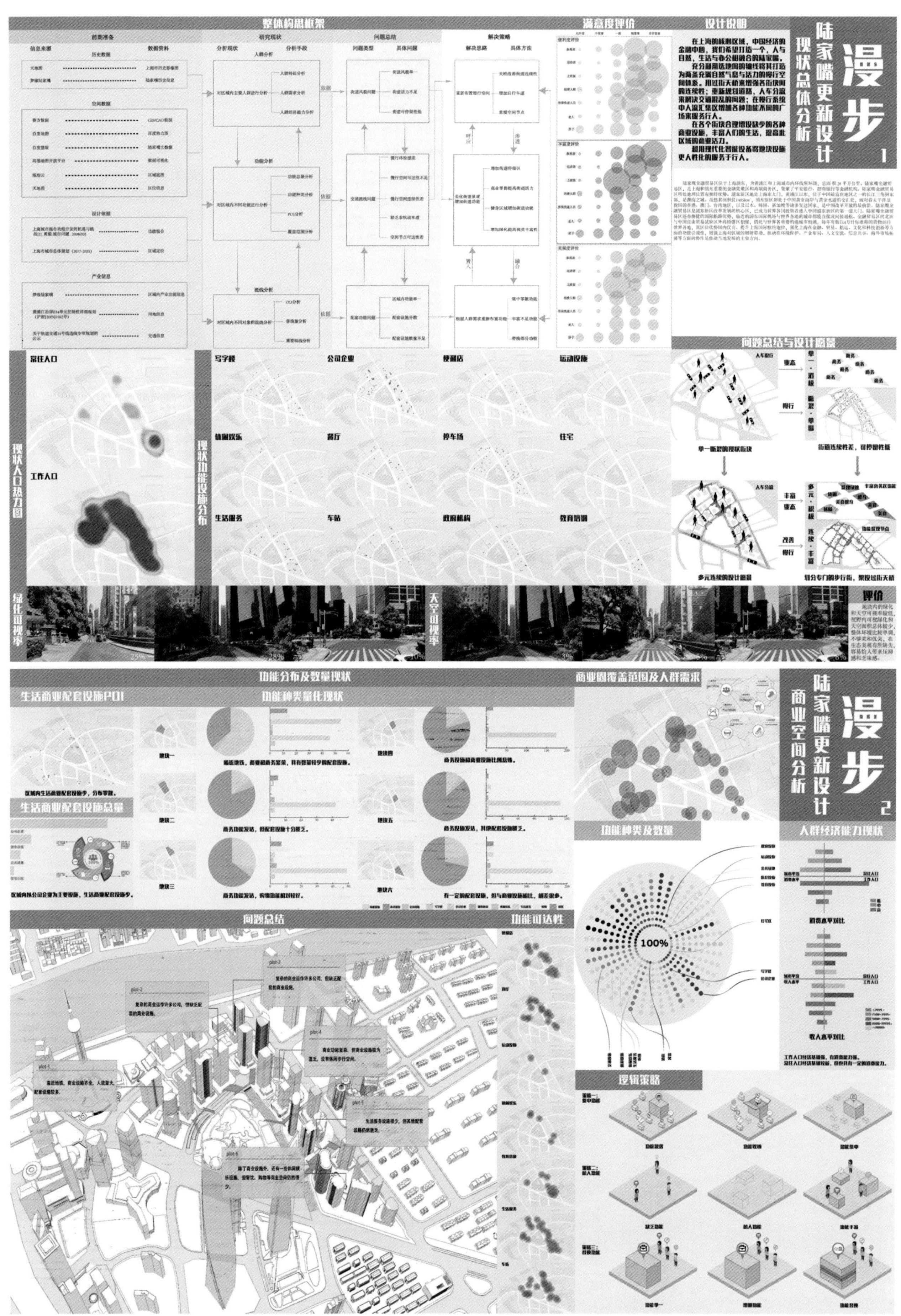
整体构思框架
满意度评价
设计说明
陆家嘴更新设计
现状总体分析
漫步
1
在上海的核心区域，中国经济的金融中心，我们希望打造一个，人与自然，生活与办公相融合的陆家嘴。
充分利用既有的轴线将其打造为商务充满自然气息与活力的慢行空间体系。用过街天桥来增强各街块间的连续性；更新现状道路，人车分流来解决交通混乱的问题；在慢行系统中人流汇集区增加各种功能不同的广场来服务行人。
在各个街块合理增设缺少的各种商业设施，丰富人们的生活，提高街区域的商业活力。
利用现代化智能技术将地块设施更人性化的服务于行人。
问题总结与设计愿景
现状人口热力图
常住人口
工作人口
现状功能设施分布
写字楼
公司企业
便利店
运动设施
休闲娱乐
餐厅
停车场
住宅
生活服务
车站
政府机构
教育培训
绿化可视率
天空可视率
评价
功能分布及数量现状
生活商业配套设施POI
功能种类量化现状
商业圈覆盖范围及人群需求
陆家嘴更新设计
商业空间分析
漫步
2
生活商业配套设施总量
功能种类及数量
人群经济能力现状
问题总结
功能可达性
逻辑策略
100%

学生姓名：张　岩　王清妍　金　童　李泓铮　　　　指导教师：卜德清　胡　燕

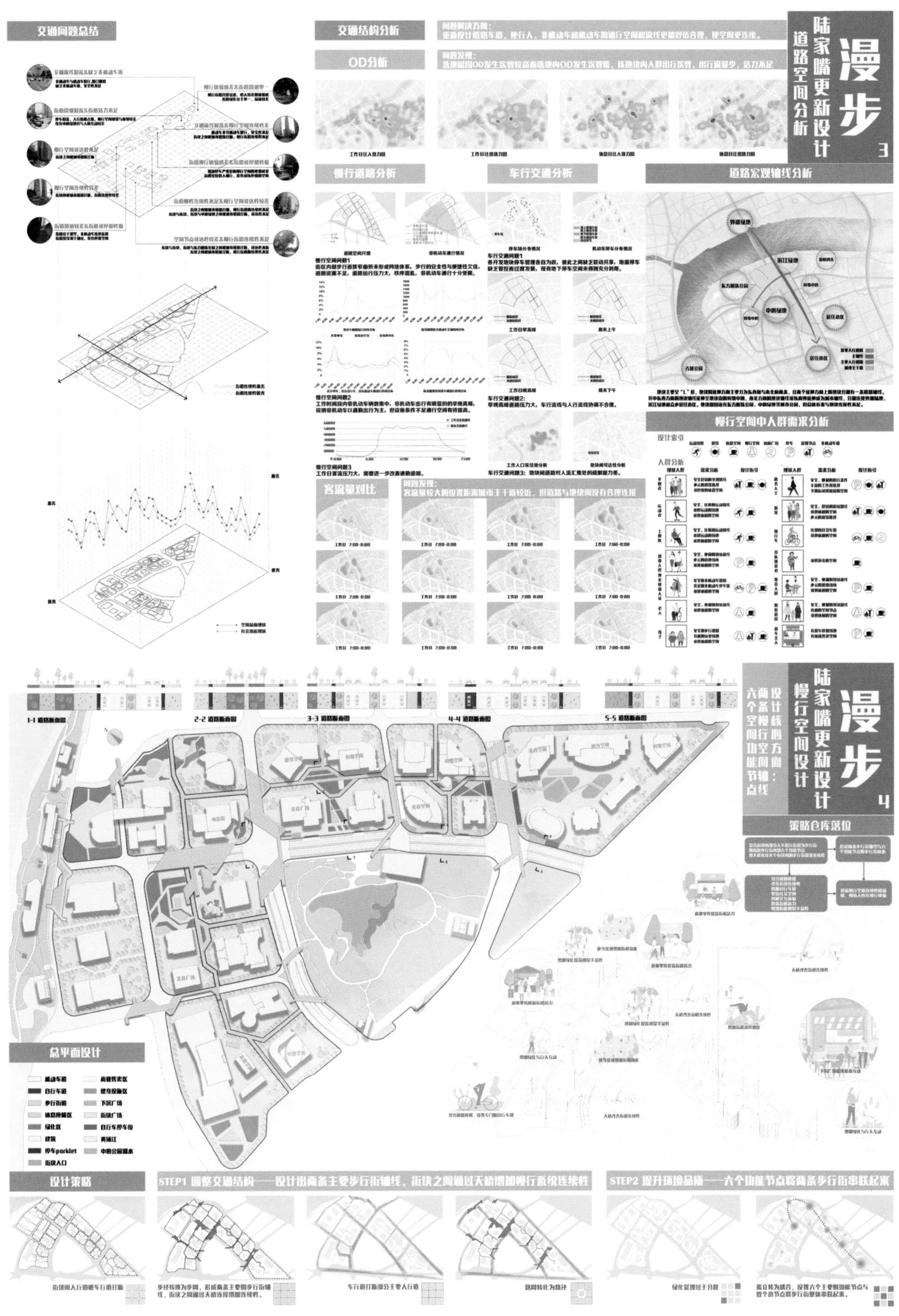

交通问题总结
交通结构分析
OD分析
慢行道路分析
车行交通分析
道路宏观轴线分析
客流量对比
慢行空间中人群需求分析
陆家嘴更新设计
道路空间分析
漫步
3
陆家嘴更新设计
慢行空间设计
设计核心轴线：两条慢行空间轴+六个功能节点
漫步
4
策略仓库落位
总平面设计
设计策略
STEP1 调整交通结构——设计出两条主要步行街轴线，街块之间通过天桥增加慢行系统连续性
STEP2 提升街道品质——六个功能节点将两条步行街串联起来
1-1 道路断面图
2-2 道路断面图
3-3 道路断面图
4-4 道路断面图
5-5 道路断面图

学生姓名：张　岩　王清妍　金　童　李泓铮

指导教师：卜德清　胡　燕

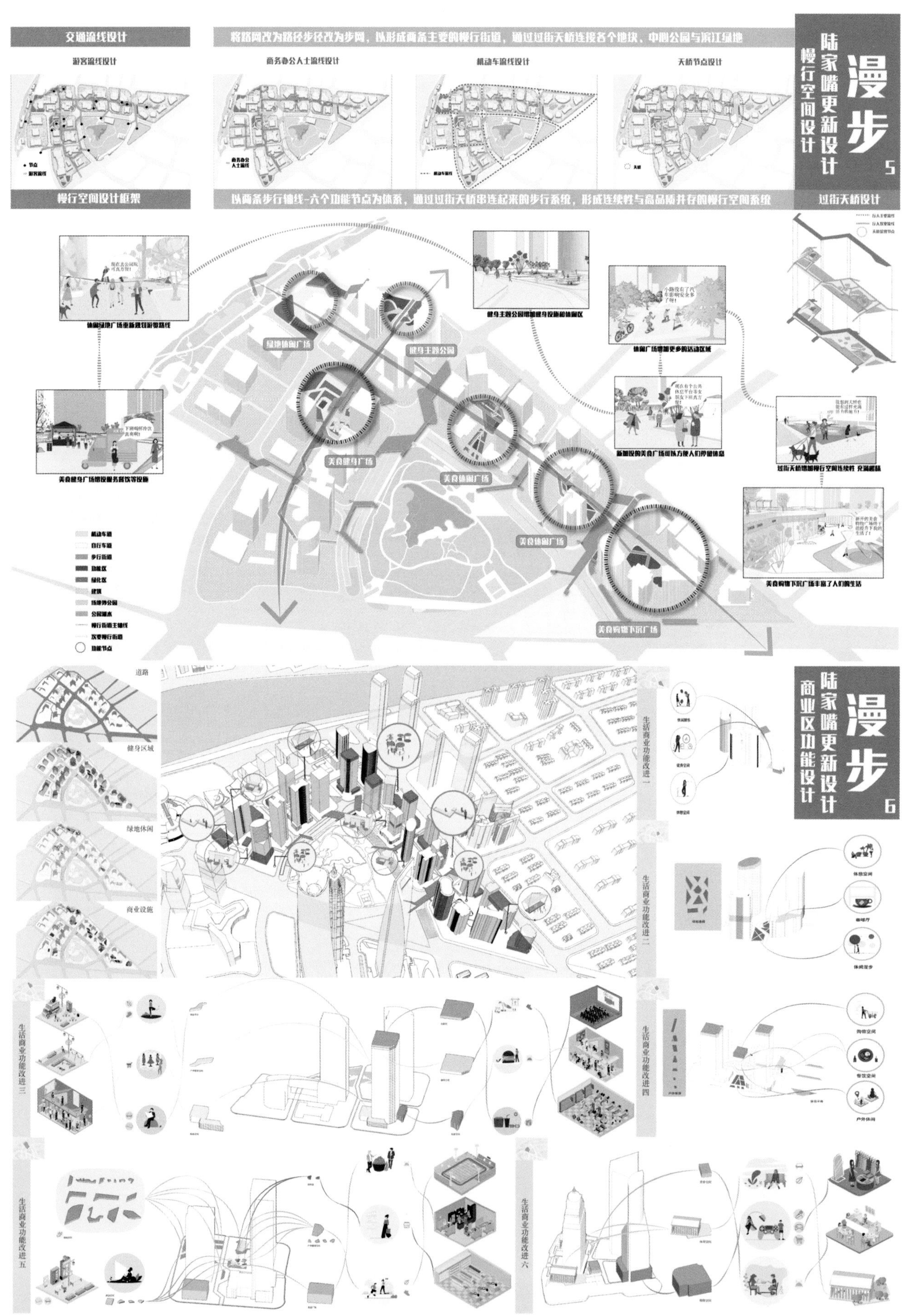
交通流线设计
将路网改为路径步径改为步网，以形成商务主要的慢行街道，通过过街天桥连接各个地块、中心公园与滨江绿地
游客流线设计
商务办公人士流线设计
机动车流线设计
天桥节点设计
陆家嘴更新设计
慢行空间设计
漫步
5
慢行空间设计框架
以商务步行轴线-六个功能节点为体系，通过过街天桥串连起来的步行系统，形成连续性与高品质并存的慢行空间系统
过街天桥设计
休闲绿地广场重新规划游憩路线
绿地休闲广场
健身主题公园
健身主题公园增加健身设施和休闲区
休闲广场增加更多的活动区域
美食健身广场增设服务餐饮等设施
美食健身广场
美食休闲广场
新增设的美食广场可以方便人们停留休息
过街天桥增加慢行空间连续性 充满趣味
美食购物下沉广场丰富了人们的生活
美食购物下沉广场
机动车道
自行车道
步行街道
功能区
绿化区
建筑
场地外公园
公园湖水
慢行街道主轴线
次要慢行街道
功能节点
陆家嘴更新设计
商业区功能设计
漫步
6
道路
健身区域
绿地休闲
商业设施
生活商业功能改进一
生活商业功能改进二
生活商业功能改进三
生活商业功能改进四
生活商业功能改进五
生活商业功能改进六
休憩空间
咖啡厅
休闲漫步
购物空间
餐饮空间
户外休闲

学生姓名： 张　岩　王清妍　金　童　李泓铮

指导教师： 卜德清　胡　燕

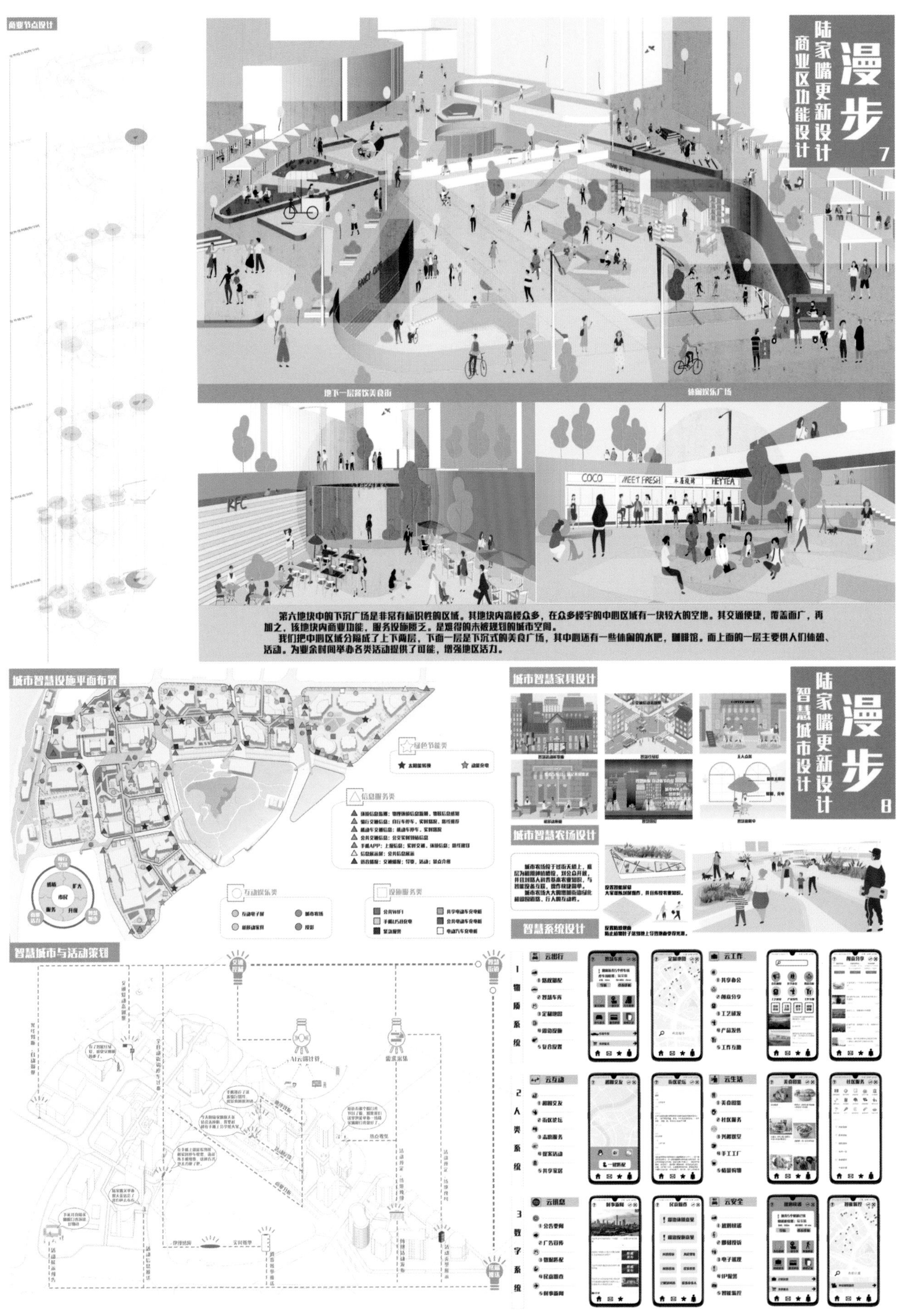
商业节点设计
漫步
陆家嘴更新设计
商业区功能设计
7
地下一层餐饮美食街
休闲娱乐广场
KFC
COCO
MEET FRESH
HEYTEA
第六地块中的下沉广场是非常有标识性的区域。其地块内高楼众多，在众多楼宇的中心区域有一块较大的空地。其交通便捷，覆盖面广，再加之，该地块内商业功能，服务设施匮乏。是难得的未被规划的城市空间。
我们把中心区域分隔成了上下两层，下面一层是下沉式的美食广场，其中心还有一些休闲的水吧，咖啡馆。而上面的一层主要供人们休憩、活动。为业余时间举办各类活动提供了可能，增强地区活力。
城市智慧设施平面布置
绿色节能类
信息服务类
互动娱乐类
设施服务类
城市智慧家具设计
漫步
陆家嘴更新设计
智慧城市设计
8
城市智慧农场设计
智慧系统设计
云出行
云工作
云互动
云生活
云讯息
云安全
1 物质系统
2 人类系统
3 数字系统
智慧城市与活动策划

学生姓名：张　岩　王清妍　金　童　李泓铮　　　　指导教师：卜德清　胡　燕

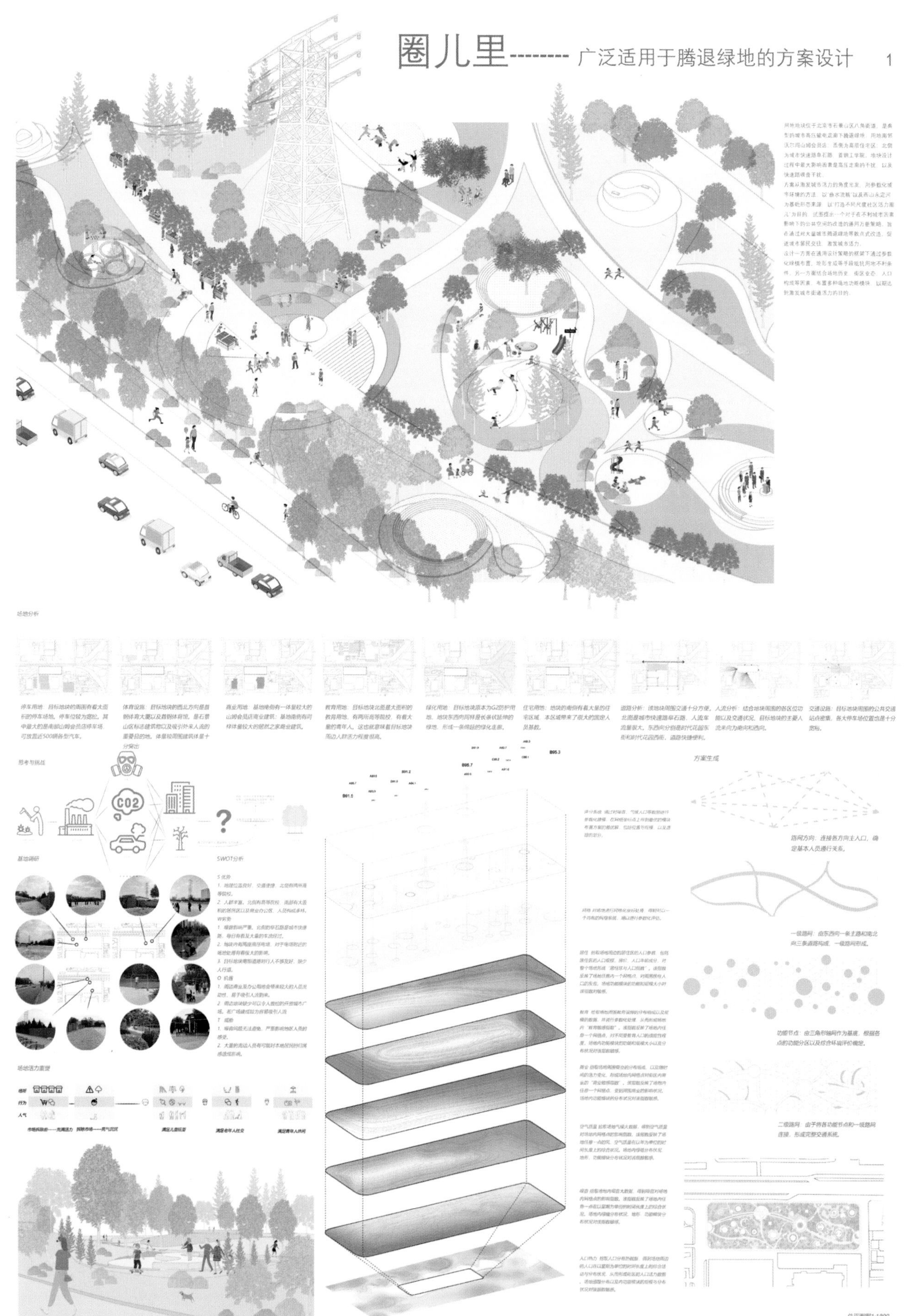
圈儿里--------- 广泛适用于腾退绿地的方案设计 1
场地分析
思考与挑战
基地调研
SWOT分析
场地活力重塑
方案生成
路网方向：连接各方向主入口，确定基本人员通行关系。
一级路网：由东西向一条主路和南北向三条道路构成，一级路网形成。
功能节点：由三角形轴网作为基底，根据各点的功能分区以及综合体验评价确定。
二级路网：由于将各功能节点和一级路网连接，形成完整交通系统。
总平面图1:1800

学生姓名：王柄棋　孔祥慧　司　文

指导教师：王小斌

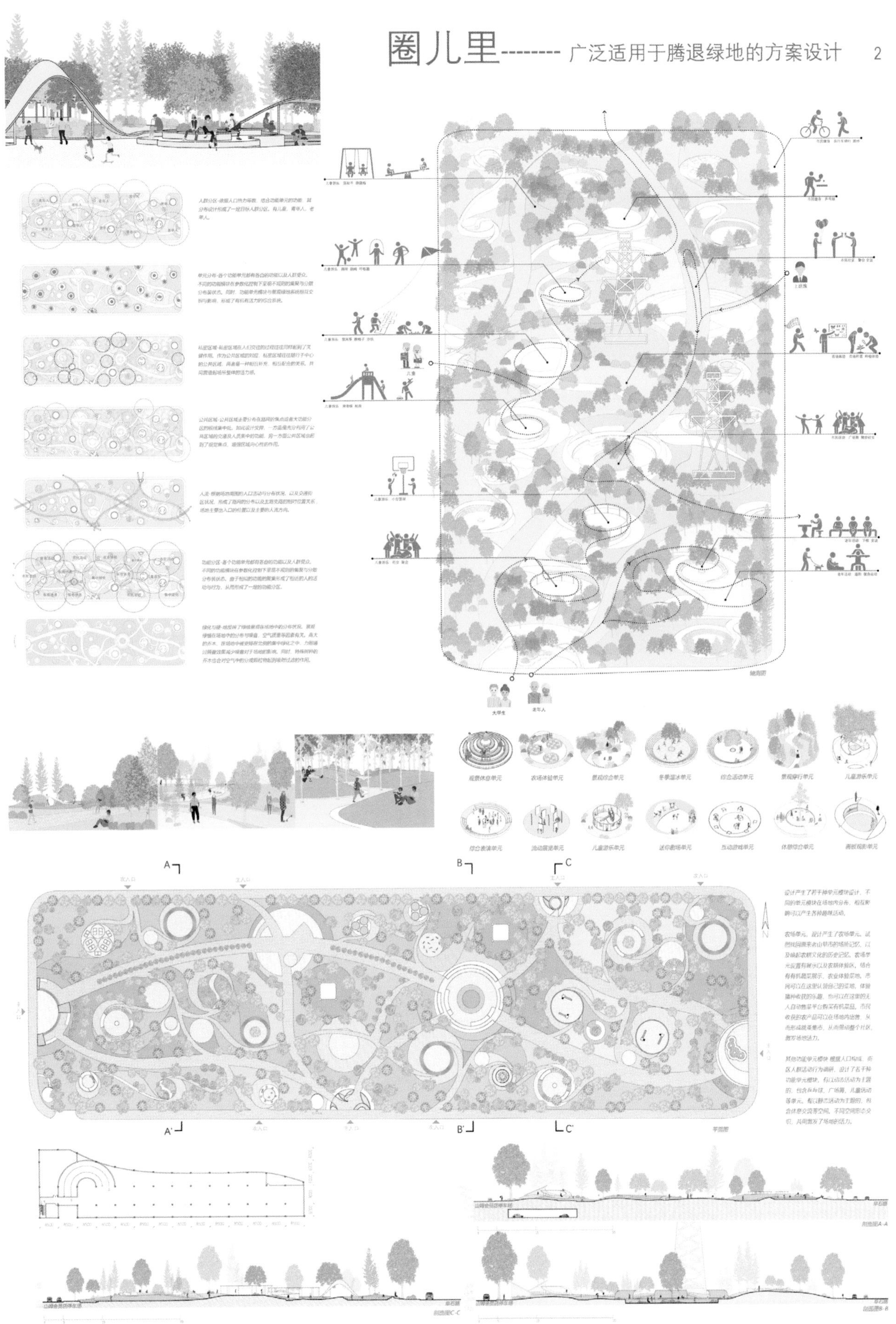
圈儿里-------- 广泛适用于腾退绿地的方案设计 2

学生姓名：王柄棋 孔祥慧 司 文

指导教师：王小斌

Album Of The City Hong Kong

The meaning of the city album carries a collection of functions in the city, giving its vertical block as the "stylus" of the phonograph, connecting it together, attempt to discuss the design direction of the future skyscrapers. The site is located next to Victoria Harbor, making full use of the coastal scenery to convey it to the internal people through the first floor corridor, high-rise slow walkway and glass curtain wall, and to form a new skyscraper floor relationship through the recombination of functional space. in order to explore and solve the social problem that people live too fast. Select the more livable neighborhoods in Hong Kong, extract its street prototype to form a new residential area, and form a new community relationship through functional series. at the same time, a large number of green space is introduced to give people more living atmosphere. Skyscrapers can also be romantic architectural forms.

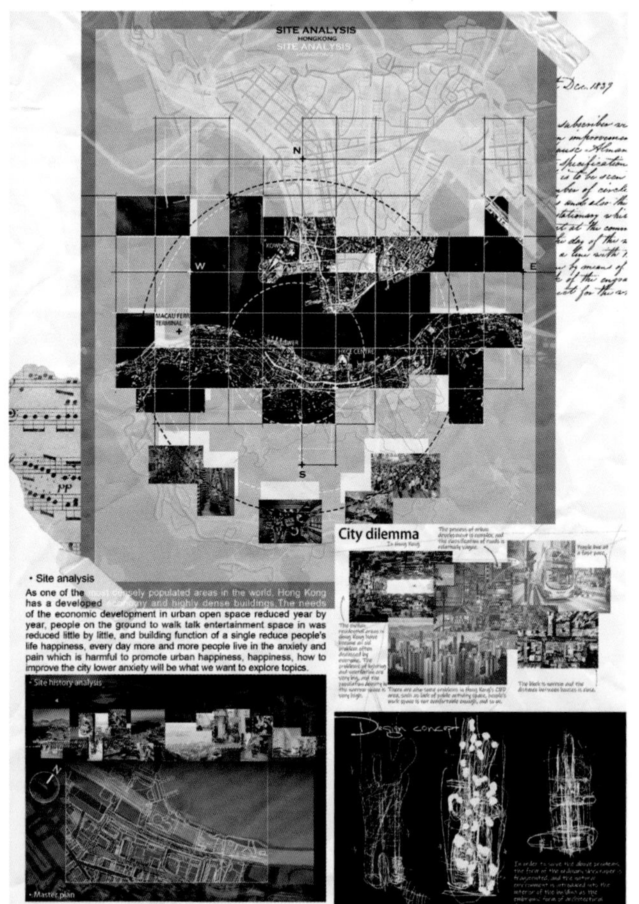
SITE ANALYSIS
HONGKONG
N
W
E
S
MACAU FERRY TERMINAL
City dilemma
• Site analysis
As one of the ... densely populated areas in the world, Hong Kong has a developed ... and highly dense buildings. The needs of the economic development in urban open space reduced year by year, people on the ground to walk talk entertainment space in was reduced little by little, and building function of a single reduce people's life happiness, every day more and more people live in the anxiety and pain which is harmful to promote urban happiness, happiness, how to improve the city lower anxiety will be what we want to explore topics.
• Site history analysis
Design concept
• Master plan

Design concept
茶餐厅
香港味道
茶餐厅
双皮奶
火锅店

The overall concept, as shown in the picture, connects the CDs that record different wonderful spaces and stories of the city, and adds roads and greening to become a collection of people's lives, giving people a different sense of experience.

学生姓名： 沈　佳　李清清

指导教师： 卜德清　王小斌

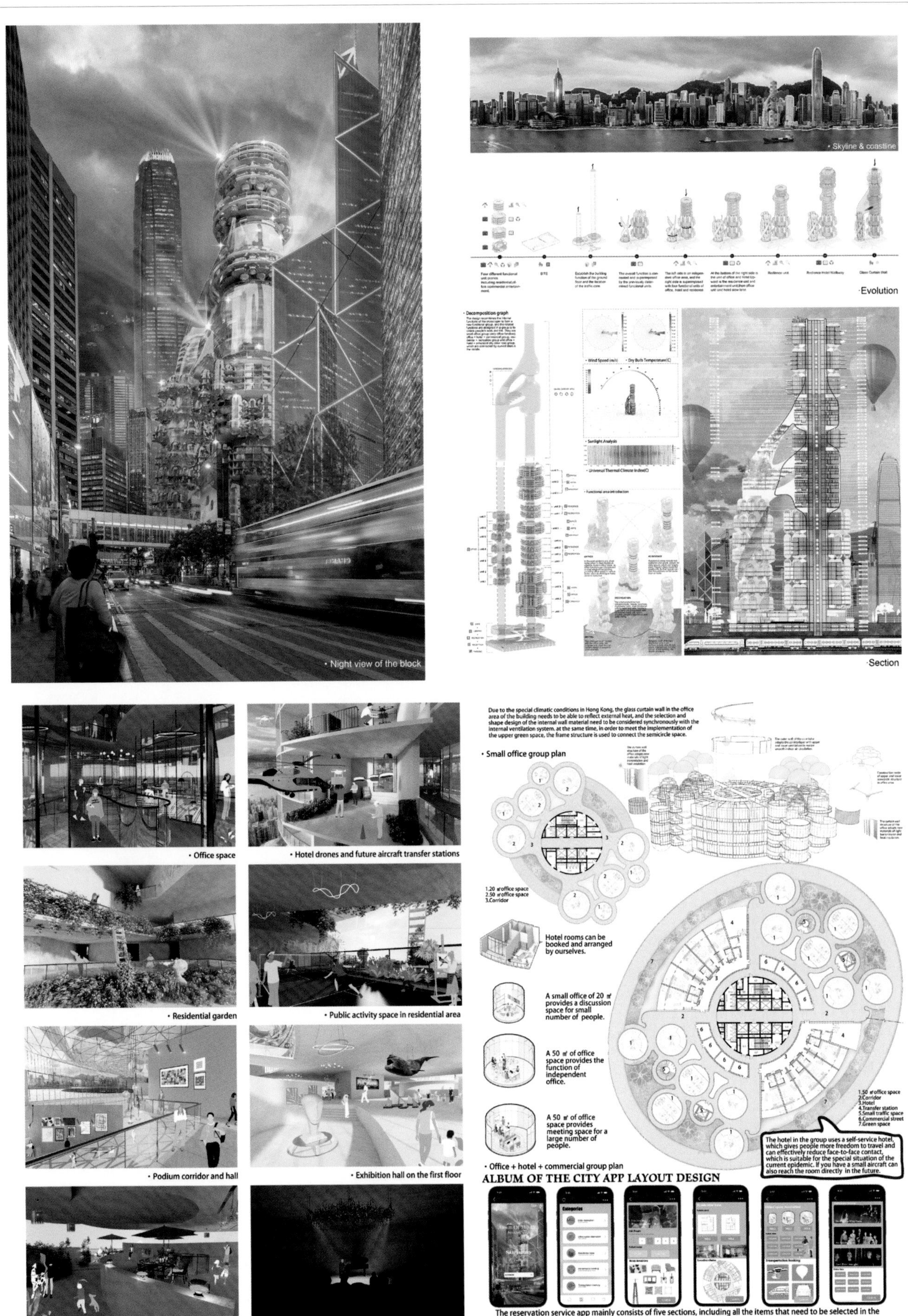
· Night view of the block
· Skyline & coastline
·Evolution
· Decomposition graph
·Section
Due to the special climatic conditions in Hong Kong, the glass curtain wall in the office area of the building needs to be able to reflect external heat, and the selection and shape design of the internal wall material need to be considered synchronously with the internal ventilation system. at the same time, in order to meet the implementation of the upper green space, the frame structure is used to connect the semicircle space.
· Small office group plan
1.20 ㎡office space
2.50 ㎡office space
3.Corridor
Hotel rooms can be booked and arranged by ourselves.
A small office of 20 ㎡ provides a discussion space for small number of people.
A 50 ㎡ of office space provides the function of independent office.
A 50 ㎡ of office space provides meeting space for a large number of people.
1.50 ㎡office space
2.Corridor
3.Hotel
4.Transfer station
5.Small traffic space
6.Commercial street
7.Green space
The hotel in the group uses a self-service hotel, which gives people more freedom to travel and can effectively reduce face-to-face contact, which is suitable for the special situation of the current epidemic. If you have a small aircraft can also reach the room directly in the future.
· Office + hotel + commercial group plan
ALBUM OF THE CITY APP LAYOUT DESIGN
Categories
The reservation service app mainly consists of five sections, including all the items that need to be selected in the building: self-service hotel reservation, residential location rental and reservation, office space reservation and performance reservation in small theaters.
· Office space
· Hotel drones and future aircraft transfer stations
· Residential garden
· Public activity space in residential area
· Podium corridor and hall
· Exhibition hall on the first floor
· Public restaurants in the recreation area
· A small theater in the recreation area

学生姓名：沈　佳　李清清

指导教师：卜德清　王小斌

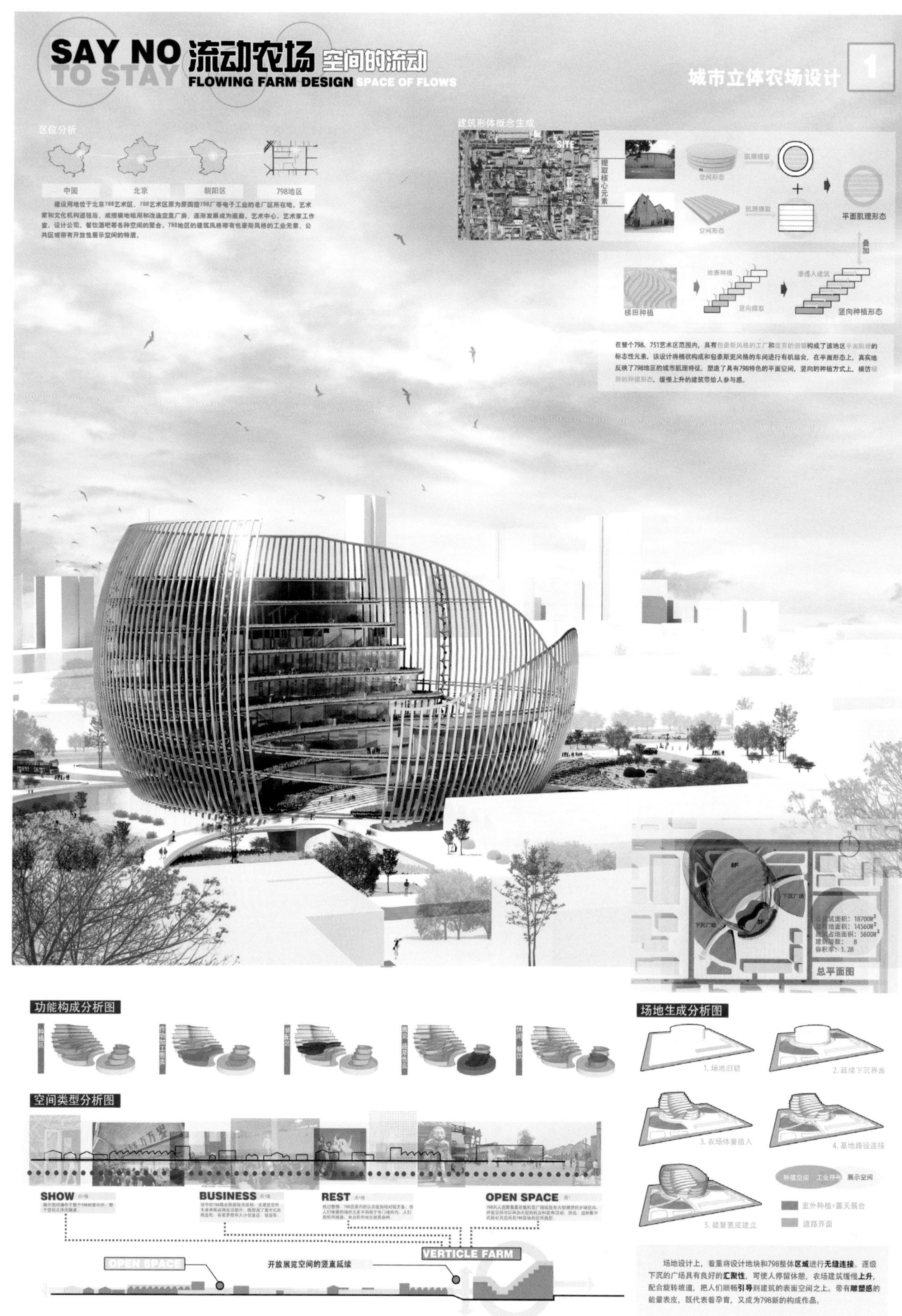

SAY NO 流动农场 空间的流动
TO STAY
FLOWING FARM DESIGN SPACE OF FLOWS
城市立体农场设计
1
区位分析
中国
北京
朝阳区
798地区
建设用地位于北京798艺术区，798艺术区原为原国营798厂等电子工业的老厂区所在地。艺术家和文化机构进驻后，成规模地租用和改造空置厂房，逐渐发展成为画廊、艺术中心、艺术家工作室、设计公司、餐饮酒吧等各种空间的聚合。798地区的建筑风格带有包豪斯风格的工业元素，公共区域带有开放性展示空间的特质。
建筑形体概念生成
SITE
提取核心元素
空间形态
肌理提取
平面肌理形态
叠加
梯田种植
地表种植
竖向提取
渗透入建筑
竖向种植形态
在整个798、751艺术区范围内，具有包豪斯风格的工厂和废弃的旧屋构成了该地区平面肌理的标志性元素，该设计将梯状构成和包豪斯更风格的车间进行有机结合，在平面形态上，真实地反映了798地区的城市肌理特征，塑造了具有798特色的平面空间，竖向的种植方式上，模仿梯田的种植形态，缓慢上升的建筑带给人参与感。
8F
下沉广场
3F
容积率：1.28
总平面图
功能构成分析图
场地生成分析图
1. 场地旧貌
2. 延续下沉界面
3. 农场体量植入
4. 基地路径连接
5. 能量表皮建立
展示空间
室外种植+露天展台
道路界面
空间类型分析图
SHOW
BUSINESS
REST
OPEN SPACE
VERTICLE FARM
OPEN SPACE
开放展览空间的竖直延续
场地设计上，着重将设计地块和798整体区域进行无缝连接。逐级下沉的广场具有良好的汇聚性，可使人停留休憩，农场建筑缓慢上升，配合旋转坡道，把人们顺畅引导到建筑的表面空间之上。带有雕塑感的能量表皮，既代表着孕育，又成为798新的构成作品。

学生姓名：贾钰涵

指导教师：卜德清

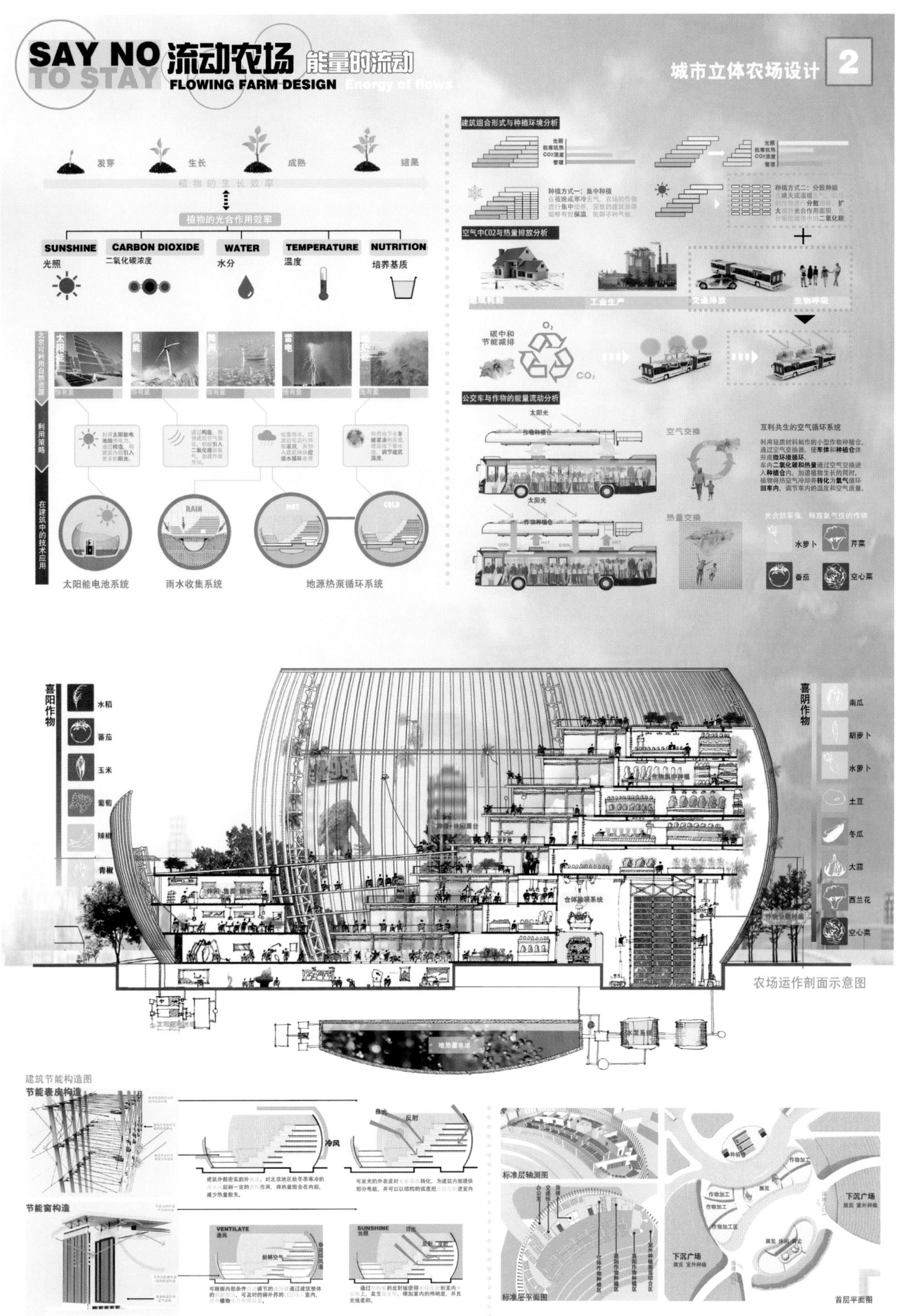
SAY NO TO STAY
流动农场 能量的流动
FLOWING FARM DESIGN Energy of flows
城市立体农场设计 2
发芽
生长
成熟
结果
植物的生长效率
植物的光合作用效率
SUNSHINE
光照
CARBON DIOXIDE
二氧化碳浓度
WATER
水分
TEMPERATURE
温度
NUTRITION
培养基质
北京可利用自然资源
利用策略
在建筑中的技术应用
太阳能电池系统
雨水收集系统
地源热泵循环系统
建筑组合形式与种植环境分析
空气中CO2与热量排放分析
工业生产
交通排放
生物呼吸
碳中和
节能减排
公交车与作物的能量流动分析
太阳光
作物种植仓
空气交换
互利共生的空气循环系统
热量交换
水萝卜
芹菜
番茄
空心菜
喜阳作物
水稻
蕃茄
玉米
葡萄
辣椒
青椒
喜阴作物
南瓜
胡萝卜
水萝卜
土豆
冬瓜
大蒜
西兰花
空心菜
农场运作剖面示意图
地热蓄水池
建筑节能构造图
节能表皮构造
节能窗构造
冷风
反射
VENTILATE
通风
新鲜空气
SUNSHINE
光照
标准层轴测图
标准层平面图
下沉广场
首层平面图

学生姓名：贾钰涵　　　　**指导教师：**卜德清

SAY NO 流动农场 作物的流动
TO STAY
VERTICLE FARM DESIGN
城市立体农场设计 3
A.流动种植仓在农场内的统一培养
cabin unified training on the farm
B.舱体向公交车装卸过程
cabin unloaded to the bus
VERTICLE FARM
集中种植+蔬菜中转站
C.公交运输 + 舱体作物生长
bus transportation and crop in cabin growth
流动作物养殖仓
ENTRANCE
D.舱体运输到公交站后卸车过程
cabin taken to station
E.自助售菜过程
vending machine of crop
种植仓体组成
作物养殖仓 3.5*10=35M²
太阳能电池板
太阳能电池组
风动能换气扇+风能发电机
成品蔬菜运输仓
·传统售菜方式：多环节，多流程
F.对蔬菜运输中间环节的节省
the save on Transport links
种植
收购
加工
配送
再加工
销售
能源浪费+人力浪费+能源浪费+人力浪费=价格上涨
·流动农场售菜方式：点对点销售
种植+销售
销售
能源最大化利用+空气净化+节省成本

学生姓名：贾钰涵

指导教师：卜德清

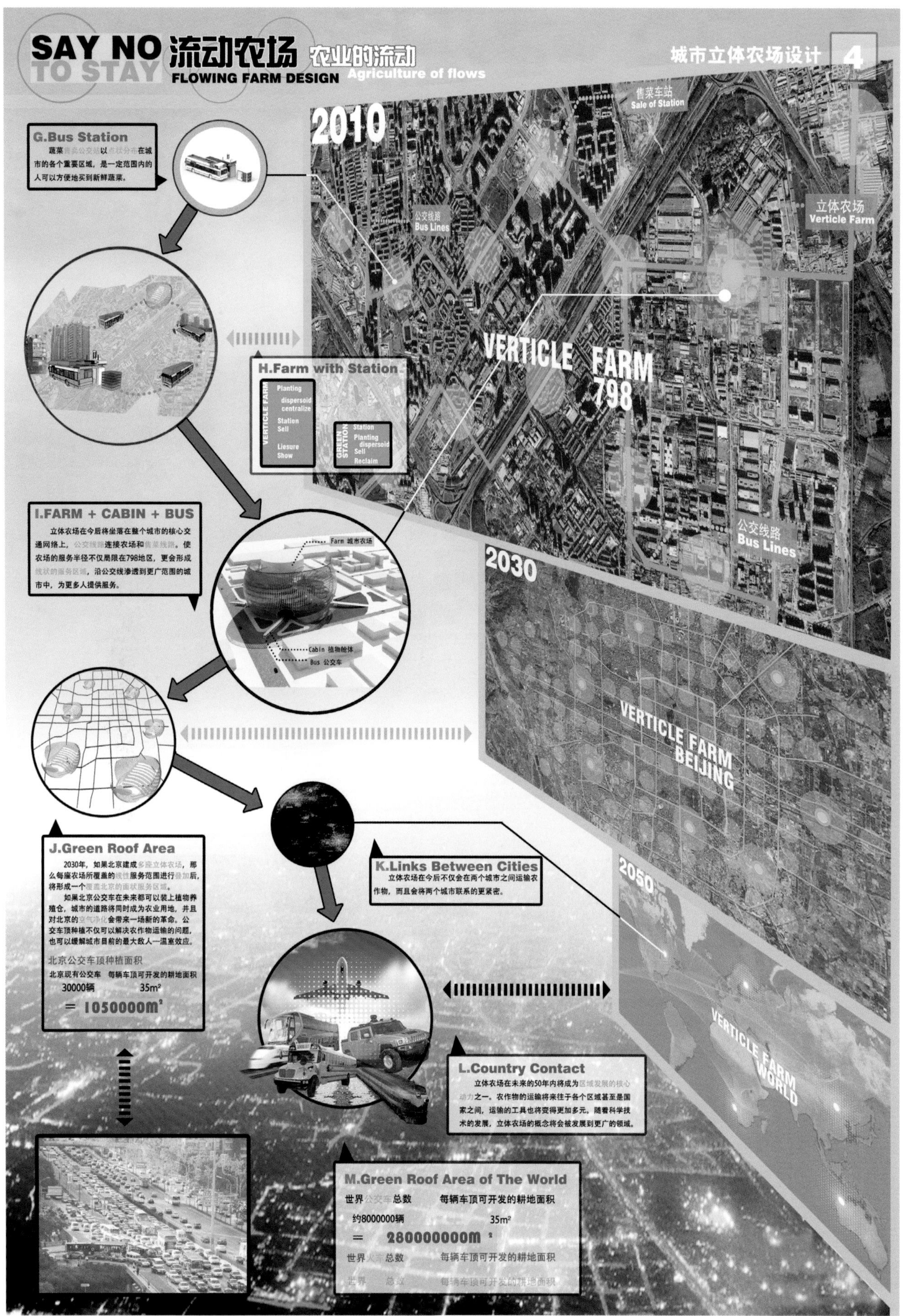

SAY NO TO STAY
流动农场
FLOWING FARM DESIGN
农业的流动
Agriculture of flows
城市立体农场设计
4
G.Bus Station
蔬菜售卖公交站以点状分布在城市的各个重要区域，是一定范围内的人可以方便地买到新鲜蔬菜。
2010
售菜车站
Sale of Station
公交线路
Bus Lines
立体农场
Verticle Farm
VERTICLE FARM 798
H.Farm with Station
VERTICLE FARM
Planting
dispersoid
centralize
Station
Sell
Liesure
Show
GREEN STATION
Station
Planting
dispersoid
Sell
Reclaim
公交线路
Bus Lines
I.FARM + CABIN + BUS
立体农场在今后将坐落在整个城市的核心交通网络上，公交线路连接农场和售菜线路。使农场的服务半径不仅局限在798地区，更会形成线状的服务区域，沿公交线渗透到更广范围的城市中，为更多人提供服务。
Farm 城市农场
Cabin 植物舱体
Bus 公交车
2030
VERTICLE FARM BEIJING
J.Green Roof Area
2030年，如果北京建成多座立体农场，那么每座农场所覆盖的线性服务范围进行叠加后，将形成一个覆盖北京的面状服务区域。
如果北京公交车在未来都可以装上植物养殖仓，城市的道路将同时成为农业用地，并且对北京的空气净化会带来一场新的革命。公交车顶种植不仅可以解决农作物运输的问题，也可以缓解城市目前的最大敌人—温室效应。
北京公交车顶种植面积
北京现有公交车　每辆车顶可开发的耕地面积
30000辆　35m²
= 1050000m²
K.Links Between Cities
立体农场在今后不仅会在两个城市之间运输农作物，而且会将两个城市联系的更紧密。
2050
VERTICLE FARM WORLD
L.Country Contact
立体农场在未来的50年内将成为区域发展的核心动力之一。农作物的运输将来往于各个区域甚至是国家之间，运输的工具也将变得更加多元。随着科学技术的发展，立体农场的概念将会被发展到更广的领域。
M.Green Roof Area of The World
世界公交车总数　每辆车顶可开发的耕地面积
约8000000辆　35m²
= 280000000m²
世界总数　每辆车顶可开发的耕地面积

学生姓名：贾钰涵

指导教师：卜德清

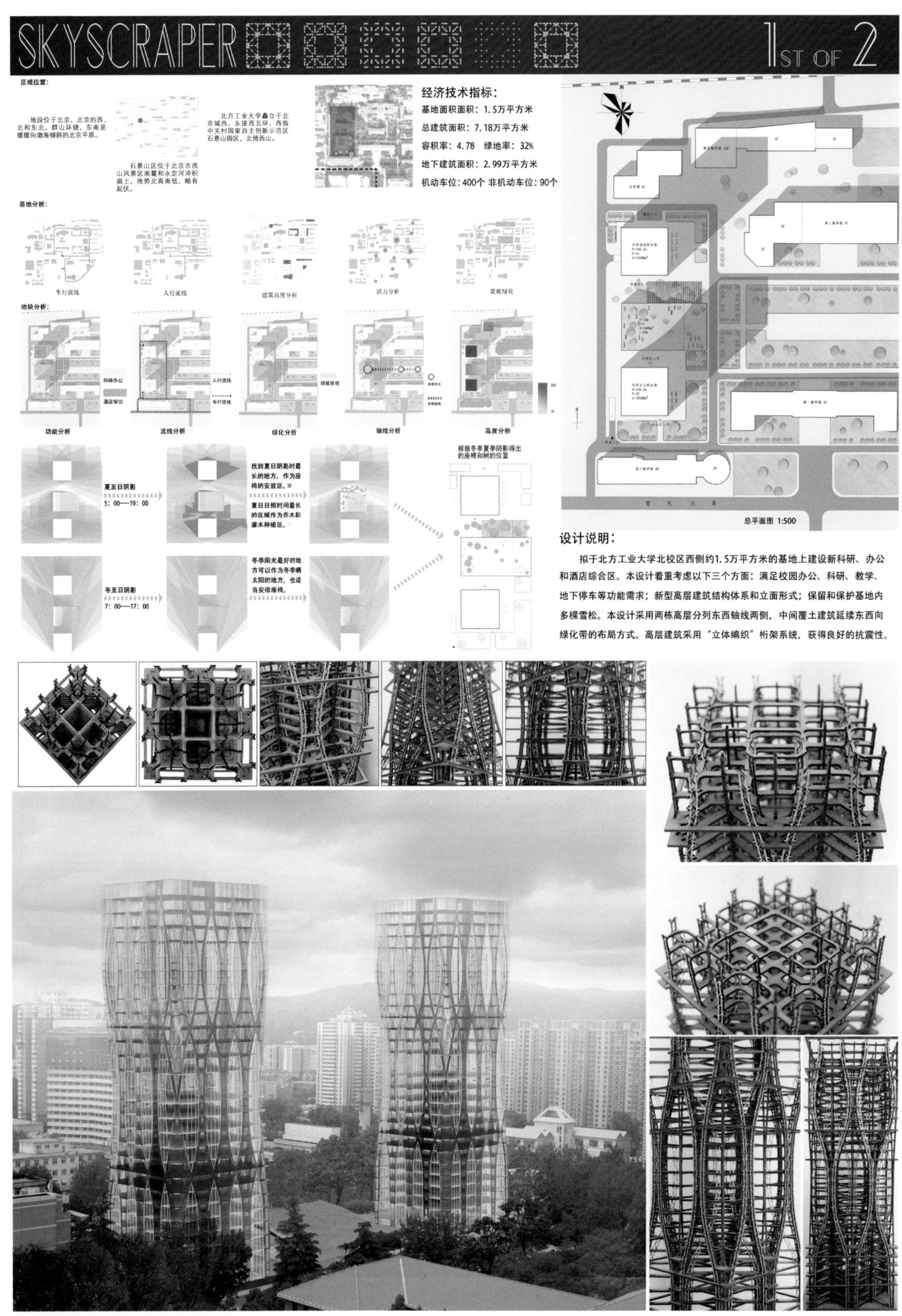
SKYSCRAPER
1ST OF 2
区域位置：
地段位于北京，北京的西、北和东北，群山环绕，东南是缓缓向渤海倾斜的北京平原。
北方工业大学矗立于北京城西，东接西五环，西临中关村国家自主创新示范区石景山园区，北倚西山。
石景山区位于北京市西山风景区南麓和永定河冲积扇上，地势北高南低，略有起伏。
经济技术指标：
基地面积面积：1.5万平方米
总建筑面积：7.18万平方米
容积率：4.78 绿地率：32%
地下建筑面积：2.99万平方米
机动车位：400个 非机动车位：90个
基地分析：
车行流线
人行流线
建筑高度分析
活力分析
景观绿化
地块分析：
科研办公
酒店餐饮
人行流线
车行流线
绿植景观
功能分析
流线分析
绿化分析
轴线分析
高度分析
夏至日阴影
5：00—19：00
找到夏日阴影时最长的地方，作为座椅的安放区。
夏日日照时间最长的区域作为乔木和灌木种植区。
冬至日阴影
7：00—17：00
冬季阳光最好的地方可以作为冬季晒太阳的地方，也适当安排座椅。
根据冬季夏季阴影得出的座椅和树的位置
总平面图 1:500
设计说明：
拟于北方工业大学北校区西侧约1.5万平方米的基地上建设新科研、办公和酒店综合区。本设计着重考虑以下三个方面：满足校园办公、科研、教学、地下停车等功能需求；新型高层建筑结构体系和立面形式；保留和保护基地内多棵雪松。本设计采用两栋高层分列东西轴线两侧，中间覆土建筑延续东西向绿化带的布局方式。高层建筑采用“立体编织”桁架系统，获得良好的抗震性。

学生姓名： 潜 洋 甘振东　　**指导教师：** 卜德清

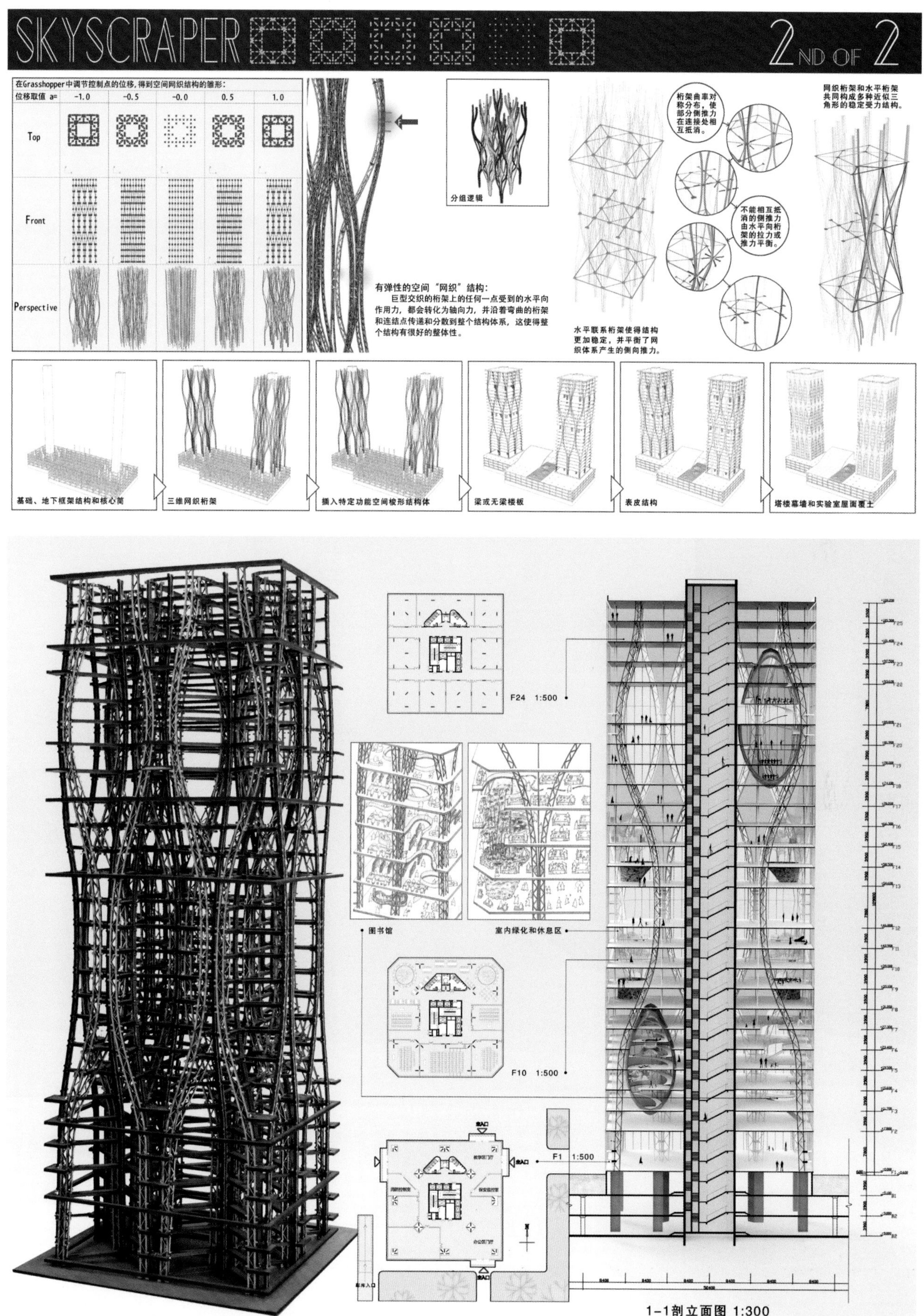
SKYSCRAPER
2ND OF 2
在Grasshopper中调节控制点的位移，得到空间网织结构的雏形：
位移取值 a=
-1.0
-0.5
-0.0
0.5
1.0
Top
Front
Perspective
分组逻辑
有弹性的空间“网织”结构：
巨型交织的桁架上的任何一点受到的水平向作用力，都会转化为轴向力，并沿着弯曲的桁架和连结点传递和分散到整个结构体系，这使得整个结构有很好的整体性。
桁架曲率对称分布，使部分侧推力在连接处相互抵消。
不能相互抵消的侧推力由水平向桁架的拉力或推力平衡。
水平联系桁架使得结构更加稳定，并平衡了网织体系产生的侧向推力。
网织桁架和水平桁架共同构成多种近似三角形的稳定受力结构。
基础、地下框架结构和核心筒
三维网织桁架
插入特定功能空间梭形结构体
梁或无梁楼板
表皮结构
塔楼幕墙和实验室屋面覆土
F24 1:500
图书馆
室内绿化和休息区
F10 1:500
F1 1:500
1-1剖立面图 1:300

学生姓名：潜 洋 甘振东

指导教师：卜德清

记忆储藏柜
1/6
记忆储藏柜
2/6
人群 分区 模式 空间

学生姓名：张雅琪　孔令宇

指导教师：卜德清

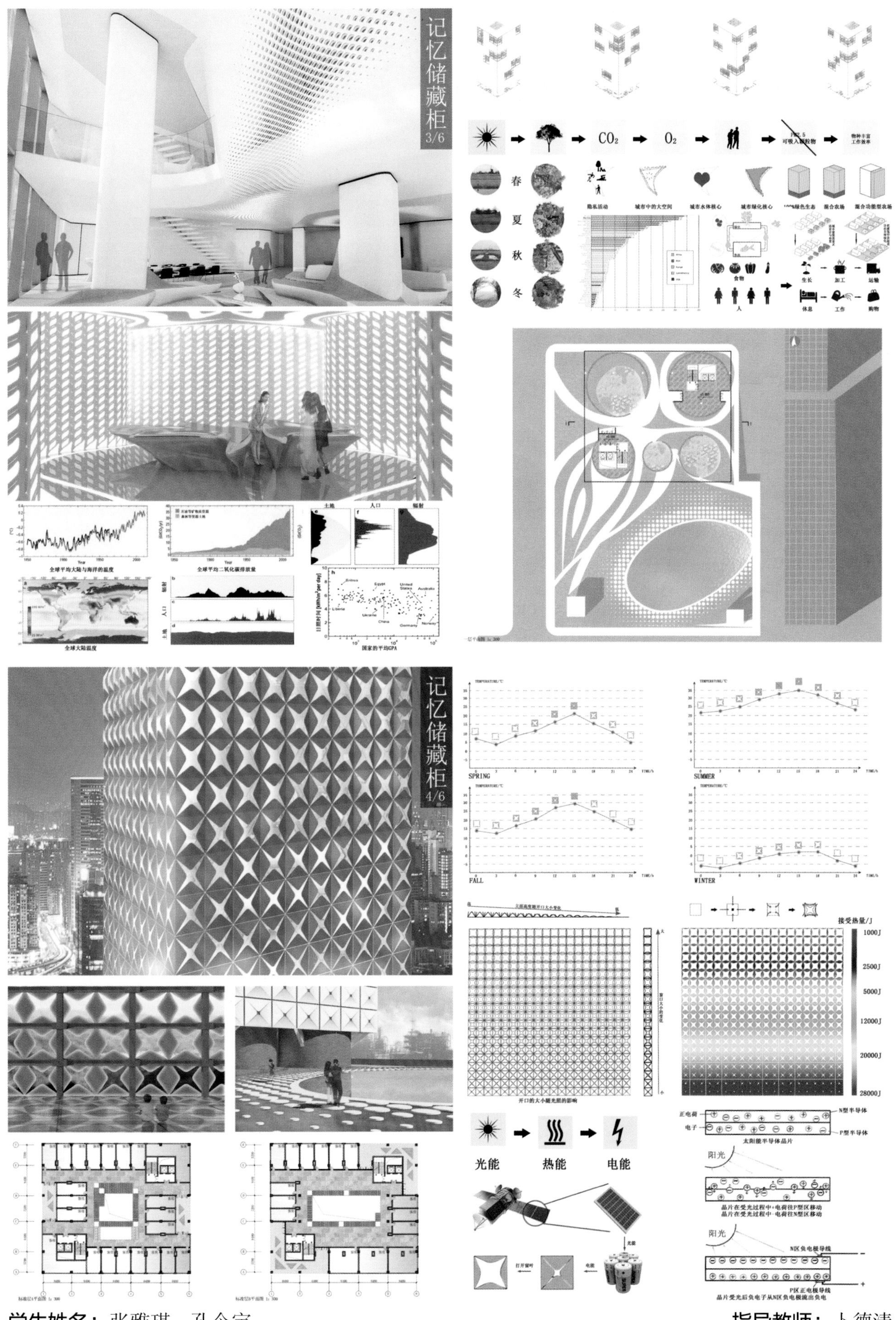
记忆储藏柜
3/6
春
夏
秋
冬
全球平均大陆与海洋的温度
全球平均二氧化碳排放量
全球大陆温度
国家的平均GPA
记忆储藏柜
4/6
SPRING
SUMMER
FALL
WINTER
开口的大小随光照的影响
接受热量/J
1000J
2500J
5000J
12000J
20000J
28000J
光能
热能
电能
正电荷
电子
N型半导体
P型半导体
太阳能半导体晶片
阳光
晶片在受光过程中+电荷往P型区移动
晶片在受光过程中-电荷往N型区移动
N区负电极导线
P区正电极导线
晶片受光后负电子从N区负电极流出负电

学生姓名：张雅琪　孔令宇

指导教师：卜德清

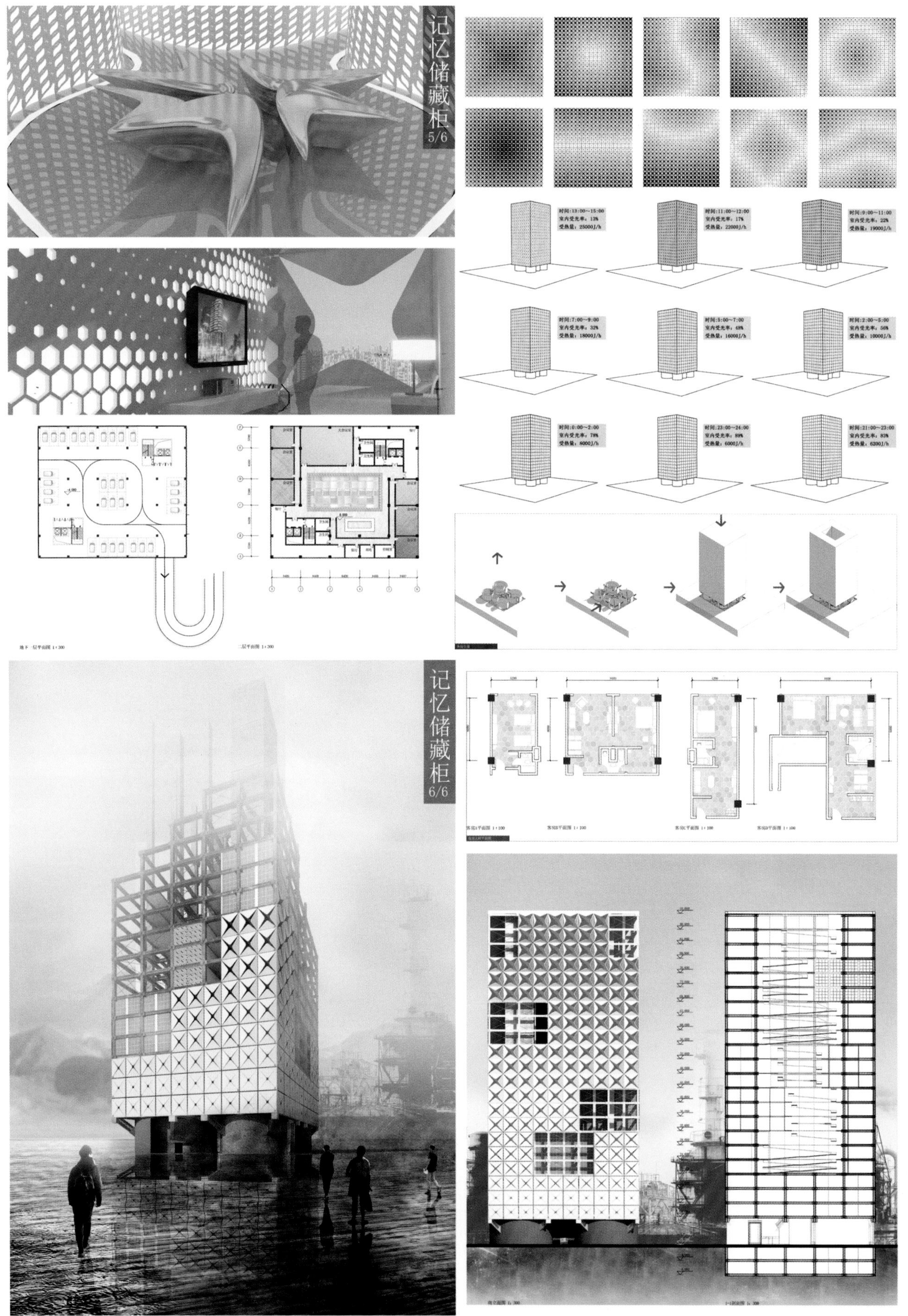
记忆储藏柜
5/6
记忆储藏柜
6/6

学生姓名：张雅琪　孔令宇

指导教师：卜德清

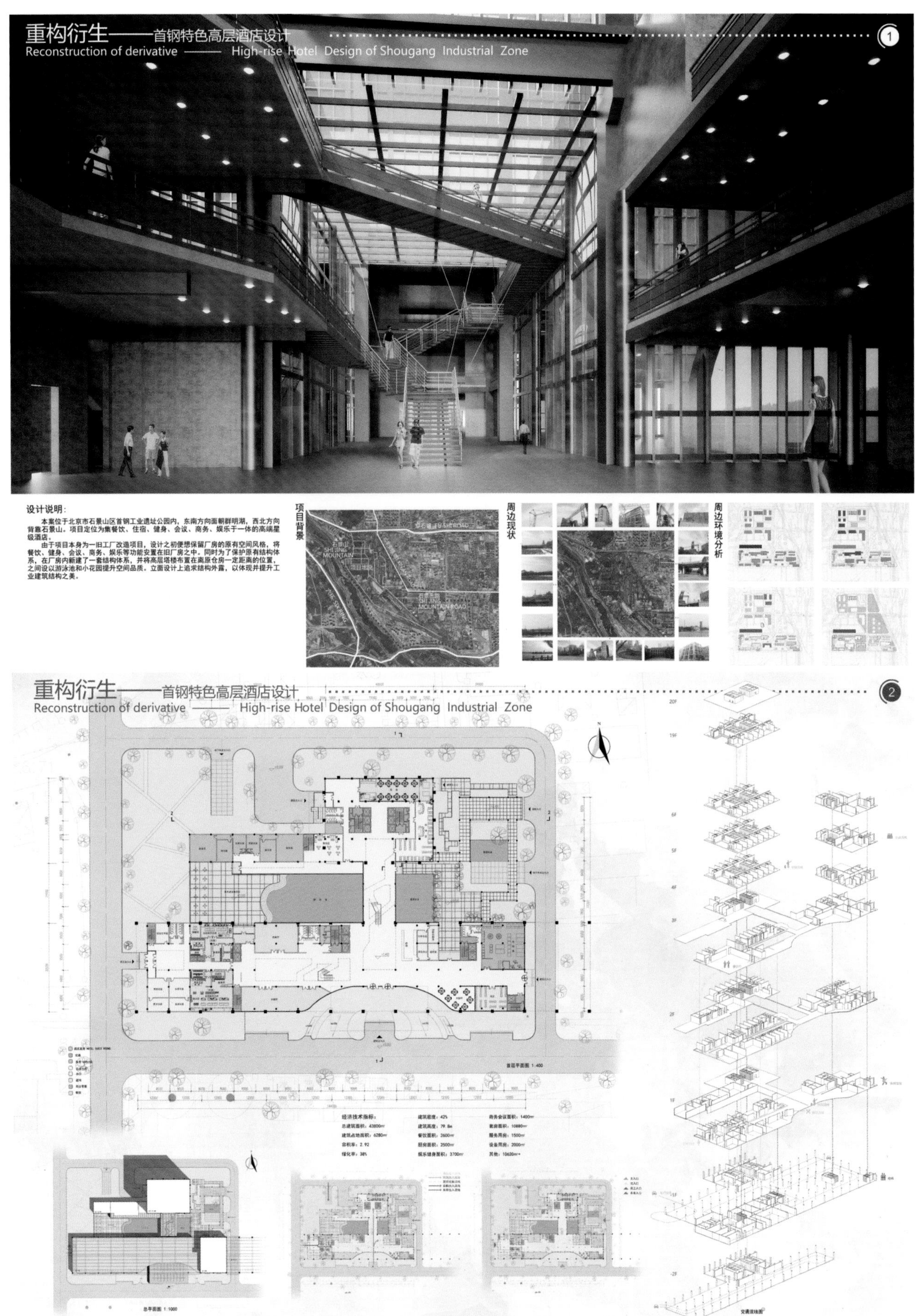

重构衍生——首钢特色高层酒店设计
Reconstruction of derivative —— High-rise Hotel Design of Shougang Industrial Zone
1
设计说明：
本案位于北京市石景山区首钢工业遗址公园内，东南方向面朝群明湖，西北方向背靠石景山。项目定位为集餐饮、住宿、健身、会议、商务、娱乐于一体的高端星级酒店。
由于项目本身为一旧工厂改造项目，设计之初便想保留厂房的原有空间风格，将餐饮、健身、会议、商务、娱乐等功能安置在旧厂房之中。同时为了保护原有结构体系，在厂房内新建了一套结构体系，并将高层塔楼布置在离原仓房一定距离的位置，之间设以游泳池和小花园提升空间品质。立面设计上追求结构外露，以体现并提升工业建筑结构之美。
项目背景
周边现状
周边环境分析
重构衍生——首钢特色高层酒店设计
Reconstruction of derivative —— High-rise Hotel Design of Shougang Industrial Zone
2

学生姓名：蔡　周　张文蔓

指导教师：王小斌　李海英

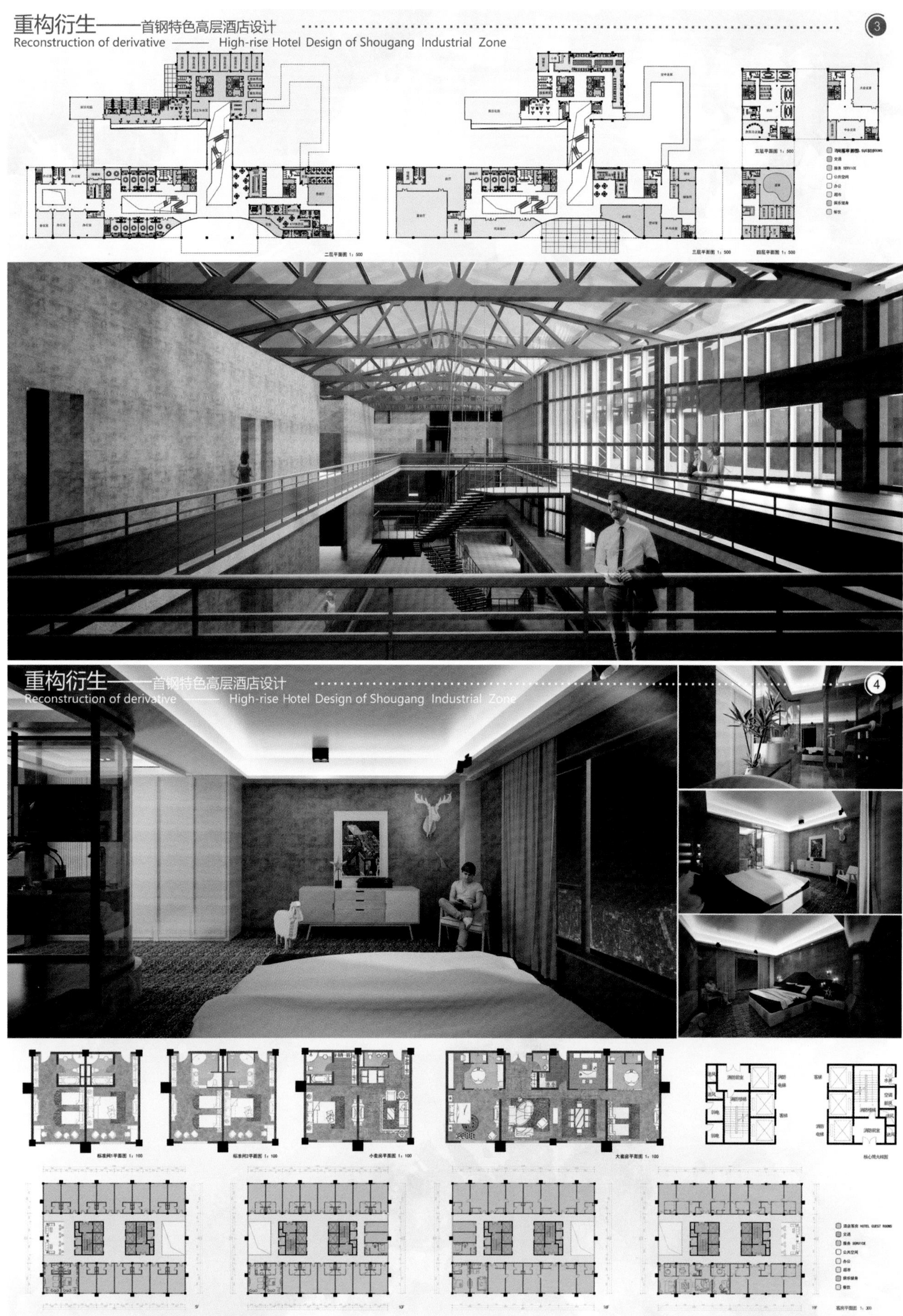

重构衍生——首钢特色高层酒店设计
Reconstruction of derivative —— High-rise Hotel Design of Shougang Industrial Zone
3
重构衍生——首钢特色高层酒店设计
Reconstruction of derivative —— High-rise Hotel Design of Shougang Industrial Zone
4

学生姓名：蔡　周　张文蔓　　　　指导教师：王小斌　李海英

重构衍生——首钢特色高层酒店设计 ⑤

Reconstruction of derivative —— High-rise Hotel Design of Shougang Industrial Zone

重构衍生——首钢特色高层酒店设计 ⑥

Reconstruction of derivative —— High-rise Hotel Design of Shougang Industrial Zone

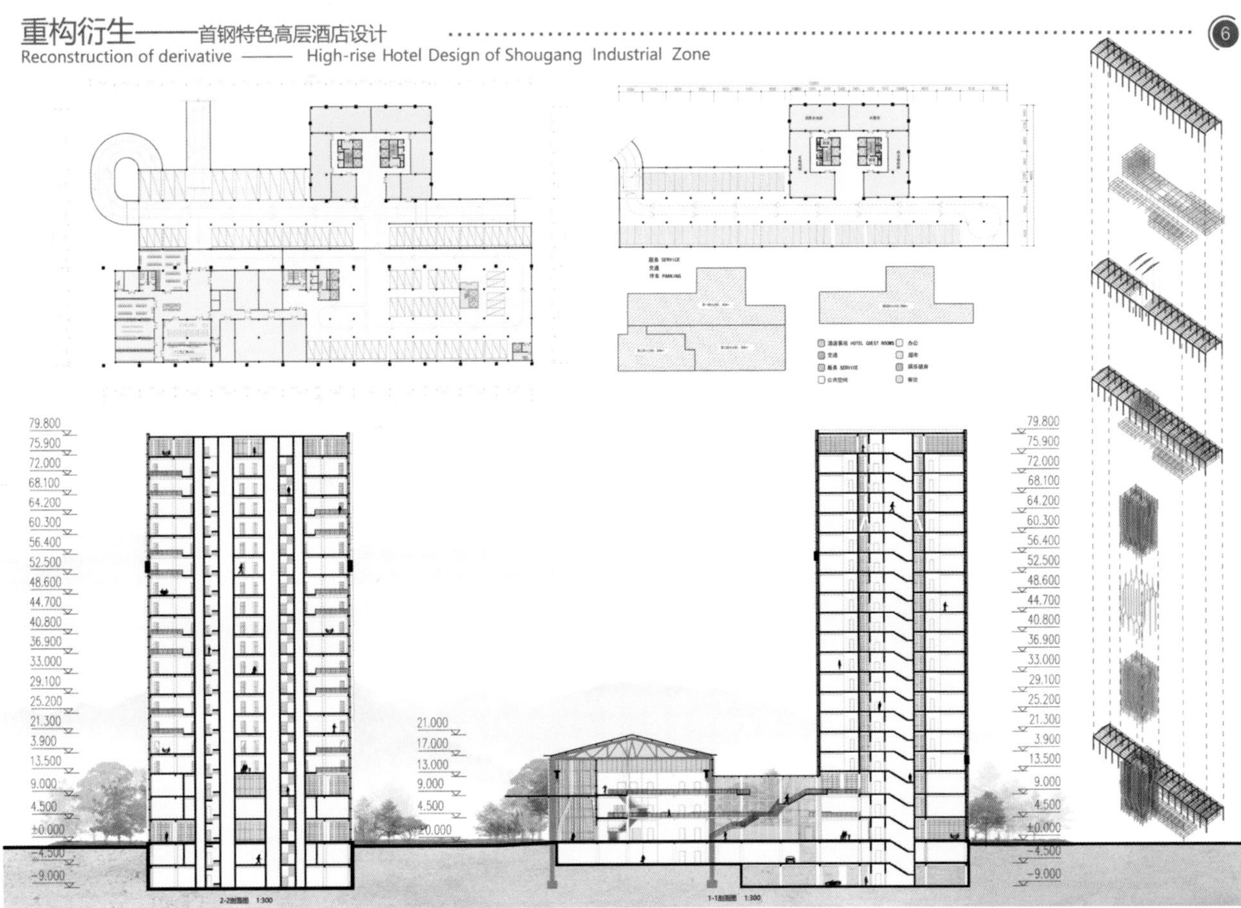
79.800
75.900
72.000
68.100
64.200
60.300
56.400
52.500
48.600
44.700
40.800
36.900
33.000
29.100
25.200
21.300
3.900
13.500
9.000
4.500
±0.000
−4.500
−9.000
21.000
17.000
13.000
9.000
4.500
±0.000

学生姓名：蔡　周　张文蔓

指导教师：王小斌　李海英

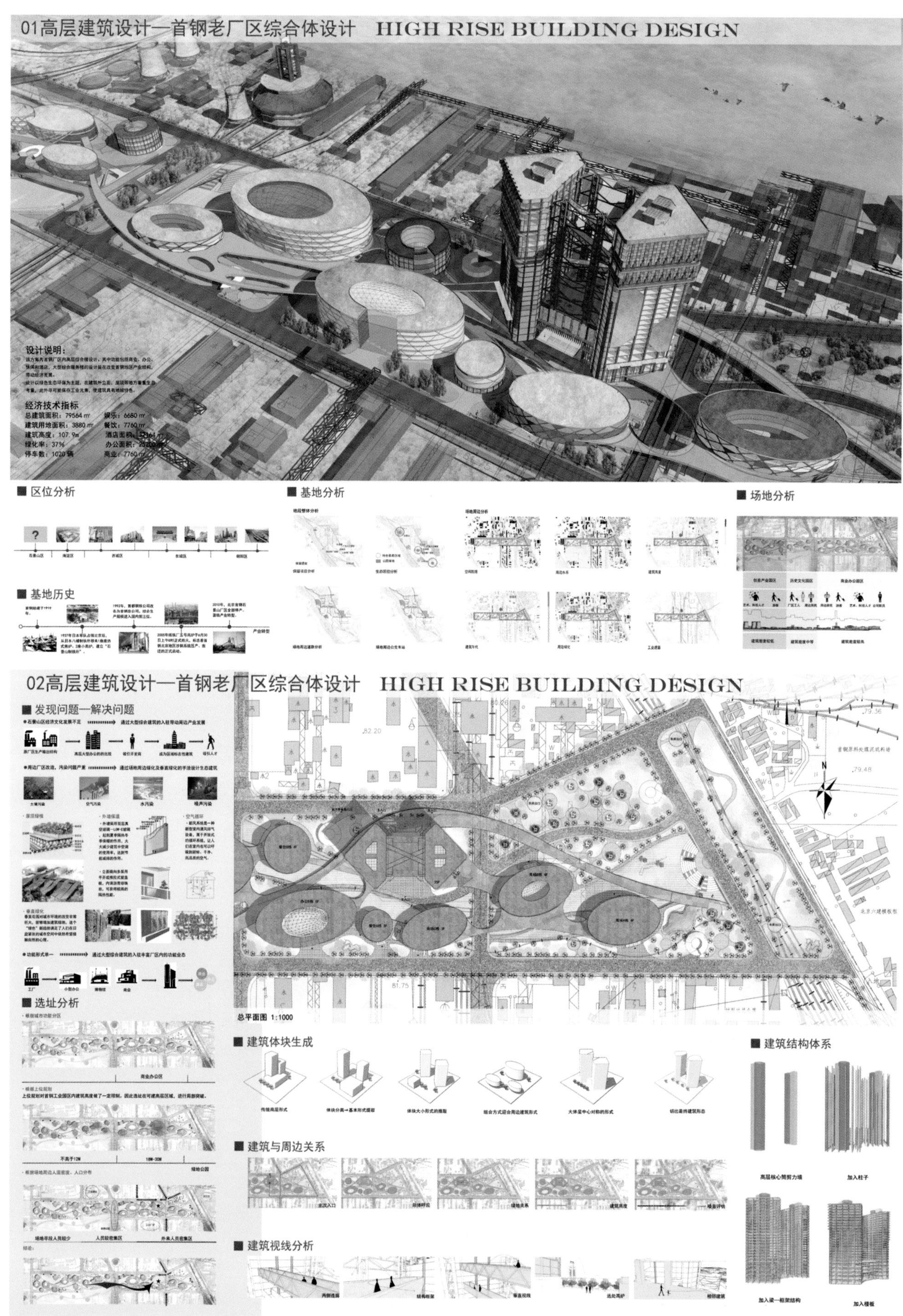
01高层建筑设计—首钢老厂区综合体设计 HIGH RISE BUILDING DESIGN
设计说明：
经济技术指标
区位分析
基地分析
场地分析
基地历史
02高层建筑设计—首钢老厂区综合体设计 HIGH RISE BUILDING DESIGN
发现问题—解决问题
选址分析
总平面图 1:1000
建筑体块生成
建筑结构体系
建筑与周边关系
建筑视线分析

学生姓名：和斯佳 李惠文 张 希

指导教师：王小斌 李海英

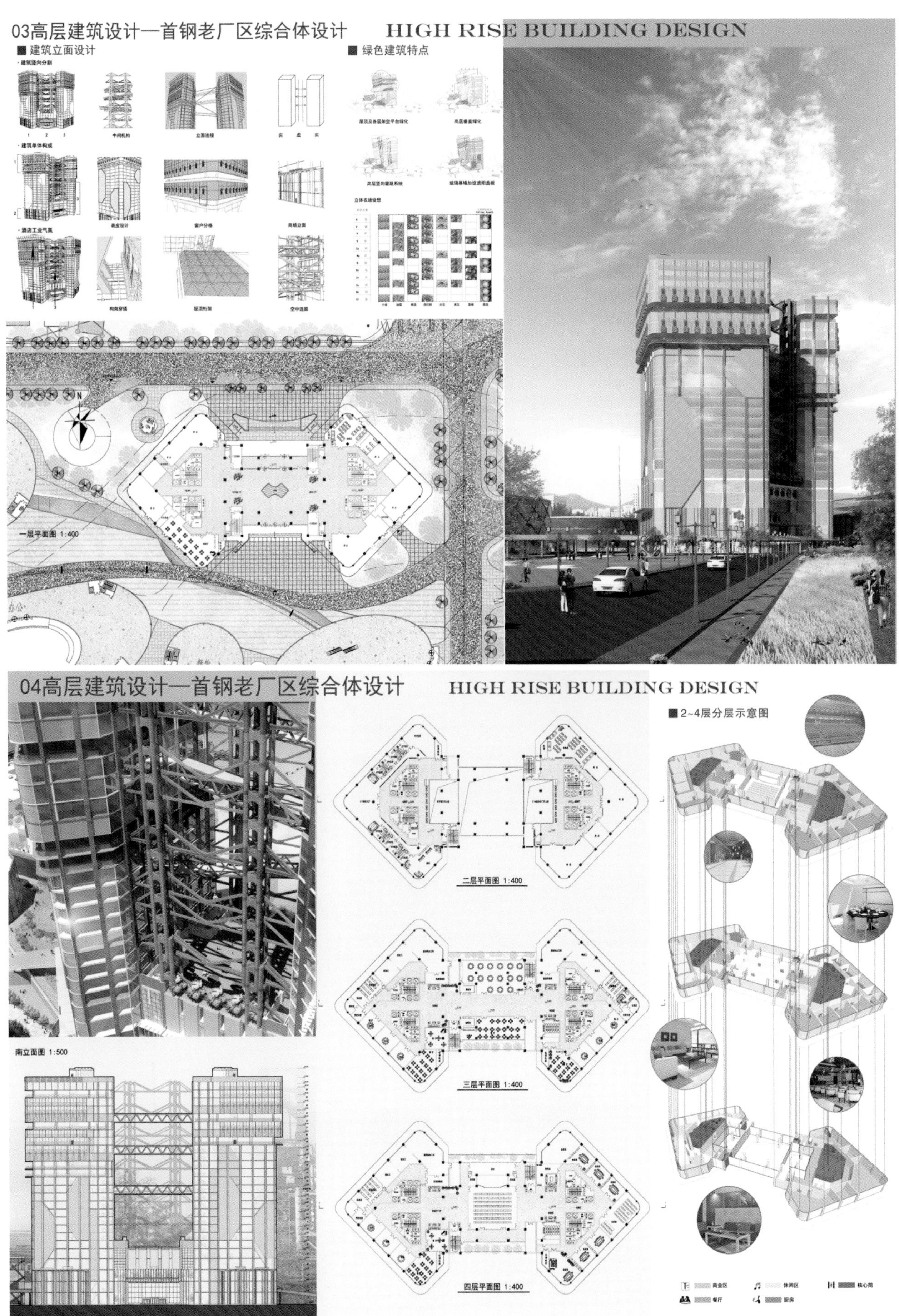
03高层建筑设计—首钢老厂区综合体设计
HIGH RISE BUILDING DESIGN
■ 建筑立面设计
■ 绿色建筑特点
一层平面图 1:400
04高层建筑设计—首钢老厂区综合体设计
HIGH RISE BUILDING DESIGN
■ 2~4层分层示意图
二层平面图 1:400
三层平面图 1:400
四层平面图 1:400
南立面图 1:500

学生姓名： 和斯佳　李惠文　张　希

指导教师： 王小斌　李海英

05高层建筑设计—首钢老厂区综合体设计 HIGH RISE BUILDING DESIGN

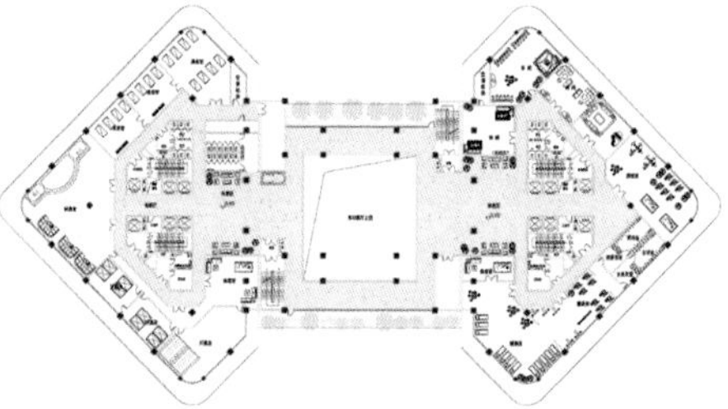

五层平面图 1:400

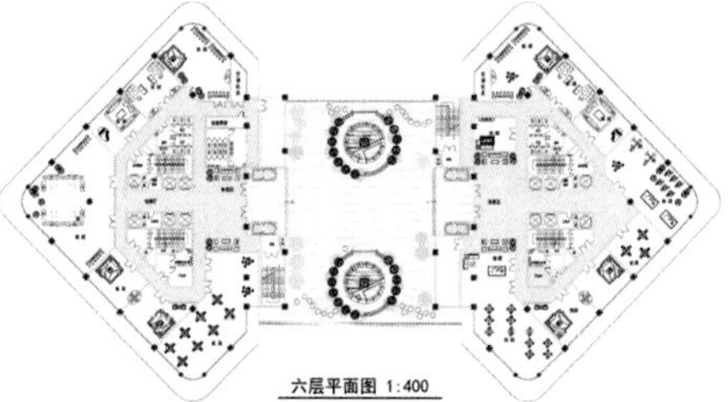

六层平面图 1:400

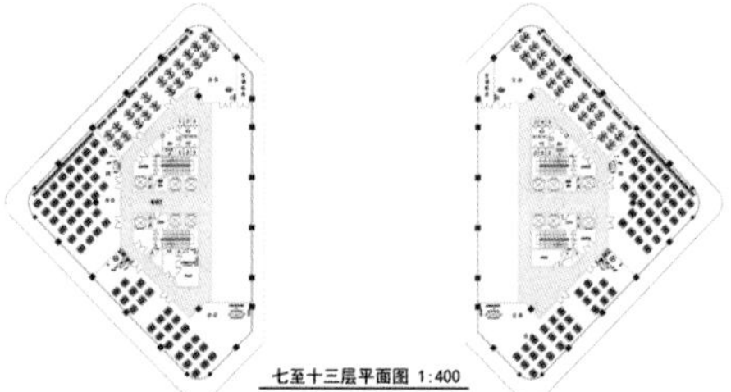

七至十三层平面图 1:400

■ 核心筒分析

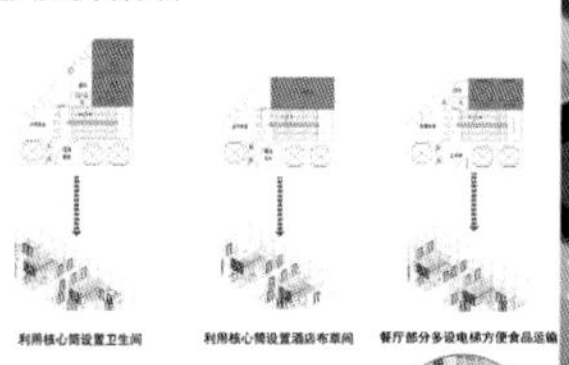

■ 4~17层分层示意图

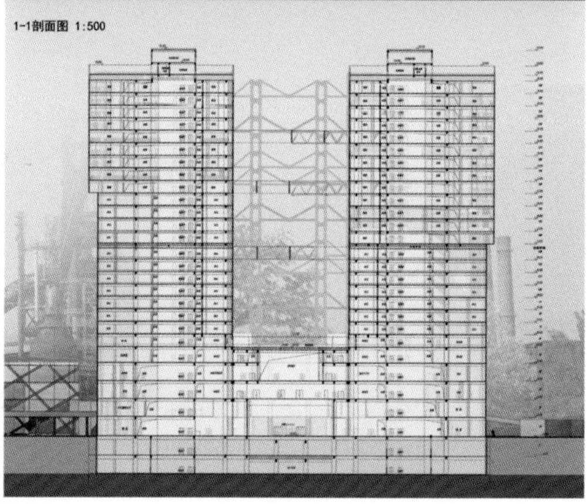

1-1剖面图 1:500

06高层建筑设计—首钢老厂区综合体设计 HIGH RISE BUILDING DESIGN

■ 地下车库设计

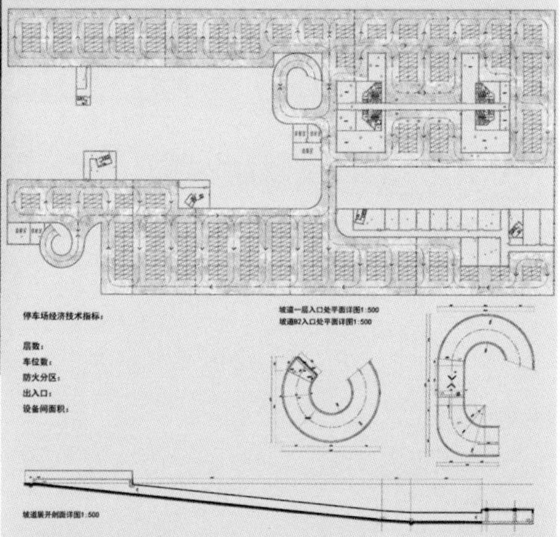

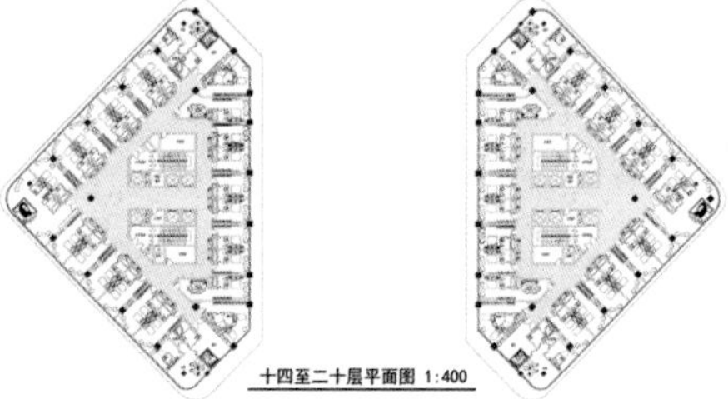

■ 17~26层分层示意图

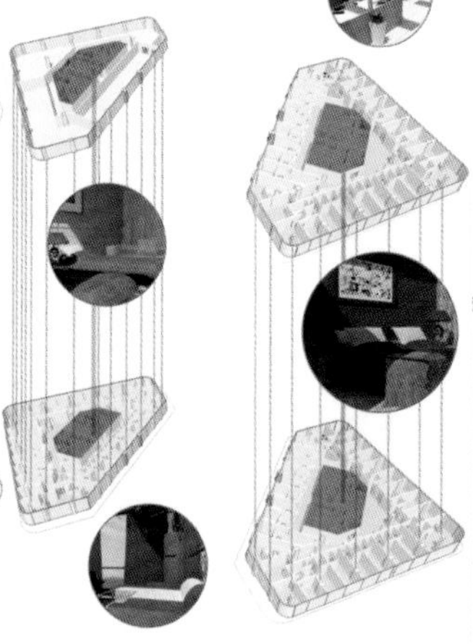

十四至二十层平面图 1:400

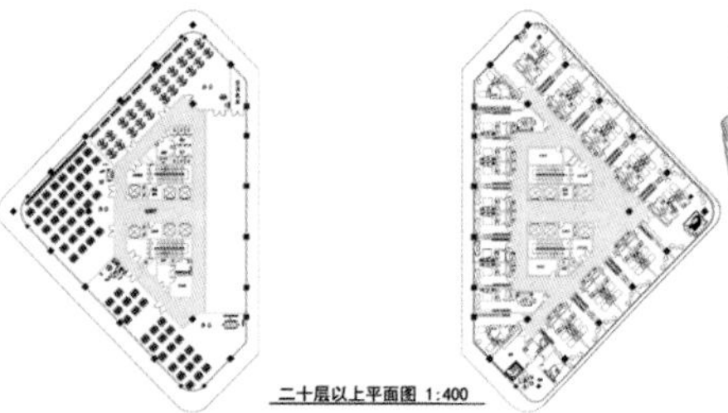

二十层以上平面图 1:400

■酒店房间示意图

酒店大床房

酒店家庭套间

酒店双床房

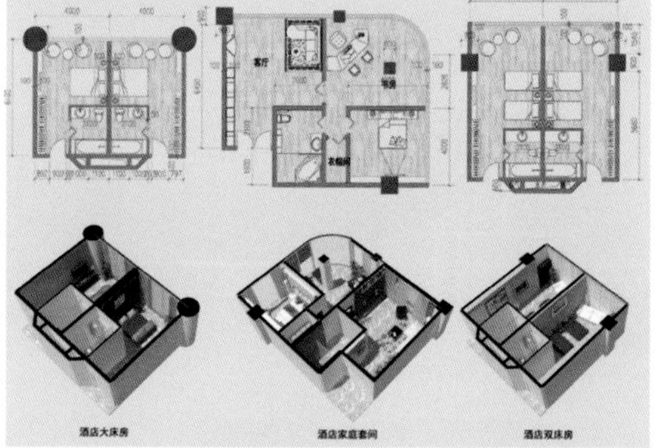

学生姓名：和斯佳　李惠文　张　希

指导教师：王小斌　李海英

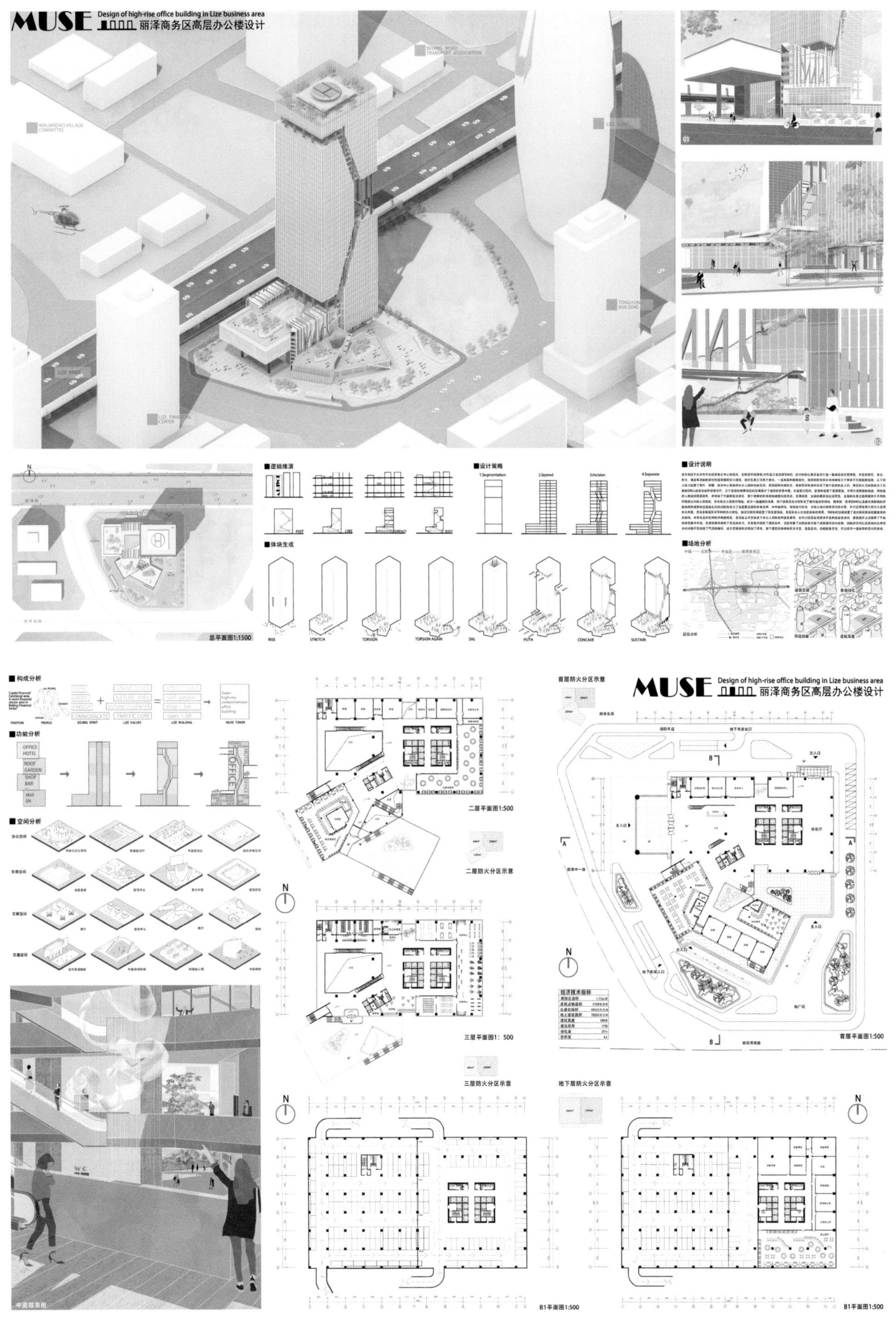
MUSE Design of high-rise office building in Lize business area
丽泽商务区高层办公楼设计
总平面图1:1500
逻辑推演
设计策略
1.Segmentation
2.layered
3.Incision
4.Separate
设计说明
体块生成
RISE
STRETCH
TORSION
TORSION AGAIN
DIG
PUTH
CONCAVE
SUSTAIN
场地分析
构成分析
功能分析
空间分析
二层平面图1:500
二层防火分区示意
三层平面图1: 500
三层防火分区示意
首层防火分区示意
首层平面图1:500
经济技术指标
地下层防火分区示意
B1平面图1:500
中庭效果图

学生姓名：韦　金

指导教师：王小斌　李海英

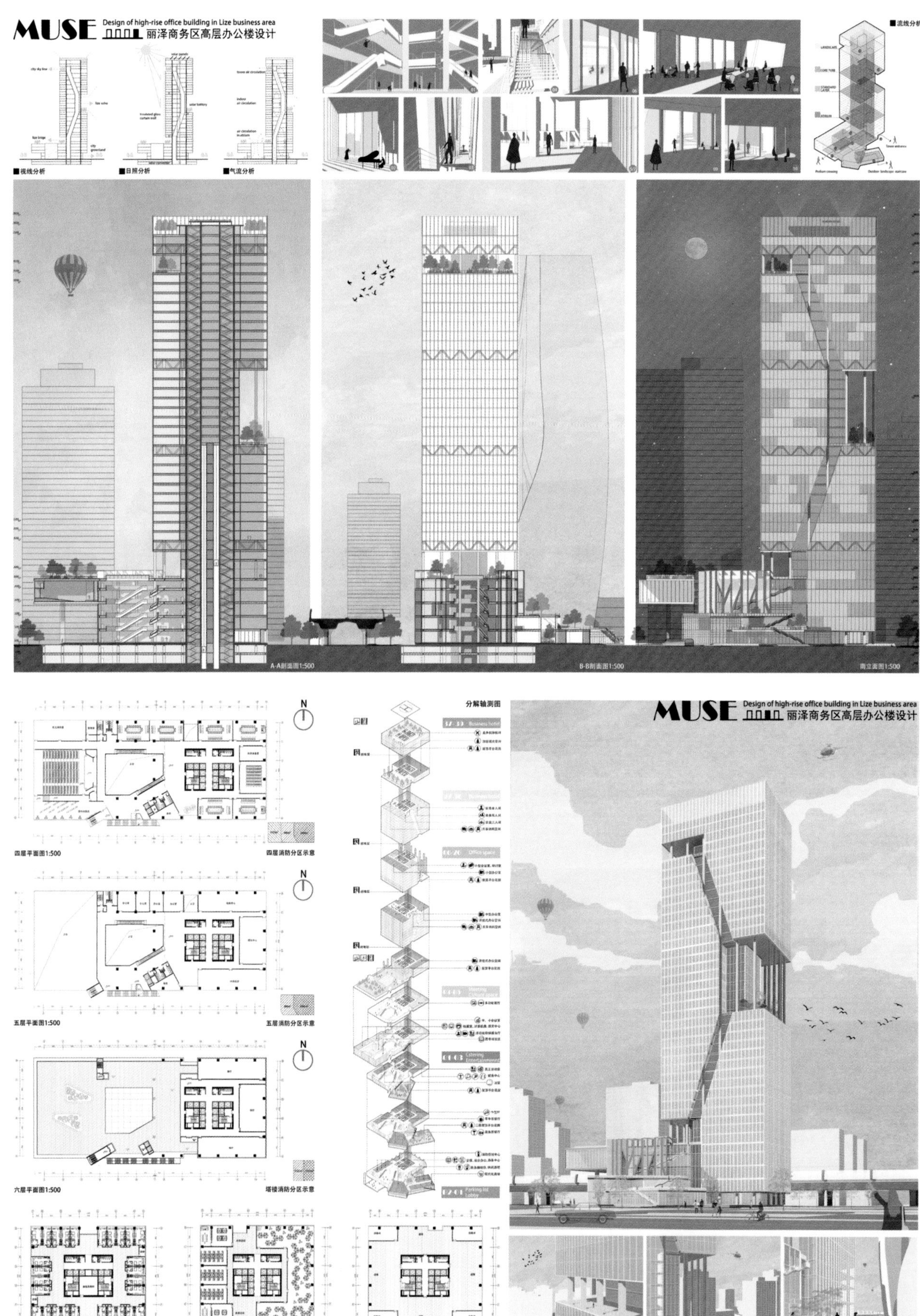
MUSE Design of high-rise office building in Lize business area
丽泽商务区高层办公楼设计
■视线分析
■日照分析
■气流分析
■流线分析
A-A剖面图1:500
B-B剖面图1:500
南立面图1:500
分解轴测图
四层平面图1:500
四层消防分区示意
五层平面图1:500
五层消防分区示意
六层平面图1:500
塔楼消防分区示意
酒店标准层平面图1:500
办公标准层平面图1:500
避难层平面图1:500
MUSE Design of high-rise office building in Lize business area
丽泽商务区高层办公楼设计

学生姓名：韦 金

指导教师：王小斌 李海英

石景山模式口西山故道开发设计

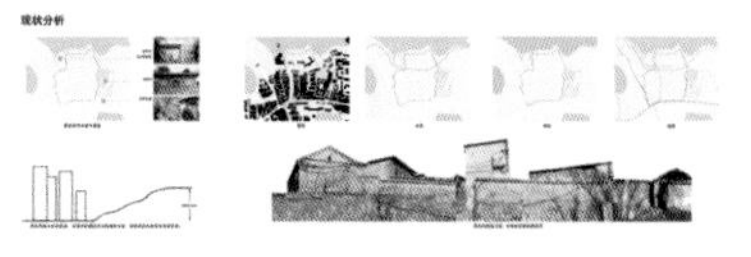
现状分析

现状卫星图

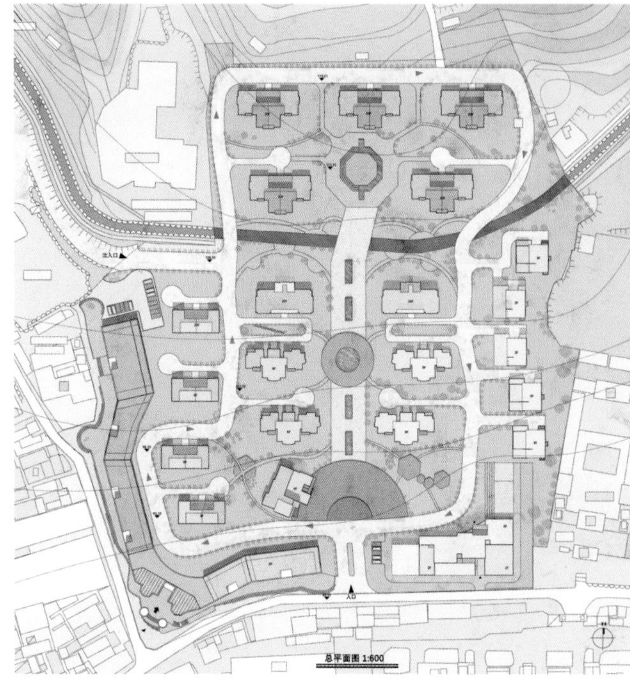
次入口
入口
总平面图 1:600

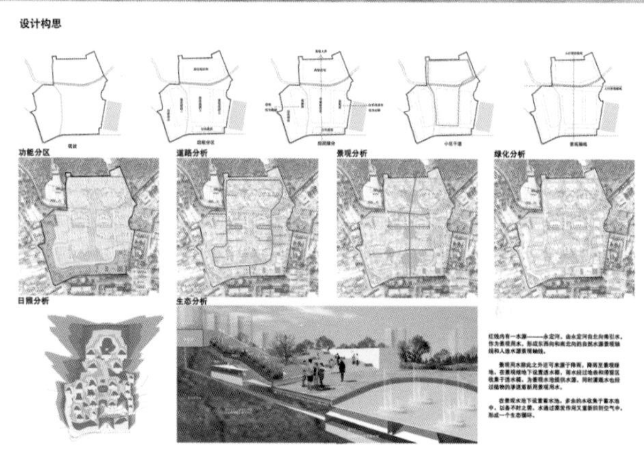
设计构思
功能分区
道路分析
景观分析
绿化分析
日照分析
生态分析

石景山模式口西山故道开发设计

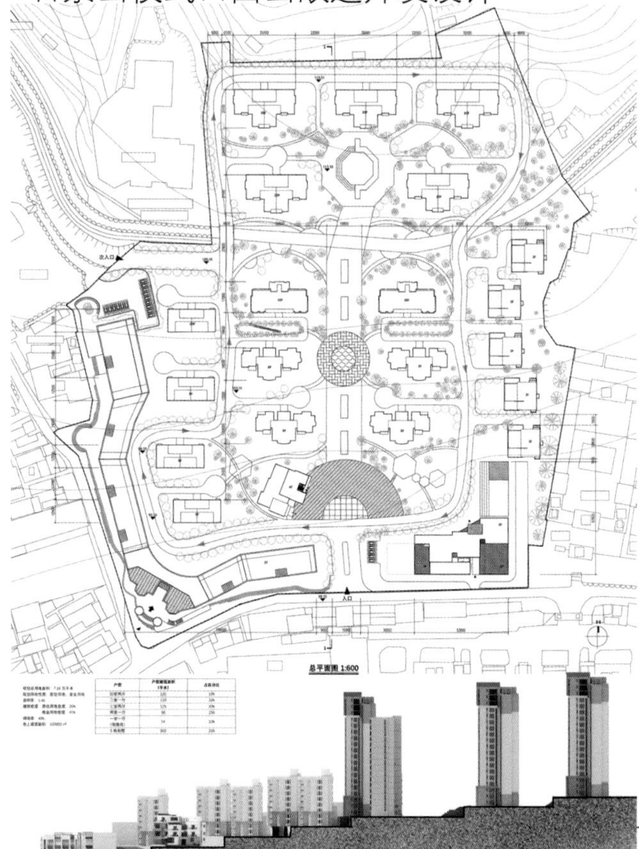
次入口
入口
总平面图 1:600
1-1剖面图

幼儿园

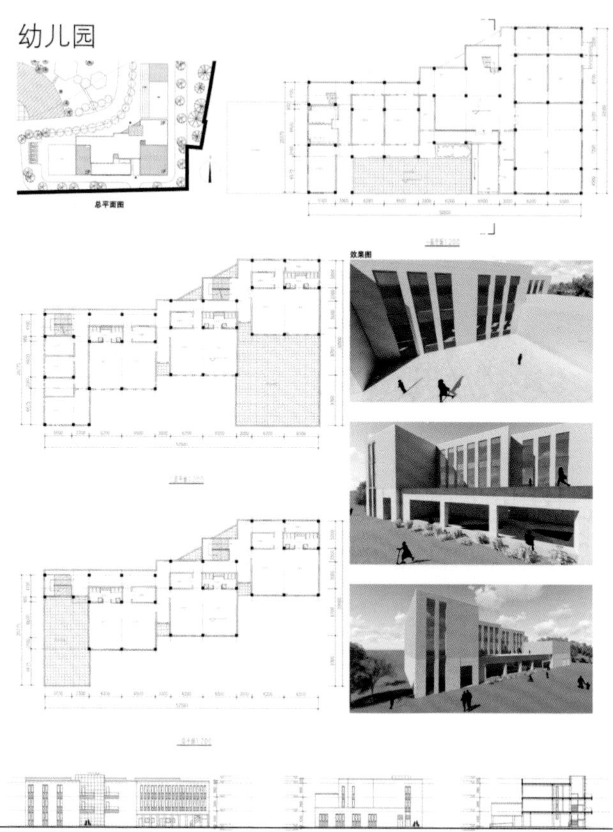
总平面图
效果图

学生姓名： 田　雪　刘颖达　孙雅妮

指导教师： 杨绪波

石景山模式口西山故道开发设计会所 商业

效果图
二层平面图 1: 1000
首层平面图 1: 1000
西立面图 1: 300
石景山模式口西山故道开发设计
人口年龄比
活动密度
景观视线
户型解析：
所选择的户型为多层16层住宅四室两厅，均为联排住宅。为了提供更多的便利设置了两部电梯。同时住宅前后各有两个公共绿地，并于前方住宅共用一个回车场。联排住宅有自己的庭院绿化，还有自己的地下车库。建筑风格复古，给有一定经济条件的住户提供了更加舒适的居住体验。

学生姓名： 田　雪　刘颖达　孙雅妮　　　　**指导教师：** 杨绪波

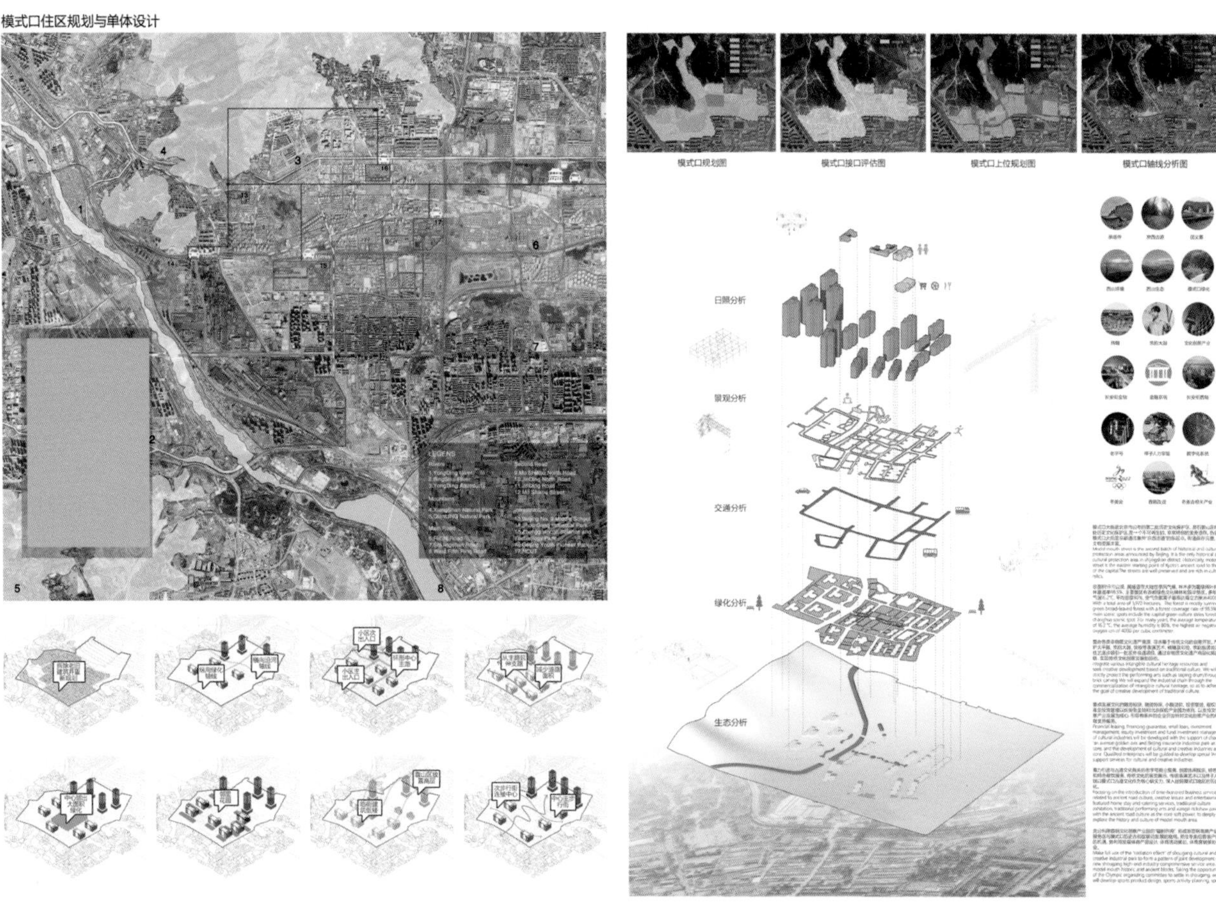
模式口住区规划与单体设计
模式口规划图
模式口接口评估图
模式口上位规划图
模式口轴线分析图
日照分析
景观分析
交通分析
绿化分析
生态分析

模式口住区规划与单体设计03 - 鸟瞰

学生姓名：宋林晨　陈天琦　郭俣男　王鲁拓

指导教师：杨绪波

模式口住区规划与单体设计 04- 彩色平面

模式口住区规划与单体设计 05- 黑白总平

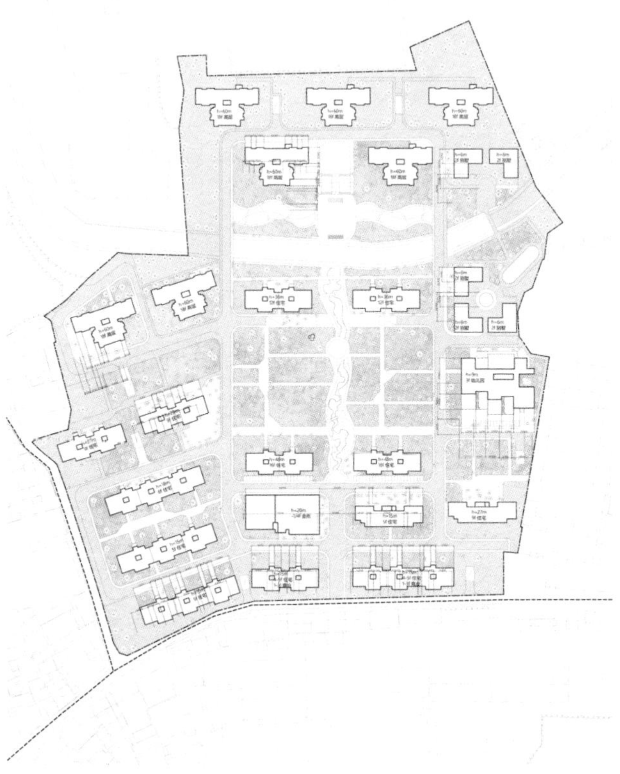

模式口住区规划与单体设计 06- 塔楼

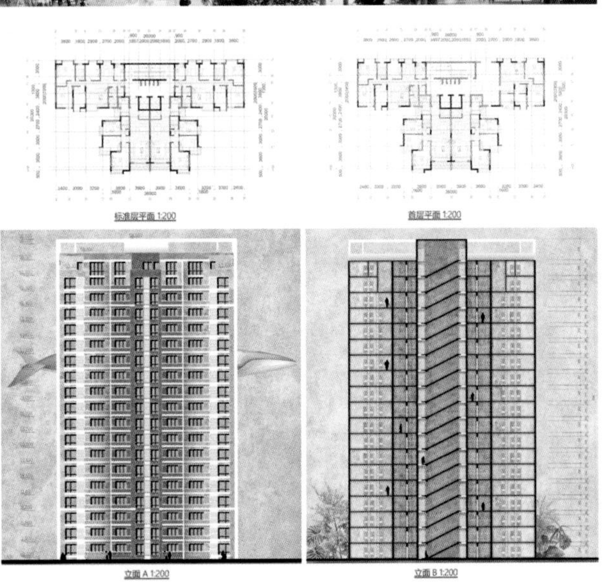
标准层平面 1:200
首层平面 1:200
立面 A 1:200
立面 B 1:200

模式口住区规划与单体设计 07- 保障房

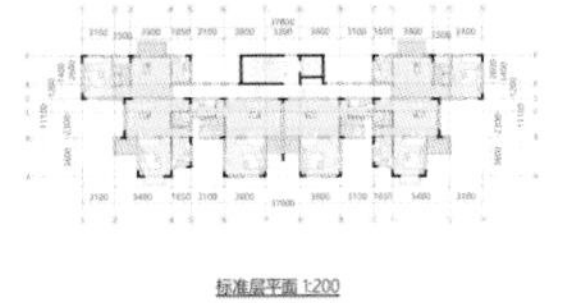

标准层平面 1:200

首层平面 1:200

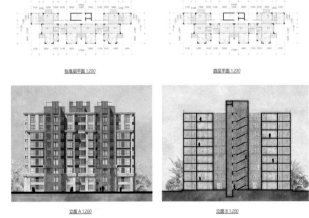

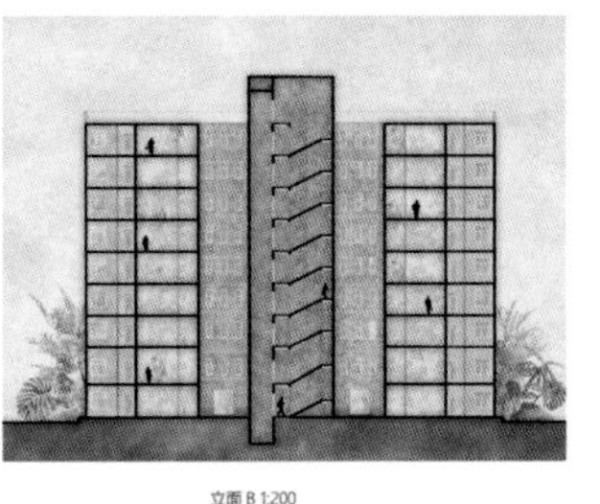

立面 A 1:200

立面 B 1:200

学生姓名：宋林晨　陈天琦　郭俣男　王鲁拓

指导教师：杨绪波

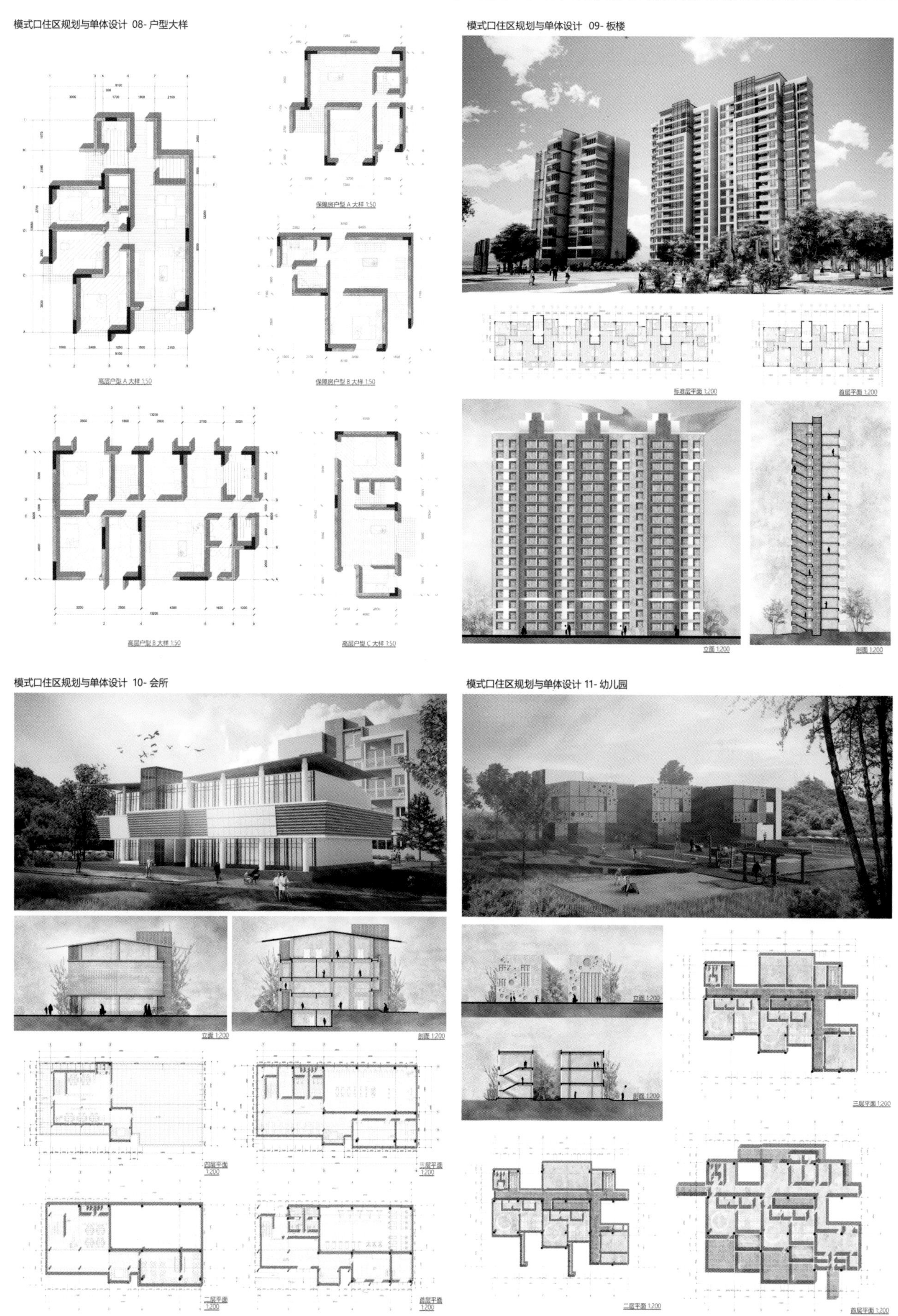
模式口住区规划与单体设计 08- 户型大样
高层户型 A 大样 1:50
保障房户型 A 大样 1:50
保障房户型 B 大样 1:50
高层户型 B 大样 1:50
高层户型 C 大样 1:50
模式口住区规划与单体设计 09- 板楼
标准层平面 1:200
首层平面 1:200
立面 1:200
剖面 1:200
模式口住区规划与单体设计 10- 会所
立面 1:200
剖面 1:200
四层平面 1:200
三层平面 1:200
二层平面 1:200
首层平面 1:200
模式口住区规划与单体设计 11- 幼儿园
立面 1:200
剖面 1:200
三层平面 1:200
二层平面 1:200
首层平面 1:200

学生姓名：宋林晨　陈天琦　郭俣男　王鲁拓

指导教师：杨绪波

模式口住区规划与单体设计 12- 沿街商铺

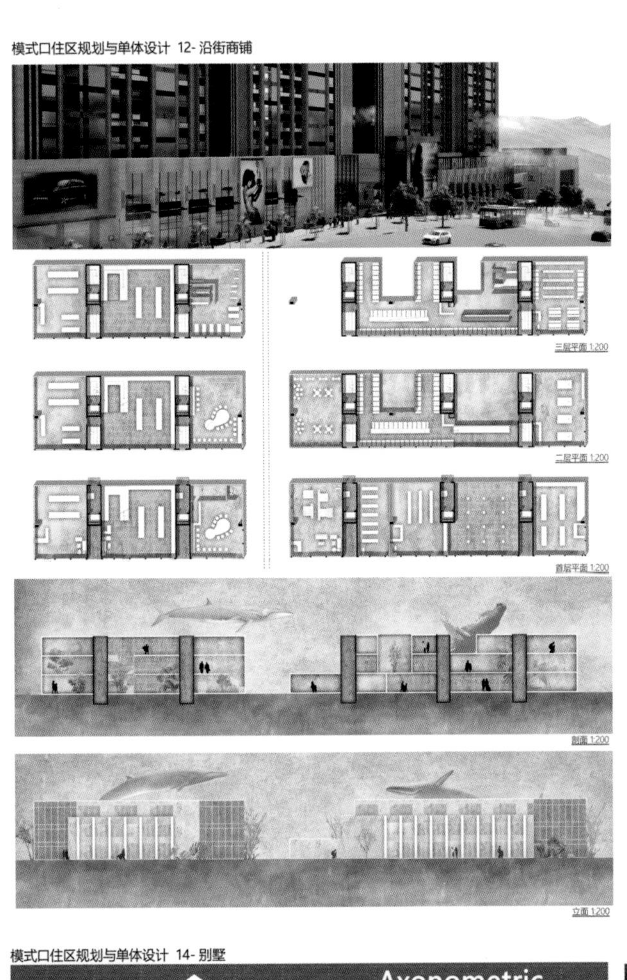
三层平面 1:200
二层平面 1:200
首层平面 1:200
剖面 1:200
立面 1:200

模式口住区规划与单体设计 13- 别墅

首层平面 1:100
二层平面 1:100
剖面 1:100

模式口住区规划与单体设计 14- 别墅

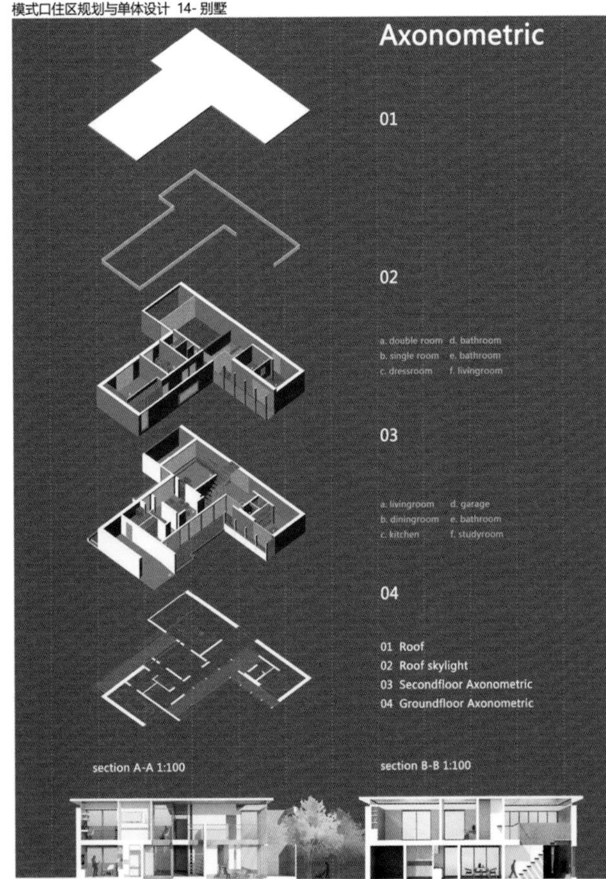
Axonometric
01
02
a. double room d. bathroom
b. single room e. bathroom
c. dressroom f. livingroom
03
a. livingroom d. garage
b. diningroom e. bathroom
c. kitchen f. studyroom
04
01 Roof
02 Roof skylight
03 Secondfloor Axonometric
04 Groundfloor Axonometric
section A-A 1:100
section B-B 1:100

学生姓名：宋林晨　陈天琦　郭俣男　王鲁拓

指导教师：杨绪波

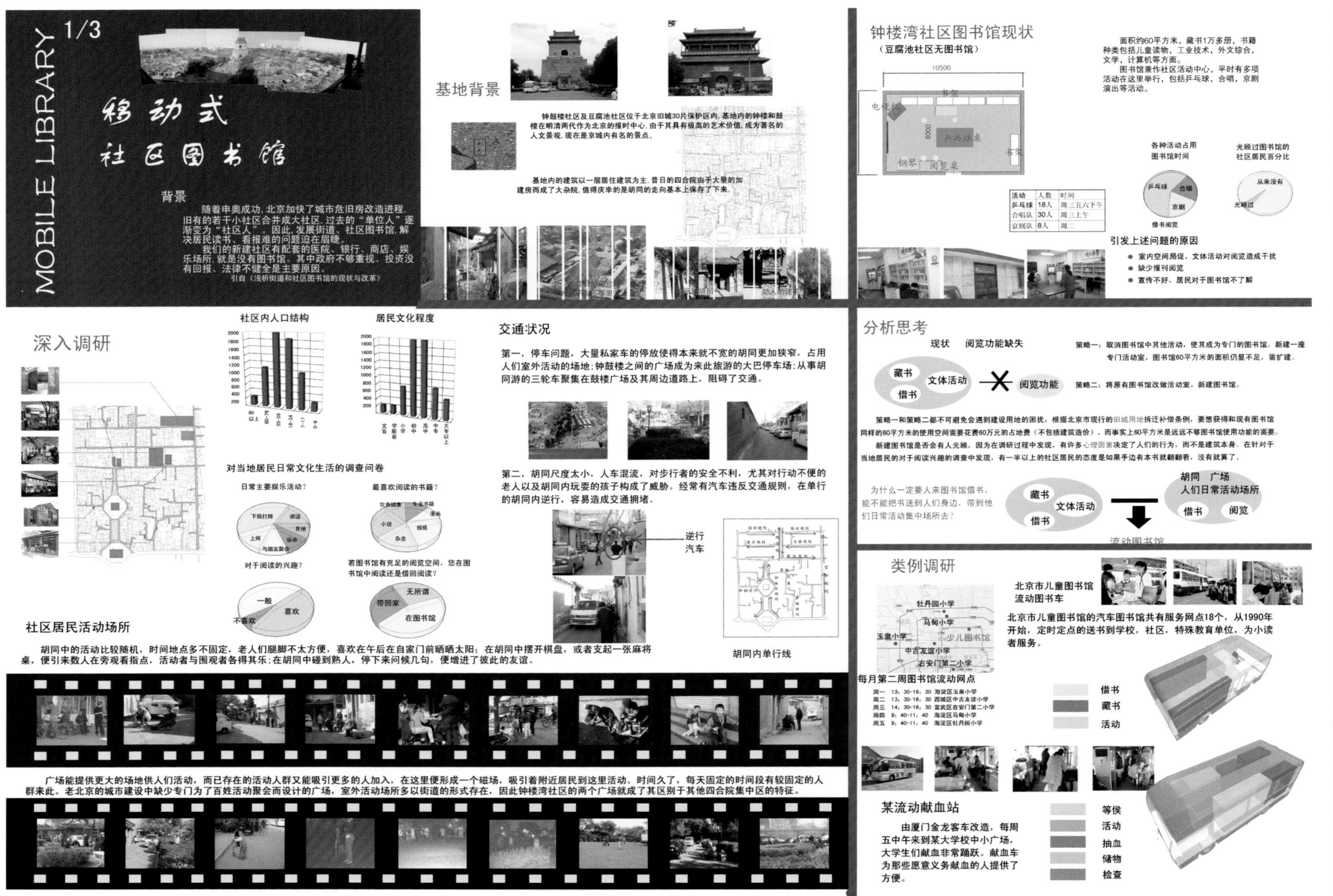
MOBILE LIBRARY
1/3
移动式
社区图书馆
背景
随着申奥成功，北京加快了城市危旧房改造进程，旧有的若干小社区合并成大社区，过去的“单位人”逐渐变为“社区人”。因此，发展街道、社区图书馆，解决居民读书、看报难的问题迫在眉睫。
我们的新建社区有配套的医院、银行、商店、娱乐场所，就是没有图书馆。其中政府不够重视、投资没有回报、法律不健全是主要原因。
引自《浅析街道和社区图书馆的现状与改革》
基地背景
钟鼓楼社区及豆腐池社区位于北京旧城30片保护区内，基地内的钟楼和鼓楼在明清两代作为北京的报时中心，由于其具有极高的艺术价值，成为著名的人文景观，现在是京城内有名的景点。
基地内的建筑以一层居住建筑为主，昔日的四合院由于大量的加建房而成了大杂院，值得庆幸的是胡同的走向基本上保存了下来。
钟楼湾社区图书馆现状
（豆腐池社区无图书馆）
面积约60平方米，藏书1万多册，书籍种类包括儿童读物、工业技术、外文综合、文学、计算机等方面。
图书馆兼作社区活动中心，平时有多项活动在这里举行，包括乒乓球、合唱、京剧演出等活动。
各种活动占用图书馆时间
光顾过图书馆的社区居民百分比
引发上述问题的原因
室内空间局促，文体活动对阅览造成干扰
缺少报刊阅览
宣传不好，居民对于图书馆不了解
深入调研
社区内人口结构
居民文化程度
对当地居民日常文化生活的调查问卷
日常主要娱乐活动？
最喜欢阅读的书籍？
对于阅读的兴趣？
若图书馆有充足的阅览空间，您在图书馆中阅读还是借回阅读？
交通状况
第一，停车问题，大量私家车的停放使得本来就不宽的胡同更加狭窄，占用人们室外活动的场地；钟鼓楼之间的广场成为来此旅游的大巴停车场；从事胡同游的三轮车聚集在鼓楼广场及其周边道路上，阻碍了交通。
第二，胡同尺度太小，人车混流，对步行者的安全不利，尤其对行动不便的老人以及胡同内玩耍的孩子构成了威胁。经常有汽车违反交通规则，在单行的胡同内逆行，容易造成交通拥堵。
逆行汽车
胡同内单行线
分析思考
现状 阅览功能缺失
藏书 借书 文体活动 阅览功能
策略一：取消图书馆中其他活动，使其成为专门的图书馆。新建一座专门活动室，图书馆60平方米的面积仍显不足，需扩建。
策略二：将原有图书馆改做活动室，新建图书馆。
为什么一定要人来图书馆借书，能不能把书送到人们身边，带到他们日常活动集中场所去？
胡同 广场
人们日常活动场所
社区居民活动场所
胡同中的活动比较随机，时间地点多不固定，老人们腿脚不太方便，喜欢在午后在自家门前晒晒太阳；在胡同中摆开棋盘，或者支起一张麻将桌，便引来数人在旁观看指点，活动者与围观者各得其乐；在胡同中碰到熟人，停下来问候几句，便增进了彼此的友谊。
广场能提供更大的场地供人们活动，而已存在的活动人群又能吸引更多的人加入，在这里便形成一个磁场，吸引着附近居民到这里活动。时间久了，每天固定的时间段有较固定的人群来此。老北京的城市建设中缺少专门为了百姓活动聚会而设计的广场，室外活动场所多以街道的形式存在，因此钟楼湾社区的两个广场就成了其区别于其他四合院集中区的特征。
类例调研
北京市儿童图书馆流动图书车
北京市儿童图书馆的汽车图书馆共有服务网点18个，从1990年开始，定时定点的送书到学校，社区，特殊教育单位，为小读者服务。
每月第二周图书馆流动网点
借书
藏书
活动
某流动献血站
由厦门金龙客车改造，每周五中午来到某大学校中小广场，大学生们献血非常踊跃。献血车为那些愿意义务献血的人提供了方便。
等候
活动
抽血
储物
检查

学生姓名：程亚磊

指导教师：张 勃

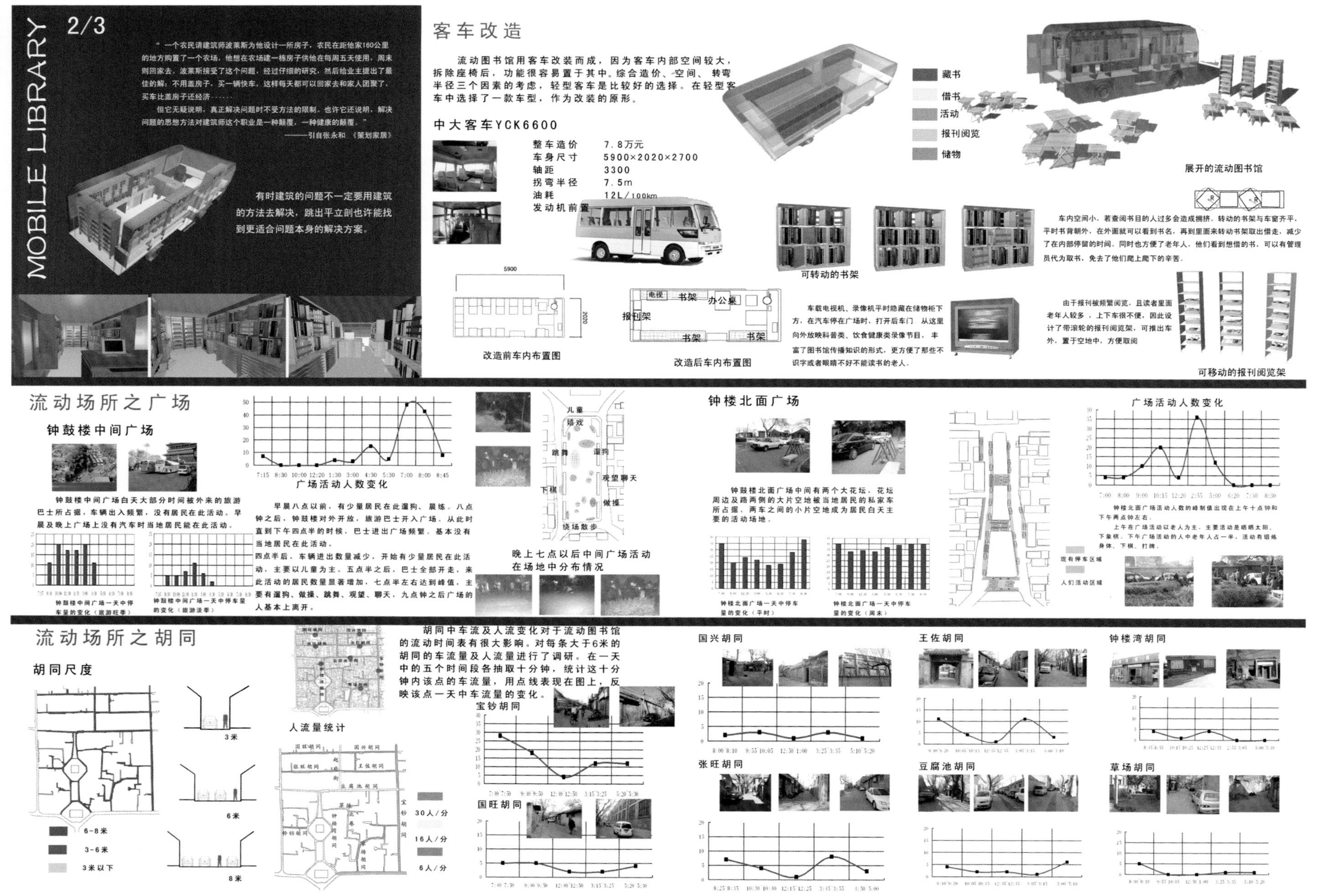
MOBILE LIBRARY
2/3
“一个农民请建筑师波莱斯为他设计一所房子，农民在距他家160公里的地方购置了一个农场，他想在农场建一栋房子供他在每周五天使用，周末则回家去。波莱斯接受了这个问题，经过仔细的研究，然后给业主提出了最佳的解：不用盖房子，买一辆快车。这样每天都可以回家去和家人团聚了，买车比盖房子还经济……
但它无疑说明，真正解决问题时不受方法的限制。也许它还说明，解决问题的思想方法对建筑师这个职业是一种颠覆，一种健康的颠覆。”
——引自张永和《策划家居》
有时建筑的问题不一定要用建筑的方法去解决，跳出平立剖也许能找到更适合问题本身的解决方案。
客车改造
流动图书馆用客车改装而成，因为客车内部空间较大，拆除座椅后，功能很容易置于其中。综合造价、空间、转弯半径三个因素的考虑，轻型客车是比较好的选择。在轻型客车中选择了一款车型，作为改装的原形。
中大客车YCK6600
整车造价 7.8万元
车身尺寸 5900×2020×2700
轴距 3300
拐弯半径 7.5m
油耗 12L/100km
发动机前置
藏书
借书
活动
报刊阅览
储物
展开的流动图书馆
5900
2020
改造前车内布置图
电视
书架
办公桌
报刊架
书架
书架
改造后车内布置图
可转动的书架
车内空间小，若查阅书目的人过多会造成拥挤。转动的书架与车窗齐平，平时书背朝外，在外面就可以看到书名，再到里面来转动书架取出借走，减少了在内部停留的时间。同时也方便了老年人，他们看到想借的书，可以有管理员代为取书，免去了他们爬上爬下的辛苦。
车载电视机、录像机平时隐藏在储物柜下方，在汽车停在广场时，打开后车门　从这里向外放映科普类、饮食健康类录像节目，丰富了图书馆传播知识的形式，更方便了那些不识字或者眼睛不好不能读书的老人。
由于报刊被频繁阅览，且读者里面老年人较多，上下车很不便，因此设计了带滚轮的报刊阅览架，可推出车外，置于空地中，方便取阅
可移动的报刊阅览架
流动场所之广场
钟鼓楼中间广场
广场活动人数变化
钟鼓楼中间广场白天大部分时间被外来的旅游巴士所占据，车辆出入频繁，没有居民在此活动。早晨及晚上广场上没有汽车时当地居民能在此活动。
早晨八点以前，有少量居民在此遛狗、晨练。八点钟之后，钟鼓楼对外开放，旅游巴士开入广场。从此时直到下午四点半的时候，巴士进出广场频繁，基本没有当地居民在此活动。
四点半后，车辆进出数量减少，开始有少量居民在此活动，主要以儿童为主。五点半之后，巴士全部开走，来此活动的居民数量显著增加，七点半左右达到峰值，主要有遛狗、做操、跳舞、观望、聊天，九点钟之后广场的人基本上离开。
钟鼓楼中间广场一天中停车量的变化（旅游旺季）
钟鼓楼中间广场一天中停车量的变化（旅游淡季）
儿童
嬉戏
跳舞
遛狗
观望聊天
下棋
做操
绕场散步
晚上七点以后中间广场活动在场地中分布情况
钟楼北面广场
钟鼓楼北面广场中间有两个大花坛，花坛周边及路两侧的大片空地被当地居民的私家车所占据。两车之间的小片空地成为居民白天主要的活动场地。
钟楼北面广场一天中停车量的变化（平时）
钟楼北面广场一天中停车量的变化（周末）
现有停车区域
人们活动区域
广场活动人数变化
钟楼北面广场活动人数的峰值出现在上午十点钟和下午两点钟左右。
上午在广场活动以老人为主，主要活动是晒晒太阳、下象棋。下午广场活动的人中老年人占一半，活动有锻炼身体、下棋、打牌。
流动场所之胡同
胡同尺度
3米
6米
8米
6-8米
3-6米
3米以下
胡同中车流及人流变化对于流动图书馆的流动时间表有很大影响。对每条大于6米的胡同的车流量及人流量进行了调研。在一天中的五个时间段各抽取十分钟，统计这十分钟内该点的车流量，用点线表现在图上，反映该点一天中车流量的变化。
人流量统计
30人/分
16人/分
6人/分
宝钞胡同
国旺胡同
国兴胡同
张旺胡同
王佐胡同
豆腐池胡同
钟楼湾胡同
草场胡同

学生姓名：程亚磊

指导教师：张　勃

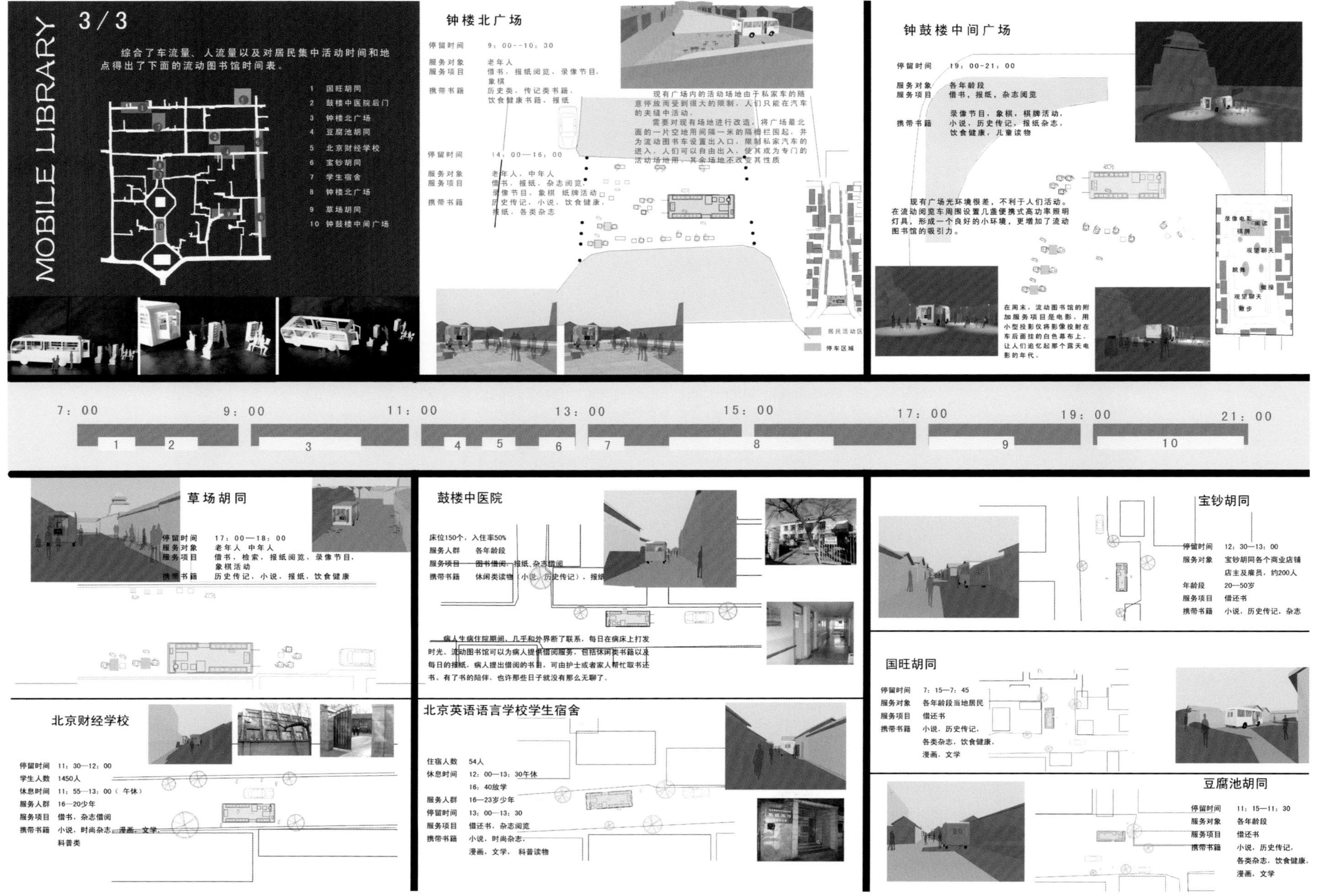
MOBILE LIBRARY
3/3
综合了车流量、人流量以及对居民集中活动时间和地点得出了下面的流动图书馆时间表。
1 国旺胡同
2 鼓楼中医院后门
3 钟楼北广场
4 豆腐池胡同
5 北京财经学校
6 宝钞胡同
7 学生宿舍
8 钟楼北广场
9 草场胡同
10 钟鼓楼中间广场
钟楼北广场
停留时间 9：00—10：30
服务对象 老年人
服务项目 借书，报纸阅览，录像节目，象棋
携带书籍 历史类，传记类书籍，饮食健康书籍，报纸
停留时间 14：00—16：00
服务对象 老年人，中年人
服务项目 借书，报纸，杂志阅览，录像节目，象棋 纸牌活动
携带书籍 历史传记，小说，饮食健康，报纸，各类杂志
现有广场内的活动场地由于私家车的随意停放而受到很大的限制，人们只能在汽车的夹缝中活动。
需要对现有场地进行改造，将广场最北面的一片空地用间隔一米的隔栅栏围起，并为流动图书车设置出入口，限制私家汽车的进入，人们可以自由出入，使其成为专门的活动场地用，其余场地不改变其性质
居民活动区
停车区域
钟鼓楼中间广场
停留时间 19：00—21：00
服务对象 各年龄段
服务项目 借书，报纸，杂志阅览
录像节目，象棋，棋牌活动，
携带书籍 小说，历史传记，报纸杂志，饮食健康，儿童读物
现有广场光环境很差，不利于人们活动。在流动阅览车周围设置几盏便携式高功率照明灯具，形成一个良好的小环境，更增加了流动图书馆的吸引力。
在周末，流动图书馆的附加服务项目是电影，用小型投影仪将影像投射在车后面挂的白色幕布上。让人们追忆起那个露天电影的年代。
7：00
9：00
11：00
13：00
15：00
17：00
19：00
21：00
1
2
3
4
5
6
7
8
9
10
草场胡同
停留时间 17：00—18：00
服务对象 老年人 中年人
服务项目 借书，检索，报纸阅览，录像节目，象棋活动
携带书籍 历史传记，小说，报纸，饮食健康
鼓楼中医院
床位150个，入住率50%
服务人群 各年龄段
服务项目 图书借阅，报纸、杂志借阅
携带书籍 休闲类读物（小说、历史传记），报纸
病人生病住院期间，几乎和外界断了联系，每日在病床上打发时光。流动图书馆可以为病人提供借阅服务，包括休闲类书籍以及每日的报纸。病人提出借阅的书目，可由护士或者家人帮忙取书还书。有了书的陪伴，也许那些日子就没有那么无聊了。
宝钞胡同
停留时间 12：30—13：00
服务对象 宝钞胡同各个商业店铺店主及雇员，约200人
年龄段 20—50岁
服务项目 借还书
携带书籍 小说，历史传记，杂志
国旺胡同
停留时间 7：15—7：45
服务对象 各年龄段当地居民
服务项目 借还书
携带书籍 小说，历史传记，各类杂志，饮食健康，漫画，文学
北京财经学校
停留时间 11：30—12：00
学生人数 1450人
休息时间 11：55—13：00（午休）
服务人群 16—20岁少年
服务项目 借书，杂志借阅
携带书籍 小说，时尚杂志，漫画，文学，科普类
北京英语语言学校学生宿舍
住宿人数 54人
休息时间 12：00—13：30午休
16：40放学
服务人群 16—23岁少年
停留时间 13：00—13：30
服务项目 借还书，杂志阅览
携带书籍 小说，时尚杂志，漫画，文学，科普读物
豆腐池胡同
停留时间 11：15—11：30
服务对象 各年龄段
服务项目 借还书
携带书籍 小说，历史传记，各类杂志，饮食健康，漫画，文学

学生姓名：程亚磊

指导教师：张　勃

中国古建筑木作技术研究与实践
——《中国建筑史》课程后续实践环节
传统木构精神
匠心本难求
熟亦能生巧
拙然出清奇
一壶天地心
尔等本是山中木
我自取来刨刮雕
卯榫咬接合一心
看得屋宇好气势
研究目的和意义
中华民族富有想象力的创造精神，成就了一个又一个具有民族神韵的瑰丽建筑。这些古建筑绘制出了一幅幅精美的艺术画卷。中国古代建筑的高超技艺让世人叹服。我们从一座座中国古建筑身上不仅看到了中国古代文明史，也看到了中华民族自立于世界民族之林的底蕴。中国古代建筑体现的是中国古代的科技史、文化史、经济史、社会史和思想史。我们的先人在建筑布局、建筑材料、建筑施工、建筑装饰、建筑艺术等方面有着大量的发明创造，积累了丰富的经验。对于这些财富，我们应当努力地借鉴、学习、继承和发扬。以上是我们对此课题产生兴趣的一方面原因，而另一方面更重要的原因似乎可以解释为一种专业热情，说是一种职业责任感也不为过。所有常见的媒体中所谈到的关于中国古建筑之精彩更多的是对往昔峥嵘的无限追忆和感慨，这对于本民族值得一提的“家产”是远远不够的。单从社会生活或建筑活动的普遍状况来看，对这笔“家产”的处理往往流于肤浅。从对其形式的野蛮套用到对建造技术的忽略，从对文物建筑的粗鲁态度到对传统工艺的轻视，都让老祖宗留下的遗产无法济世于后。从我们学生的角度来看，还是要有一些抢救性的工作要做的。“千里之行始于足下”，我们的实践活动成为我们在探寻中国建筑精神方面走出的第一步。具体地说主要有如下几个方面内容：一、通过亲手制作构件各种比例的模型，对中国古代木作营造技术进行切身体会，比从书本得来的认识更为深刻。在参与具体的识图和木工操作过程中，学习并理解木作技术中最核心的内容——节点的设计。由于目前传统的建造工艺主要掌握在民间工匠的手中，专业人员大多对营造技术知识只是在理论层面的掌握，导致技术有逐渐失传的可能性，我们的工作是对传统工艺的抢救性保护的起点。二、通过对节点的连接等一系列木作技术中关键问题的深入认识，初步进行文物建筑保护工作的有关难点问题的思考，以期能够对相关工作提供一定的技术支持。初步学习并掌握基本的建造方法，为将来可能计划实施的校园中的古建筑工程积累经验。三、学习研究所产生的成果——各种比例的古建筑模型可能为今后的建筑史教学提供教具，可以为学校节约大量的经费（从市场上购买同类产品价格大约是科研投入的三倍左右）。通过对实际制作过程中各类做法的比较和提炼，可以初步拟定出一套教具生产的开发计划。
动机：
通过设计、实际的动手制作及建造，对中国古代木建筑营造技术有较书本更为深刻的认识。选定六角攒尖亭为设计制作对象。
过程：
首先是最具代表性的构件——斗栱的制作图纸设计，参照《中国古建筑木作营造技术》一书中清式单翘单昂斗栱进行制作：从树到材，从材到料，从料到构件，从构件到建筑的关键性节点。在构件制作的经验基础之上进行小亭的建造。
图纸设计：
造访民间工匠，并结合《中国古建筑木作营造技术》中提供的图纸进行。在有经验的民间工匠帮助下，依次进行各个构件的制作。由于整个建造过程实际上是预制构件的装配工作，且不需要金工，所以组装也就成了一件乐事。
体会：
从斗栱的设计与制作中发现了资料中关于节点构造阐述的问题，并对这一经典构件有了深刻的认识。
木

学生姓名：罗 丹 马 渊 李 健 刘艳丽 高 鹏 钮 欢　　**指导教师**：张 勃

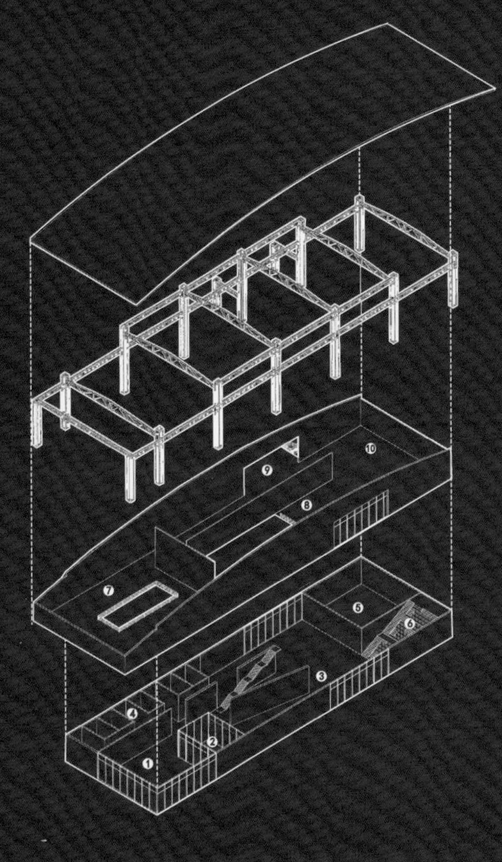

五年级

毕业设计

优秀学生作品

优秀学生作品

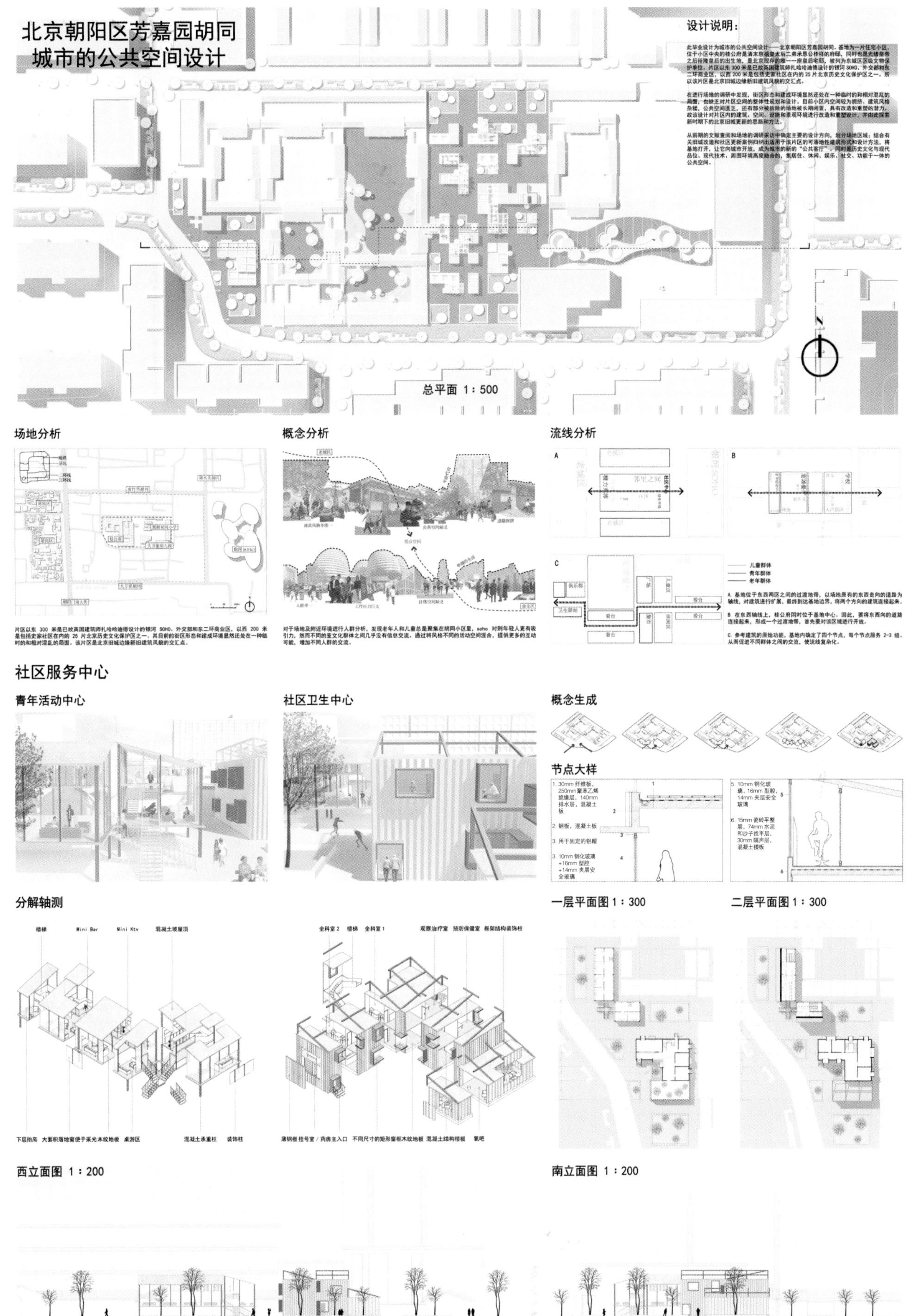
北京朝阳区芳嘉园胡同
城市的公共空间设计
设计说明：
此毕业设计为城市的公共空间设计——北京朝阳区芳嘉园胡同。基地为一片住宅小区，位于小区中央的桂公府是清末慈禧皇太后二弟承恩公桂祥的府邸，同时也是光绪皇帝之后裕隆皇后的出生地，是北京现存的唯一一座皇后宅邸，被列为东城区区级文物保护单位。片区以东 300 米是已故英国建筑师扎哈哈迪德设计的银河 SOHO、外交部和东二环商业区，以西 200 米是包括史家社区在内的 25 片北京历史文化保护区之一。所以该片区是北京旧城边缘新旧建筑风貌的交汇点。
在进行场地的调研中发现，街区形态和建成环境显然还处在一种临时的和相对混乱的局面，也缺乏对片区空间的整体性规划和设计。目前小区内空间较为拥挤、建筑风格杂糅，公共空间匮乏，还有部分被拆除的场地被长期闲置，具有改造和重塑的潜力。故该设计对片区内的建筑、空间、设施和景观环境进行改造和重塑设计，并由此探索新时期下的北京旧城更新的思路和方法。
从前期的文献查阅和场地的调研采访中确定主要的设计方向，划分场地区域；结合有关旧城改造和社区更新案例归纳出适用于该片区的可落地性建筑形式和设计方法，将基地打开，让它向城市开放，成为城市的新的“公共客厅”，同时是历史文化与现代品位、现代技术、周围环境高度融合的，集居住、休闲、娱乐、社交、功能于一体的公共空间。
总平面 1：500
场地分析
片区以东 300 米是已故英国建筑师扎哈哈迪德设计的银河 SOHO、外交部和东二环商业区，以西 200 米是包括史家社区在内的 25 片北京历史文化保护区之一。其目前的街区形态和建成环境显然还处在一种临时的和相对混乱的局面，该片区是北京旧城边缘新旧建筑风貌的交汇点。
概念分析
对于场地及附近环境进行人群分析，发现老年人和儿童总是聚集在胡同小区里，soho 对则年轻人更有吸引力，然而不同的亚文化群体之间几乎没有信息交流。通过将风格不同的活动空间混合，提供更多的互动可能，增加不同人群的交流。
流线分析
儿童群体
青年群体
老年群体
A. 基地位于东西两区之间的过渡地带，以场地原有的东西走向的道路为轴线，对建筑进行扩展，最终到达基地边界，将两个方向的建筑连接起来。
B. 在东西轴线上，桂公府同时位于基地中心。因此，要将东西向的道路连接起来，形成一个过渡地带，首先要对该区域进行开放。
C. 参考建筑的原始功能，基地内确定了四个节点，每个节点服务 2-3 组，从而促进不同群体之间的交流，使流线复杂化。
社区服务中心
青年活动中心
社区卫生中心
概念生成
节点大样
1. 30mm 纤维板，250mm 聚苯乙烯绝缘层，140mm 排水层，混凝土板
2. 钢板，混凝土板
3. 用于固定的铝帽
3. 10mm 钢化玻璃 +16mm 型腔 +14mm 夹层安全玻璃
5. 10mm 钢化玻璃，16mm 型腔，14mm 夹层安全玻璃
6. 15mm 瓷砖平整层，74mm 水泥和沙子找平层，30mm 隔声层，混凝土楼板
分解轴测
楼梯
Mini Bar
Mini Ktv
混凝土坡屋顶
下层抬高
大面积落地窗便于采光
木纹地板
桌游区
混凝土承重柱
装饰柱
全科室 2
楼梯
全科室 1
观察治疗室
预防保健室
框架结构装饰柱
薄钢板
挂号室 / 药房
主入口
不同尺寸的矩形窗框
木纹地板
混凝土结构楼板
氧吧
一层平面图 1：300
二层平面图 1：300
西立面图 1：200
南立面图 1：200

学生姓名：阎凌凤

指导教师：杨绪波

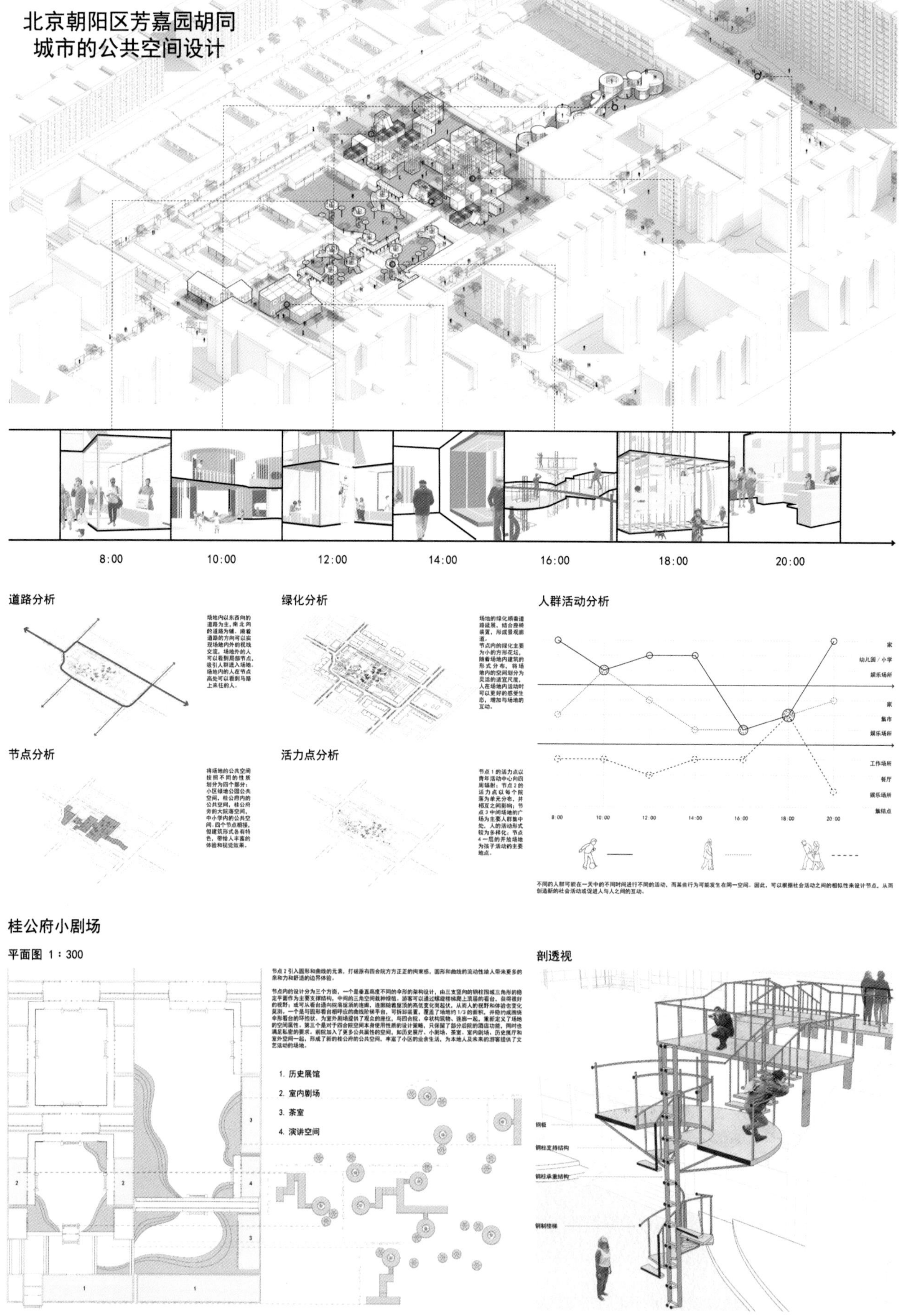
北京朝阳区芳嘉园胡同
城市的公共空间设计
8:00
10:00
12:00
14:00
16:00
18:00
20:00
道路分析
场地内以东西向的道路为主，南北向的道路为辅。顺着道路的方向可以实现场地内外的视线交流。场地外的人可以看到局部节点，吸引人群进入场地。场地内的人在节点高处可以看到马路上来往的人。
绿化分析
场地的绿化顺着道路延展，结合座椅装置，形成景观廊道。
节点内的绿化主要为小的方形花坛，随着场地内建筑的形式分布，将场地内的空间划分为灵活的适宜尺度，人在场地内活动时可以更好的感受生态，增加与场地的互动。
人群活动分析
家
幼儿园 / 小学
娱乐场所
家
集市
娱乐场所
工作场所
餐厅
娱乐场所
集结点
不同的人群可能在一天中的不同时间进行不同的活动，而某些行为可能发生在同一空间。因此，可以根据社会活动之间的相似性来设计节点，从而创造新的社会活动或促进人与人之间的互动。
节点分析
将场地的公共空间按照不同的性质划分为四个部分：小区绿地公园公共空间，桂公府内的公共空间，桂公府旁的大院落空间，中小学内的公共空间。四个节点相接，但建筑形式各有特色，带给人丰富的体验和视觉效果。
活力点分析
节点 1 的活力点以青年活动中心向四周辐射；节点 2 的活力点以每个院落为单元分布，并相互之间影响；节点 3 中间场地的广场为主要人群集中处，人的活动形式较为多样化；节点 4 一层的开放场地为孩子活动的主要地点。
桂公府小剧场
平面图 1：300
节点 2 引入圆形和曲线的元素，打破原有四合院方方正正的拘束感，圆形和曲线的流动性给人带来更多的亲和力和舒适的边界体验。
节点内的设计分为三个方面，一个是垂直高度不同的伞形的架构设计，由三支竖向的钢柱围城三角形的稳定平面作为主要支撑结构，中间的三角空间栽种绿植，游客可以通过螺旋楼梯爬上顶层的看台，获得很好的视野；或可从看台通向院落屋顶的连廊，连廊随着屋顶的高低变化而起伏，从而人的视野和体验也变化莫测。一个是与圆形看台相呼应的曲线阶梯平台，可拆卸装置，覆盖了场地约 1/3 的面积，并隐约成围绕伞形看台的环抱状，为室外剧场提供了观众的座位，与四合院、伞状构筑物、连廊一起，重新定义了场地的空间属性。第三个是对于四合院空间本身使用性质的设计策略，只保留了部分后院的酒店功能，同时也满足私密的要求。前院加入了更多公共属性的空间，如历史展厅、小剧场、茶室。室内剧场、历史展厅和室外空间一起，形成了新的桂公府的公共空间，丰富了小区的业余生活，为本地人及未来的游客提供了文艺活动的场地。
1. 历史展馆
2. 室内剧场
3. 茶室
4. 演讲空间
剖透视
钢板
钢柱支持结构
钢柱承重结构
钢制楼梯

学生姓名：阎凌凤　　　　**指导教师：**杨绪波

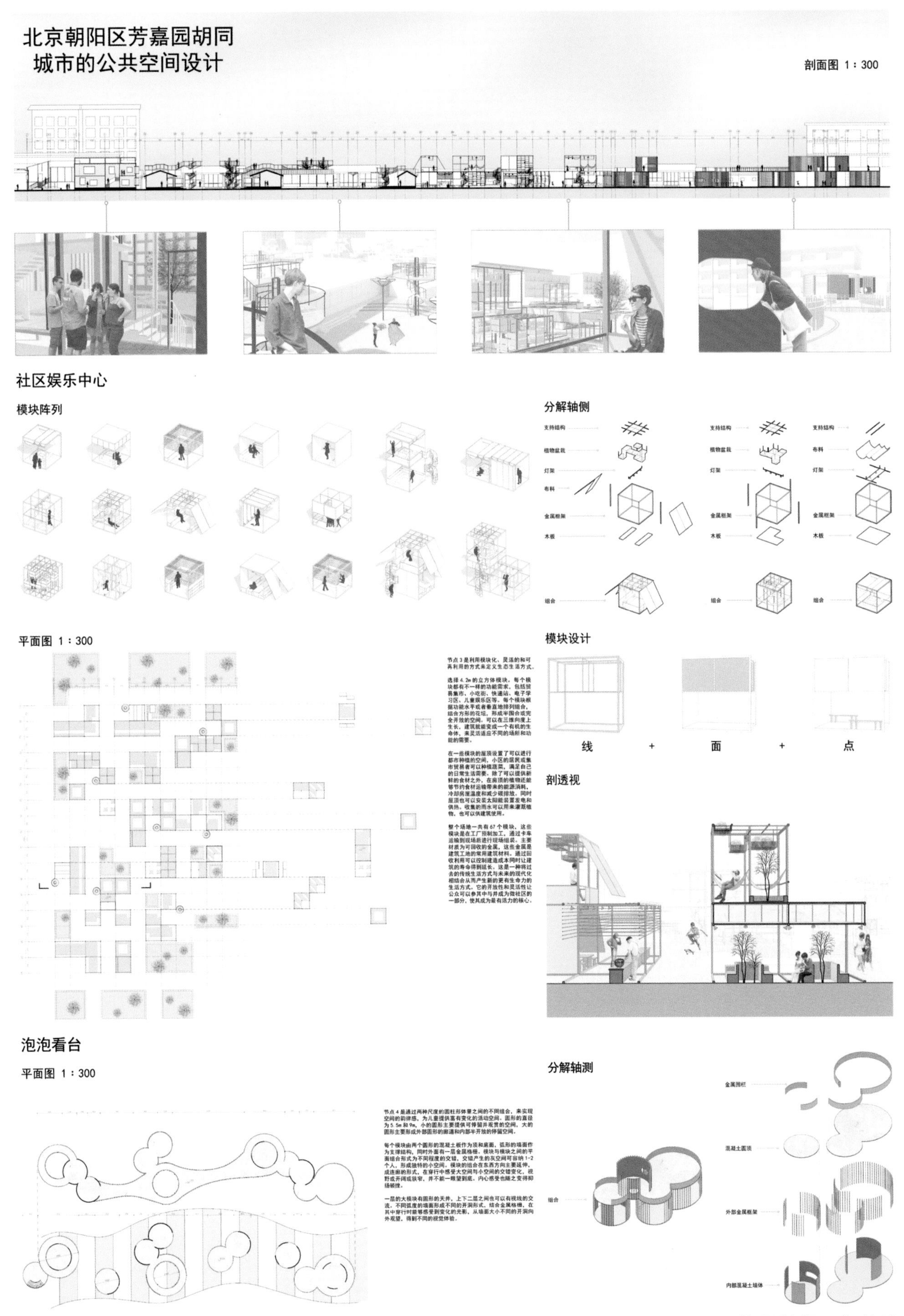

北京朝阳区芳嘉园胡同
城市的公共空间设计
剖面图 1：300
社区娱乐中心
模块阵列
分解轴侧
支持结构
植物盆栽
灯架
布料
金属框架
木板
组合
支持结构
植物盆栽
灯架
金属框架
木板
组合
支持结构
布料
灯架
金属框架
木板
组合
平面图 1：300
节点3是利用模块化、灵活的和可再利用的方式来定义生态生活方式。
选择4.2m的立方体模块。每个模块都有不一样的功能需求，包括贸易集市、小吃街、快递站、电子学习区、儿童娱乐区等。每个模块根据功能水平或者垂直地排列组合，结合方形的花坛，形成半围合或完全开放的空间。可以在三维向度上生长，建筑就能变成一个有机的生命体，来灵活适应不同的场所和功能的需要。
在一些模块的屋顶设置了可以进行都市种植的空间，小区的居民或集市贸易者可以种植蔬菜，满足自己的日常生活需要。除了可以提供新鲜的食材之外，在房顶的植物还能够节约食材运输带来的能源消耗，冷却房屋温度和减少碳排放。同时屋顶也可以安装太阳能装置发电和供热。收集的雨水可以用来灌溉植物，也可以供建筑使用。
整个场地一共有67个模块，这些模块是在工厂预制加工，通过卡车运输到现场后进行现场组装。主要材质为可回收的金属，这些金属是建筑工地的常用建筑材料。通过回收利用可以控制建造成本同时让建筑的寿命得到延长。这是一种将过去的传统生活方式与未来的现代化相结合从而产生新的更有生命力的生活方式。它的开放性和灵活性让公众可以参其中与并成为微社区的一部分，使其成为最有活力的核心。
模块设计
线
+
面
+
点
剖透视
泡泡看台
平面图 1：300
节点4是通过两种尺度的圆柱形体量之间的不同组合，来实现空间的韵律感，为儿童提供富有变化的活动空间。圆形的直径为5.5m和9m，小的圆形主要提供可停留并观赏的空间，大的圆形主要形成外部圆形的廊道和内部半开放的停留空间。
每个模块由两个圆形的混凝土板作为顶和底面，弧形的墙面作为支撑结构，同时外面有一层金属格栅。模块与模块之间的平面组合形式为不同程度的交错，交错产生的灰空间可容纳1-2个人，形成独特的小空间。模块的组合在东西方向主要延伸，成连廊的形式，在穿行中感受大空间与小空间的交错变化，视野或开阔或狭窄，并不能一眼望到底。内心感受也随之变得抑扬顿挫。
一层的大模块有圆形的天井，上下二层之间也可以有视线的交流。不同弧度的墙面形成不同的开洞形式，结合金属格栅，在其中穿行时能够感受到变化的光影，从墙面大小不同的开洞向外观望，得到不同的视觉体验。
分解轴测
金属围栏
混凝土圆顶
组合
外部金属框架
内部混凝土墙体

学生姓名：阎凌凤

指导教师：杨绪波

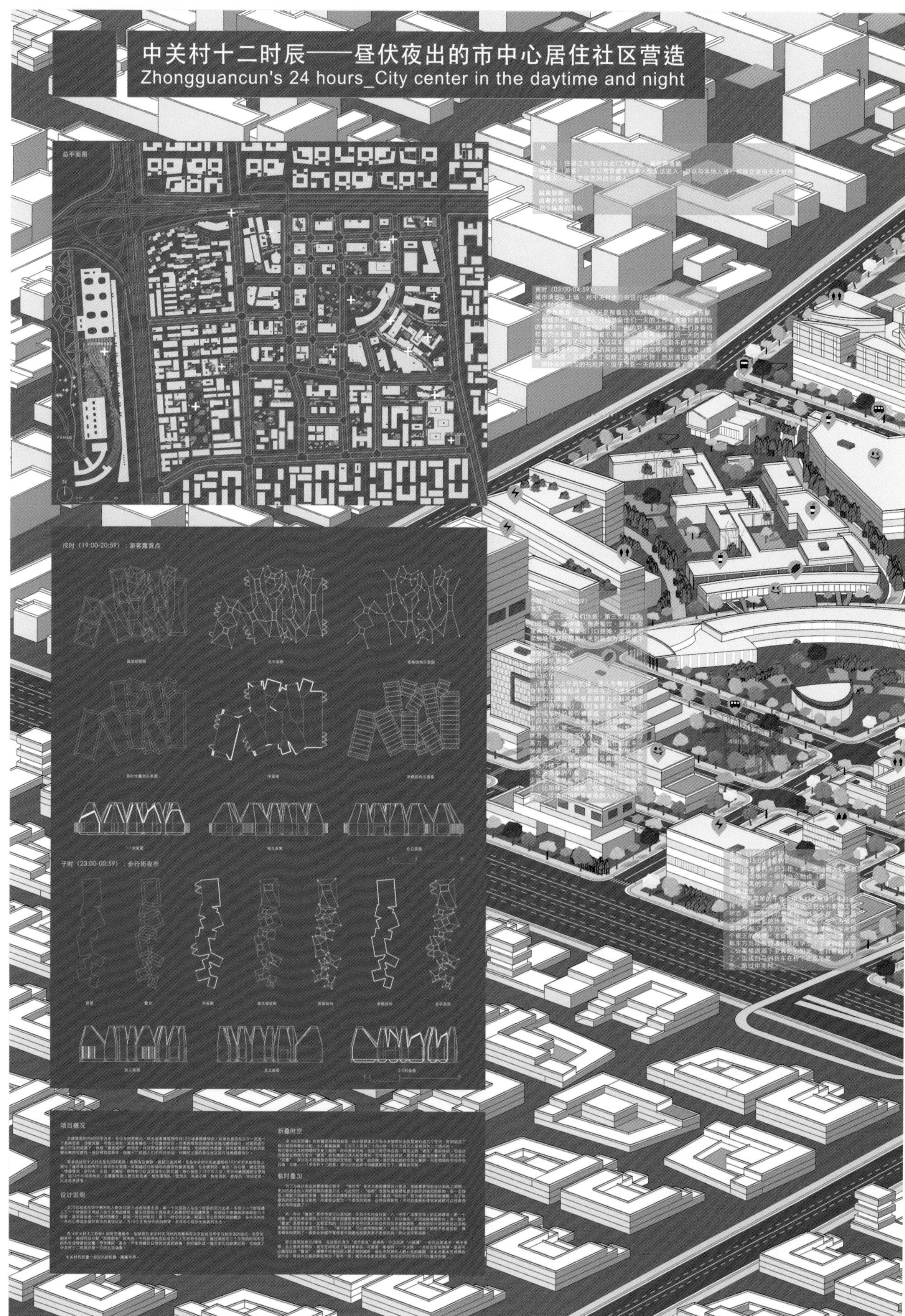
中关村十二时辰——昼伏夜出的市中心居住社区营造
Zhongguancun's 24 hours_City center in the daytime and night

学生姓名：徐天阳

指导教师：王又佳

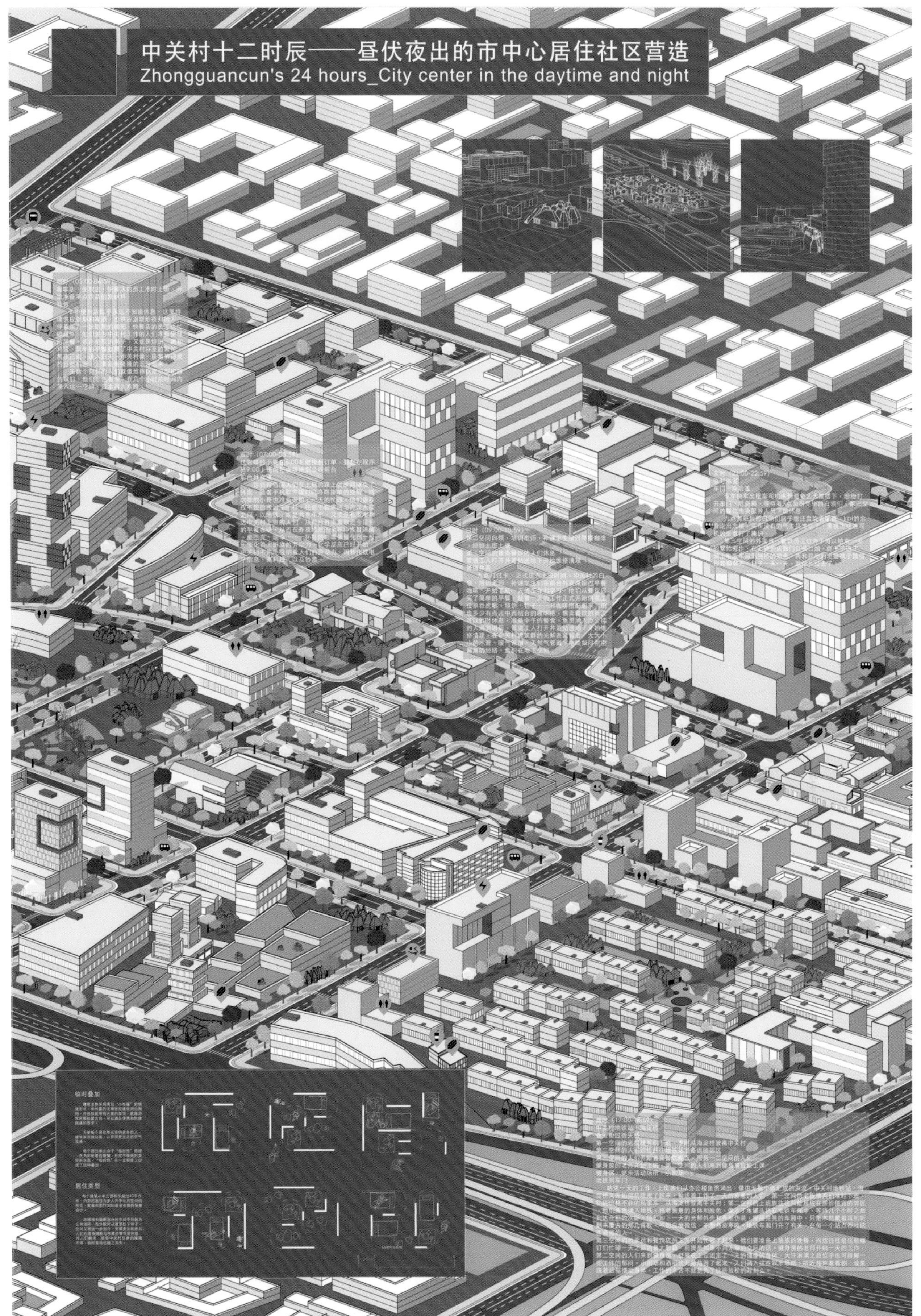
中关村十二时辰——昼伏夜出的市中心居住社区营造
Zhongguancun's 24 hours_City center in the daytime and night
临时叠加
居住类型

学生姓名：徐天阳　　　　指导教师：王又佳

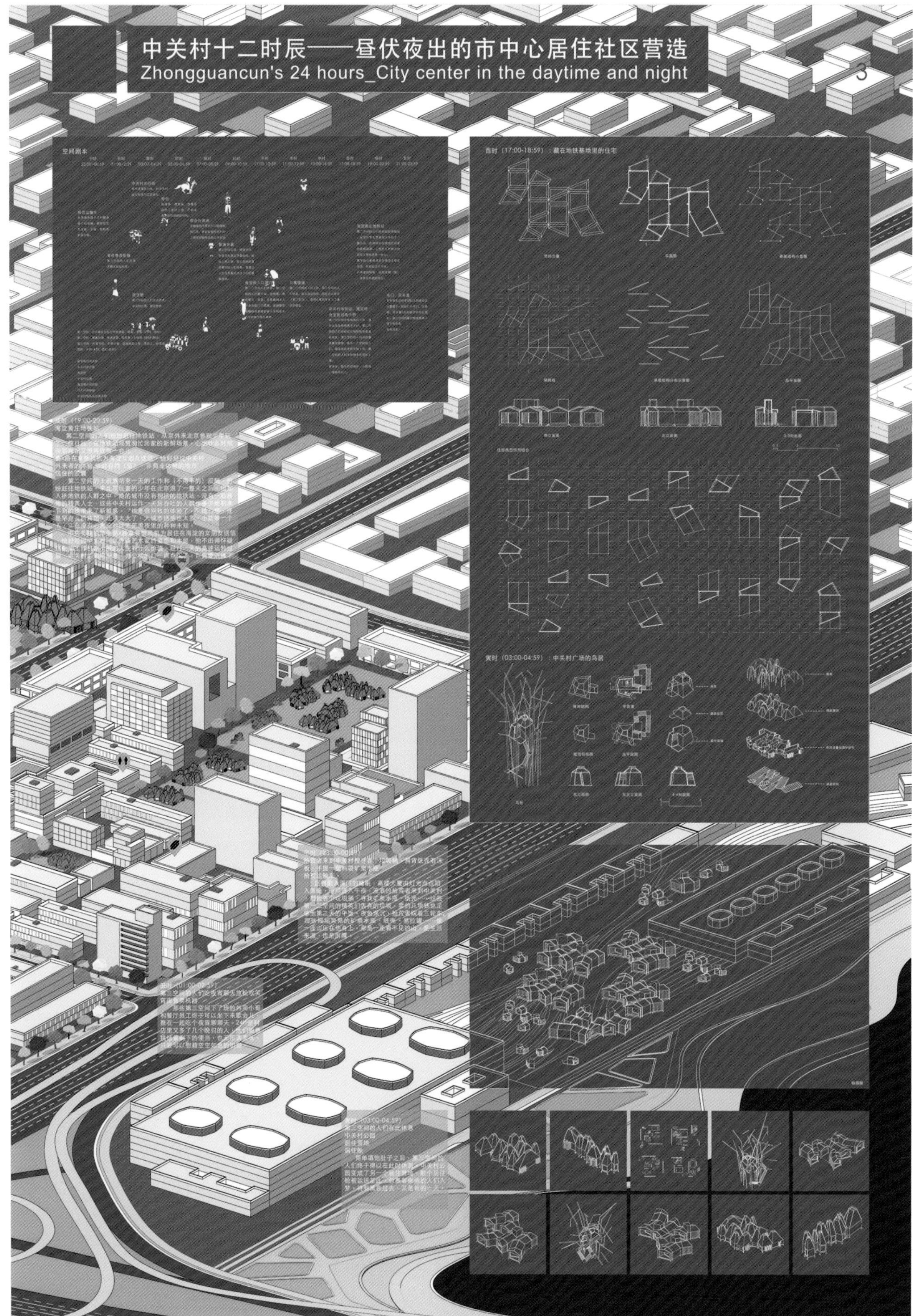
中关村十二时辰——昼伏夜出的市中心居住社区营造
Zhongguancun's 24 hours_City center in the daytime and night
3
空间剧本
酉时（17:00-18:59）：藏在地铁基地里的住宅
寅时（03:00-04:59）：中关村广场的鸟居

学生姓名：徐天阳　　　　指导教师：王又佳

可持续首钢工业遗址公园综合活动中心设计 1

首钢地块现状及太阳辐射分析

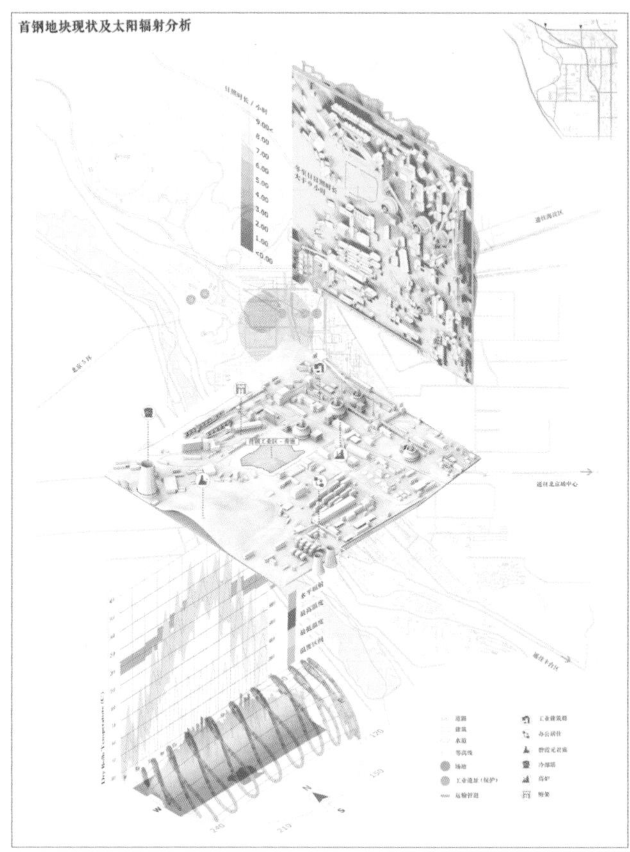

设计说明

20世纪70年代，全球范围的"能源危机"导致了可持续建筑的出现。节能作为可持续建筑重要的评价标准，可被解读为"开发利用可再生能源"和"有效用能"。可持续建筑和相关研究在不断增多，但落地的建筑从形态到设计手段却有些千篇一律，归根到底是因为空间组织、建筑造型和节能技术加成是以工作流的形式一步一步实现。是否有可能将造型、空间、技术自始至终贯彻在一起，同步地去达到建筑可持续的目的?

设计的场地位于北京西部的首钢工业遗址区，作为20世纪中国主要的钢铁生产地，在2010年停产后面临着如何复兴和再利用工业遗址的问题。该项目在这样的背景下尝试充分利用北方北京空旷地区的太阳能辐射资源，设计一个太阳能收集利用与建筑结构造型一体化的节能建筑。在建构层面最大化的利用自然资源和太阳能技术以减少人工能耗对环境的污染，在城市角度创造一个开放自由的"活动舞台"来吸引周边人群重塑场地活力。

场地信息及分析

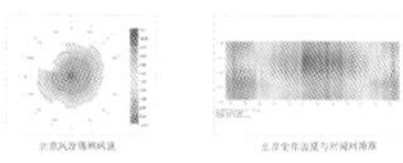

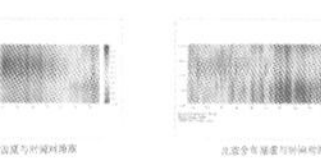

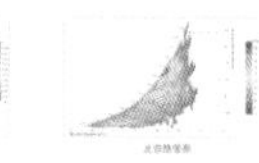

场地规划

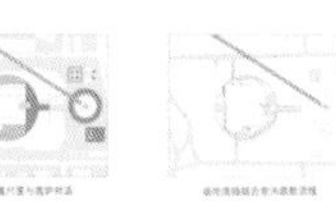

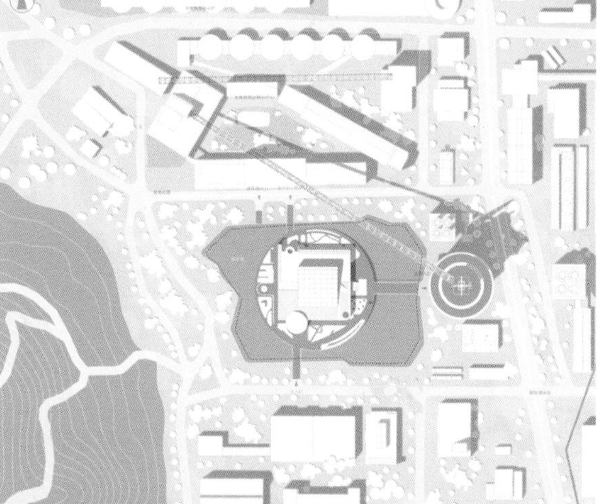
总平面 1：2000

室内光照度和活动分析

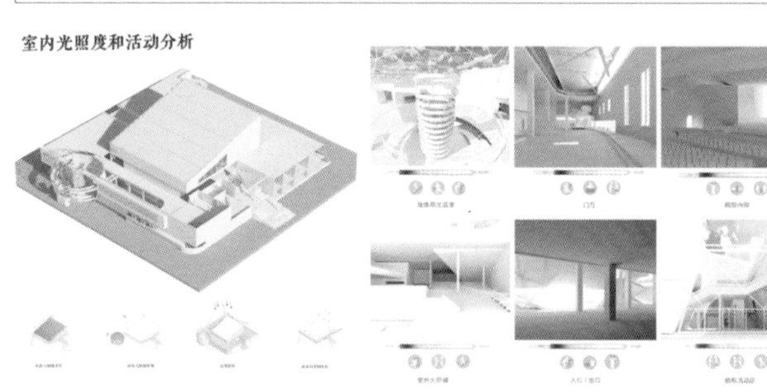

学生姓名：郭梦真

指导教师：马　欣

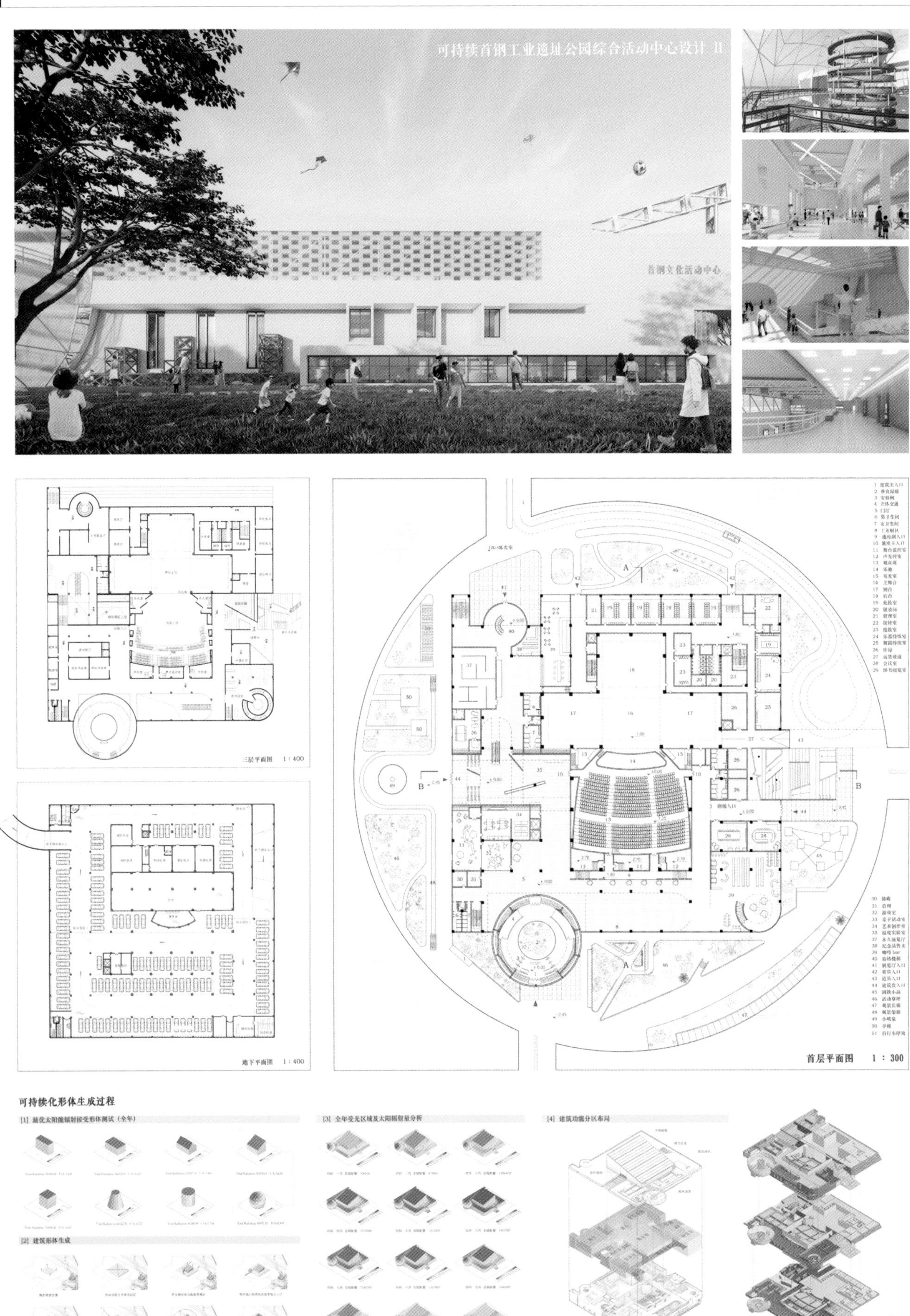

可持续首钢工业遗址公园综合活动中心设计 II
首钢文化活动中心
三层平面图 1：400
地下平面图 1：400
首层平面图 1：300
可持续化形体生成过程
[1] 最优太阳能辐射接受形体测试（全年）
[2] 建筑形体生成
[3] 全年受光区域及太阳辐射量分析
[4] 建筑功能分区布局

学生姓名：郭梦真　　指导教师：马　欣

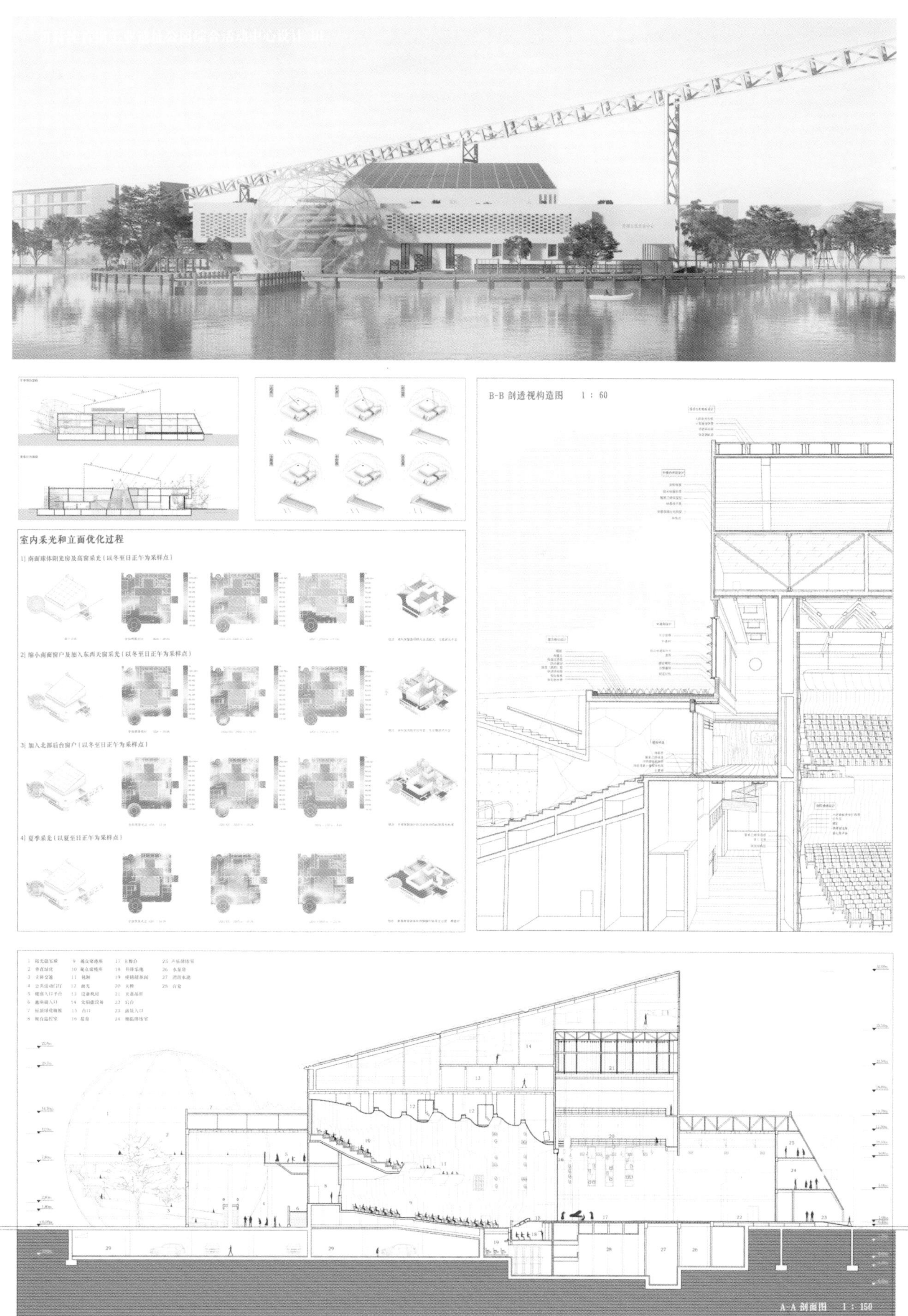
B-B 剖透视构造图 1 : 60
室内采光和立面优化过程
1| 南面球体阳光房及高窗采光（以冬至日正午为采样点）
2| 缩小南面窗户及加入东西天窗采光（以冬至日正午为采样点）
3| 加入北部后台窗户（以冬至日正午为采样点）
4| 夏季采光（以夏至日正午为采样点）
A-A 剖面图 1 : 150

学生姓名：郭梦真

指导教师：马　欣

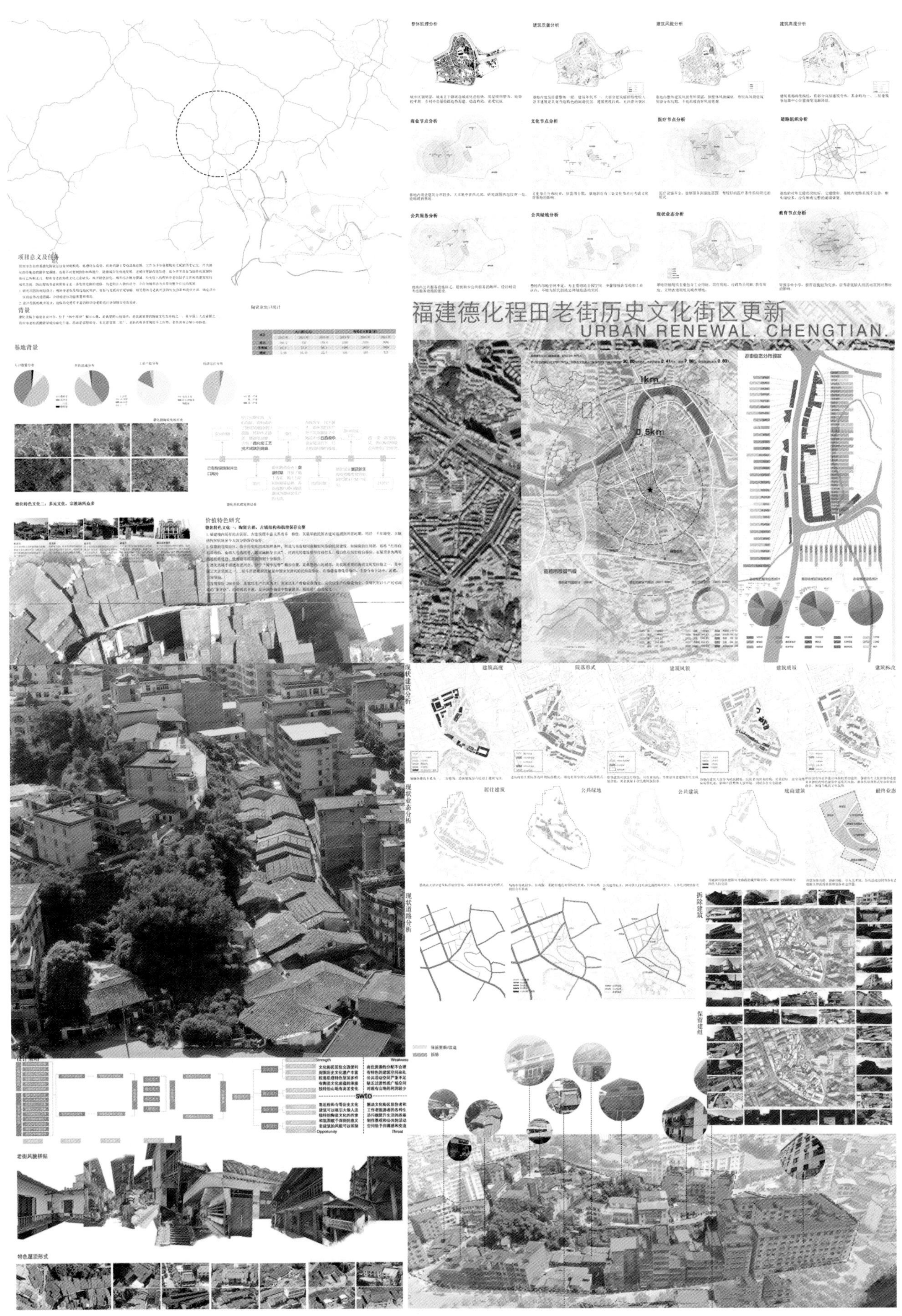
福建德化程田老街历史文化街区更新
URBAN RENEWAL. CHENGTIAN.

学生姓名：李 琦 **指导教师：李 婧**

价值空间提升·提取价值空间
福建德化程田老街历史文化街区更新
URBAN RENEWAL. CHENGTIAN. DEHUA
人群活动特点
空间及诉求问题
开端 起
中段 承 转

学生姓名：李　琦

指导教师：李　婧

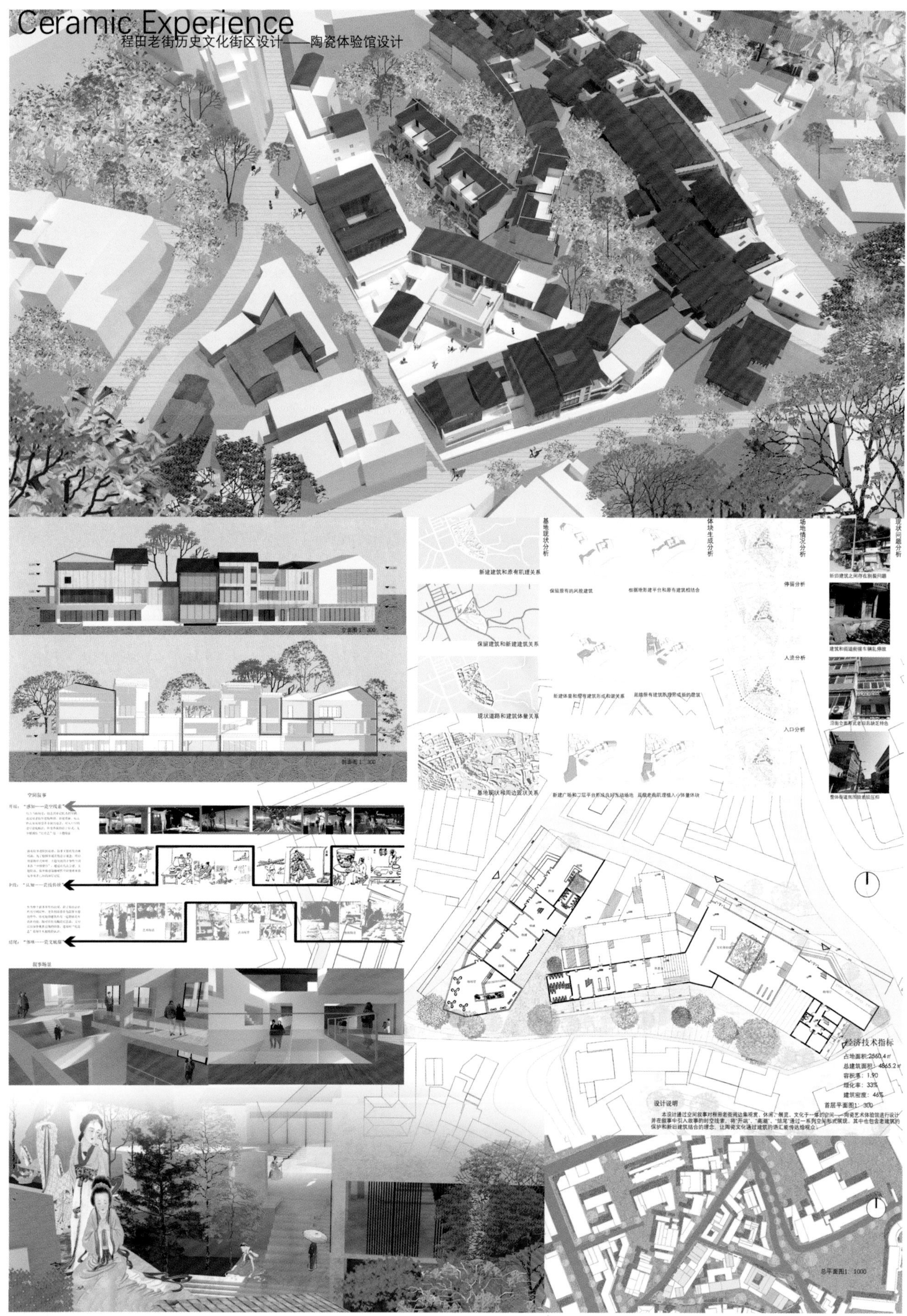
Ceramic Experience
程田老街历史文化街区设计——陶瓷体验馆设计
基地现状分析
体块生成分析
场地情况分析
现状问题分析
新建建筑和原有肌理关系
保留建筑和新建建筑关系
现状道路和建筑体量关系
基地现状和周边现状关系
经济技术指标
设计说明
首层平面图1：300
总平面图1：1000

学生姓名：李　琦　　　　指导教师：李　婧

概念生成
人的行为分析
构成元素分析
Ceramic Experience
程田老街历史文化街区设计——陶瓷体验馆设计
本设计从程田老街历史记忆出发，并结合空间叙事，以人的体验为参考，设计一系列空间供陶瓷氛围的欣赏，从而认识老街，发扬老街陶瓷文化精神。
叙事流线图
平面分区
三层平面图
二层平面图

学生姓名：李　琦

指导教师：李　婧

更新+共享
文化+现代
商业+环境
北京北中轴元大都城垣遗址周边城市空间更新
——青年湖公园片区更新 1
设计说明：
基本的功能形式：
交流
售卖
表演
早饭
酒吧
咖啡

学生姓名：张梓轩　　　　指导教师：安　平

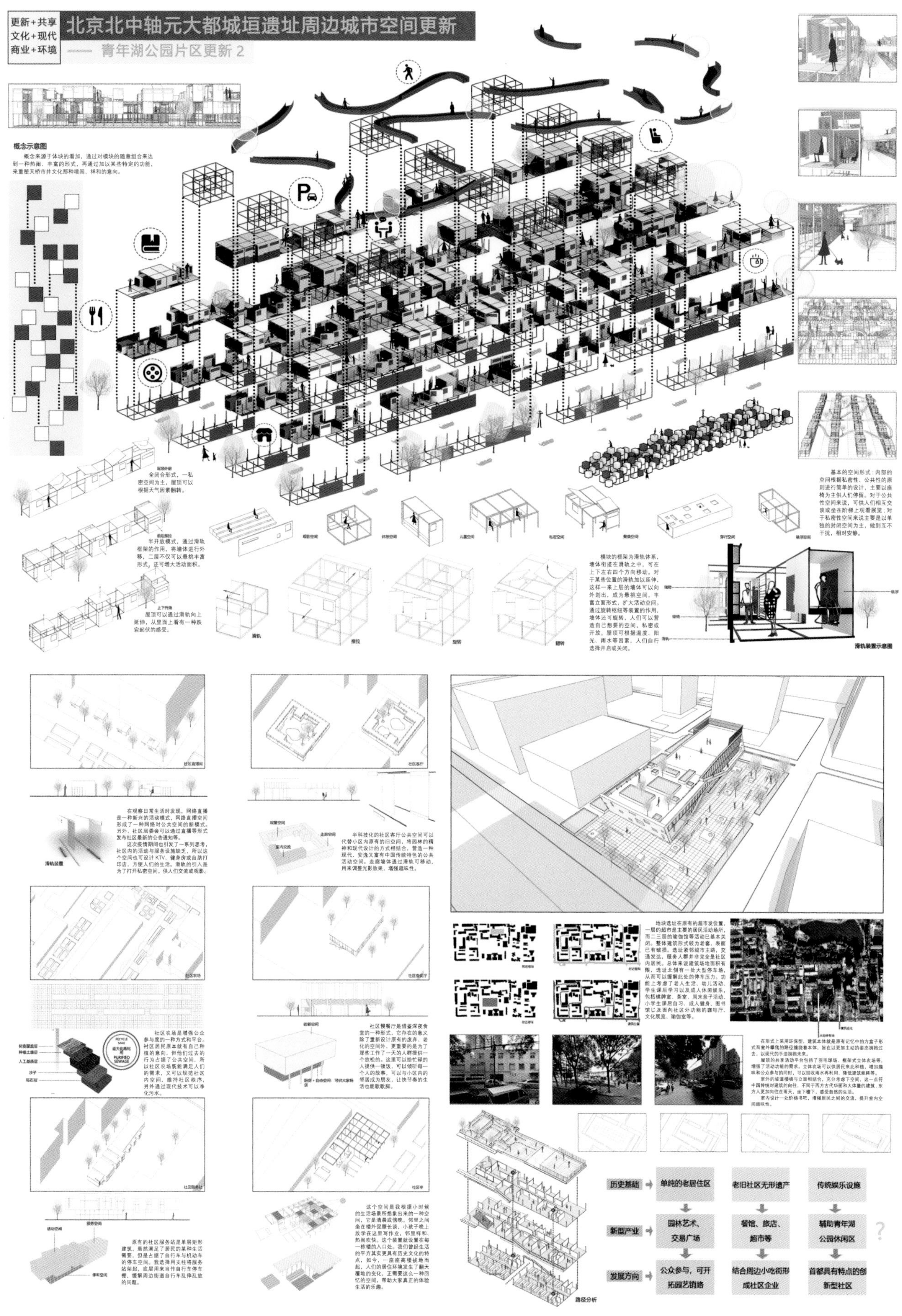
更新+共享
文化+现代
商业+环境
北京北中轴元大都城垣遗址周边城市空间更新
—— 青年湖公园片区更新 2
概念示意图
历史基础
单纯的老居住区
老旧社区无形遗产
传统娱乐设施
新型产业
园林艺术、交易广场
餐馆、旅店、超市等
辅助青年湖公园休闲区
发展方向
公众参与，可开拓园艺销路
结合周边小吃街形成社区企业
首都具有特点的创新型社区
滑轨
推拉
旋转
翻转
滑轨装置示意图
路径分析

学生姓名：张梓轩　　　　指导教师：安　平

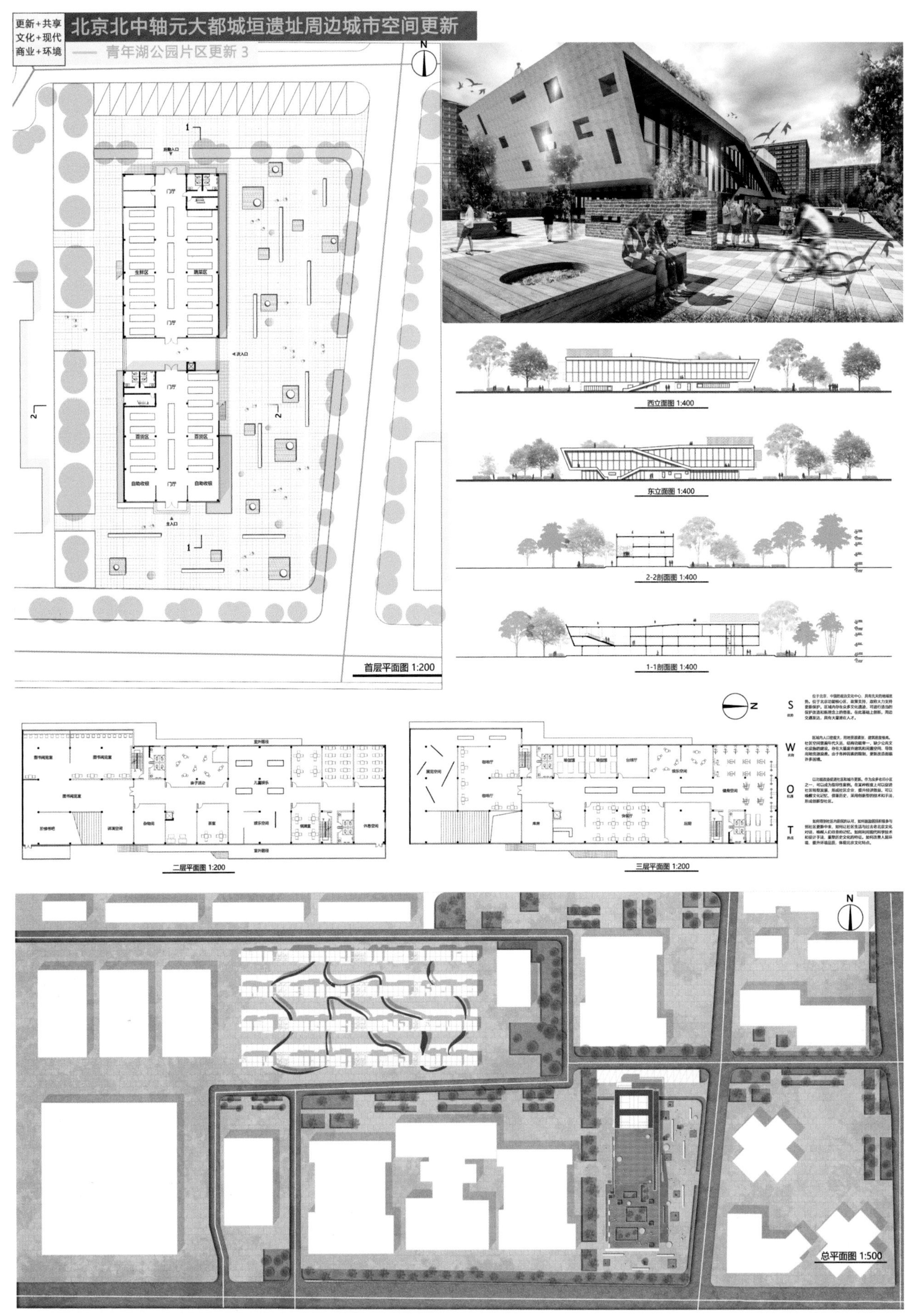

更新+共享
文化+现代
商业+环境
北京北中轴元大都城垣遗址周边城市空间更新
青年湖公园片区更新 3
首层平面图 1:200
西立面图 1:400
东立面图 1:400
2-2剖面图 1:400
1-1剖面图 1:400
S
W
O
T
二层平面图 1:200
三层平面图 1:200
总平面图 1:500

学生姓名：张梓轩　　　　指导教师：安　平

应变模式常态化 -1

空间折叠：疫情下的城市生活空间

Space Folding: Urban Living Space Under Epidemic Situation

1 · 选题研究背景 Research Background

2 · 基地区位 Site Location

3 · 上位规划 Regional Planning

4 · 气候条件 SWOT Analysis

5 · 应"变"模式概念策略 Concept and Strategy

6 · 地理环境剖析 Geographical Environment

7 · 植被分析 Vegetation Analysis

8 · 地形勘探 Terrain Model

9 · 设计说明 Design Description

方案立足于疫情冲击下的城市生活空间解读与应对策略，为维系人们日常生活的多样性、可变性、复合性、不确定性的复杂空间系统，对城市公共空间与私属空间的重构和配置提出设计概念。以"平灾结合、专常兼备"为原则，在建设满足平常美好生活的常备设施的同时，建设能够处理突发风险的专门设施，在此过程中应对气候变化、疫病暴发以及人类社会可能面临的种种风险，探索随时变换以应对各种突发情况的健康城市空间模式。

学生姓名：刘鑫睿

指导教师：潘明率

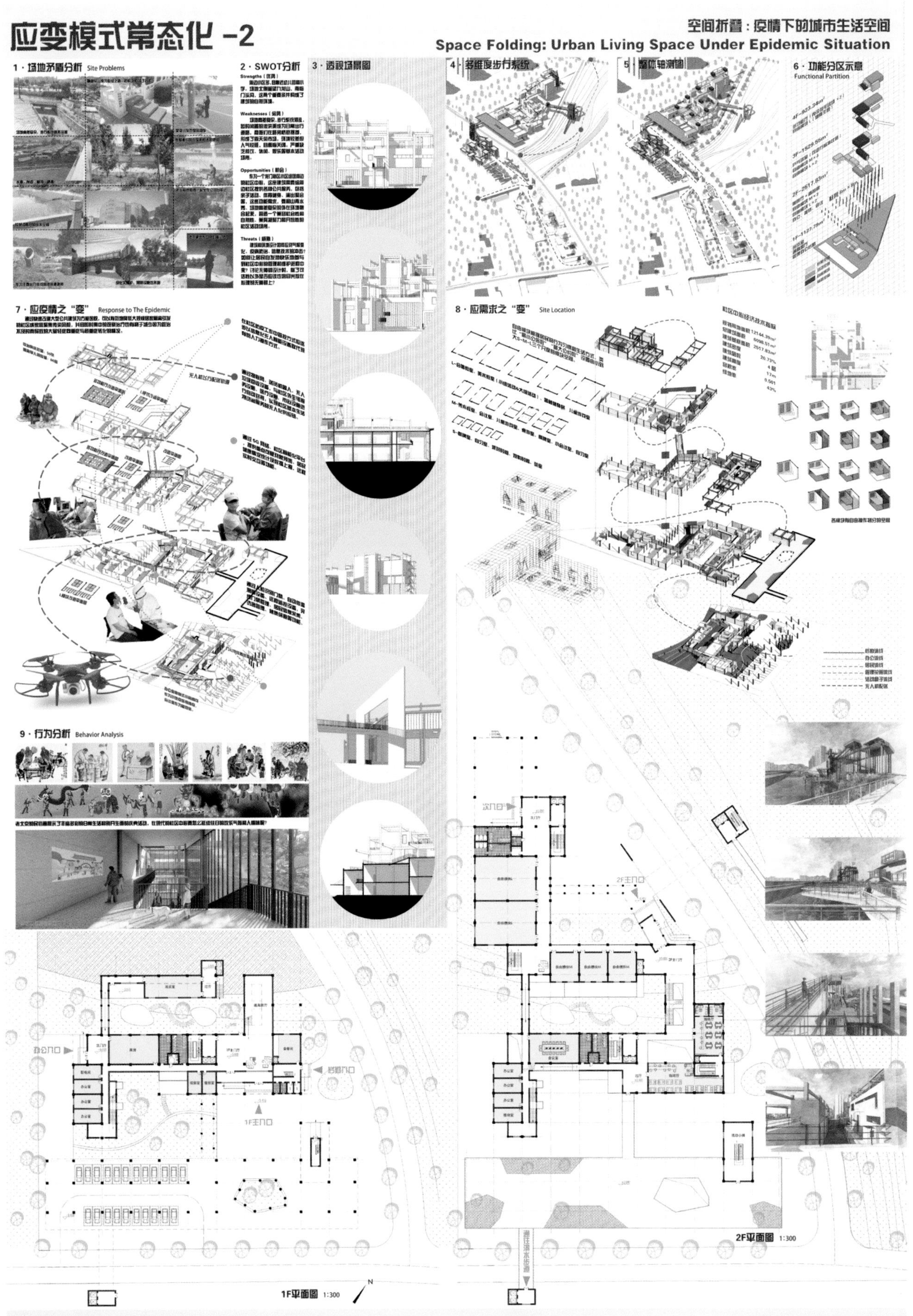
应变模式常态化 -2
空间折叠：疫情下的城市生活空间
Space Folding: Urban Living Space Under Epidemic Situation
1 · 场地矛盾分析 Site Problems
2 · SWOT分析
3 · 透视场景图
4 · 多维度步行系统
5 · 整体轴测图
6 · 功能分区示意 Functional Partition
7 · 应疫情之"变" Response to The Epidemic
8 · 应需求之"变" Site Location
9 · 行为分析 Behavior Analysis
1F平面图 1:300
2F平面图 1:300

学生姓名：刘鑫睿

指导教师：潘明率

1 · 网络平台设计 Community Market Design
居民登录界面
功能侧栏
个人主页
社区动态
预约活动室
预约成功
管理花园
远程养护
信用积分
2 · 农贸集市设计 Community Market Design
3F平面图 1:300
4F平面图 1:300
应变模式常态化 -3
空间折叠：疫情下的城市生活空间
Space Folding: Urban Living Space Under Epidemic Situation

学生姓名：刘鑫睿

指导教师：潘明率

基于国内外绿色评价标准体系下的城市混合居住综合体 I

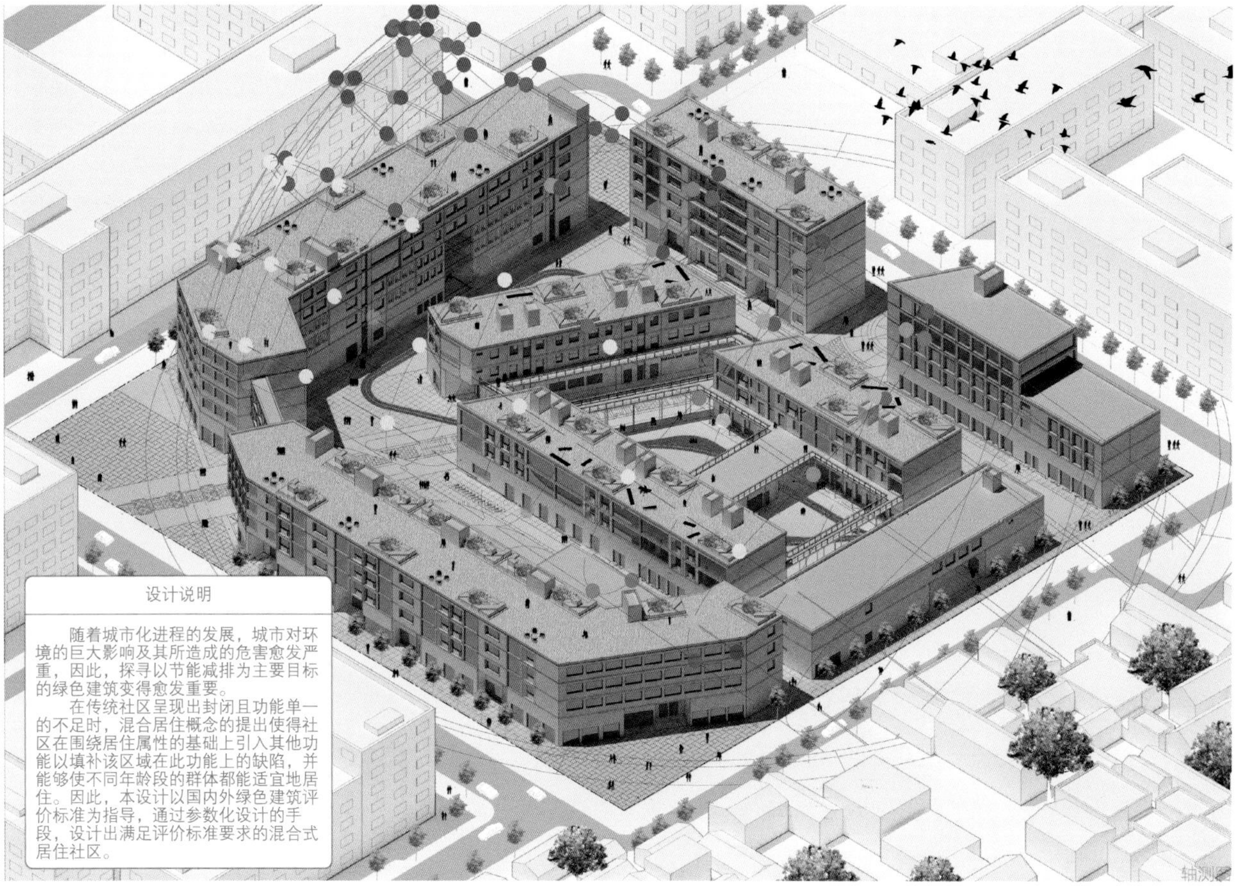

轴测图

设计说明

随着城市化进程的发展，城市对环境的巨大影响以及其所造成的危害愈发严重，因此，探寻以节能减排为主要目标的绿色建筑变得愈发重要。

在传统社区呈现出封闭且功能单一的不足时，混合居住概念的提出使得社区在围绕居住属性的基础上引入其他功能以填补该区域在此功能上的缺陷，并能够使不同年龄段的群体都能适宜地居住。因此，本设计以国内外绿色建筑评价标准为指导，通过参数化设计的手段，设计出满足评价标准要求的混合式居住社区。

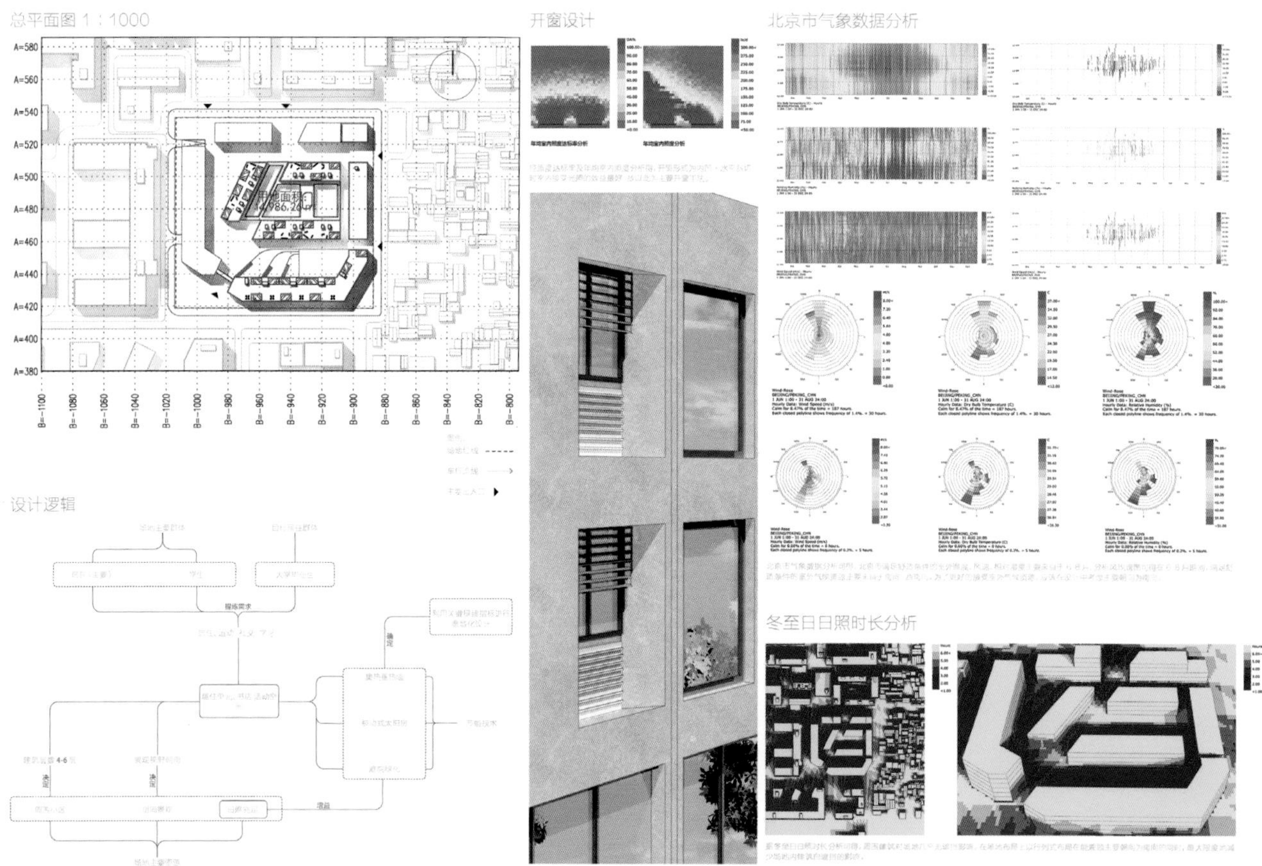

总平面图 1：1000
开窗设计
北京市气象数据分析
设计逻辑
冬至日日照时长分析

学生姓名： 张茗沿　　**指导教师：** 黄普希

基于国内外绿色评价标准体系下的城市混合居住综合体 Ⅱ

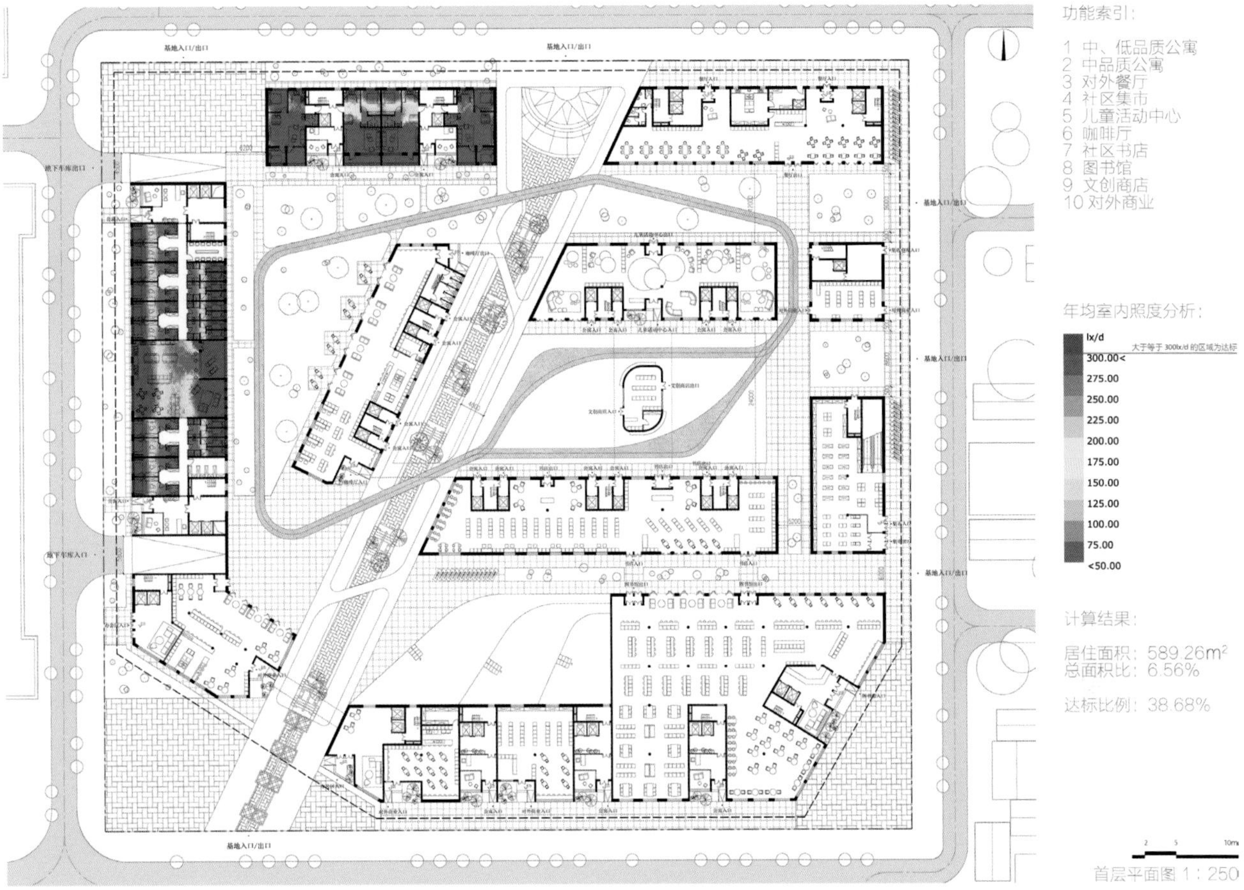

功能索引：

1 中、低品质公寓
2 中品质公寓
3 对外餐厅
4 社区集市
5 儿童活动中心
6 咖啡厅
7 社区书店
8 图书馆
9 文创商店
10 对外商业

年均室内照度分析：

lx/d 大于等于 300lx/d 的区域为达标
300.00<
275.00
250.00
225.00
200.00
175.00
150.00
125.00
100.00
75.00
<50.00

计算结果：

居住面积：589.26m²
总面积比：6.56%

达标比例：38.68%

首层平面图 1：250

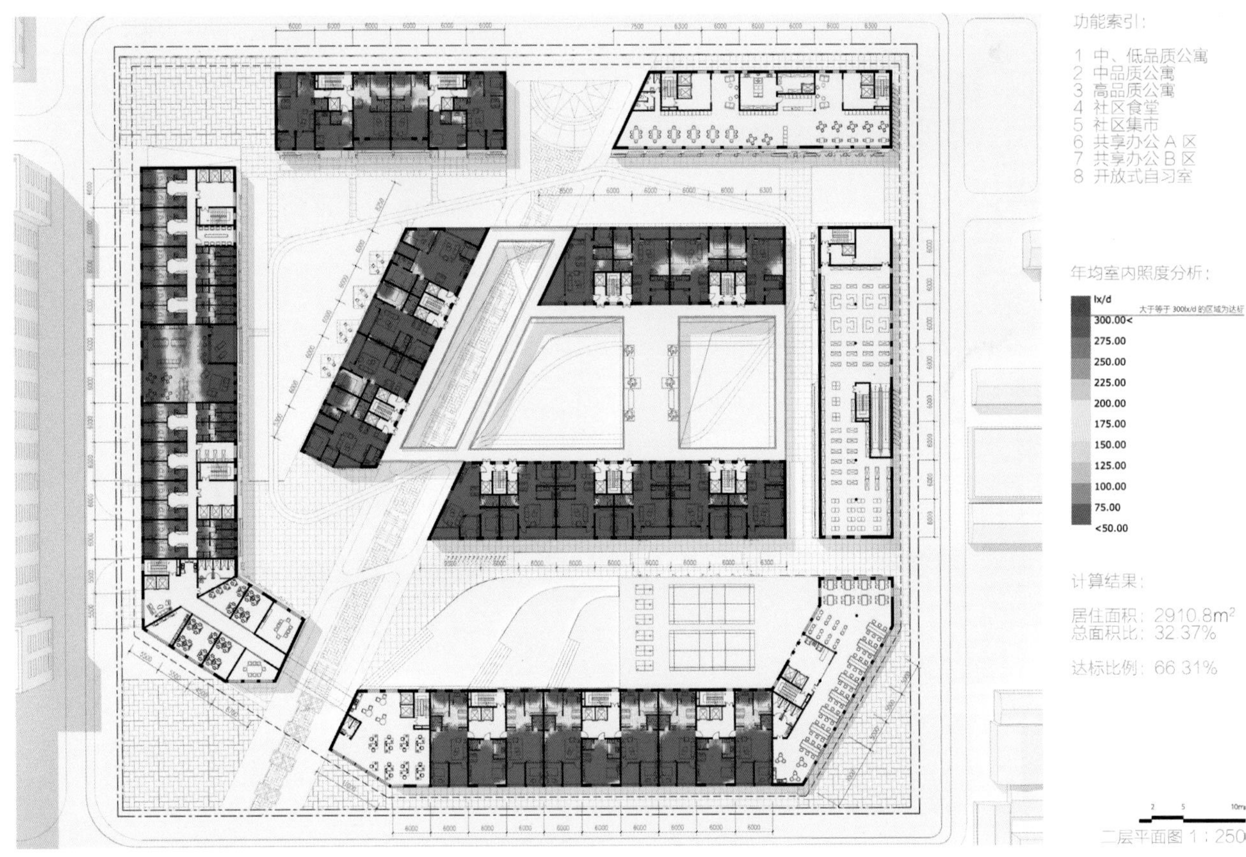
功能索引：
1 中、低品质公寓
2 中品质公寓
3 高品质公寓
4 社区食堂
5 社区集市
6 共享办公 A 区
7 共享办公 B 区
8 开放式自习室
年均室内照度分析：
lx/d
300.00<
275.00
250.00
225.00
200.00
175.00
150.00
125.00
100.00
75.00
<50.00
计算结果：
居住面积：2910.8m²
总面积比：32.37%
达标比例：66.31%

二层平面图 1：250

学生姓名： 张茗沿

指导教师： 黄普希

基于国内外绿色评价标准体系下的城市混合居住综合体Ⅲ

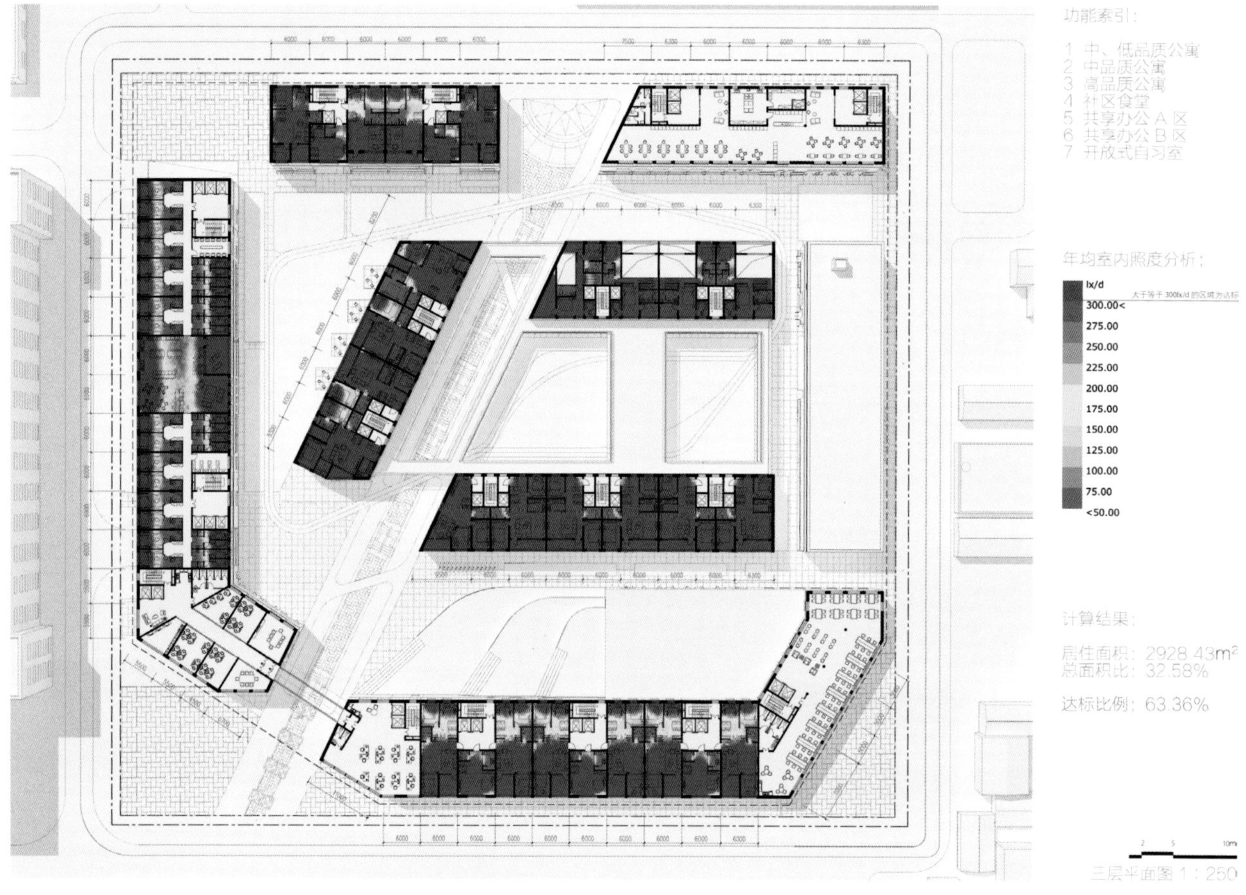
功能索引：
1 中、低品质公寓
2 中品质公寓
3 高品质公寓
4 社区食堂
5 共享办公 A 区
6 共享办公 B 区
7 开放式自习室
年均室内照度分析：
lx/d
大于等于300lx/d的区域为达标
300.00<
275.00
250.00
225.00
200.00
175.00
150.00
125.00
100.00
75.00
<50.00
计算结果：
居住面积：2928.43m²
总面积比：32.58%
达标比例：63.36%
2
5
10m
三层平面图 1：250

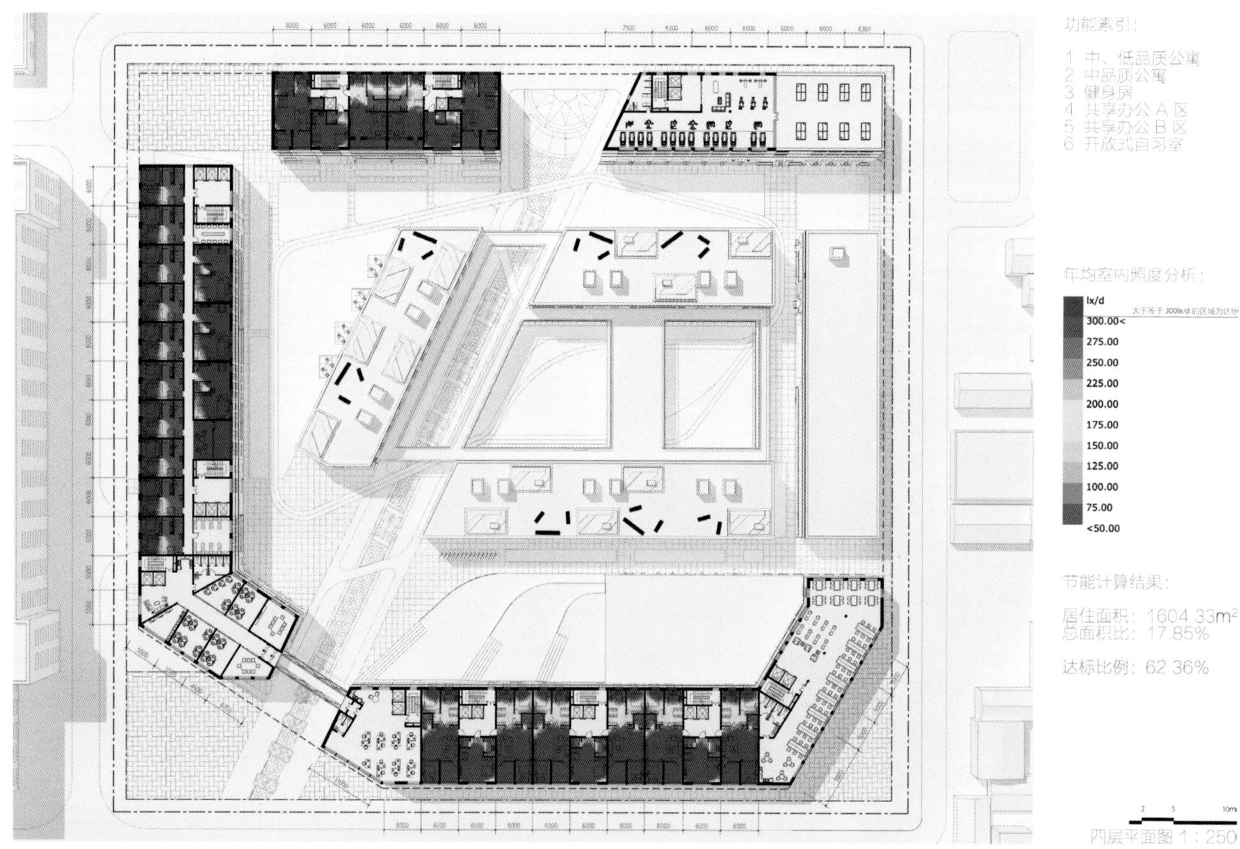
功能索引：
1 中、低品质公寓
2 中品质公寓
3 健身房
4 共享办公 A 区
5 共享办公 B 区
6 开放式自习室
年均室内照度分析：
lx/d
大于等于300lx/d的区域为达标
300.00<
275.00
250.00
225.00
200.00
175.00
150.00
125.00
100.00
75.00
<50.00
节能计算结果：
居住面积：1604.33m²
总面积比：17.85%
达标比例：62.36%
2
5
10m
四层平面图 1：250

学生姓名：张茗沿　　**指导教师：**黄普希

基于国内外绿色评价标准体系下的城市混合居住综合体Ⅳ

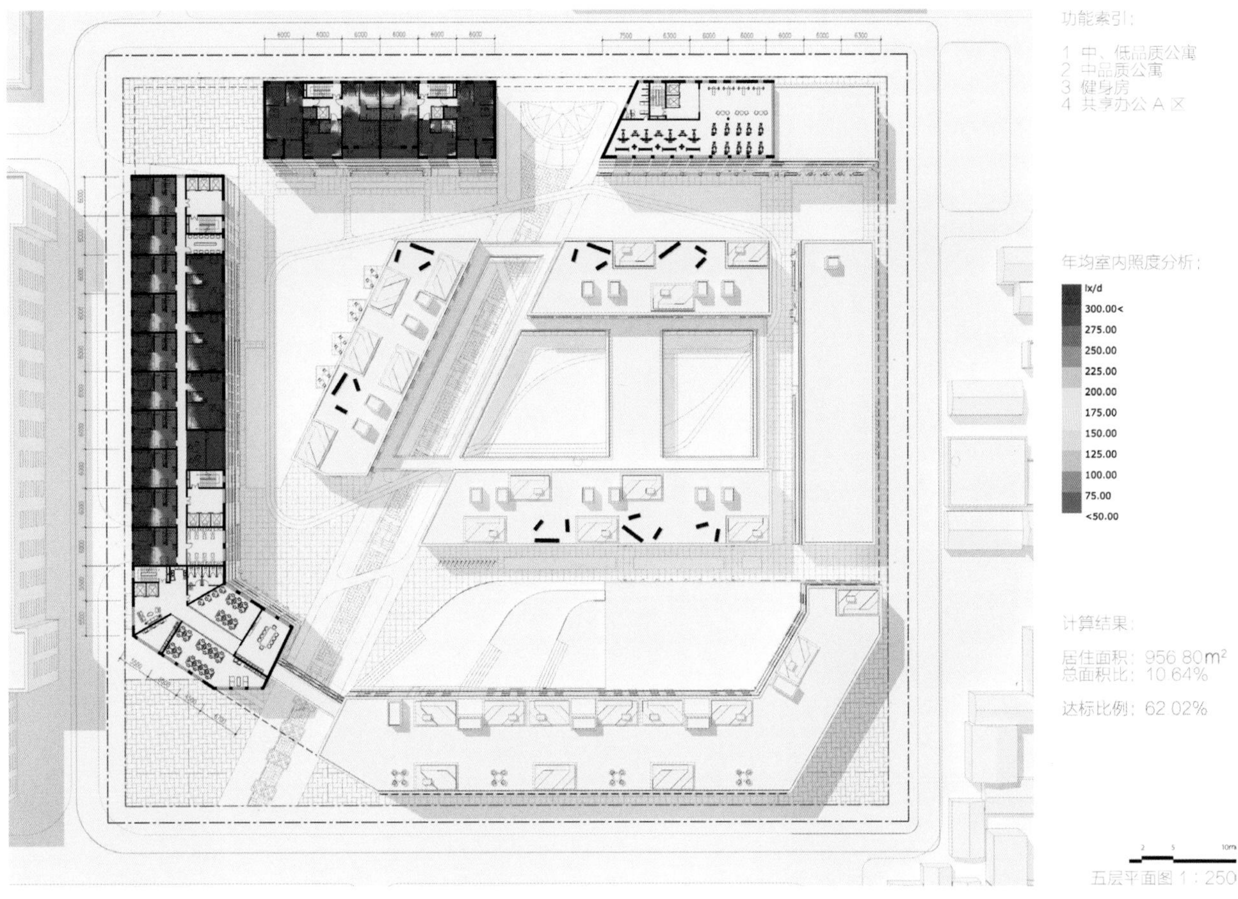
功能索引：
1 中、低品质公寓
2 中品质公寓
3 健身房
4 共享办公 A 区
年均室内照度分析：
lx/d
300.00<
275.00
250.00
225.00
200.00
175.00
150.00
125.00
100.00
75.00
<50.00
计算结果：
居住面积：956.80m²
总面积比：10.64%
达标比例：62.02%
2
5
10m
五层平面图 1：250

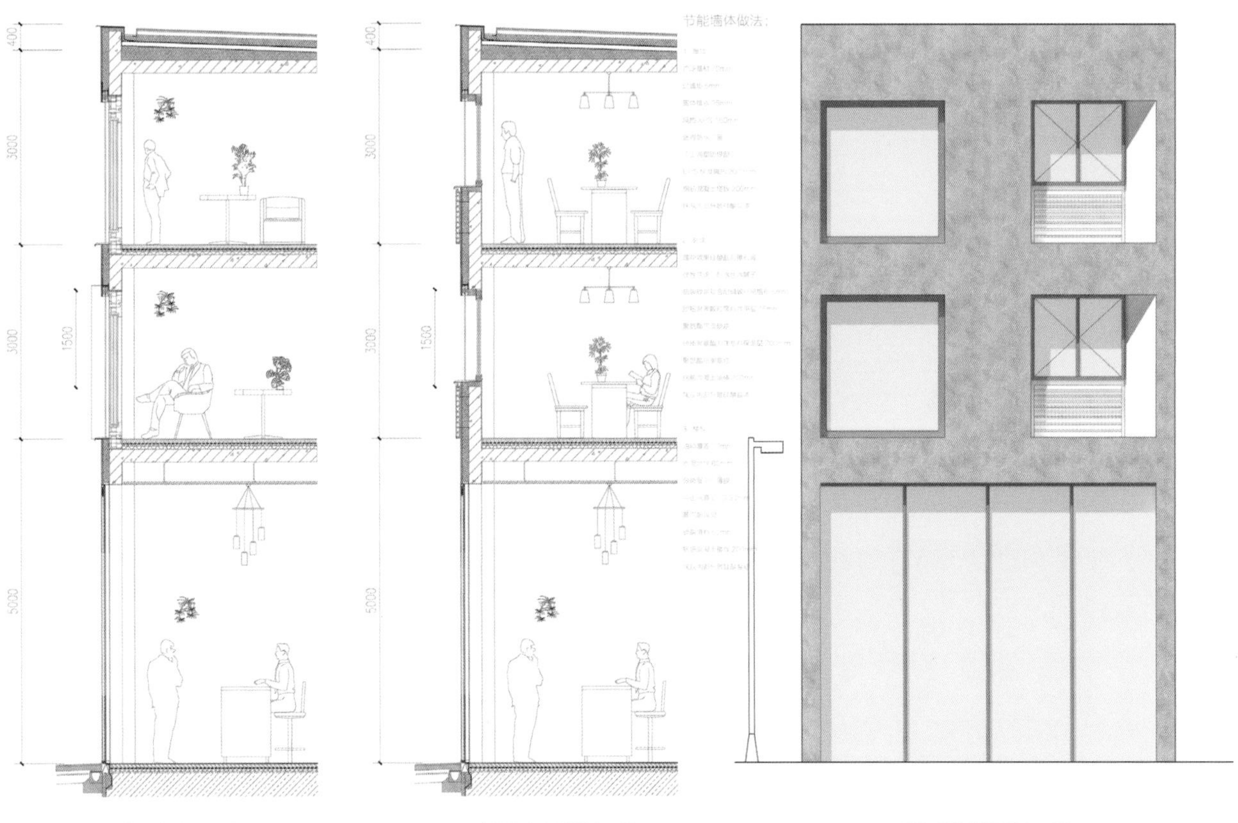
节能墙体做法：
400
3000
1500
5000
节能阳光房大样图 1：25　　节能墙身大样图 1：25　　墙身做法效果图 1：25

学生姓名： 张茗沿　　**指导教师：** 黄普希

基于国内外绿色评价标准体系下的城市混合居住综合体 V

CAFÉ

南立面图 1：250

南剖面图 1：250

能量平衡图

BEIJING/PEKING - CHN SWERA

节能数据表

参考规范	参考内容	计算结果	是否达标
《被动式超低能耗绿色建筑技术导则(试行)(居住建筑)》	年供暖、供冷和照明一次能源消耗量≤ 60kWh/m2·a(或 7.4kgce/m2·a)	制热消耗量最大值 32.17KWh/㎡; 制冷消耗量最大值，为 -16.09KWh/㎡	是 是
《被动式超低能耗绿色建筑技术导则(试行)(居住建筑)》	寒冷地区围护结构平均传热系数 (k)　外墙、屋面 0.10-0.25	墙身平均传热系数约 0.25	是
《JGJ 26-2018 严寒和寒冷地区居住建筑节能设计标准》	寒冷地区围护结构平均传热系数 (k)　外墙 ≤ 3 层 0.35　≥ 4 层 0.45		是
《JGJ 26-2018 严寒和寒冷地区居住建筑节能设计标准》	寒冷地区南侧窗墙面积比限值 0.50	南侧窗墙比约为 0.36	是
《GBT 50378-2019 绿色建筑评价标准》	住宅建筑室内主要功能空间至少 60% 的面积比例区域，其采光照度值不低于 300lx 的小时数平均不少于 8h/d，得 9 分。	主要功能空间建筑面积为 8988.892 ㎡	国内满分
德国《DGNB》绿色建筑评价体系	其采光照度值不低于 300LX 的小时数平均不少于 8h/d 的面积区域占计算区域的比例，45% 至 60% 的面积比例，可拿 9 分；60% 至 75% 的面积比例，可拿 15 分；大于 75% 的面积比例，可拿 20 分满分。	其中满足照度要求的面积比例为 62.37%	DGNB 两星

学生姓名： 张茗沿

指导教师： 黄普希

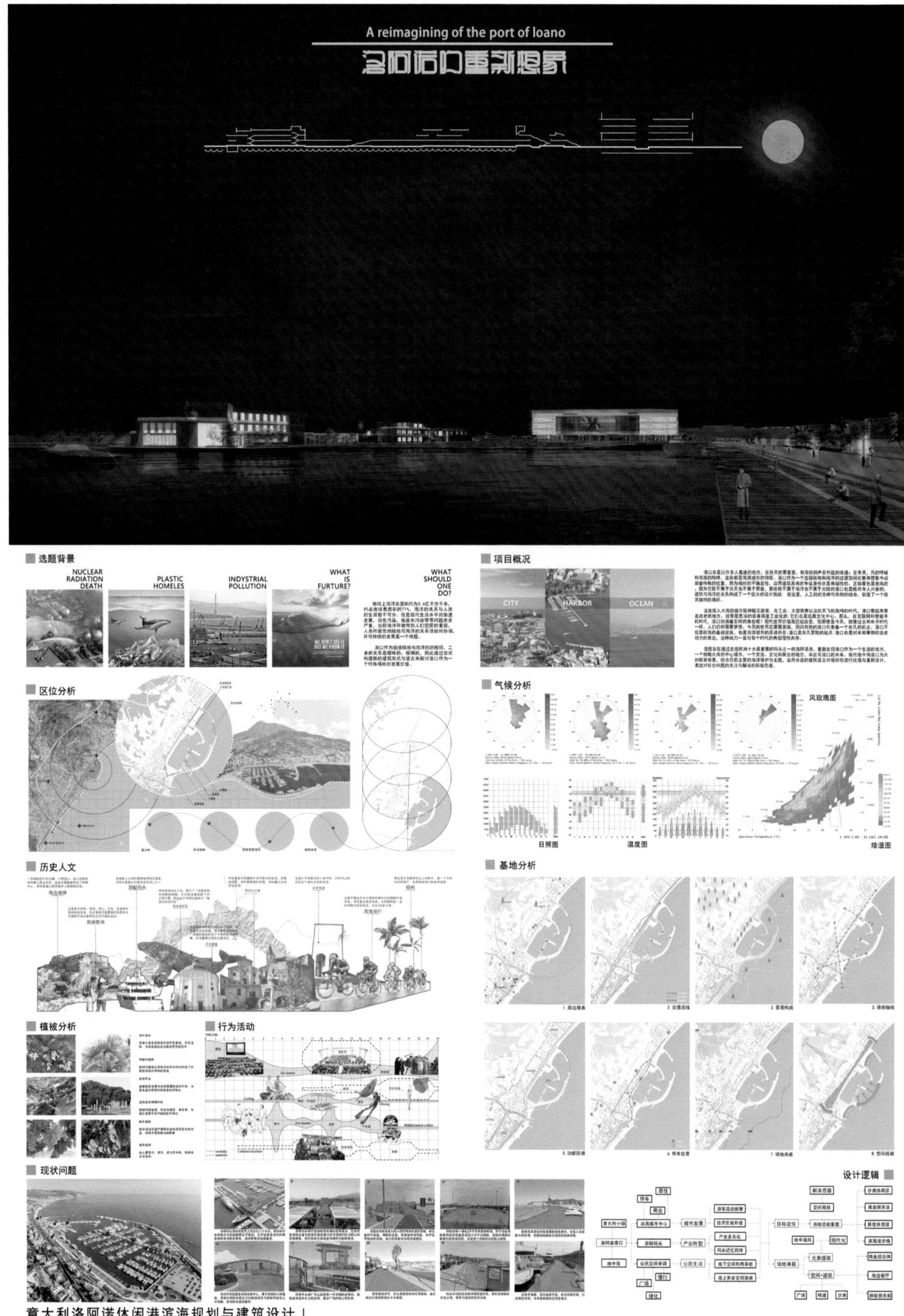
A reimagining of the port of loano
洛阿诺的重新想象
选题背景
项目概况
区位分析
气候分析
历史人文
基地分析
植被分析
行为活动
现状问题
设计逻辑
意大利洛阿诺休闲港滨海规划与建筑设计 I

学生姓名：韦　金　　　　指导教师：李海英

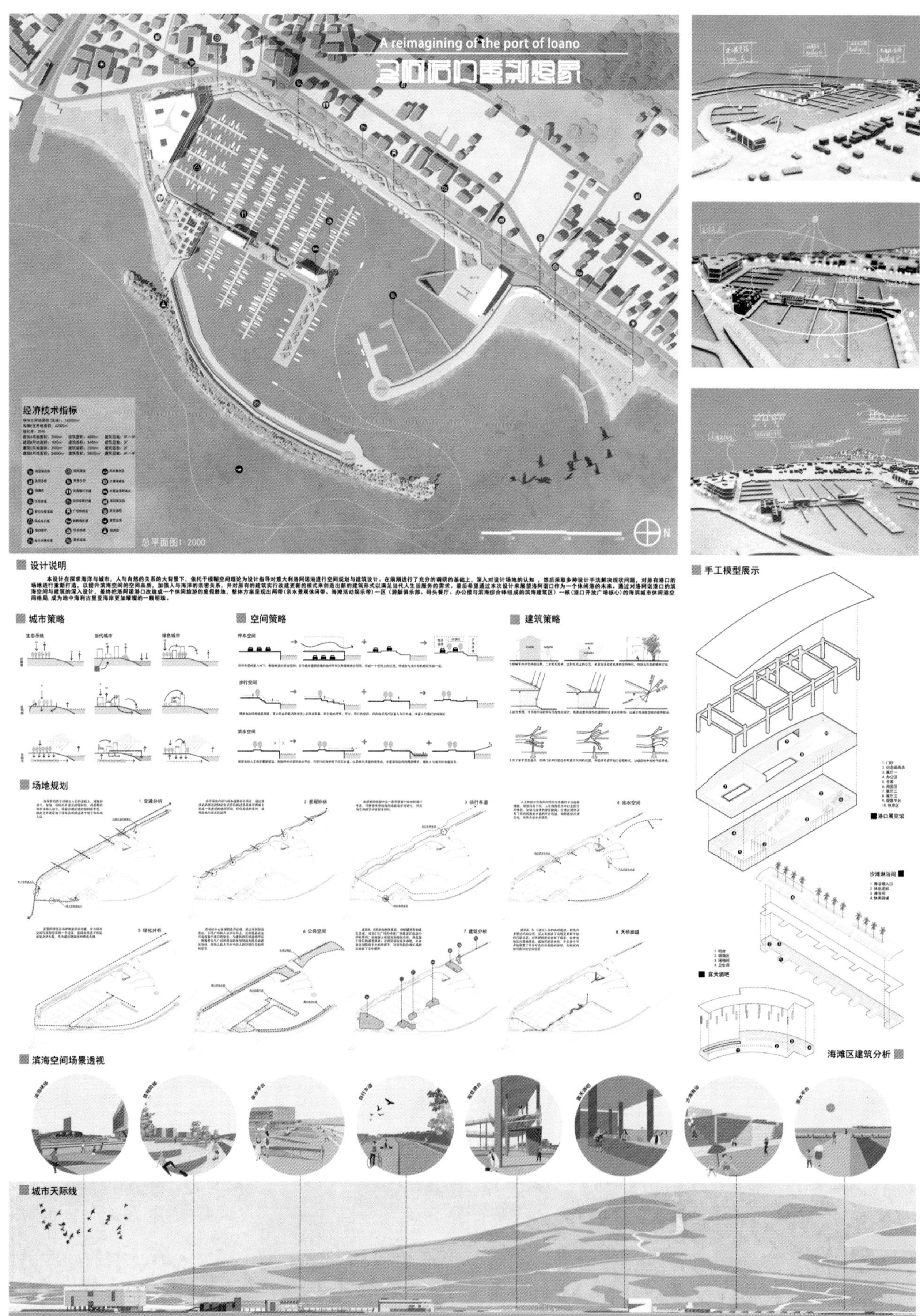
A reimagining of the port of loano
洛阿诺的重新想象
经济技术指标
总平面图1:2000
设计说明
本设计在探求海洋与城市，人与自然的关系的大背景下，依托于模糊空间理论为设计指导对意大利洛阿诺港进行空间规划与建筑设计。在前期进行了充分的调研的基础上，深入对设计场地的认知，然后采取多种设计手法解决现状问题，对原有港口的场地进行重新打造，以提升滨海空间的空间品质，加强人与海洋的亲密关系，并对原有的建筑实行改建更新的模式来创造出新的建筑形式以满足当代人生活服务的需求。最后希望通过本次设计来展望洛阿诺港口作为一个休闲港的未来。通过对洛阿诺港口的滨海空间与建筑的深入设计，最终把洛阿诺港口改造成一个休闲旅游的度假胜地，整体方案呈现出两带（亲水景观休闲带、海滩活动娱乐带）一区（游艇俱乐部、码头餐厅、办公楼与滨海综合体组成的滨海建筑区）一核（港口开放广场核心）的海滨城市休闲港空间格局，成为地中海利古里亚海岸更加璀璨的一颗明珠。
城市策略
生态系统
当代城市
绿色城市
空间策略
停车空间
步行空间
滨水空间
建筑策略
场地规划
1 交通分析
2 景观分析
3 骑行串道
4 亲水空间
5 绿化分析
6 公共空间
7 建筑分析
8 天桥廊道
手工模型展示
港口展览馆
沙滩淋浴间
露天酒吧
海滩区建筑分析
滨海空间场景透视
城市天际线
意大利洛阿诺休闲港滨海规划与建筑设计 II

学生姓名：韦　金

指导教师：李海英

A reimagining of the port of loano
洛阿诺的重新想象
体块生成
建筑空间流线
首层平面图1:550
负一层平面图1:550
四层平面图1:550
二至三层平面图1:550
建筑技术分析
幕墙构造大样
立面构成分析
ROOF FLOOR
4th FLOOR
3rd FLOOR
2nd FLOOR
1st FLOOR
建筑D1-1剖面图1:550
建筑D南、北立面图1:550

意大利洛阿诺休闲港滨海规划与建筑设计 III

学生姓名：韦　金　　　　**指导教师：**李海英

A reimagining of the port of loano
洛阿诺的重新想象

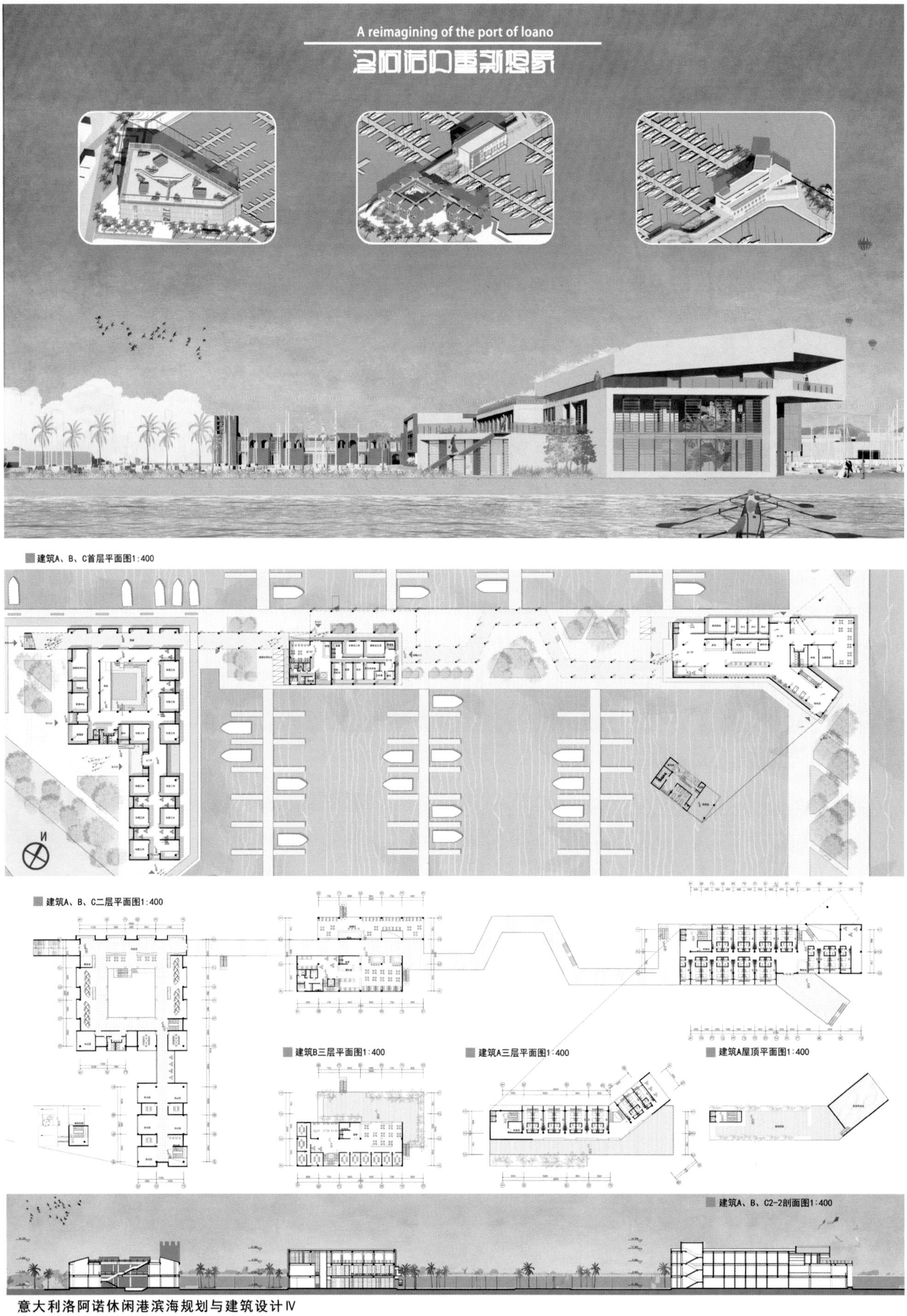

建筑A、B、C首层平面图1:400

建筑A、B、C二层平面图1:400

建筑B三层平面图1:400

建筑A三层平面图1:400

建筑A屋顶平面图1:400

建筑A、B、C2-2剖面图1:400

意大利洛阿诺休闲港滨海规划与建筑设计Ⅳ

学生姓名：韦　金　　　　**指导教师：**李海英

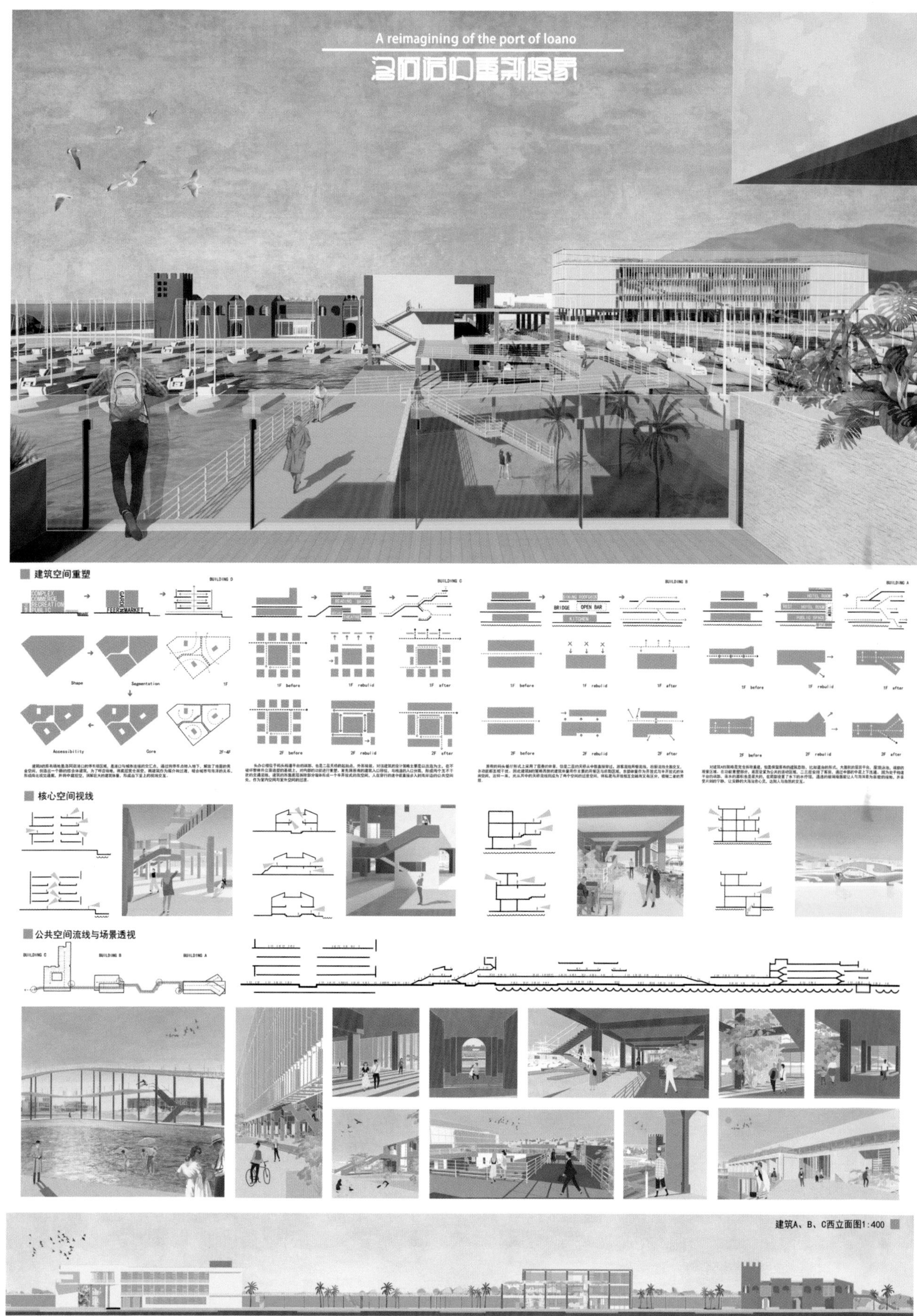
A reimagining of the port of loano
洛阿诺的重新想象
建筑空间重塑
BUILDING D
BUILDING C
BUILDING B
BUILDING A
核心空间视线
公共空间流线与场景透视
建筑A、B、C西立面图1:400

意大利洛阿诺休闲港滨海规划与建筑设计 V

学生姓名：韦　金

指导教师：李海英

后 记

本书收录了我校建筑学专业成立35年以来的学生优秀作品。这些作品，无论是从设计理念、创新思维，还是从实践操作、技术实现的角度看，都体现了本校建筑学专业的最高的教学水平，凝聚了教师和学生的辛勤努力与智慧。是我校建筑学专业35年发展的历史里程碑。

本书的编撰过程，也是一个回顾和总结的过程。书中的学生作品是各年级设计课授课教师从众多学生作业中精选出来的，它记录和展示了我校建筑学专业教学的发展历程。这些作品包含了学生们对建筑学专业的热爱和执着，也展现了他们在设计过程中的创新思维和扎实的基本功。建筑设计教学是一个充满挑战和探索的过程，教师们以丰富的专业知识和高尚的教育情怀，言传身教，潜移默化，激发学生的创新精神，引导学生探索属于自己的设计思考，使学生逐渐领悟到建筑设计的真谛。

过去的35年，正值我国城市化进程快速发展时期，我校建筑学专业不断发展壮大。完成这些作业的学生们，已经在建筑设计领域中颇有建树。一批批的学生从这里出发，成长为优秀的青年建筑师，成为我国建筑设计领域的中流砥柱。他们怀揣建筑师的梦想和热情，为我国建筑事业贡献着自己的力量。他们用行动和实践证明了我们建筑学专业的教育教学成果，是我们学校的骄傲。这些优秀的作品，也是教师们教书育人的见证。每一份优秀作品的背后，都有一位甚至多位教师在用心指导、耐心修正，帮助学生实现他们的设计梦想。感谢教师们的辛勤付出，他们用自己的专业知识和丰富经验，引领学生们走向成功。

我相信，北方工业大学建筑学专业在师生们共同努力下，必将实现长足的发展，攀上更高峰，并将为我国可持续发展作出更大贡献。

北方工业大学建筑与艺术学院院长、教授
中国建筑学会理事、中国圆明园学会理事
北京市石景山区首席责任规划师

张勃

2024年4月于北京西山